Ecologia do Perifíton

Ecologia do Perifíton

Albano Schwarzbold
Ana Luiza Burliga
Lezilda Carvalho Torgan
Organizadores

RiMa
2013

E17e	Ecologia do perifíton / organizado por Albano Schwarzbold, Ana Luiza Burliga e Lezilda Carvalho Torgan – São Carlos: RiMa Editora, 2013.
	413 p. il.
	ISBN – 978-85-7656-293-1
	1. Ecologia. 2. Perifíton. 3. Algas. I. Autor. II. Título.
	CDD 581

RiMa

Rua Virgílio Pozzi, 213 – Santa Paula
13564-040 – São Carlos, SP
Fone/Fax: (16) 34111729

Sobre os Autores

Albano Schwarzbold
Graduação em História Natural, Universidade do Vale do Sinos, RS (1971). Doutorado em Ecologia e Recursos Naturais pela Universidade Federal de São Carlos (1992). Principais linhas de pesquisa: ecologia de macrófitas aquáticas, perifiton e fitoplâncton em lagoas costeiras, represas e arroios. Instituição: Departamento de Ecologia, Universidade Federal do Rio Grande do Sul, Aposentado. Rua Dolores Duran, 1584, Casa 138, Agronomia, CEP 91540-220 Porto Alegre, RS, Brasil.
aschwarzbold@terra.com.br

Ana Luiza Burliga Miranda
Graduação em Biologia, PUC-RS (1986). Doutorado em Botânica pela Universidade Federal do Rio Grande do Sul (2003). Pós-doutorado pela Universidade do Colorado, Boulder, EUA (2010/2011). Principais linhas de pesquisa: ficologia; taxonomia e ecologia de algas perifíticas e fitoplanctônicas de águas continentais. Instituição de vínculo: Instituto de Ciência e Tecnologia das Águas, Universidade Federal do Oeste do Pará, Rua Vera Paz, s/n, Bairro Salé, Campus Tapajós, CEP 68040-050, Santarém, PA, Brasil.
burliga@gmail.com

Carina Moresco
Graduação em Ciências Biológicas, Universidade Estadual do Oeste do Paraná, Cascavel (2005). Doutorado em Ecologia de Ambientes Aquáticos Continentais pela Universidade Estadual de Maringá (2011). Linha de pesquisa: ecologia de comunidades. Instituição de vínculo: Faculdade Integrada de Campo Mourão, Paraná.
camoresco@hotmail.com

Carla Ferragut
Graduação em Ciências Biológicas, Universidade Santo Amaro, São Paulo (1990). Doutorado em Biologia Vegetal pela Universidade Estadual Paulista (UNESP), Rio Claro (2004). Linha de pesquisa: ecologia do perifíton. Instituição de vínculo: Instituto de Botânica, Núcleo de Pesquisa em Ecologia, C.P. 3005, CEP 01061-970, São Paulo, SP, Brasil.
carlaferragut@yahoo.com.br

Cláudia Costa Bonecker

Graduação em Ciências Biológicas, Universidade Gama Filho, Rio de Janeiro (1989). Doutorado em Ecologia de Ambientes Aquáticos Continentais pela Universidade Estadual de Maringá (1998). Linha de pesquisa: ecologia de comunidades. Instituição de vínculo: Núcleo de Pesquisa em Limnologia, Ictiologia e Aquicultura (Nupélia), Universidade Estadual de Maringá, Av. Colombo, 5790, bl. H-90, Zona 7, CEP 87020-900, Maringá, PR, Brasil.
bonecker@nupelia.uem.br

Dávia Marciana Talgatti

Graduação em Ciências Biológicas, Universidade Federal de Pelotas (2006). Mestrado em Biologia Vegetal pela Universidade Federal de Santa Catarina (2009). Doutoranda em Botânica pela Universidade Federal do Rio Grande do Sul. Linha de pesquisa: taxonomia de diatomáceas de águas continentais e marinhas.
daviatalgatti@gmail.com

Denise de Campos Bicudo

Graduação em Ciências Biológicas, Universidade de São Paulo (1978). Doutorado em Ciências Biológicas, área de Biologia Vegetal, pela UNESP, Rio Claro (1984). Pós-doutorado pela Universidade do Alabama, EUA (1994/1995). Principais linhas de pesquisa: ecologia de ecossistemas aquáticos continentais, atuando principalmente em eutrofização, paleolimnologia de reservatórios, biodiversidade e ecologia de diatomáceas. Instituição de vínculo: Instituto de Botânica, Secretaria do Meio Ambiente do Estado de São Paulo, Núcleo de Pesquisa em Ecologia, Av. Miguel Stéfano, 3687, CEP 04301-012, São Paulo, SP, Brasil.
dbicudo@terra.com.br

Eduardo Lobo

Graduação em Biologia, Universidade do Chile. Valparaíso, Chile (1984). Doutorado em Ciências Biológicas, University of Marine Science and Technology, Tokyo, Japan (1995). Linha de pesquisa: limnologia. Instituição de vínculo: Universidade de Santa Cruz do Sul, Av. Independência, 2293, C.P. 236, CEP 96815-900, Santa Cruz do Sul, RS, Brasil.
lobo@unisc.br

Érika Maria Neif Machado

Graduação em Ciências Biológicas, Universidade do Estado de Mato Grosso, UNEMAT (2007). Mestrado no Programa de Pós-graduação em Ecologia de Ambientes Aquáticos Continentais, Universidade Estadual de Maringá (2011). Doutoranda do PEA, Av. Colombo, 5790, CEP 87020-900, Maringá, PR. Linha de pesquisa: ecologia de comunidades.
neif.erika@gmail.com

Fabiana Schneck
Graduação em Ciências Biológicas, Universidade Federal do Rio Grande do Sul (2003). Doutorado em Ecologia, Universidade Federal do Rio Grande do Sul (2012). Principais linhas de pesquisa: ecologia de comunidades aquáticas, com ênfase em algas perifíticas. Instituição de vínculo: Universidade Federal do Rio Grande, Instituto de Ciências Biológicas, C.P. 474, CEP 96203-900, Rio Grande, RS, Brasil. fabiana.schneck@furg.br

Fabiana Schumacher Fermino
Graduação em Biologia, PUC-RS (1991). Doutorado em Ciências Biológicas, área de Biologia Vegetal, pela UNESP, Rio Claro (2007). Linha de pesquisa: ecologia aquática. Instituição de vínculo: Instituto de Ciências da Saúde, Universidade Paulista (UNIP), Rua Antonio de Macedo, 505, Parque São Jorge, CEP 03087-010, São Paulo, SP. fs.fermino@yahoo.com.br

Iara Maria Franceschini
Graduação em Ciências Biológicas, Universidade Federal do Rio Grande do Sul (1977). Doutorado em Sciences de la Vie Algologie, Université Pierre et Marie Curie (Paris 6), Paris, França (1991). Linha de pesquisa: Ficologia. iaramar@cpovo.net

Ilka Schincariol Vercellino
Graduação em Ciências Biológicas, Universidade Estadual Paulista (UNESP), Botucatu (1996). Doutorado em Ciências Biológicas, área de concentração em Biologia Vegetal pela UNESP, Rio Claro (2007). Linha de pesquisa: ecologia do perifíton. Instituição de vínculo: Centro Universitário São Camilo, Curso de Ciências Biológicas, Av. Nazaré, 1501, CEP 04263-100, São Paulo, SP, Brasil. ilkavercellino@gmail.com

Juan José Neiff
Titulo de grado: Profesor (INES), Entre Ríos, Argentina (1969). Magister en Ecología Acuática Continental, Univ. Nacional del Litoral, Santa Fe, Argentina (1999). Doctor, Universidad Nacional del Nordeste, Corrientes, Argentina (2005). Linhas de pesquisa: ecología de humedales, sistemas fluviales. Director del Centro de Ecología Aplicada del Litoral, Consejo Nacional de Investigaciones Científicas y Técnicas, Profesor de la Universidad Nacional del Nordeste. Centro de Ecología Aplicada del Litoral, Ruta Provincial 5, km 2,5, (3400), Corrientes, Argentina. jj@neiff.com.ar

Leandro Junio Fulone
Graduação em Ciências Biológicas, Centro Universitário de Rio Preto, São José do Rio Preto (2002). Doutorado em Ecologia de Ambientes Aquáticos, Universidade Estadual de Maringá (2012). Linha de pesquisa: ecologia de comunidades. Instituição: Av. Colombo, 5790, bl H-90, Zona 7, CEP 87020-900, Maringá, PR, Brasil. fulone@gmail.com

Lezilda Carvalho Torgan

Graduada em Ciências Biológicas pela Universidade Federal do Rio Grande do Sul (1975). Doutorado em Ecologia e Recursos Naturais pela Universidade Federal de São Carlos (1997). Linhas de pesquisa: taxonomia e ecologia de diatomáceas de águas continentais. Instituição de vínculo: pesquisadora no Museu de Ciências Naturais, Fundação Zoobotânica do Rio Grande do Sul e professora colaboradora do Programa de Pós-Graduação em Botânica da Universidade Federal do Rio Grande do Sul. lezilda-torgan@fzb.rs.gov. b r

Liliana Rodrigues

Graduação em Ciências Biológicas, Universidade Federal de Santa Catarina (1983). Doutorado em Ecologia de Ambientes Aquáticos Continentais pela Universidade Estadual de Maringá (1998). Linhas de pesquisa: ecologia de comunidades. Instituição de vínculo: Departamento de Biologia, Programa de Pós-graduação em Ecologia de Ambientes Aquáticos Continentais, Núcleo de Pesquisa em Limnologia, Ictiologia e Aquicultura (Nupélia), Universidade Estadual de Maringá, Av. Colombo, 5790, bl H-90, Zona 7, CEP 87020-900, Maringá, PR, Brasil. lrodrigues@nupelia.uem.br

Lucielle Merlym Bertolli

Graduação em Ciências Biológicas, Universidade Federal do Paraná (2008). Mestre em Botânica pela Universidade Federal do Paraná (2010). Doutoranda em Botânica da Universidade Federal do Rio Grande do Sul. Linha de pesquisa: taxonomia de diatomáceas. lucielle.bertolli@gmail.com

Maria Angélica Oliveira

Graduação em Ciências Biológicas, Universidade de Santa Cruz do Sul (1993). Doutorado em Biologia Aquática, University of Hull, Inglaterra (2002). Linha de pesquisa: ficologia. Instituição de vínculo: Universidade Federal de Santa Maria, Departamento de Biologia, Av. Roraima, 1000, Camobi, CEP 97105-900, Santa Maria, RS, Brasil. maria@ufsm.br

Natália Silveira Siqueira

Graduação em Ciências Biológicas, Universidade Estadual do Oeste do Paraná (2005). Doutorado no Programa de Pós-graduação em Ecologia de Ambientes Aquáticos Continentais pela Universidade Estadual de Maringá (2013). Linha de pesquisa: microbiologia de água e esgoto. Instituição de vínculo: Companhia de Saneamento do Paraná, Rua Pio XII s/n, Centro, Londrina, PR. nataliass@sanepar.com.br

Priscila Izabel Tremarin

Graduação em Ciências Biológicas, Universidade Federal do Paraná (2002). Doutorado em Botânica pela Universidade Federal do Rio Grande do Sul (2012). Linha de pesquisa: taxonomia de diatomáceas continentais e estuarinas. Instituição

de vínculo: Universidade Federal do Paraná, Setor de Ciências Biológicas, Laboratório de Ficologia, Centro Politécnico, C.P. 19031, Jardim das Américas, CEP 81531-980, Curitiba, PR, Brasil.
ptremarin@gmail.com

Saionara Eliane Salomoni
Graduação em Ciências Biológicas, Pontifícia Universidade Católica do Rio Grande do Sul (1990). Doutorado em Ecologia e Recursos Naturais da Universidade Federal São Carlos (2004). Pós-Doutorado pelo Museu de Ciências Naturais da Fundação Zoobotânica do Rio Grande do Sul (2007). Linhas de pesquisa: ecologia de ambientes aquáticos e diatomáceas como indicadoras da qualidade da água.
saiosalomoni@hotmail.com

Silvina Vanesa Vallejos
Título de grado: profesora en Biología (2007) y licenciada en Ciencias Biológicas (2008) obtenidos en la Universidad Nacional del Nordeste, Argentina. Doctoranda de la UNNE, especialidad Biología en el tema: diversidad de cianobacterias asociadas a macrófitos acuáticos en el nordeste argentino. Jefe de trabajos prácticos de la Universidad Nacional del Nordeste. Linhas de pesquisa: ficología, perifiton, cyanobacteria. Centro de Ecología Aplicada del Litoral: Ruta Provincial 5, km 2,5, (3400) Corrientes, Argentina, Universidad Nacional del Nordeste, Facultad de Ciencias Exactas y Naturales y Agrimensura, Avenida Libertad 5460, Corrientes, Argentina.
vallejossilvi24@hotmail.com

Sirlene Aparecida Felisberto
Graduação em Ciências Biológicas, Universidade Estadual de Maringá, Maringá (2001). Doutorado em Ecologia de Ambientes Aquáticos Continentais pela Universidade Estadual de Maringá, Maringá, PR (2007). Linha de pesquisa: ecologia e taxonomia de algas. Instituição de vínculo: Universidade Federal de Goiás, Departamento de Botânica, Campus Samambaia (Campus II), Prédio da Reitoria, C.P. 131, CEP 74001-970 Goiânia, GO, Brasil.
sirfe@hotmail.com

Thelma Alvim Veiga Ludwig
Graduação em Farmácia e Bioquímica, Universidade Federal do Paraná (1980). Doutorado em Ciências Biológicas, área de Biologia Vegetal, pela UNESP, Rio Claro (1996). Linha de pesquisa: ficologia, taxonomia de diatomáceas. Instituição de vínculo: Universidade Federal do Paraná, Setor de Ciências Biológicas, Departamento de Botânica, Centro Politécnico, Jardim da Américas, Av. Cel. Francisco H. dos Santos, s/n, CEP 81531-980, Curitiba, PR.
veiga@ufpr.br

Vanessa Majewski Algarte
Graduação em Ciências Biológicas, Universidade Estadual de Maringá (2006). Mestrado no Programa de Pós-graduação em Ecologia de Ambientes Aquáticos

Continentais, Universidade Estadual de Maringá (2009). Doutoranda do PEA, Av. Colombo, 5790, Maringá, PR. Área de pesquisa: ecologia de comunidades. vanialgarte@hotmail.com

Yolanda Zalocar
Título de grado: Profesora en Biologia (1976) y licenciada en Zoología (1981), obtidos na Universidad Nacional del Nordeste, Argentina. Doctora em Ciencias Biológicas, Universidad Nacional de Córdoba, Argentina (1999). Linhas de pesquisa: ficología, fitoplancton de aguas continentales. Atúa: Consejo Nacional de Investigaciones Científicas y Técnicas. Prof. Titular de la Universidad Nacional del Nordeste, Centro de Ecología Aplicada del Litoral, Ruta Provincial 5, km 2,5, (3400), Corrientes, Argentina.
zalocaryolanda492@gmail.com

Sumário

Apresentação

"Perifíton", esta estranha palavra, frequentemente é motivo de indagação de pessoas leigas no assunto: o que é ou o que estuda o perifíton? A resposta mais simples que se pode dar: é o "limo" que está aderido nas plantas submersas na água ou no cascalho do fundo do rio. Essa observação tão trivial nos dá a clara visão do quanto o perifíton parece coisa simples. Mas alcançar seu interior, numa camada frequentemente tão delgada, representa um permanente desafio.

Foi com essa visão, e consciente da escassa publicação em língua portuguesa, que a equipe de organizadores começou a aventar a possibilidade de editar um livro que abordasse esse tema tão pouco conhecido, inclusive por estudiosos das diferentes áreas das ciências ambientais. Para escrever esta primeira obra em língua portuguesa sobre o tema, foram convidados especialistas com diferentes abordagens e que se encontram em várias regiões do Brasil e da Argentina. Seus conteúdos têm muito lastro na limnologia, mas também na sistemática vegetal e nos métodos utilizados.

Mais do que organizar o "estado da arte" numa obra, buscou-se no seu produto, como principais objetivos, disponibilizar os conteúdos aos profissionais de diferentes áreas que atuam no campo da ecologia (ensino, pesquisa, gestão e monitoramento) e, principalmente, estimular os jovens estudantes de graduação e pós-graduação das nossas universidades e instituições de pesquisa a se interessarem e participarem no aprofundamento do conhecimento da Ecologia do Perifíton.

Albano Schwarzbold
Ana Luiza Burliga
Lezilda Carvalho Torgan
(Organizadores)

Prefácio

Desde o estabelecimento do conceito para perifíton, discutido e acordado durante o 1º Workshop Internacional sobre Perifíton de Ecossistemas de Águas Doces, realizado de 14 a 17 de setembro de 1982 em Växjö, Suécia, o estudo dessa complexa comunidade de organismos tem merecido destaque crescente em nível mundial. No Brasil, tais estudos são, entretanto, relativamente recentes e ainda não abrangeram todos os grupos de organismos que os compõem.

O primeiro trabalho a mencionar material perifítico no Brasil é de Hermes Moreira Filho, que, em 1959, divulgou as diatomáceas que viviam sobre *Sargassum*, em ambiente marinho. Nove anos mais tarde, em 1968, Carlos Bicudo e Boris Skvortzov identificaram cinco espécies (*Dinopodiella baumeisteri* C. Bicudo & Skvortzov, *Stylodinium cerasiforme* Pascher, *S. lindemanni* (Lindemann) Baumeister, *S. tarnum* Baumeister e *Tetradinium javanicum* Klebs) de Dinophyceae coletadas sobre vegetação aquática em ambiente de água doce nos estados do Rio de Janeiro e de São Paulo. Porém, foi somente a partir de 1979 que Aristides Rocha e Clarice Panitz realizaram trabalhos com foco integral sobre material do perifíton. Um lance d'olhos sobre a biblioteca brasileira especializada em perifíton mostra que, em seus poucos mais de 30 anos de desenvolvimento, tais estudos privilegiaram as algas. Mais de 80% desses estudos abordam algas. Bactérias, fungos, protozoários e outros microrganismos são ainda pouco estudados. Mas fazia falta a produção de um trabalho de síntese que mostrasse a situação atual da pesquisa sobre perifíton no Brasil.

O presente livro, **Ecologia do Perifíton**, foi idealizado com o intuito de divulgar o estado atual dos estudos dessa comunidade em nosso país e, neste sentido, foi bastante feliz. Os 15 capítulos que o compõem abordaram: o conceito de perifíton e sua diversidade taxonômica e ecológica; uma abordagem cienciométrica das tendências e lacunas de seu estudo no Brasil; o papel do perifíton na ciclagem de nutrientes e na teia trófica; a colonização e a sucessão da comunidade perifítica; a comunidade perifítica em rios; a amostragem e as medidas da estrutura da comunidade perifítica; a produção primária do perifíton; o perifíton como indicador de qualidade da água; e os aspectos ecológicos e as aplicações do enriquecimento e da difusão de sais em substratos.

O livro inclui ainda capítulos que focalizaram os fatores envolvidos na distribuição e na abundância do perifíton em ecossistemas lênticos e na distribuição e abundância dessa comunidade e os principais padrões encontrados em ambientes de planície de inundação. Consta, também, uma chave artificial para identificação dos gêneros de diatomáceas mais comumente encontrados no perifíton e no metafíton de ambientes aquáticos e outra para identificação dos gêneros das demais algas desses mesmos ambientes. Complementa a obra um capítulo sobre as bactérias perifíticas de águas continentais e outro sobre o perifíton heterotrófico. Como se vê, uma abordagem bastante abrangente que contou, para sua realização, com a colaboração de especialistas do melhor escol do Brasil e da Argentina.

Quero destacar que um livro de tal envergadura surge como resultado de um processo maduro de formação de especialistas nacionais, pois vários dos pioneiros foram formados em outras partes do mundo, mas agora zelam pela formação das gerações brasileiras e, inclusive, as de outros países latino-americanos.

Com esta perspectiva, deixo, ao leitor, a tarefa de desfrutar o livro e, aos autores, o melhor reconhecimento da comunidade dos especialistas em perifíton do Brasil e de vizinhos nossos de língua espanhola. Meus melhores parabéns aos organizadores do livro, Albano, Ana Luiza e Lezilda, bons gaúchos, por sua visão de águias; e aos colaboradores, verdadeiros apóstolos da Ciência, por seu desprendimento em tornar público o conhecimento armazenado e burilado durante décadas.

Carlos Eduardo de Mattos Bicudo
Núcleo de Pesquisa em Ecologia, Instituto de Botânica, São Paulo, Brasil

Perifíton: Diversidade Taxonômica e Morfológica

Ana Luiza Burliga & Albano Schwarzbold

Conceito de perifíton

Dois termos principais foram introduzidos na literatura científica para designar as comunidades de organismos aderidas a substratos: "aufwuchs" e "periphyton".

O termo originalmente alemão "aufwuchs", que significa "crescer sobre", foi apresentado por Seligo em 1905, referindo-se a organismos fixos que não penetram no substrato (Cooke, 1956). Segundo Björk (1983), o termo "aufwuchs" foi utilizado também por Ruttner (1952), em seu livro intitulado *Grundriss der Limnologie*, traduzido para o inglês como *Fundamentals of Limnology*. Esta obra contém um desenho clássico de uma comunidade aderida a *Myriophyllum* no Lago Lunzer Untersee, localizado nos alpes da Áustria (Figura 1).

O termo "periphyton" (= perifíton) foi utilizado pela primeira vez por Behning em 1924, para definir organismos aderidos a substratos artificiais na água. A palavra é de origem grega, que significa literalmente "ao redor da planta" (prefixo "peri" = "ao redor de"; "phyton" = "planta, vegetal"). Posteriormente ao trabalho de Behning, o termo ganhou conotação mais ampla, sendo então "perifíton" denominado para todos os organismos aquáticos que crescem em superfícies submersas (Cooke, 1956).

Outros termos utilizados na lingua alemã, mas pouco encontrados na literatura, e que são sinônimos de perifíton são: "Nereiden", "Bewuchs", "Laison", "Belag" e "Besatz". Sinônimos encontrados na língua inglesa são: "attached", "sessile", "sessile-atached", "sedentary", "seeded-on", "attached materials", "slime", "slime-growths" e "coatings" (Sládecková, 1962).

O termo "benthic algae" é mais comumente designado para organismos que crescem sobre ou estão associados com a zona mais profunda de um corpo d'água (por exemplo, sedimentos ou rochas) (Wehr & Sheath, 2003). No Brasil, o termo perifíton é mais utilizado para organismos microscópicos, sendo o termo "algas bentônicas" mais comumente empregado para as macroalgas, organismos que são visualizados a olho nu.

Figura 1　Franz Ruttner e seu desenho clássico sobre perifíton: "aufwuchs" sobre folha de *Myriophyllum* mostrando vários meios de fixação (50 aumentos). Com suas superfícies aderidas diretamente na folha, *Cocconeis* (l) e *Epithemia* (h); com botões gelatinosos ou hastes curtas, *Synedra* (i), *Tabellaria* (f) e *Achnanthes* (k); em tubos gelatinosos, *Encyonema* (g); com hastes longas, algumas vezes ramificadas, *Cymbella* (d), *Gomphonema* (e) e *Vorticella* (a); com algas filamentosas firmemente aderidas por células "holdfast", *Oedogonium* (b) e *Bulbochaete* (c). Ilustração de Ruttner retirada de Esteves (2011). Desenho original retirado de Ruttner (1952, p. 184, fig. 55).

A comunidade acadêmica usou também uma terminologia específica, que se baseia na natureza do substrato sobre o qual o perifíton cresce (Srámek-Husek, 1946, via Sládecková, 1962). São denominadas de algas epilíticas as que vivem sobre substrato rochoso; algas epifíticas, sobre superfície de plantas, incluindo outras algas (como, por exemplo, as filamentosas); algas epipélicas, sobre sedimento fino; algas epizóicas, sobre superfícies de animais; epipsâmicas, sobre substrato arenoso; e epidêndricas, epidendríticas, sobre madeira. Há também muitas algas que se encontram associadas frouxamente ao substrato, aderidas à matriz de suas próprias mucilagens ou às de outras algas. Este grupo recebe a denominação de metafíton.

Sládecková (1962) designou o termo perifíton como "toda comunidade que vive aderida a um substrato". Propôs, também, uma subdivisão na denominação do perifíton em dois grandes grupos: "perifíton verdadeiro", que seria composto de organismos fixos, imóveis e adaptados à vida séssil através de rizóides, pedúnculos gelatinosos, entre outras estruturas de fixação, e "pseudoperifíton", denominação atribuída àqueles organismos que não possuem uma estrutura de fixação verdadeira e que estão frouxamente aderidos ao substrato, vivendo associados a este. Essa subdivisão é pouco utilizada atualmente.

A padronização do termo "perifíton" foi consolidada somente em 1982, no 1º Workshop Internacional "Periphyton of Freshwater Ecosystems", realizado em Växjö, Suécia. Nesse evento, foi definido o termo *perifíton* como "uma complexa comunidade de microrganismos (algas, bactérias, fungos e animais), detritos orgânicos e inorgânicos aderidos a substratos inorgânicos ou orgânicos, vivos ou mortos" (Wetzel, 1983).

O conceito de perifiton proposto por Wetzel (1983) é amplamente aceito entre os especialistas. Para detalhes sobre o perifíton heterotrófico e bacterioperifíton, ver os capítulos de Cláudia Costa Bonecker e Leandro Junio Fulone, e o capítulo de Maria Angélica Oliveira, ambos neste livro.

Neste capítulo, daremos ênfase à diversidade taxonômica e morfológica das algas presentes no perifíton, também denominadas como "ficoperifíton" (do grego "phycos", alga).

Diversidade taxonômica

As algas constituem um conjunto de organismos distribuídos em grupos taxonômicos muito diversificados, e muitas vezes não possuem laços de parentesco entre si. A classificação das algas, parcialmente bioquímica, permanece ainda amplamente fundamentada em características como: a natureza e localização dos pigmentos (clorofilas e pigmentos acessórios), dos carboidratos de reserva (próximos do amido ou da laminarina) e a disposição dos tilacoides (sistemas de membranas situados no interior dos plastídios, que contêm os pigmentos) (Franceschini, 2010).

Mas, apesar de apresentarem grande diversidade metabólica e tipos de reprodução, compartilham algumas características em comum, como, por exemplo, a de que todas as divisões possuem clorofila *a*. Como exemplo de características distintas, diferentes divisões possuem clorofilas *b*, *c* ou *d*, como também os pigmentos acessórios. A Tabela 1 resume as principais características e diferenças taxonômicas das cinco linhagens mais comumente encontradas no perifíton de águas continentais.

As classificações mais atuais das algas têm por base estudos filogenéticos e representam, desta forma, a história evolutiva desses organismos (Reviers, 2010).

A divisão Cyanobacteria, comum no perifíton, é constituída de organismos procariontes e faz parte do domínio "Eubacteria" (ou Bacteria), e todos os outros grupos de algas encontram-se disseminados em várias linhagens dos eucariontes, no domínio "Eukaria".

Especificamente no perifíton, as maiores biomassas de algas ocorrem basicamente em duas linhagens: reino Plantae (no qual estão incluídas as linhagens Chlorophyta e Streptophyta e a divisão Rhodophyta) e sub-reino Stramenopiles (divisão Ochrophyta, em que estão incluídas as diatomáceas).

Tabela 1   Principais características das cinco linhagens de algas mais comumente encontradas no perifíton de águas continentais (*Fonte:* Reviers, 2006).

Linhagens	Pigmentos importantes	Parede celular	Produtos de reserva	Flagelos
Cyanobacteria (cianofíceas)	dorofila *a* ficobilinas, carotenos xantofilas	peptidoglucano, gram negativa	glicogênio	ausentes
Ochrophyta (incluindo diatomáceas)	clorofilas *a, c* carotenos, xantofilas	SiO_2 (nas diatomáceas)	óleo e leucosina	ausentes vegetativamente nas diatomáceas
Chlorophyta (clorofíceas, algas verdes)	clorofilas *a, b* carotenos	celulose e pectina	amido das plantas	usualmente 2-4 iguais no comprimento quando presentes
Streptophyta (algas verdes desmídias e carofíceas)	clorofilas *a, b* carotenos	celulose e pectina	amido das plantas	ausentes nas desmídias
Rhodophyta (rodofíceas, algas vermelhas)	clorofila *a, d* ficobilinas, carotenos, xantofilas	celulose, ágar e carragenano mananos e xilanos	glicogênio	ausentes

Diversidade morfológica

Tipos de talo

As algas perifíticas possuem uma grande diversidade de formas de vida. Os tipos de talo podem variar desde unicelulares, como *Gomphonema Ehrenberg* e *Eunotioforma* Kociolek & Burliga, por exemplo; coloniais, como *Nephrocytium* Nägeli; pseudofilamentosos, como *Wolskyella* Claus; filamentosos simples não ramificados, como em *Ulothrix* Kuetzing e *Oscillatoria* Vaucher ex Gomont; filamentosos ramificados, como *Stigeoclonium* Kützing e em *Stigonema* Agardh ex Bornet et Flahault; filamentosos com falsa ramificação, como *Scytonema* Agardh ex Bornet et Flahault e em *Plectonema* Thuret ex Gomont; sifonáceos ou cenocíticos, como *Vaucheria* A.P. de Candolle, até formas pseudoparenquimatosas, como *Coleochaete* Brébisson. Para detalhes sobre a diversidade morfológica, ver as chaves genéricas do perifíton, de Iara Maria Franceschini, e das diatomáceas, de Thelma Alvim Veiga Ludwig e Priscila Izabel Tremarin, ambas neste livro, e as obras de Bicudo & Menezes (2006) e Franceschini *et al.* (2010).

Tipos de aderência ao substrato

O ficoperifíton coloniza substratos submersos na zona eufótica da maioria dos ambientes aquáticos, tanto continentais quanto ambientes marinhos. Desta forma, teoricamente, todas as superfícies que recebem luz podem sustentar a comunidade perifítica.

O perifíton pode desenvolver uma complexa estrutura física, similar à das florestas terrestres (Hoagland *et al.*, 1982). As diferentes adaptações morfológicas ao tipo de aderência ao substrato incluem, em sua maioria:

1. Formas firmemente aderidas ao substrato, como em *Cocconeis* (Figura 2A).

2. Aderidas por mucilagem almofada, "pad mucilage", como em *Gomphonema* (Figura 2B).

3. Aderidas na extremidade por uma haste de mucilagem, "stalk mucilage", como em *Gomphonema* (Figura 2C, D).

4. Mucilagem em tubo, como em *Nitzschia*.

5. Apressório terminal na célula basal, "holdfast", como na filamentosa simples *Oedogonium* (Figura 2E).

6. Algas filamentosas de hábito heterótrico, como *Stigeoclonium*, que apresentam uma parte basal prostrada ramificada e diretamente aderida ao substrato e uma parte ereta também ramificada (Figura 2F).

Algumas espécies são móveis e se movimentam através da matriz mucilaginosa da comunidade perifítica. Esses movimentos podem se dar, por exemplo, pelo deslocamento do tricoma em algumas cianobactérias ou pelo deslocamento através da mucilagem excretada no canal da rafe em algumas diatomáceas.

Salienta-se que algumas espécies podem ocupar o hábitat bêntico ou planctônico em algum momento do ciclo de vida, porém, muitas espécies de algas só
são encontradas em um ou outro hábitat.

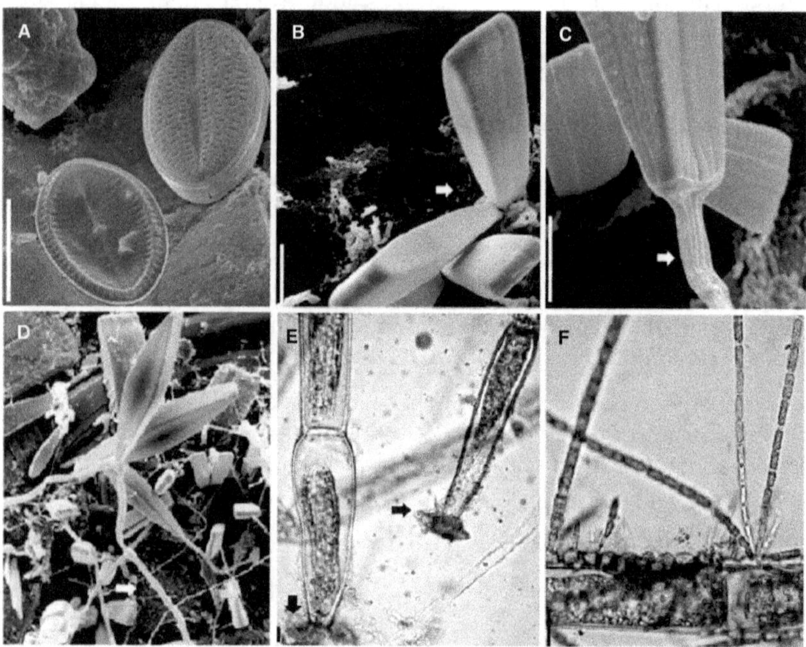

Figura 2 Diferentes adaptações morfológicas e tipos de aderência ao substrato encontradas
nas algas do perifíton. A. Totalmente aderida ao substrato, *Cocconeis* sp.; B. Mucilagem tipo
almofada, *Gomphonema* sp.; C, D. Mucilagem em pedúnculo, *Gomphonema* sp. Escala =
5 μm. E. Apressório terminal "holdfast" em *Oedogonium* sp.; F. Hábito heterótrico, com parte
basal prostrada e diretamente aderida ao substrato e parte ereta, *Stigeoclonium* sp. Escala =
10 μm. Imagens A-D cedidas pelas pesquisadoras Thelma Ludwig e Priscila Tremarin.

Agradecimentos – Agradecemos às pesquisadoras Dra. Iara Maria Franceschini
e Dra. Liliana Rodrigues pela revisão do texto.

Tendências e Lacunas dos Estudos sobre Perifíton de Ambientes Aquáticos Continentais no Brasil: Análise Cienciométrica

2

Fabiana Schneck

Introdução

Tradicionalmente, os estudos em ambientes aquáticos continentais apresentavam um enfoque sobre as comunidades planctônicas, tanto fitoplâncton como zooplâncton. Este fato está relacionado à própria formação da disciplina Limnologia no final do século XIX, uma vez que os trabalhos pioneiros de François A. Forel, Otto Zacharias, Edward A. Birge, entre outros, deram grande atenção ao plâncton lacustre em detrimento de outros grupos de organismos. Tal viés persistiu durante grande parte do século XX, sendo a Limnologia fortemente caracterizada pelo estudo do fitoplâncton lacustre (Thomaz & Bini, 2003; Esteves, 2011).

Os primeiros estudos ecológicos sobre perifíton foram realizados ainda na primeira década do século XX (para uma revisão, ver Larned, 2010). Tais estudos tinham por objetivo avaliar a variação sazonal na composição e colonização de algas, como, por exemplo, os estudos de Fritsch (1906) e Brown (1908). Porém, o perifíton passou a receber maior atenção somente a partir da publicação dos trabalhos resultantes do 1º Workshop Internacional sobre Perifíton de Águas Continentais, realizado na Suécia em 1982 (Wetzel, 1983). Nesse workshop foi salientado que, apesar de sua importância ecológica, o perifíton estava entre as comunidades de água doce mais negligenciadas por pesquisadores em virtude da grande dificuldade metodológica e da heterogeneidade tanto dos organismos que compõem a comunidade perifítica como dos ambientes onde o perifíton ocorre, quando comparado ao estudo de organismos pelágicos (Wetzel, 1983). Diante das dificuldades inerentes ao estudo do perifíton, Wetzel (1983) é bastante enfático ao comentar que *"todos, menos os trabalhadores mais perseverantes, comumente recuam para a mais confortável e homogênea zona pelágica"*.

No Brasil, os primeiros estudos sobre perifíton em ambientes aquáticos continentais foram realizados a partir do final da década de 1960, podendo-se citar como pioneiros o trabalho de Bicudo & Skvortzov (1968) publicado nos anais do 19º Congresso Brasileiro de Botânica e as dissertações de Rocha (1979) e Panitz (1980). Recomenda-se a leitura de Bicudo *et al.* (1995) para uma revisão detalhada sobre os estudos com perifíton realizados no Brasil até o início da década de 1990. Em tal revisão, os autores concluíram que as pesquisas envolvendo a comunidade perifítica eram ainda escassas e fragmentadas. Porém, ao longo destes quase 20 anos desde a revisão de Bicudo *et al.* (1995), o interesse pelo tema tem crescido, sendo importante analisar as tendências e as lacunas existentes na literatura científica sobre perifíton no Brasil. Neste contexto, o uso da abordagem cienciométrica possibilita quantificar as principais características dos estudos, colaborando para o avanço das pesquisas sobre o tema.

São apresentadas a seguir as principais tendências e lacunas dos estudos que envolvem o perifíton de ecossistemas aquáticos continentais brasileiros. As seguintes perguntas foram feitas: i) O número de estudos aumentou ao longo do tempo? ii) Em que revistas os artigos são publicados? iii) Quais são as regiões brasileiras e os tipos de ambientes mais estudados? iv) Quais grupos taxonômicos são mais estudados? v) Quais temas são mais comuns e qual abordagem é mais utilizada?

Obtenção dos dados

A busca por estudos sobre perifíton abrangeu artigos científicos publicados em revistas de circulação nacional e internacional. A busca por artigos publicados em revistas de âmbito nacional foi realizada através da consulta em dez revistas, nas quais foram considerados os artigos que continham referências à comunidade perifítica, incluindo aqui o termo "algas bênticas" quando se tratando do estudo de **microalgas** aderidas ou associadas a substratos, no título, resumo, palavras-chave ou na seção de Materiais e Métodos. Não foram considerados os artigos que tratavam exclusivamente de macroalgas ou de metafíton (material coletado através do espremido de macrófitas) e artigos que não especificavam claramente qual era a comunidade em estudo (fitoplâcton, metafíton ou perifíton). Buscou-se avaliar todos os exemplares disponíveis desde o primeiro até o último volume do ano de 2011. A seguir estão listadas as revistas nacionais analisadas e os anos, volumes e números consultados, além dos volumes que não foram encontrados para consulta:

♦ *Acta Amazonica*: 1971-2011 (v. 1-41); volumes não consultados (v. 31 n. 3; v. 32 n. 1);

♦ *Acta Botanica Brasilica*: 1987-2011 (v. 1-25);

♦ *Acta Limnologica Brasiliensia*: 1986-2011 (v. 1-23 n. 2);

♦ *Acta Scientiarum – Biological Sciences*: 1998-2011 (v. 20-33);

♦ *Biota Neotropica*: 2001-2011 (v. 1-11);

♦ *Hoehnea*: 1971-2010 (v. 1-38 n. 2);

♦ *Iheringia, Série Botânica*: 1958-2011 (v.1-66 n. 1); volume não consultado (v. 32);

♦ *Insula*: 1969-2011 (n. 1-40);

♦ *Revista Brasileira de Biologia/Brazilian Journal of Biology*: 1941-2011 (v. 1-71);

♦ *Revista Brasileira de Botânica*: 1978-2011 (v. 1-34); volumes não consultados (v. 2 n. 1; v. 15; v. 17; v. 18; v. 19).

Na busca por artigos publicados em revistas internacionais foi utilizada a base de dados do Thomson Reuters (Web of Knowledge; www.webofknowledge.com). A busca foi realizada em março de 2012 e baseou-se em artigos que continham, no título, resumo, palavras-chave ou endereço dos autores, a combinação das seguintes palavras: "Brazil and periphyt*", "Brazil and benth* alga*", "Brazil and epiphyt*", "Brazil and epilith*", "Brazil and episam*", "Brazil and epipel*". O uso de asterisco (*) permite que a busca seja feita para todas as possíveis finalizações da palavra. Por exemplo, usando o termo "periphyt*", a busca engloba os termos periphyton e periphytic. Os artigos das revistas brasileiras *Brazilian Journal of Biology*, *Acta Botanica Brasilica*, *Iheringia*, *Série Botânica* e *Biota Neotropica* passaram a integrar a base de dados Web of Knowledge entre os anos de 2008 e 2010. Os artigos dessas revistas que já se encontravam disponíveis na base de dados no momento da busca foram considerados como sendo de âmbito internacional e não nacional, em virtude da maior facilidade de acesso desses trabalhos junto à comunidade científica internacional.

Cada artigo foi analisado de acordo com (i) ano da publicação, (ii) revista em que foi publicado, (iii) Estado brasileiro onde o estudo foi realizado, (iv) tipo de ambiente, (v) grupos biológicos (algas, bactérias, invertebrados), (vi) tipo de substrato utilizado, (vii) abordagem da publicação (observacional, experimental, revisão) e (viii) tema abordado (levantamentos florísticos/estudos taxonômicos, estrutura, biomassa, biomonitoramento, interações biológicas, biologia, composição química, produção primária, produção secundária, metodologia). É importante notar que um mesmo artigo pode englobar diferentes regiões de estudo, ambientes, grupos biológicos, substratos e temas, podendo haver maior número de observações que o número de artigos encontrados. As revistas nas quais os artigos foram publicados foram classificadas de acordo com o Qualis da Coordenação de Aperfeiçoamento de Pessoal de Nível Superior (CAPES) na área de Biodiversidade no ano de 2012 (http://qualis.capes.gov.br). Nessa classificação, as revistas são enquadradas em oito categorias de acordo, principalmente, com seus fatores de impacto: A1 e A2 (de maior impacto), de B1 a B5 e C (menor impacto) (Loyola *et al.*, 2012).

Artigos sobre perifíton entre 1981 e 2011

Foram encontrados 187 artigos cujo tema principal estava relacionado com a comunidade perifítica. Deste total, 127 artigos foram publicados em revistas de circulação nacional e 60, em revistas indexadas no Web of Knowledge. Entre os artigos indexados no Web of Knowledge estão incluídos 17 em revistas brasileiras: sete artigos no *Brazilian Journal of Biology*, sete na *Acta Botanica Brasilica*, dois na *Biota Neotropica* e um na *Iheringia, Série Botânica*. É importante destacar a importância da indexadação de revistas nacionais em bancos de dados internacionais, proporcionando, assim, maior visibilidade aos trabalhos e atingindo com maior facilidade a comunidade científica internacional.

Os estudos sobre perifíton em ambientes aquáticos continentais brasileiros são recentes, sendo que os primeiros artigos científicos encontrados nas revistas analisadas neste levantamento foram publicados na década de 1980 (Figura 1) e abordam principalmente levantamentos florísticos que englobam tanto algas fitoplanctônicas quanto algas perifíticas. Além disso, no início da década de 1980, o termo perifíton era ainda pouco utilizado, sendo que alguns dos trabalhos analisados usam denominações como "microalgas do bentos" ou somente descrevem na metodologia que o material foi obtido através da raspagem de diferentes substratos. Um importante marco no desenvolvimento de estudos sobre a comunidade perifítica no Brasil foi a publicação, pela revista *Acta Limnologica Brasiliensia*, de trabalhos que discutem os diferentes métodos empregados em estudos qualitativos, quantitativos, ecológicos e de bioindicação com algas perifíticas (Bicudo, CEM., 1990; Bicudo, DC., 1990; Schwarzbold, 1990; Watanabe, 1990).

A partir da década de 2000 houve uma tendência de crescimento no número de artigos publicados, sendo que a média é de 11 trabalhos por ano entre 2000 e 2011 (Figura 1). Porém, os estudos são ainda pouco numerosos diante da diversidade de organismos perifíticos existente e da diversidade de ambientes aquáticos em nosso país. Comparativamente a outros grupos de organismos, como macrófitas aquáticas e fitoplâncton, a comunidade perifítica é pouco estudada no Brasil. Por exemplo, Thomaz & Bini (2003) avaliaram os estudos sobre macrófitas aquáticas realizados no Brasil e encontraram 166 trabalhos científicos publicados em revistas nacionais e internacionais até o ano 2000. Os mesmos autores fizeram interessante levantamento avaliando os trabalhos publicados na revista *Acta Limnologica Brasiliensia* e observaram que perifíton e bactérias são os dois grupos menos estudados, enquanto fitoplâncton, zooplâncton e macrófitas aquáticas são os grupos de organismos mais bem estudados (Thomaz & Bini, 2003).

Em revistas de âmbito internacional, as primeiras publicações ocorreram a partir da metade da década de 1990, podendo ser observada forte tendência de crescimento no número de publicações ao longo dos anos (Figura 1). Esse aumento no número de publicações em revistas internacionais é uma tendência geral em estudos de ecologia aquática no Brasil. Melo *et al.* (2006) observaram que a contribuição de artigos brasileiros em revistas internacionais de limnologia teve um aumento substancial a partir da década de 1980 e prossegue atualmente, devendo tal acréscimo se manter nos próximos anos. Essa tendência reflete os investimentos que o país vem fazendo na formação de pesquisadores e de centros de pesquisa nas últimas décadas, resultando na formação de pesquisadores altamente qualificados e com produção científica internacional (Melo *et al.*, 2006).

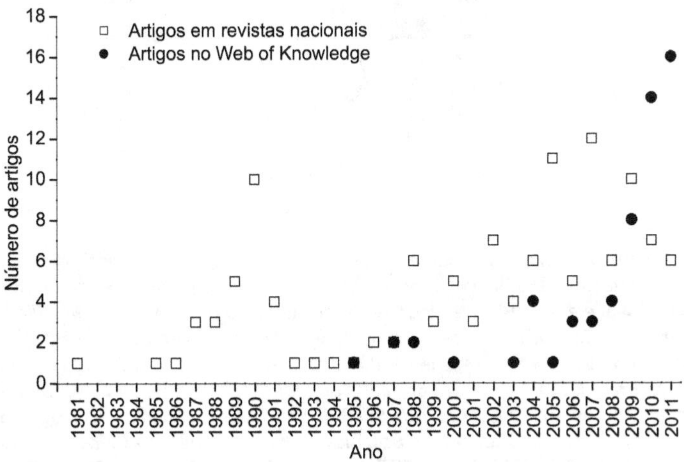

Figura 1 Número de artigos sobre perifíton publicados em revistas de circulação nacional e em revistas indexadas na base de dados Web of Knowledge de 1981 a 2011.

Os artigos encontrados foram publicados em 35 revistas, sendo que, além das dez revistas citadas anteriormente, a busca no Web of Knowledge obteve artigos em outras 25 revistas. Cabe ressaltar que duas revistas nacionais não avaliadas inicialmente apareceram na busca realizada na base de dados: *Boletim do Instituto de Pesca* (um artigo) e *Brazilian Archives of Biology and Technology* (dois artigos). Dentre todas as revistas, incluindo tanto revistas de âmbito nacional quanto revistas internacionais, somente nove publicaram mais de cinco artigos cada, totalizando 78% dos trabalhos (Figura 2). As revistas *Acta Limnologica Brasiliensia* e *Brazilian Journal of Biology* se destacam como os dois principais meios de divulgação dos artigos sobre perifíton publicados pela comunidade científica brasileira, somando mais de 31% dos trabalhos.

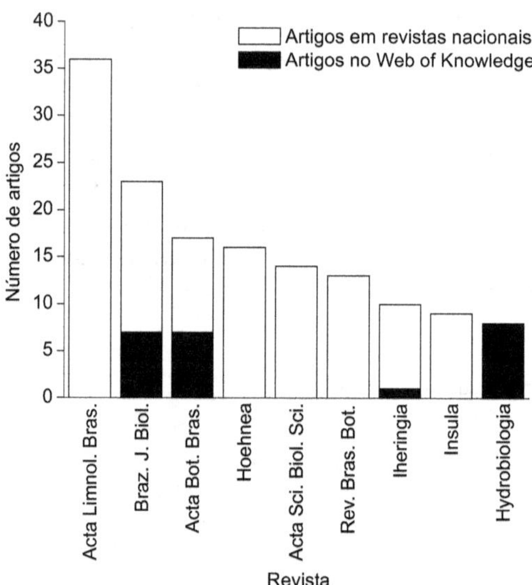

Figura 2 Revistas com o maior número de artigos publicados sobre o perifíton de ambientes aquáticos continentais brasileiros. Em branco estão os artigos publicados em revistas de circulação nacional e em preto, os artigos indexados no Web of Knowledge. *Brazilian Journal of Biology*, *Acta Botanica Brasilica* e *Iheringia, Série Botânica* passaram a integrar a base de dados do Web of Knowledge entre 2008 e 2009. *Acta Limnol. Bras. = Acta Limnologica Brasiliensia; Braz. J. Biol. = Revista Brasileira de Biologia/Brazilian Journal of Biology; Acta Bot. Bras. = Acta Botanica Brasilica; Acta Sci. Biol. Sci = Acta Scientiarum – Biological Sciences; Rev. Bras. Bot. = Revista Brasileira de Botânica; Iheringia = Iheringia, Série Botânica.*

A única revista internacional que figura entre aquelas com maior número de publicações é a *Hydrobiologia*, com oito artigos (Figura 2). Esse resultado demonstra que, apesar da tendência de crescimento no número de publicações em revistas internacionais, as revistas nacionais ainda são o principal meio de divulgação dos estudos sobre a comunidade perifítica.

A classificação das revistas de acordo com o Qualis CAPES na área de Biodiversidade demonstrou que poucos trabalhos são publicados em revistas consideradas de alto impacto (estratos A1 e A2): seis artigos aparecem em quatro revistas A1 (*Freshwater Biology*, *Journal of the North American Benthological Society*, *PLoS ONE* e *Science of the Total Environment*) e dez artigos em três revistas A2 (*Hydrobiologia*, *Journal of Environmental Management* e *Journal of Microbiological Methods*). Já 39 artigos foram publicados em revistas B1, 68 em revistas B2, 62 em revistas B3 e dois em revista B5. Porém, o crescimento no número de publicações em revistas de alto impacto parece ser uma tendência, uma vez que oito dos 16 artigos em revistas Qualis A (A1 e A2) foram publicados nos últimos dois anos abrangidos pelo levantamento, 2010 e 2011.

Estudos em Estados e ambientes do Brasil

A distribuição dos estudos no território nacional não é uniforme, com predomínio nas regiões Sul e Sudeste. Paraná e São Paulo são os dois Estados com maior número de trabalhos (44 e 40 artigos, respectivamente), seguidos por Rio Grande do Sul (25) e Rio de Janeiro (21), totalizando mais de 71% dos estudos concentrados em somente quatro das 27 unidades federativas do Brasil (Figura 3). Comparativamente, as regiões Norte, Nordeste e Centro-Oeste correspondem a 82% do território nacional (Resolução n° 1 de 5 de janeiro de 2013, IBGE), porém, não somam mais que 22% do total de estudos. Em levantamento feito por Melo *et al.* (2006), São Paulo, Rio de Janeiro e Paraná também figuram entre os Estados brasileiros com maior número de publicações em limnologia geral na revista *Hydrobiologia*. Esse viés pode ser explicado pelo fato de as regiões Sul e Sudeste abrigarem grande parte das instituições de ensino e pesquisa do país, e os quatro Estados com maior número de publicações contam com grupos de pesquisa consolidados em limnologia/ecologia aquática e/ou com ênfase na comunidade perifítica, como a Universidade Estadual de Maringá (PR), o Instituto de Botânica de São Paulo (Secretaria do Meio Ambiente), a Universidade Federal do Rio de Janeiro, a Universidade Federal do Rio Grande do Sul e a Universidade de Santa Cruz do Sul (RS). Porém, não deixa de surpreender o pequeno número de trabalhos realizados na região Norte do país, que, além da grande extensão territorial, é onde se encontra a maior bacia hidrográfica do mundo (Bacia Amazônica, 6.112.000 km²). De forma semelhante, a região Centro-Oeste, que engloba grande parte do Pantanal, ainda é pouco estudada com relação à comunidade perifítica.

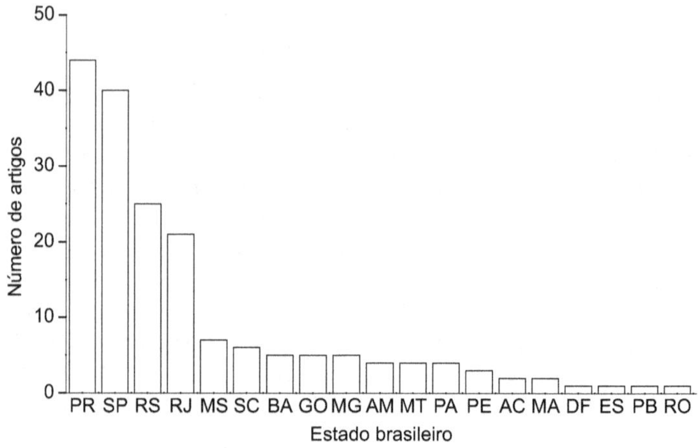

Figura 3 Distribuição dos artigos publicados sobre perifíton por Estado do Brasil onde o estudo foi realizado.

Com relação aos tipos de ambientes estudados, rios e riachos receberam o maior número de estudos sobre comunidades perifíticas (80 artigos), seguidos por lagos naturais (49 artigos), reservatórios (27 artigos) e lagoas costeiras (17 artigos) (Figura 4). Cabe ressaltar que, dentre os rios, lagos e canais estudados, muitos compõem a planície de inundação do rio Paraná, sendo certamente a planície de inundação com maior número de estudos no Brasil. É interessante ressaltar que outros levantamentos cienciométricos que analisaram a distribuição de estudos com macrófitas aquáticas (Padial *et al.*, 2008) e de estudos de limnologia em geral (Melo *et al.*, 2006) encontraram um número significativamente maior de estudos em ambientes lênticos que em ambientes lóticos. No presente levantamento, ainda que haja maior número de estudos em ambientes lênticos que em ambientes lóticos, quando somados os artigos em lagos, reservatórios e lagoas costeiras, os estudos sobre perifíton estão bem distribuídos entre os principais ecossistemas aquáticos continentais brasileiros (Figura 4). Porém, alguns ambientes peculiares, como áreas alagáveis, brejos, estuários, marismas e manguezais, são comparativamente pouco estudados. Esses ambientes sabidamente apresentam alta diversidade biológica e comunidades biológicas distintas, de forma que se deve empreender maior esforço no estudo de suas comunidades perifíticas.

Estimativas conservadoras sugerem a existência de aproximadamente 26.000 espécies de algas (Stevenson 1996), enquanto Round *et al.* (1990) estimam que existam até 100.000 espécies somente de diatomáceas (Bacillariophyceae). Ainda, a clássica visão de que micro-organismos são ubiquamente distribuídos e de que a composição destas comunidades resulta unicamente de características ambientais, como postulado em 1934 por Baas-Becking (*"everything is everywhere but the environment selects"*) e posteriormente por Finlay & Fenchel (1999) e Finlay (2002), vem sendo desafiada por estudos recentes que têm sugerido a ocorrência de endemismos e limitações geográficas em diferentes grupos de organismos, como bactérias e diatomáceas (Martiny *et al.*, 2006; Vyverman *et al.*, 2007; Vanormelingen *et al.*, 2008). Diante disso, torna-se ainda mais importante que esforços sejam direcionados ao estudo de um maior número e uma maior diversidade de ecossistemas nas diferentes regiões brasileiras. Certamente, esses ambientes abrigam muitas espécies ainda não descritas pela ciência. Por exemplo, estudos recentes em ecossistemas amazônicos têm descrito várias novas espécies de algas (Burliga *et al.*, 2007; Wetzel *et al.*, 2011).

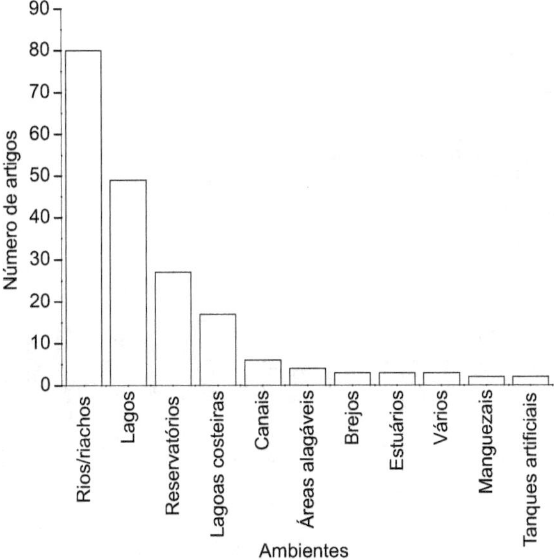

Figura 4   Distribuição dos artigos publicados sobre perifíton de acordo com o tipo de ambiente onde o estudo foi realizado.

Tipos de substratos e grupos de organismos envolvidos nos estudos

Foram encontrados 17 tipos de substratos naturais e artificiais utilizados para colonização do perifíton (Figura 5). Substratos naturais são utilizados em

85% dos estudos, enquanto somente 15% utilizam substratos artificiais. Dentre todos os substratos, destacam-se as macrófitas aquáticas, utilizadas em 43% dos estudos (92 artigos), e os seixos, empregados em 22% dos estudos (47 artigos). Enquanto o uso de macrófitas aquáticas como substrato é comum tanto em ambientes lênticos quanto lóticos, o uso de seixos predomina em ambientes lóticos. Também merece destaque o uso de sedimento e areia como substratos, contemplando as comunidades epipélicas (associadas a sedimento) e episâmicas (associadas à areia). Entre os substratos artificiais, lâminas de vidro (5,7% do total) e material plástico (3,8% do total) são os materiais mais comumente utilizados.

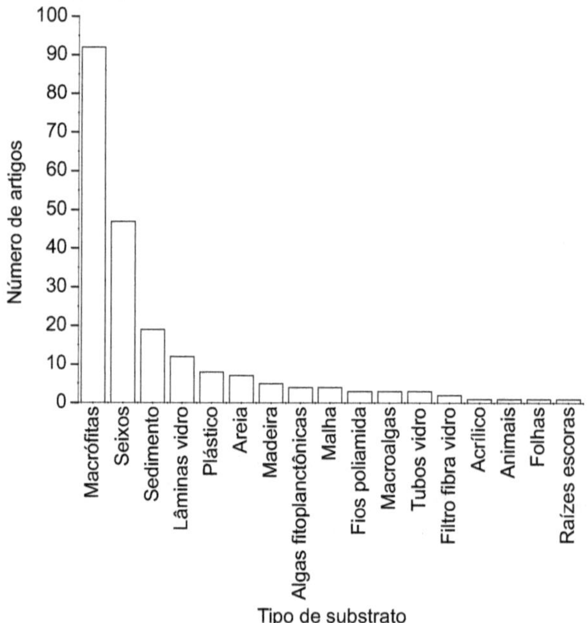

Figura 5 Distribuição dos artigos publicados sobre perifíton de acordo com o tipo de substrato utilizado.

O conhecimento sobre a comunidade perifítica se restringe basicamente à comunidade de algas (152 estudos), em detrimento de estudos que envolvam todo o biofilme perifítico (através do estudo da biomassa algal e peso orgânico) e de estudos sobre organismos heterotróficos, como bactérias e invertebrados (por exemplo, microcrustáceos, rotíferos e amebas) (Figura 6). Essa ênfase dada à comunidade algal está relacionada com o fato de a mesma compor a maior parte da biomassa do perifíton (Pômpeo & Moschini-Carlos, 2003). Além disso, a limnologia brasileira possui tradição no estudo de algas planctônicas, e importantes limnólogos na década de 1970 que trabalharam e ainda trabalham com esse grupo de organismos deixaram seu legado na formação dos profissionais que têm atuado desde então (Melo *et al.*, 2006; Esteves, 2011). Esse fator certamente contribuiu para que houvesse maior interesse também nas algas perifíticas. Dentre as algas, as diatomáceas (Bacillariophyceae) são os organismos mais estudados, representando 45% dos trabalhos. Estudos que envolvem toda a comunidade algal somam 29%, enquanto estudos enfocando as Zygnemaphyceae representam 14,5%. Já estudos com outros grupos de algas são mais escassos, como é o caso de Cyanobacteria (4% do total), Chlorophyceae (3%), Dynophyceae, Euglenophyceae e Xantophyceae (1,3% cada) e Crysophyceae (0,6%). Com relação aos organismos heterotróficos, é notório o pequeno número de estudos envolvendo bactérias (sete artigos) e demais organismos perifíticos (quatro artigos). Esses estudos, em sua maioria, concentram-se em bactérias (Roland *et al.*, 1990; Thomaz & Esteves, 1997) e invertebrados (Beyruth *et al.*, 1998, Pereira *et al.*, 2007) associados a macrófitas aquáticas, em detrimento de outros tipos de substratos, como, por exemplo, substratos artificiais (Vieira *et al.*, 2007). Certamente, a falta de estudos envolvendo organismos perifíticos heterotróficos não é justificada, uma vez que esses organismos podem ser abundantes e representar importante parcela da diversidade de espécies no perifíton, além de exercer papel fundamental no microcosmos perifítico (Peters *et al.*, 2007).

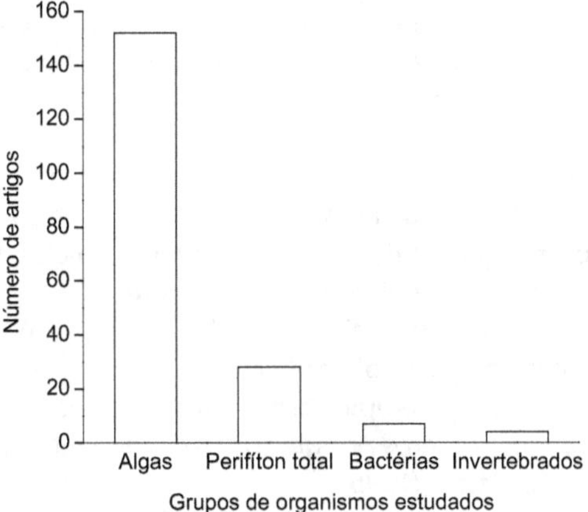

Figura 6 Distribuição dos artigos publicados sobre perifíton de acordo com o grupo de organismos estudado (as cianobactérias foram incluídas no grupo das algas).

Além disso, enquanto a maioria dos estudos trata exclusivamente de grupos específicos de organismos, algumas pesquisas apresentam um enfoque mais ecossistêmico, avaliando, por exemplo, questões relacionadas à massa perifítica total, através de medidas de biomassa algal, peso orgânico e peso inorgânico do perifíton. Um exemplo interessante é o estudo de Moulton *et al.* (2004), em que os autores avaliaram o papel de efemerópteros (Baetidae) e camarões (Atyidae e Palaemonidae) na remoção de perifíton e sedimento em um riacho no Estado do Rio de Janeiro. A partir de um experimento bem delineado e utilizando análises de clorofila *a* e peso seco orgânico e inorgânico, foi possível avaliar as forças de interação entre organismos consumidores e o perifíton: enquanto os camarões não removeram quantidades significativas de biofilme perifítico, os efemerópteros exerceram papel fundamental na remoção da biomassa perifítica. Esse exemplo ilustra que, apesar de ser extremamente importante conhecer a composição, os padrões de riqueza e de distribuição da comunidade perifítica, muitas vezes análises mais simples e rápidas, como clorofila *a* e peso seco, podem trazer informações importantes a respeito de padrões e processos que envolvem a comunidade perifítica, como interações bióticas e cadeias tróficas.

Abordagens e temas dos estudos com perifíton

A maioria dos estudos analisados apresenta uma abordagem observacional. Isto é válido tanto para artigos publicados em revistas nacionais (80%) como para artigos indexados no Web of Knowledge (62%). Trabalhos de revisão englobam um pouco mais de 3% dos artigos. Porém, é interessante notar que 35% dos artigos encontrados no Web of Knowledge são experimentais, enquanto somente 16% dos artigos em revistas de circulação nacional utilizam uma abordagem experimental (Figura 7). Já na década de 1980, Ross (1983) apontou que para a compreensão dos padrões e processos que envolvem a comunidade perifítica é preciso conhecer a importância relativa dos diversos fatores bióticos e abióticos que atuam na organização da comunidade. Neste contexto, estudos experimentais são fundamentais para elucidar o efeito exercido por diferentes fatores ecológicos sobre o perifíton. Ademais, a comunidade perifítica, em especial a comunidade algal, apresenta uma série de características que permitem o desenvolvimento de estudos experimentais relativamente simples, como, por exemplo, organismos de tamanho pequeno e ciclo de vida curto, grandes números populacionais, fácil manipulação e coleta. De acordo com Rigler & Peters (1995), estudos observacionais podem ser vistos como um passo inicial na construção do conhecimento, pois servem para gerar hipóteses que serão então testadas através de experimentos. Ou seja, estudos observacionais e experimentais são complementares. Larned (2010) aponta que pesquisas em ecologia do perifíton têm contribuído para o desenvolvimento de teorias ecológicas e para o manejo de ecossistemas. Como exemplo é possível citar a contribuição da ecologia do perifíton para o entendimento de distúrbios hidrológicos como fatores-chave na estruturação de comunidades aquáticas (Steinman & McIntire, 1990; Peterson & Stevenson, 1992) e dos efeitos da limitação de nutrientes sobre comunidades e processos ecossistêmicos (Francoeur, 2001). Porém, as contribuições poderão ser ainda mais amplas se houver uma mudança na ênfase dos estudos: de estudos observacionais que descrevem padrões para experimentos manipulativos que tenham por objetivo o teste formal de hipóteses ecológicas (Creutzberg & Hawkins, 2008). Assim, para o desenvolvimento da pesquisa científica com perifíton no Brasil é importante que os estudos passem a focar também uma abordagem experimental e de teste de hipóteses, aumentando nosso conhecimento acerca da dinâmica, estrutura e interações dessa comunidade nos ecossistemas aquáticos.

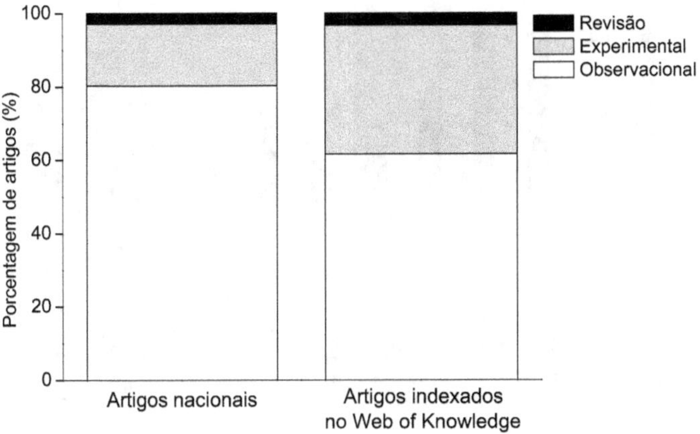

Figura 7 Porcentagem de artigos sobre perifíton de acordo com a abordagem utilizada no estudo.

Entre os temas abordados, os trabalhos que tratam de levantamentos florísticos e estudos taxonômicos ocupam o maior espaço nas revistas de âmbito nacional, alcançando 46% do total de artigos, seguido por estudos que abordam estrutura (22%) e biomassa (10%) das comunidades, além de estudos metodológicos (10%) (Figura 8). A situação é um pouco diferente nos artigos obtidos através do Web of Knowledge, havendo melhor distribuição dos temas. Os levantamentos florísticos e estudos taxonômicos contribuem com 22% do total de trabalhos, estudos sobre estrutura de comunidades correspondem a 21% e sobre biomassa, a 14%, seguidos por estudos sobre interações biológicas que somam 11% (Figura 8). Na revisão dos trabalhos sobre perifíton realizados no Brasil até 1995, Bicudo *et al.* (1995) observaram que 54,7% deles eram levantamentos taxonômicos, enquanto 40,6% eram estudos ecológicos e somente 4,8% tratavam de metodologias. A análise conjunta de todos os 187 artigos encontrados no presente estudo revela aumento do interesse por questões ecológicas (53%) e metodológicas (9%), com diminuição da contribuição de trabalhos florísticos e taxonômicos (38%).

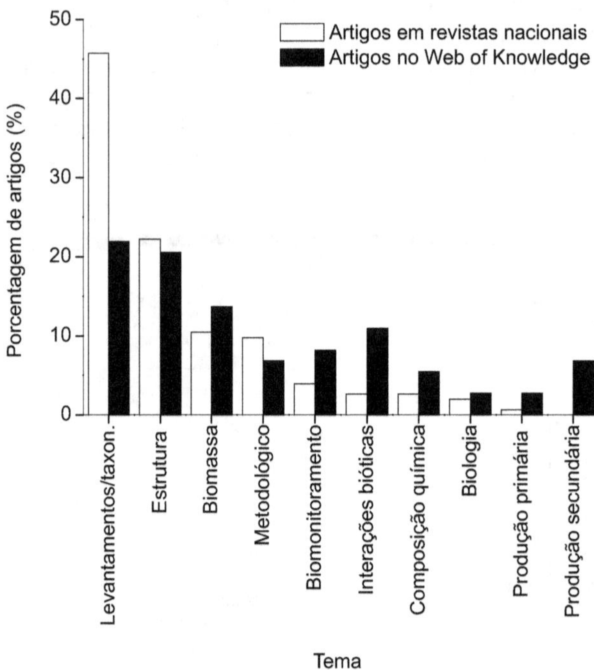

Figura 8 Distribuição dos artigos publicados sobre perifíton de acordo com o tema estudado. Em branco, estão os artigos publicados em revistas de circulação nacional e, em preto, os artigos indexados no Web of Knowledge.

A reconhecida importância das algas perifíticas como bioindicadoras da qualidade da água (Lowe & Pan, 1996) certamente contribuiu para o aumento de estudos de caráter ecológico, sendo que muitos dos estudos que avaliam a estrutura da comunidade apresentam espécies que são potenciais indicadoras de determinadas características físicas e químicas da água (por exemplo, Salomoni *et al.*, 2006; Schneck *et al.*, 2007). Essa tendência de mudança de enfoque de estudos descritivos para estudos de caráter mais amplo ocorre também em outras áreas da limnologia, como em estudos relacionados à comunidade fitoplanctônica (Carneiro *et al.*, 2008). Porém, deve-se ressaltar que levantamentos florísticos são extremamente importantes, pois certamente ainda existem muitas espécies a serem descritas (déficit Lineano) e com distribuição desconhecida (déficit Wallaceano) (Bini *et al.*, 2006). O conhecimento da biodiversidade dos ambientes aquáticos continentais brasileiros é restrito e muitos dos nossos ecossistemas ainda carecem de tais informações.

Como consequência do fato de que a maioria dos estudos avaliados apresenta um enfoque florístico, ainda são poucos aqueles que tratam de temas atuais em Ecologia, como, por exemplo, relações entre diversidade biológica e funcionamento de ecossistemas, metacomunidades ou ainda ecologia funcional e filogenética. A comunidade perifítica certamente é uma excelente ferramenta para investigar questões relacionadas a esses temas. Além disso, estudos que avaliem padrões de concordância entre os diferentes grupos de organismos da comunidade perifítica (por exemplo, diatomáceas, clorofíceas e cianobactérias) e destes com outros grupos de organismos (por exemplo, fitoplâncton, macroinvertebrados e peixes) podem ter grande aplicação em programas de monitoramento e conservação dos ecossistemas aquáticos brasileiros, permitindo o uso de organismos substitutos (*surrogates*) na avaliação das condições ambientais (para exemplos com outros grupos de organismos, ver Bini *et al.*, 2008, e Heino, 2010).

Conclusão

O presente levantamento certamente não engloba todos os estudos sobre perifíton já realizados no Brasil, uma vez que o acesso a estudos publicados em revistas menos tradicionais é mais difícil, além do fato de não terem sido consideradas dissertações e teses. Porém, acredita-se que a ênfase em dez revistas nacionais que tradicionalmente publicam trabalhos nas áreas de biodiversidade/ecologia/limnologia, além das revistas internacionais, permitiu gerar um panorama geral das tendências e lacunas nas pesquisas sobre perifíton no Brasil.

Estudos sobre a comunidade perifítica são injustificavelmente escassos diante da grande diversidade de ambientes aquáticos no Brasil e da reconhecida alta diversidade dos organismos que compõem o perifíton. A carência de pesquisas em ambientes localizados fora do eixo Sul-Sudeste, envolvendo grupos não-algais e que tenham enfoque ecológico, está entre as principais lacunas identificadas nas pesquisas sobre perifíton no Brasil. Além disso, é importante que haja uma complementaridade entre estudos florísticos/taxonômicos que busquem aumentar nosso conhecimento sobre a biodiversidade dos organismos perifíticos e estudos experimentais que testem hipóteses ecológicas utilizando o perifíton como modelo.

Agradecimentos – Agradeço à Denise de Campos Bicudo pela revisão do texto e ao Conselho Nacional de Desenvolvimento Científico e Tecnológico pela bolsa de Pós-Doutorado Júnior concedida (processo CNPq 150290/2012-8) durante parte do período de elaboração deste capítulo.

Papel do Perifíton na Ciclagem de Nutrientes e na Teia Trófica

3

Sirlene Aparecida Felisberto & Eliza Akane Murakami

Introdução

O perifíton (Figura 1) é definido como uma complexa comunidade de microorganismos, detritos orgânicos e inorgânicos aderidos a substratos inorgânicos ou orgânicos (Wetzel, 1983). As populações dentro da comunidade estão relacionadas por uma cadeia de interações, sendo as de natureza trófica as mais importantes no transporte de energia e matéria (Lampert & Sommer, 1997). Desta forma, o perifíton desempenha papel extraordinário no metabolismo de um ecossistema aquático, pois participa das etapas fundamentais na estrutura e funcionamento dos ambientes, tais como produção, consumo e decomposição. Assim, conforme já comentado por Lopes & Benedito-Cecilio (2002), o entendimento desse fluxo de energia no ecossistema inicia-se pela investigação dos processos que ocorrem a partir dos produtores primários e de como a variabilidade destes pode influenciar os níveis subsequentes da teia alimentar.

A produção é realizada por organismos capazes de sintetizar matéria orgânica a partir de gás carbônico, energia solar e nutrientes (Esteves, 1998; Tundisi & Tundisi, 2008). Esses organismos são denominados produtores primários e em ecossistemas aquáticos abrangem vários grupos taxonômicos, como cianobactérias, algas e plantas aquáticas. Como produtores primários, estes serão consumidos diretamente por organismos herbívoros (consumidores primários), que, por sua vez, serão consumidos pelos organismos carnívoros (consumidores secundários). Há também os detritívoros, que se alimentam de restos de plantas e animais, participando da cadeia de detritos (Esteves, 1998).

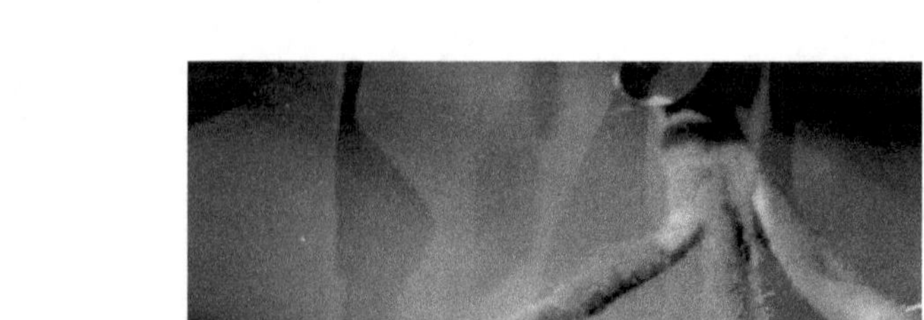

Figura 1   Perifíton sobre *Eichhornia azurea* (Sw.) Kunth. Foto: E. C. Mulinari & S. A. Felisberto.

A transferência de energia dos produtores primários através dos herbívoros para os consumidores carnívoros é chamada de cadeia alimentar. Segundo Lampert & Sommer (1997), o conceito de cadeia alimentar – *food chain* – constitui uma abordagem muito simples para sistemas naturais, exceto para hábitats extremamente pobres em espécies, sendo substituído pelo termo teia alimentar – *food web*.

De forma geral, nos artigos publicados até 2011, o termo "cadeia alimentar" foi mais utilizado que "teia alimentar" (Figura 2). Contudo, entre os perifitólogos, o termo "teia alimentar" é o mais utilizado, sendo tratado em 4.240 artigos, enquanto "cadeia alimentar" aparece em 1.930 (Figura 2), e a atual década é a mais promissora nos estudos sobre este tema.

No processo de decomposição realizado por fungos e bactérias, a matéria orgânica será decomposta em sais minerais, água e gás carbônico, os quais poderão ser reaproveitados pelos produtores primários (Esteves, 1998). Essa ciclagem de nutrientes no sistema aquático continental envolve processos como: fixação de formas de elementos orgânicos e inorgânicos pela biota; transferência desses elementos de um organismo para outro (pelas teias alimentares); retorno destes ao ambiente através de formas disponíveis; e reassimilação pelos organismos produtores (Mulholland, 1996; Wetzel, 1996), como algas planctônicas e perifíticas, além das plantas aquáticas (Figura 3).

O crescimento e a reprodução das algas perifíticas são influenciados pela disponibilidade de nutrientes (Rodrigues & Bicudo, 2001; Murakami & Rodrigues, 2009; Ferragut & Bicudo, 2010), luz (Hill, 1996; Tuji, 2000), temperatura (DeNicola, 1996; Murakami & Rodrigues, 2009; Algarte *et al.*, 2006; Murakami & Rodrigues, 2009), qualidade e velocidade da água e material suspenso transportado pela corrente (Sand-Jensen, 1983; Stevenson *et al.*, 1996; Rodrigues *et al.*, 2003), herbivoria (Rosemond *et al.*, 1993), além da natureza e da qualidade do substrato (Moschini-Carlos, *et al.*, 2001) (Figura 4).

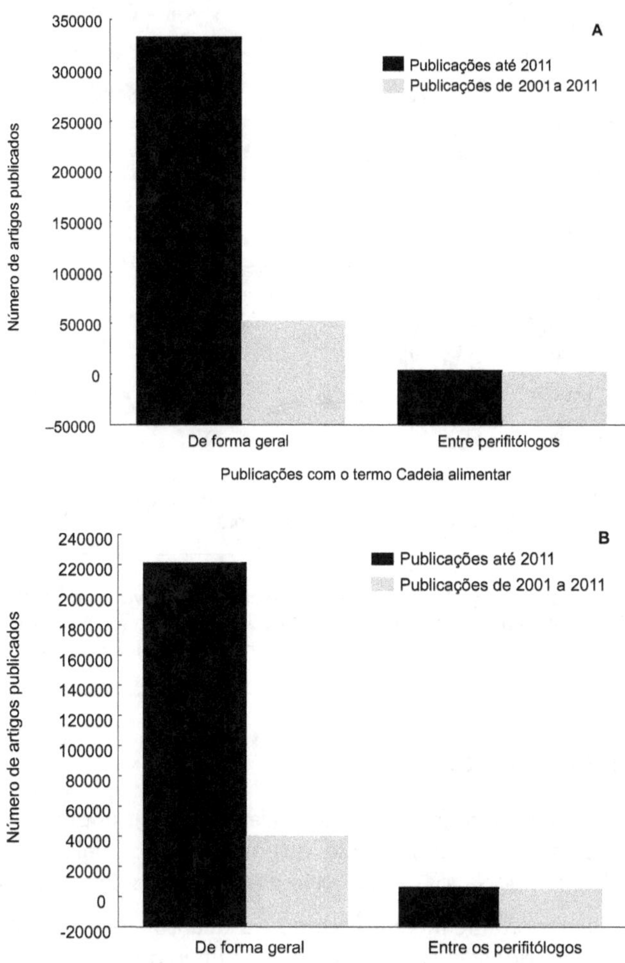

Figura 2 Número de artigos publicados com os termos "cadeia alimentar" (A) e "teia alimentar" (B) até o ano de 2011. Fonte: pesquisa avançada no Google Acadêmico.

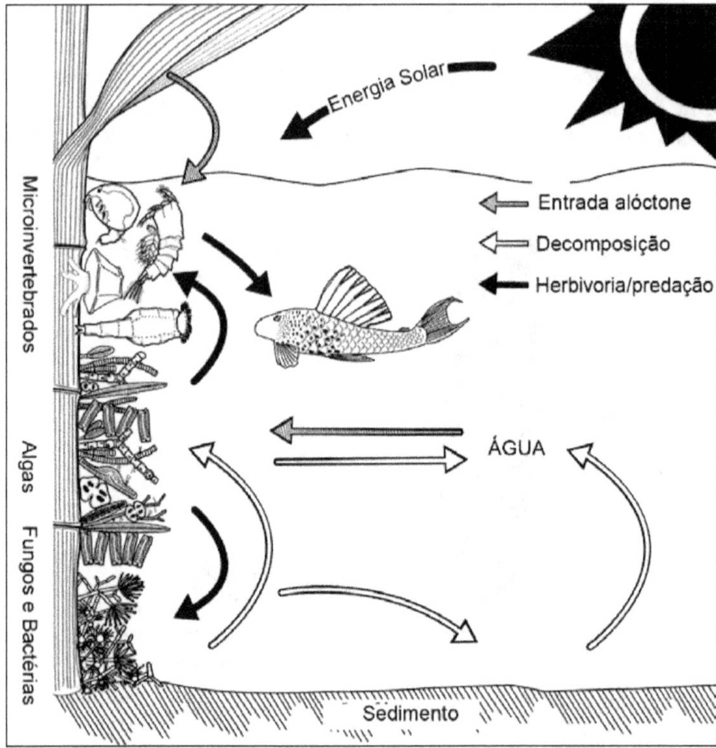

Figura 3 Diagrama representando a ciclagem de nutrientes envolvendo algas perifíticas, por meio da assimilação de nutrientes da água, do substrato, do sedimento e do próprio biofilme, e retorno destes pela decomposição. Ilustração: C. Y. Joko, E. A.Murakami & S. A. Felisberto (2012).

Ciclagem de nutrientes

A ciclagem de nutrientes, segundo Wetzel (1996), implica a passagem destes entre os diferentes componentes de uma célula, comunidade ou ecossistema e podem ser reciclados e reaproveitados por alguns desses componentes.

Assim, é importante investigar como e o quanto esses nutrientes são assimilados, transferidos entre os organismos e liberados para serem reaproveitados, uma vez que estes serão perdidos a partir dos produtores primários e secundários. Tais perdas deverão ser reestabelecidas por entradas de nutrientes para que o sustento, crescimento e produção primária líquida se mantenham (Wetzel, 1996).

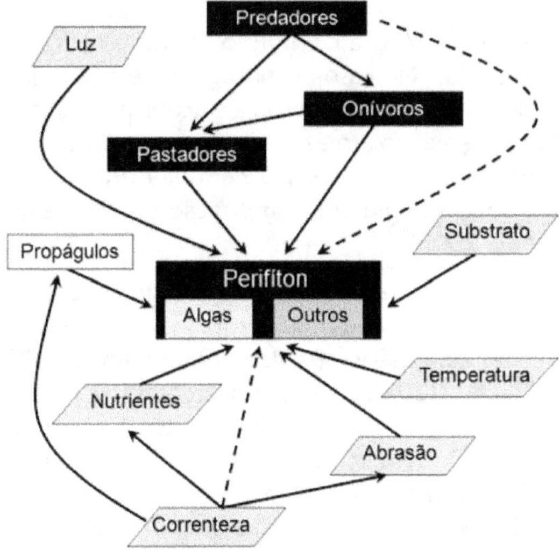

Figura 4 Diagrama representando os diferentes fatores físicos, químicos e biológicos que influenciam o perifíton.

Nesse sentido, o retorno dos nutrientes para os ecossistemas aquáticos se deve a atividades das bactérias que, juntamente com os fungos, decompõem a matéria orgânica e, consequentemente, degradam-na em aminoácidos, constituindo-se em importante fonte de íon amônio (NH_4^+). Por outro lado, grande parte da regeneração de nutrientes não é atribuída diretamente às bactérias, mas aos protozoários que as consomem e liberam o excesso de íon amônio e fosfato (Thomaz, 1999; Figura 3).

Portanto, a ciclagem de nutrientes pode ser regulada por vários fatores físicos, químicos e biológicos, de forma semelhante nos ecossistemas lênticos e lóticos, porém mais acentuadamente nos primeiros, principalmente em razão da maior produtividade, maior carga de matéria orgânica e maior diversidade de hábitats (Wetzel, 1996, 2005).

Considerando que os nutrientes, assimilados e reassimilados, são fundamentais para o crescimento de todos os organismos, assim como para as algas do perifíton, questionam-se quais nutrientes essas algas assimilam, de onde são incorporados e como identificar se o crescimento algal está limitado pelos nutrientes?

As algas, por meio da fotossíntese, são capazes de fixar o dióxido de carbono (CO_2) e produzir moléculas orgânicas variadas utilizando energia solar e, com isso, incorporar parte do carbono à biomassa e eliminar outra parte na respiração. Dentro da célula, o carbono é transformado em aminoácidos livres, peptídeos, proteínas, carboidratos, lipídios e compostos húmicos (Esteves, 1998; Vidal *et al.*, 2005). No caso do nitrogênio, este é utilizado para a síntese de aminoácidos, nucleotídeos, clorofila e ficobilinas (Graham *et al.*, 2009). Já o fósforo é fundamental ao armazenamento e transferência de energia dentro dos organismos (molécula de ATP), além da estruturação da membrana celular por conta dos fosfolipídios e composição dos ácidos nucleicos, DNA e RNA (Ferreira *et al.*, 2005).

Desta forma, os principais nutrientes que regulam o crescimento das algas são carbono (C), nitrogênio (N), fósforo (P) e ferro (Fe), além de sílica (Si), em particular para as diatomáceas (Wetzel, 1983; Esteves, 1998; Huszar *et al.*, 2005; Tundisi & Tundisi, 2008). Dentre as diferentes frações de carbono, nitrogênio e fósforo, o dióxido de carbono livre (CO_2 livre), íons bicarbonato e carbonato (HCO_3^- e CO_2, respectivamente), nitrato (NO_3), íon amônio (NH_4^+) e ortofosfato (PO_4^{-3}) constituem as formas inorgânicas solúveis diretamente utilizáveis pelas algas em maior quantidade e, por isso, considerados macronutrientes (Esteves, 1998; Ferragut, 1999).

As formas inorgânicas de nutrientes, na água, podem ter várias origens, como: a) atmosfera, chuva, águas subterrâneas, decomposição e respiração dos organismos (CO_2); processo de nitrificação realizado por bactérias (NO_3); fontes naturais e artificiais. Tais compostos são influenciados pelo metabolismo dos organismos, especialmente das cianobactérias, algas e plantas aquáticas (PO_4^{-3}) e decomposição de minerais de silicato de alumínio. Esses minerais são mais frequentes em rochas sedimentares (SiO_4, sílica), fundamental na elaboração das carapaças das diatomáceas (Esteves, 1998). Ainda, o amônio origina-se da atividade das bactérias heterotróficas, como um produto final da decomposição direta das proteínas ou de outros compostos orgânicos nitrogenados. O amônio é assimilado diretamente pelas algas, com baixo custo energético, enquanto o nitrato é mais dispendioso energeticamente (Margalef, 1983; Wetzel, 1993; Esteves, 1998). Assim, fisiologicamente, a incorporação das formas inorgânicas nas células algais pode ocorrer de modo diferenciado, em função da capacidade de adaptação das espécies, assim como da influência de outros fatores, principalmente da temperatura, luz, pH e alcalinidade (Esteves, 1998).

A relação de retirada dos nutrientes da água (assimilação e incorporação destes pelos produtores primários, direcionando o metabolismo celular entre crescer e reproduzir) e a entrada e/ou retorno desses recursos (direcionada pelo consumo e decomposição da morte dos organismos), governada pela luz, pode ocorrer em diferentes regiões de todos os ecossistemas aquáticos. Nesse sentido, a ciclagem de nutrientes pode ocorrer em vários compartimentos do ecossistema aquático, tanto em escala temporal quanto espacial e, em especial, nas regiões litorâneas e bênticas, onde as algas perifíticas constituem o principal alimento para consumidores primários (Wetzel, 1996).

No perifíton, os processos metabólicos envolvendo produtores, consumidores e decompositores aderidos às plantas da região litorânea, e muitas vezes de todo o ambiente, influenciam todo o metabolismo do sistema (Tundisi & Tundisi, 2008). Nesse caso, a comunidade de algas perifíticas desempenha papel importante na produtividade primária de ecossistemas continentais, especialmente em áreas alagáveis, lagos rasos que apresentam região litorânea com extensos estandes de plantas aquáticas e uma zona eufótica que atinge o fundo (Wetzel, 1996; Dodds, 2003; Tundisi & Tundisi, 2008).

Nas áreas alagadas, planícies de inundação e na grande maioria dos lagos rasos nas extensas regiões litorâneas e proximidades destas, geralmente existem altas taxas fotossintéticas em virtude da grande quantidade de plantas aquáticas e algas aderidas a estas. Assim, o gradiente da extensão de área alagada até a parte mais profunda da zona litorânea dos lagos pode ser caracterizado em quatro regiões (Wetzel, 1996, 2005), como demonstrado na Figura 5. Na estruturação do gradiente foram considerados o ambiente (solo e água), tipo de substratos (macrófitas, rochas, grãos da areia), entre outros:

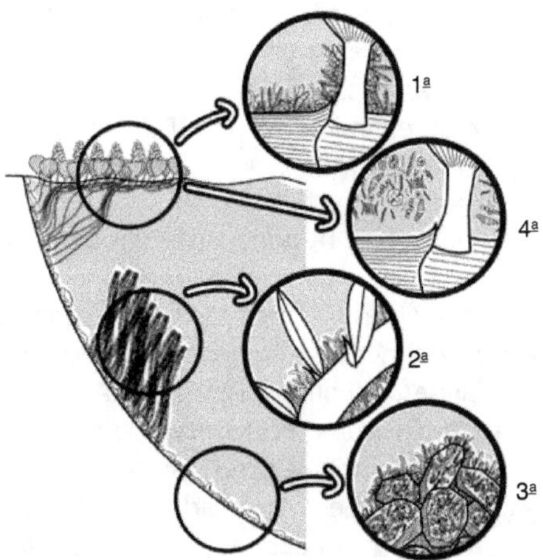

Figura 5 Diagrama representando as quatro regiões desde a área alagada até a região profunda. Ilustração: C. Y. Joko, E. A. Murakami & S. A. Felisberto (2012).

Primeira região – parte mais alta da área litorânea com solos saturados em água e presença de muitas macrófitas emergentes em densas populações, as quais consistirão em matéria orgânica na interface sedimento-água, em razão da alta produtividade. A quantidade dessas plantas representa maior área de superfície para colonização das algas e outros organismos. Por outro lado, a elevada carga de matéria orgânica resultará em condições anaeróbias, aumentando a solubilidade dos nutrientes (especialmente N e P) da água intersticial próxima à interface sedimento-água. Desta forma, essas condições evidenciam que os nutrientes, especialmente o fósforo, se difundem dos substratos próximos a essa interface, assim como da própria camada superficial do sedimento para comunidades aderidas (Riber *et al.*, 1983; Wetzel, 1996; Dodds, 2003; Wetzel, 2005).

Segunda região – nos extensos bancos de macrófitas submersas, geralmente as folhas apresentam formas delicadas, finamente divididas e reticuladas, aumentando a área superficial da planta, que, por conseguinte, aumenta a disponibilidade de substrato com micro-hábitats para colonização das algas. Os processos metabólicos deste complexo macrófita-perifíton (fotossíntese, consumo, decomposição) geram mais nutrientes, que se difundem para a água intersticial dos detritos e sedimento. Durante a senescência das macrófitas, quantidade apreciável de nutrientes é transferida aos tecidos das raízes. Porém, alguns tecidos das folhas senescentes e degradadas também liberam nutrientes e compostos orgânicos dissolvidos. Esses compostos, particularmente aminoácidos lábeis, podem ser prontamente utilizados e sequestrados pela microflórula perifítica (Bicudo *et al.*, *apud* Wetzel, 2005). Nesse sentido, pequenas concentrações de nutrientes liberadas pelas macrófitas constituem entradas importantes para a comunidade perifítica e são eficientemente utilizadas pelas algas aderidas. A significância desses compostos do substrato é maior em águas oligotróficas e diminui sob condições eutróficas, já que a disponibilidade destes na água é muito maior.

Terceira região – região bentônica (fundo) em águas lênticas pode ser um ambiente fisicamente hostil, ainda que nutricionalmente vantajoso. Nela, as algas epilíticas, epipsâmicas e epipélicas são mais expostas à ação de partículas como areia e soterramento por sedimentos e também redução ou eliminação da luz. Na maioria dos lagos e lagoas, as comunidades de macrófitas submersas atenuam grandemente os fluxos verticais e horizontais de água próximos às plantas e entre as plantas dentro dos bancos. Como resultado, mesmo os sedimentos, ricos em material orgânico frouxamente agregado, podem servir como substratos para algas epipélicas ao receber luz adequada. A natureza instável de tais sedimentos e as elevadas taxas de sedimentação do seston aumentam o risco de soterramento de algas e redução de luz. No entanto, a alta disponibilidade de nutrientes de águas intersticiais de sedimentos constitui uma vantagem, já que muitas espécies de algas epipélicas migram para compensar a atenuação da luz por sedimentos. Desta forma, em hábitats lênticos, o perifíton tanto pode obter nutrientes da coluna de água como pode interceptar os nutrientes que se difundem da camada logo acima do sedimento (Dodds, 2003).

Quarta região – composta por algas frouxamente agregadas, representadas pelo metafíton, na zona litorânea de muitos lagos, lagoas e zonas úmidas, não estão estritamente ligadas aos substratos nem verdadeiramente suspensas (Figura 5). O metabolismo do metafíton pode ser extremamente ativo, com altas taxas fotossintéticas e intensa reciclagem e retenção interna de nutrientes.

Desta forma, os nutrientes e gases difundem-se do meio circundante (água ou sedimento) ou do substrato inerte, vivo ou morto, para comunidades de micro-organismos do biofilme perifítico (Figura 6) (Wetzel, 2005; Dodds, 2003). As taxas de difusão ao longo da espessura do biofilme dependem das diferenças nas concentrações, as quais são, em parte, alteradas pelo metabolismo dos organismos, pelas reações químicas orgânicas e inorgânicas que alteram a solubilidade. A espessura do biofilme é ditada pelos movimentos da água – em águas mais turbulentas, como rios e áreas varridas por ondas, a tendência é uma comunidade mais comprimida, mais fortemente aderida, enquanto em águas mais calmas as comunidades são mais frouxamente aderidas. Esta última pode se estender por alguns centímetros, mas a maioria do perifíton frouxamente aderido está no intervalo de 1-2 mm de biofilme (Wetzel, 2005). Uma vez que os compostos são absorvidos pelo perifíton de fontes exógenas, muitos dos gases e compostos são vigorosamente reciclados internamente (Wetzel, 2005).

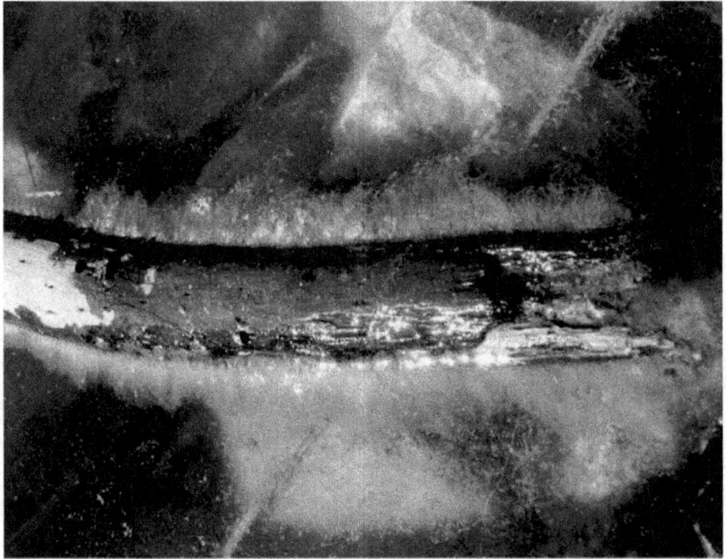

Figura 6   Perifíton evidenciando a espessura do biofilme. Foto: S. A. Felisberto.

Assimilação de nutrientes pelas algas perifíticas

O crescimento das algas pode ser limitado por um só nutriente por determinado tempo. Ou, ainda, dois ou mais nutrientes podem estar simultaneamente próximos das concentrações limitantes de crescimento, mas somente um atuaria como limitante (Borchardt, 1996).

Considerando-se as concentrações das formas dissolvidas e particuladas dos nutrientes, algumas maneiras de identificar se o crescimento algal está sendo limitado por esses recursos são através das seguintes avaliações: (1) a relação entre as concentrações absolutas nos sistemas e os níveis de exigência das espécies, expressos através das constantes de semissaturação para o crescimento (Ks); (2) proporções entre nutrientes, tendo por base as razões atômicas das formas particuladas; (3) experimentos de adição de nutrientes em bioensaios; (4) avaliações a partir de indicadores fisiológicos, como, por exemplo, atividades enzimáticas; e (5) balanço de nutrientes e correlações entre nutrientes e biomassa em nível de grandes escalas temporais e espaciais (Vollenweider & Kerekes *apud* Huszar *et al.*, 2005).

As algas possuem uma faixa de transição na requisição por nutrientes em uma proporção dentro da célula que perfeitamente equipara o requerimento de crescimento de acordo com a assimilação (Borchardt, 1996). Por exemplo, se processos fisiológicos requerem 17 partes de nitrogênio para uma parte de fósforo, então, a uma razão celular N:P de 18:1, a alga seria limitada por P, enquanto, se a razão estiver em 16:1, a alga seria limitada por N. Assim, a razão celular na qual nem um nutriente é limitante ao crescimento é denominada de razão ótima. Já em estudos de algas bentônicas, em ambientes com proporções de N:P maiores do que 20:1, o P é considerado limitante; se menor que 10:1, o N é limitante e, entre 10 e 20:1, não se sugere limitação para o crescimento do perifíton por nenhum desses nutrientes (Borchardt, 1996).

Estudos de enriquecimento têm confirmado que, em termos gerais, essas razões representam transições entre N e P (por exemplo, Grimm & Fisher, 1986; Peterson *et al.*, 1993), uma vez que a razão ótima de vários pares de nutrientes difere entre as espécies algais (Rhee & Gotham, 1980), sendo uma das preciosidades da teoria de recursos parcionados (Tilman *et al.*, 1982).

Enquanto a taxa de crescimento das algas é determinada pelo suprimento de nutrientes limitantes, o potencial de produção (produção líquida) é determinado pela quantidade de recursos disponíveis (Borchardt, 1996). Um exemplo clássico dessa distinção são os lagos ácidos, em que a concentração de carbono inorgânico é baixa e a taxa de crescimento das algas é agrupada por um influxo de CO_2 atmosférico (Schindler & Fee, 1973). Entretanto, em virtude do grande reservatório de CO_2 na atmosfera, a produção das algas desses lagos nunca seria limitada por carbono, mas, em vez disso, seria limitada por fósforo (Schindler, 1977).

A fixação de nutrientes pelas algas varia de acordo com a temperatura e a luz, e frequentemente as algas requerem muito mais nutrientes quando as condições de luz e temperatura são menores que o ótimo para o crescimento (Borchardt, 1996; Algarte *et al.*, 2006; Murakami & Rodrigues, 2009). Ainda, quando as algas estão expostas a um pulso de nutrientes, a taxa de fixação geralmente varia conforme o nível de nutrientes estocados na célula (Borchardt, 1996).

Influência do perifíton na ciclagem dos nutrientes

As comunidades do perifíton podem desempenhar vários papéis nos quais permitem aumentar a retenção de nutrientes (Dodds, 2003). Primeiro, podem, ao assimilar nutrientes da coluna da água, diminuir o fluxo de nutrientes em direção ao sedimento. Segundo, podem retardar o tempo de troca de água entre o sedimento e a coluna de água, diminuindo, assim, o transporte advectivo (movimento de partículas de um lugar para outro por ação de um elemento transportador) do P para fora do sedimento. Terceiro, podem interceptar a difusão de nutrientes de sedimentos ou de macrófitas senescentes, assimilando-os ao próprio biofilme perifítico. Quarto, podem causar condições bioquímicas que favoreçam a deposição de fósforo. Finalmente, podem funcionar como um artifício de material particulado da coluna da água (Adey *et al.*, 1993).

O perifíton se desenvolve como uma comunidade tridimensional envolvida com glicocálice (camada glicoproteica que age tanto para sequestrar íons quanto para contribuir no isolamento dos micro-organismos a partir da coluna da água) e outros materiais de mucopolissacarídeos que são secretados por bactérias e algas (Burkholder, 1996). Partículas de detritos e cristais de carbonato de cálcio precipitado acumulam nesse material glicocálico, juntamente com frústulas silicosas de diatomáceas e detritos orgânicos de micro-organismos mortos, e todos juntos estimulam adsorção de nutrientes (P, NH_4^+ e outros) e várias substâncias orgânicas (Wetzel, 2005). Esses nutrientes podem ser assimilados como íons inorgânicos ou através de compostos orgânicos com enzimas, tais como as fosfatases, utilizadas e liberadas pelos processos de lixiviação, excreções, secreções ou lise das células dos micro-organismos (Burkholder, 1996).

Pelo fato de a microflora e a micro e mesofauna estarem colonizadas por bactérias e fungos, estes auxiliam na reciclagem e liberação em potencial de nutrientes que serão incorporados às algas por difusão. Algumas cianobactérias e algas, por estarem diretamente aderidas de forma adnata ao substrato, podem obter ou aumentar a concentração de nutrientes do substrato morto ou vivo (Wetzel, 2005).

Os produtos fotossintéticos liberados pelas algas perifíticas podem ser usados por bactérias e outros organismos e difundir-se dentro da matriz polissacaridica perifítica ou para a coluna da água. Contrariamente, bactérias, ao decomporem matéria orgânica, contribuem para a liberação de micronutrientes como vitaminas, CO_2 e enzimas, os quais podem persistir na matriz polissacarídica por algum tempo antes de serem assimilados pelas algas. O fluxo de direção e o pulso dos nutrientes entre os componentes do perifíton dependerão das concentrações presentes na água e na matriz, os quais podem mudar rapidamente em virtude das diferenças no metabolismo dos organismos e nas condições ambientais (e.g. disponibilidade de luz, movimentos da água) (Wetzel, 2005).

O transporte advectivo de nutrientes é um fator-chave em como as algas perifíticas adquirem nutrientes da coluna d'água e bloqueiam o transporte destes dos sedimentos, de forma mais rápida que pela difusão molecular (Dodds, 2003). Nesse sentido, a forma de crescimento da alga direciona a atenuação do fluxo e está diretamente relacionada à capacidade de absorção de nutrientes. Por exemplo, espécies de algas com uma área de superfície mais elevada em relação ao volume, tais como as algas filamentosas (Figura 7), têm até duas vezes maior absorção de nutrientes do que algas mucilaginosas prostradas (Dodds, 2003). Entretanto, ambos os processos, difusão e advecção, contribuem para o transporte de nutrientes, e a contribuição relativa de cada um depende do grau de turbulência e altura acima do substrato (Borchardt, 1996), forma da alga e atenuação da velocidade da água (Dodds, 2003).

Figura 7 Algas filamentosas da comunidade perifítica. Foto: S. A. Felisberto.

O perifíton atua na ciclagem de nutrientes, desempenhando diversos papéis na remoção do fósforo (P) da coluna d'água, incluindo absorção e deposição de P, filtro de P particulado da água e atenuação da velocidade da água. Com isso, os componentes perifíticos estão envolvidos na ciclagem de P, podendo assimilar o P, alterar a hidrodinâmica e modificar o ambiente químico local, de modo que tenha maior retenção de P do sistema aquático (Dodds, 2003). Essa dinâmica dos nutrientes do ecossistema aquático continental está relacionada com as comunidades bióticas, uma vez que estas são estruturadas através da disponibilidade de recursos (controle *bottom-up*) e da predação (controle *top-down*) (Carpenter *et al.*, 1987; Power, 1992; Carpenter & Kitchell, 1993; Rosemond *et al.*, 1993).

Fatores que influenciam a assimilação de nutrientes pelas algas perifíticas

Vários fatores influenciam, positiva ou negativamente, a assimilação de nutrientes pelas algas. Dentre eles podemos citar a velocidade da água, habilidades competitivas das espécies algais, disponibilidade de luz, temperatura da água, distúrbios, pastoreio, instabilidade da camada circundante (*boundary layer*) e o processo de difusão, o qual depende da espessura do biofilme (Borchardt, 1996). Contudo, essas algas, em virtude do hábito de crescimento aderido, não conseguem crescer em quimiostato, que é, segundo Mailleret *et al.* (2005), um instrumento de laboratório constituído por um reservatório que regula o fluxo de entrada e saída em meio de cultura líquido. Com isso, definir exatamente quais as relações entre nutrientes e crescimento de algas perifíticas se torna mais problemático (Borchardt, 1996).

Diferente do fitoplâncton, as algas perifíticas, por estarem fortemente ou frouxamente aderidas a um objeto, estão sujeitas a velocidades de fluxos da água de 10 a 100.000 vezes maiores que a taxa de afundamento das algas planctônicas (Borchardt, 1996). Diante desse fato, o movimento da água altera as condições físicas e químicas do ambiente próximo às algas, em especial o movimento de nutrientes e gases entre a coluna da água e a água adjacente às algas. Isto pode dificultar fisiologicamente a assimilação desses recursos, já que as algas aumentarão o requerimento de nutrientes importantes para o crescimento, principalmente em rios e riachos, onde o movimento da água tem fluxo unidirecional (Borchardt, 1996).

Tempo de ciclagem de nutrientes no biofilme perifítico

Sobre a camada circundante (limite entre a água e o perifíton), esta pode ser caracterizada como a região onde o gradiente de velocidade varia de 0-99% da velocidade da corrente, sendo influenciada pela intensidade e turbulência da água. Assim, pode ocorrer a formação de diferentes camadas e subcamadas, e é através dessas camadas de fluxo laminar, ou fronteira de camada ou subcamada, que o movimento de nutrientes para as algas bentônicas ocorre predominantemente por difusão molecular (Borchardt, 1996) ou transporte advectivo (Dodds, 2003).

A distância de difusão varia de mícrons a milímetros, sendo inversamente relacionada à velocidade da corrente. Com isso, quanto mais rápida a velocidade, mais finas serão as camadas e menor a distância de difusão. A espessura também depende do local específico em um objeto e da forma do objeto (Silvester & Sleigh, 1985). Como a densidade e a espessura da comunidade perifítica aumentam sucessionalmente, a taxa de difusão de nutrientes para a comunidade diminui. Simultaneamente, a intensidade de reciclagem interna aumenta até o ponto em que a comunidade maximiza a eficiência de utilização e retenção com reciclagem dos recursos essenciais (Wetzel, 1993, 1996, 2005). As algas na região superior da camada receberão mais nutrientes por difusividade turbulenta do que aquelas algas mais próximas ao substrato (Burkholder *et al.*, 1990).

Em relação à reciclagem de nutrientes no perifíton, o fósforo apresenta uma reciclagem interna maior que a assimilação externa, representando a maior parte do fósforo (Wetzel, 2005). Sob condições ótimas, o tempo de renovação do fósforo é muito rápido, sendo reciclado entre as algas e bactérias em 15 segundos. Em muitos lagos tropicais (exceto lagos enriquecidos artificialmente), a concentração de ortofosfato é considerada baixa, além do fato de que, muitas vezes, dependendo das concentrações de ferro presentes na água, este se liga às moléculas de fosfato provocando a precipitação deste (Esteves, 1998).

No perifíton existem três gradientes em relação à reciclagem de nutrientes, que são: (1) uma reciclagem rápida e intensiva, especialmente de carbono, fósforo e nitrogênio, entre os produtores, consumidores e decompositores; (2) um aumento na reciclagem interna e com isso uma diminuição em relação às perdas de nutrientes das camadas de água ou do substrato; e (3) um estimulo à conservação máxima dos nutrientes (Wetzel, 2005). Essa conservação e reciclagem interna permitem a utilização e eficiência dos recursos pelas algas perifíticas, com maior produtividade por unidade de área, revelando um ótimo mecanismo de assimilação e retenção após a aquisição dos nutrientes (Wetzel, 1996).

Participação do perifíton na teia alimentar

A transferência de energia dos produtores primários através dos herbívoros para os carnívoros, que pode abranger dois ou mais níveis tróficos em virtude da grande complexidade que envolve os vários níveis (teia alimentar), ocorre de forma dinâmica em todo o ecossistema aquático, desde regiões limnéticas e bênticas até litorâneas.

Na teia alimentar, o perifíton assume papel fundamental, uma vez que as algas (**produtores**) serão utilizadas como fonte alimentar primária para zooplâncton, zoobentos e peixes (**herbívoros**) e/ou como fonte secundária para peixes (**carnívoros**), que se alimentarão do zooplâncton e/ou do zoobentos (Figura 8). Consequentemente, as algas, por serem ricas em proteínas, vitaminas e minerais, constituem importante alimento para muitas espécies de peixes que raspam as superfícies das plantas ou os substratos rochosos, como, por exemplo, *Pseudancistrus* Bleeker e *Ancistrus* Kner. (Moschini-Carlos, 1999).

A estrutura das comunidades de consumidores e os processos-chave do ecossistema podem ser afetados pela diferença estequiométrica entre a concentração de nutrientes (N e P) dos tecidos de herbívoros aquáticos (que é tipicamente maior) e dos alimentos que consomem (Danger *et al.*, 2008).

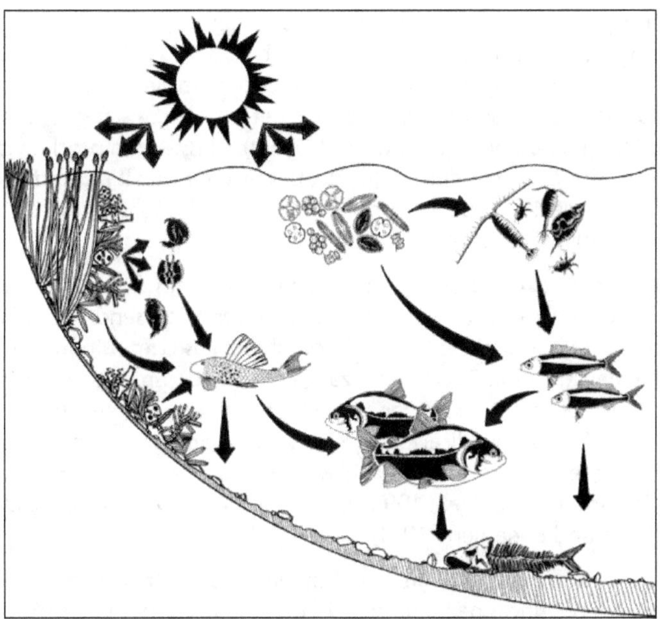

Figura 8 Diagrama representando os diferentes organismos que participam de uma teia alimentar. Ilustração: C. Y. Joko & E. A. Murakami (2012).

Ainda, a biomassa perifítica produzida em ecossistemas aquáticos pode ser alocada para vários compartimentos energéticos, como: acumulação (cultura permanente de algas), respiração para CO_2 (decomposição), consumo por herbívoro (pastagem) e exportado para compor matéria em suspensão (Lamberti,

1996). Cada um desses destinos envolve diferentes processos com implicações para o fluxo de energia através da teia alimentar aquática (Lamberti, 1996).

Evidências do papel energético de perifíton em teias alimentares praticamente inexistiram até a década de 1980, quando surgiram os trabalhos de Minshall (1978) e Vannote *et al.* (1980, conceito de contínuo fluvial), revelando que não só a via de detritos pode contribuir para a produção dos rios. Assim, os refinamentos na teoria da teia alimentar (revisado por Power, 1992) e na teoria de rios (revisado por Minshall, 1988) focaram a atenção nos processos autotróficos, dando início aos estudos observacionais e experimentais nesta década, no que diz respeito à utilização e importância do perifíton em ambientes lóticos.

Em comunidades perifíticas de rios de águas brancas e águas pretas da Amazônia, verificou-se que o perifíton desempenha papel primordial na produção primária. No estudo, a produtividade em águas pretas foi mais baixa que para águas brancas em geral, exceto para o rio Solimões (Putz, 1997). A diferença foi atribuída ao tipo de sistema, sendo que em rios acima de 5ª ordem, como no caso do rio Solimões, processos heterotróficos são predominantes, com nutrientes alóctones (Vannote *et al.*, 1980). Nesse rio, a produtividade do perifíton é consideravelmente reduzida, em virtude da alta turbidez causada pela matéria orgânica suspensa, provocando alta redução na radiação fotossinteticamente ativa (Putz, 1997).

Experimentos de enriquecimento com nutrientes são importantes para avaliar o efeito desse recurso na comunidade perifítica, sendo o fósforo (P) e o nitrogênio (N) os mais estudados e considerados como limitantes para as algas (Borchardt, 1996). Estudos realizados em microcosmos e mesocosmos, os pesquisadores observaram diferenças na biomassa e/ou na estrutura da comunidade perifítica com a adição de P e N, quando analisados em conjunto, ou separadamente (Cerrao *et al.*, 1991; Rosemond *et al.*, 1993; Havens *et al.*, 1996; McCormick & O'Dell, 1996; Havens *et al.*, 1999; Stelzer & Lamberti, 2001; Hillebrand & Kahlert, 2001).

Em trabalho experimental de manipulação de nutrientes para a comunidade de algas perifíticas na planície de inundação do alto rio Paraná, verificou-se que estas responderam sensivelmente ao enriquecimento artificial de nutrientes (Murakami, 2008). Nesse estudo, a riqueza de táxons foi favorecida com a adição principalmente de N+ (nitrogênio), NP+ (nitrogênio e fósforo) e de P+ (fósforo), enquanto a densidade total de algas foi, em geral, menor com adição de nutrientes. Portanto, as comunidades algais respondem diferentemente à disponibilidade dos recursos, apresentando uma estrutura específica de composição e densidade.

Nas comunidades, o conceito de espécies-chave e os experimentos de biomanipulação levaram ao pressuposto de que, em contraste com o fluxo de energia e matéria, o controle ocorre do topo para a base – controle top-down (Lamperti & Sommer, 1997). Essa ideia de controle de fluxo descendente na teia alimentar foi denominado como **cascata trófica** por Carpenter *et al.* (1985).

Em estudo sobre manipulação da estrutura da teia alimentar, Danger *et al.* (2008) encontraram que os peixes tiveram efeito positivo indireto na biomassa perifítica, levando a níveis duas vezes maiores do que em mesocosmos dominados por herbívoros. Esse resultado foi provavelmente consequência do controle dos consumidores bênticos por peixes, sugerindo um forte controle *top-down* no perifíton pelo consumo deles em mesocosmos sem a presença dos peixes.

Contudo, as maiores alterações na estrutura ou função do perifíton foram observadas quando da adição de ambos os nutrientes (N e P) simultaneamente à remoção dos herbívoros, em contraste com os efeitos menores quando os nutrientes são adicionados sob condições de herbivoria ou os herbívoros removidos a baixos níveis de nutrientes, indicando controle duplo por ambos os fatores (Rosemond *et al.*, 1993).

Uso de isótopos na teia trófica

Com o intuito de acompanhar o fluxo de energia na cadeia alimentar, as interações tróficas podem ser estudadas utilizando-se isótopos estáveis, principalmente de carbono e nitrogênio ($\delta^{13}C$ e $\delta^{15}N$). A técnica de isótopos estáveis tem sido utilizada para o estabelecimento de um esboço geral da via metabólica, empregando a forma isotópica de um dado elemento químico para marcar um metabólito, considerando que a composição dos tecidos do consumidor reflete sua dieta (Manetta & Benedito-Cecílio, 2003). O isótopo do carbono é utilizado para distinguir as fontes de energia terrestre ou aquática, enquanto o isótopo de nitrogênio é empregado para a determinação do nível trófico na teia alimentar (Rezende *et al.*, 2008).

Análise de isótopos estáveis de tecido de peixes sugeriu alto grau de dependência de cianobactérias e/ou perifíton, complementando os resultados das análises de conteúdo estomacal (Mantel *et al.*, 2004). Os valores isotópicos do perifíton refletem as variações dos organismos (algas, bactérias, fungos e animais) que o compõem, sendo dependentes dessas proporções. Segundo Lopes & Benedito-Cecilio (2002), o perifíton, ao longo do rio Amazonas, apresenta a maior variabilidade isotópica de $\delta^{13}C$ entre os demais grupos estudados, como resultado dessa grande diversidade de espécies ou ainda em virtude do uso de CO_2 biogênico derivado do substrato sobre o qual está aderido.

As fontes de carbono das principais espécies de peixe da planície de inundação do rio Paraná, analisando-se as proporções de isótopos estáveis de carbono ($\delta^{13}C$) e nitrogênio ($\delta^{15}N$) nos músculos dos peixes, foram provenientes das plantas C_3, como a vegetação ripária, macrófitas, perifíton e fitoplâncton (Manetta *et al.*, 2003). A comparação entre os valores de $\delta^{13}C$ de produtores e do sedimento com os diferentes grupos tróficos (piscívoros, herbívoros, detritívoros, iliófagos, bentófagos e omnívoros) de peixes, nessa mesma planície, demonstra que as espécies herbívoras têm maior coincidência do $\delta^{13}C$ da vegetação ripária terrestre, macrófitas C_3 e perifíton (Benedito-Cecílio *et al.*, 2002).

Os valores de $\delta^{13}C$ e $\delta^{15}N$ das famílias mais comuns de invertebrados, em rios de corredeiras, foram freqüentemente mais baixos do que os esperados (Chessman *et al.*, 2009). Isso pode se dever ao fato de esses invertebrados estarem se alimentando seletivamente de componentes perifíticos com marcadores isotópicos diferentes.

A relação entre os isótopos estáveis na teia alimentar pode não ser direta ou ser possível de relacionar diretamente em alguns casos. Segundo Pereira & Benedito (2007), essa metodologia não pode ser aplicada igualmente para todos os organismos em todos os ecossistemas, sendo necessário um conhecimento dos efeitos do fracionamento isotópico e das variações naturais, quando eles existirem.

Estudos sobre perifíton no Brasil, em relação aos nutrientes

A maioria dos estudos relacionados a experimentos de manipulação de nutrientes com a comunidade perifítica foi realizada em ambientes lênticos: em lagoas marginais, no estado de São Paulo (Suzuki, 1991), e no Amazonas (Engle & Melack, 1993); em reservatório paulista (Cerrao *et al.*, 1991); em reservatório urbano no Parque Estadual das Fontes do Ipiranga, PEFI, São Paulo (Ferragut, 1999; Barcelos, 2003; Ferragut, 2004; Fermino, 2006; Vercellino, 2007; Borduqui *et al.*, 2008; Ferragut & Bicudo, 2009, 2010; França *et al.*, 2009; Oliveira *et al.*, 2010); e na planície de inundação do alto rio Paraná (Murakami, 2008; Murakami & Rodrigues, 2009). Em sistemas lóticos, podemos citar apenas a contribuição de Mendes & Barbosa (2002) realizada em córrego de altitude da Serra do Cipó, situada no estado de Minas Gerais.

Segundo Huszar *et al.* (2005), grande parte dos trabalhos no Brasil baseou-se na inferência do nutriente limitante a partir das razões N/P da água (e.g., Rodrigues, 1998; Taniguchi, 1998), enquanto outras pesquisas incluem a composição química (N e P) do perifíton (Engle & Melack, 1993; Fernandes, 1993, 1997; Moschini-Carlos, 1996; Moschini-Carlos *et al.*, 1998; Ferragut, 1999; Barcelos, 2003; Ferragut, 2004; Vercellino, 2007; Borduqui *et al.*, 2008; Ferragut & Bicudo, 2009; França *et al.*, 2009; Oliveira *et al.*, 2010).

Em relação aos estudos experimentais, vários trabalhos tratam dos efeitos do enriquecimento de N e P, refletindo respostas da biomassa das algas perifíticas (Cerrao *et al.*, 1991; Engle & Melack, 1993; Mendes & Barbosa, 2002; Vercellino, 2007); da influência do tempo de colonização e da sazonalidade (Borduqui *et al.*, 2008; França *et al.*, 2009; Oliveira *et al.*, 2010); e da resposta das algas em relação à composição, riqueza e diversidade das espécies, assim como em relação à densidade total e por classes taxonômicas da comunidade (Vercellino, 2007; Ferragut, 1999, 2004; Murakami, 2008; Murakami & Rodrigues, 2009; Ferragut & Bicudo, 2009; 2010; Felisberto *et al.*, 2011). Esses estudos revelam que a década passada foi a mais promissora, com um acréscimo nos últimos dez anos.

Considerando os efeitos da adição de nutrientes na estrutura da comunidade, Ferragut & Bicudo (2009) registraram que as clorofíceas associaram-se intimamente à adição de fósforo, apresentando-se predominante durante todo o período de estudo. O enriquecimento propiciou a substituição das formas flageladas por outras, e das algas frouxamente aderidas (móveis) pelas firmemente aderidas durante a sucessão, principalmente as prostradas e emaranhadas ao substrato (Ferragut & Bicudo, 2010). Os autores reportaram, ainda, que as classes de tamanho foram mais sensíveis à severa limitação de fósforo, favorecendo o picoperifíton, e a adição isolada ou combinada de P propiciou a participação dos estrategistas C-S, enquanto a extrema limitação de P no tratamento com N+ manteve os R estrategistas ao longo da sucessão.

Em relação a qual nutriente se apresenta mais limitante, experimentos apontam o fósforo como o elemento mais comumente limitante (Huszar *et al.*, 2005). Ao comparar qual o nutriente limitante mais estudado em cada região, maior número de artigos foram registrados para regiões temperadas, independente do tipo de estudo, se em nível experimental ou não (Figura 9). Ainda é possível observar que não existem diferenças em relação aos estudos sobre qual nutriente é mais limitante, se N ou P, para todas as regiões, independente do tipo de estudo, se em nível experimental (Figura 9 B) ou não (Figura 9 A).

Concorda-se com Huszar *et al.*, (2005), de que determinar sobre o nutriente limitante primário para o perifíton, no Brasil, ainda é um enorme desafio, apesar dos artigos científicos produzidos nos últimos seis anos (Borduqui *et al.*, 2008; França *et al.*, 2009; Murakami & Rodrigues, 2009; Ferragut & Bicudo, 2009, 2010; Oliveira *et al.*, 2010; Felisberto *et al.*, 2011). Ressalta-se ainda que tais estudos concentram-se nos reservatórios urbanos do Parque Estadual das Fontes do Ipiranga, São Paulo, exceto o de Murakami & Rodrigues (2009) e o de Felisberto *et al.* (2011), realizados no Paraná, contrastando com a grande quantidade de ecossistemas aquáticos de outras regiões do Brasil, como Norte, Nordeste e Centro-Oeste.

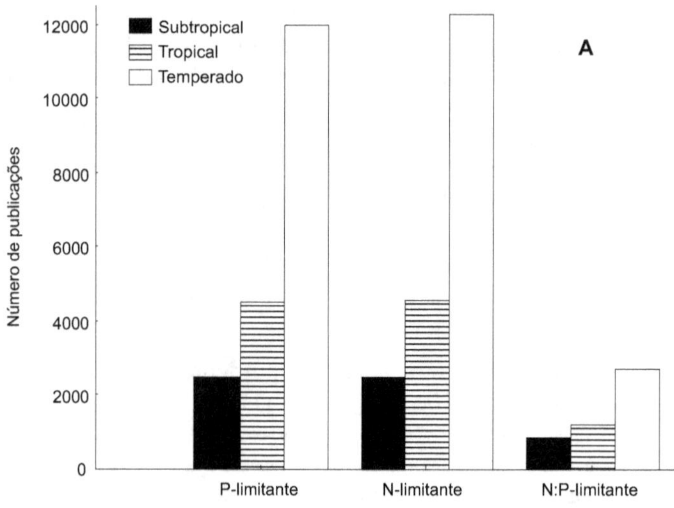

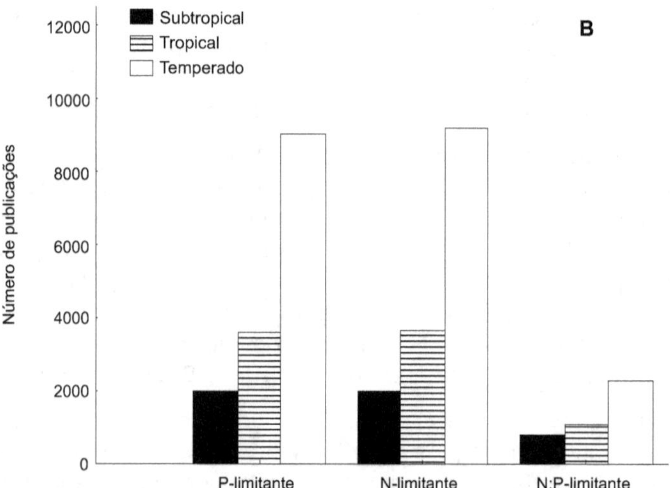

Figura 9 Número de artigos publicados sem (A) e com (B) enriquecimento experimental, com enfoque na limitação dos nutrientes para o perifíton, nas diferentes regiões (subtropical, tropical e temperada). Fonte: pesquisa avançada no Google Acadêmico.

Conclusão

Se, por um lado, as algas perifíticas contribuem para a diminuição da concentração de nutrientes do perifíton e do ambiente, por outro, propiciam aumento na concentração destes. A diminuição ocorre quando as algas assimilam, especialmente, o nitrogênio e o fósforo da água, do sedimento e/ou do substrato ao qual estão aderidas. O processo de assimilação desses recursos é influenciado principalmente pelo metabolismo dos organismos, pela velocidade da água, disponibilidade de luz, temperatura da água, herbivoria e competição, instabilidade da camada que circunda o perifíton e espessura do biofilme.

O aumento dos nutrientes na água, sedimento ou biofilme, por sua vez, ocorre quando os nutrientes são liberados da decomposição dos organismos (reciclagem rápida), que também podem se difundir para a água/sedimento, e pela participação do perifíton como filtro, retendo compostos particulados e dissolvidos em virtude da matriz glicoproteica, os quais, dependendo da concentração, podem se difundir para a água e sedimento.

Portanto, apesar do avanço obtido na literatura científica acerca dos experimentos de manipulação de nutrientes, a ampliação de estudos envolvendo a composição química do perifíton, sobre teias alimentares, é necessária para melhor compreensão dos processos metabólicos (produção, consumo e decomposição) da comunidade perifítica. Mais estudos sobre a participação do perifíton no fluxo de energia para os demais níveis tróficos também são importantes para entender o funcionamento dos ecossistemas. Isso, especialmente, em sistemas mais rasos, como no caso dos ambientes tropicais, em que a região litorânea apresenta grande quantidade de macrófitas aquáticas e desempenha papel fundamental na produção primária.

Agradecimentos – Agradecemos de forma especial ao Dr. Ciro Yoshio Joko, pelos desenhos, e à Dra. Liliana Rodrigues e ao Msc. Weliton José da Silva, pela leitura e sugestões, respectivamente.

Colonização e Sucessão do Perifíton

4

Lezilda C. Torgan, Lucielle M. Bertolli,
Dávia M. Talgatti & Saionara E. Salomoni

Introdução

Colonização é definida como o processo pelo qual uma ou mais espécies se instalam em um substrato anteriormente não ocupado (Ab'Saber *et al.*, 1997). A sucessão ecológica é entendida como a colonização sucessiva e contínua de um local por certas populações de espécies, acompanhada da extinção de outras (Townsend *et al.*, 2010). Esses processos são importantes e devem ser considerados no estudo ecológico do perifíton.

Neste capítulo serão tratados alguns aspectos relacionados à colonização e à sucessão da comunidade perifítica, tais como o tempo de exposição, tipo de substrato, interações e adaptações dos organismos, além dos fatores ambientais e bióticos envolvidos.

Tempo de exposição

O tempo de exposição dos substratos é uma questão relevante no delineamento amostral de estudos envolvendo a comunidade perifítica. O prévio conhecimento do tempo necessário para a colonização do substrato pelos organismos e para o estabelecimento da comunidade determinará o período que o substrato deverá ficar exposto no ambiente. Tratando-se de substrato artificial, como lâmina de vidro ou de acrílico, o período de colonização de microalgas pode variar entre duas, três ou quatro semanas (Patrick *et al.*, 1954; Cattaneo *et al.*, 1975; Cerrao *et al.*, 1991; Vercellino & Bicudo, 2006), tanto em sistemas lótico como lêntico. Lobo & Buselato-Toniolli (1985) ainda observaram que o tempo de exposição para que a comunidade de diatomáceas se estabeleça em sistema lótico diminui com a profundidade, sendo seis semanas para a superfície, quatro semanas a 0,3 metro e duas semanas para 0,6 metro, em virtude do aumento da estabilidade ambiental da coluna d´água. Considerando a colonização em uma represa subtropical, Godinho-Orlandi &

Barbieri (1983) observaram que a densidade máxima de bactérias ocorreu após dois dias, a de protozoários, após 21 dias e a de algas, após 24 dias de incubação do substrato próximo ao sedimento. Colonização em curto período (três, seis, nove e 24 horas) foi verificada por Ács *et al.* (2000) em lâminas de vidro no rio Danúbio, Europa, em um período com velocidade constante de corrente. Esses autores observaram que a colonização teve início após três horas com a presença de bactérias cocoides, seguidas por diatomáceas a partir de seis e nove horas. Após 24 horas em média, 30 espécies já estavam presentes, com abundância de 8.255 células por cm^2. Os valores máximos de abundância e de clorofila *a* foram atingidos na segunda semana do experimento.

O evento de sucessão se inicia com aumento da biomassa total, segue com o aumento da produção primária, estruturação mais complexa das comunidades e maior segregação entre espécies próximas, culminando com o desenvolvimento de mecanismos de homeostase, os quais promovem maior constância no tempo da composição da população e da concentração de distintas substâncias no meio (Margalef, 1983). Entretanto, isso não é uma regra, dependerá do sistema. Cattaneo *et al.* (1975), no estudo da fitocenose algal no rio Ticino, no norte da Itália, observaram que nem a diversidade de espécies, nem a de pigmentos aumentaram com a maturidade do sistema. A concentração de clorofila *a*, segundo os mesmos autores, foi um bom indicativo do máximo desenvolvimento algal após três semanas. A biomassa, por sua vez, pode continuar a aumentar após o máximo de clorofila *a*, em razão do acúmulo de células mortas.

Tipo de substrato

A colonização está também relacionada à natureza, tamanho, constituição física e química, textura e microtopografia do substrato. Com relação à natureza, os substratos naturais e artificiais oferecem vantagens e desvantagens ao desenvolvimento do perifíton. Substratos naturais de superfície rígida, como seixos e matacões, favorecem a colonização, pois, além de disponibilizar nutrientes, possibilitam maior superfície de adesão aos organismos, principalmente de diatomáceas (Kelly *et al.*, 1998). Experimentos com diferentes tipos de rochas (calcárias, areníticas, graníticas e basálticas) demonstraram taxas de colonização distintas. No nível de comunidade, Duffer & Dorris (1966) observaram que em rochas graníticas a taxa de produção primária foi maior do que em rochas calcárias e areníticas. No que se refere especificamente à comunidade de diatomáceas, a densidade foi significativamente maior em rochas areníticas, na primeira semana, tornando-se semelhante aos demais tipos de rochas nas semanas subsequentes (Blinn *et al.*, 1980).

O tamanho do substrato é importante na determinação do grau de colonização, pois seixos maiores tendem a ser fisicamente mais estáveis, permitindo uma colonização mais rápida do que seixos menores, que possuem maior tendência ao deslocamento na corrente, removendo o material perifítico (Douglas, 1958). A área do substrato pode também afetar a imigração e a estrutura da comunidade de diatomáceas perifíticas. Áreas maiores tendem a receber maior número de espécies nos estágios iniciais da colonização e, uma vez que o espaço disponível para a colonização esteja completamente ocupado, as espécies com populações muito pequenas tendem a ser eliminadas (Patrick, 1967).

Para a realização de estudos em rios e lagos onde não existem rochas para a colonização do perifíton, especialmente diatomáceas, há a possibilidade de instalação de um amostrador, elaborado por Salomoni *et al.* (2007), que é constituído por substratos rochosos presos a cilindros de polietileno, fixados em boias, para se manterem na coluna d´água (Figura 1A). Em leitos rochosos e planos com corrente contínua, a colonização é difícil de ser avaliada. Neste caso, para investigar a comunidade estabelecida, pode ser utilizado o dispositivo desenvolvido por Canani *et al.* (2010), que permite isolar a área e diminuir as perdas e a influência de material alóctone (Figura 1B).

Substratos como lâminas de vidro, pela natureza de sua constituição composta por dióxido de silício, pode influenciar positivamente o crescimento das diatomáceas (Barbieiro, 2000; Danilov & Ekelund, 2001). Outro exemplo da importância de interação química entre substrato e colonizador foi apresentado por Parker *et al.* (1973) no estudo de micro-hábitats de algas subalpinas, demonstrando que *Monostroma quaternarium* (Kütz.) Desm. (Ulvophyceae) selecionou substratos ricos em ferro, enquanto *Hydrurus foetidus* (Villars) Trevisan (Chrysophyceae) esteve associada no mesmo ambiente com substratos calcáreos e areníticos ricos em sílica.

Em se tratando de ciliados, lâminas de vidro demonstraram também ser convenientes pela facilidade de observação e quantificação do material *in vivo*, colocando-se a lâmina diretamente no microscópio. Entretanto, as lâminas envolvidas por poliuretano mostraram-se ainda mais efetivas para a medida do padrão de colonização (Xu *et al.*, 2009; Xu *et al.*, 2011).

A microtopografia do substrato também é um fator importante na colonização. Substratos que possuem configuração reticulada podem filtrar colonizadores, diferentemente de substratos com constituição mais simples (Tippet, 1970).

Sob o ponto de vista metodológico, o substrato artificial oferece vantagens na condução do experimento, tanto no campo como no laboratório. Por exemplo, no ambiente muitas vezes não se dispõe de substrato natural de fácil coleta, assim, o substrato artificial é uma opção.

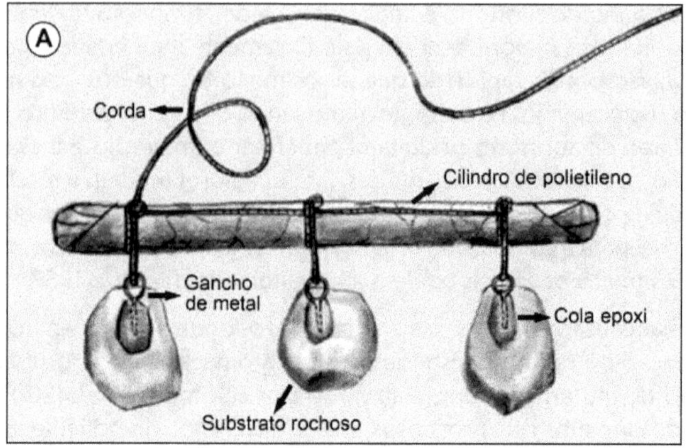

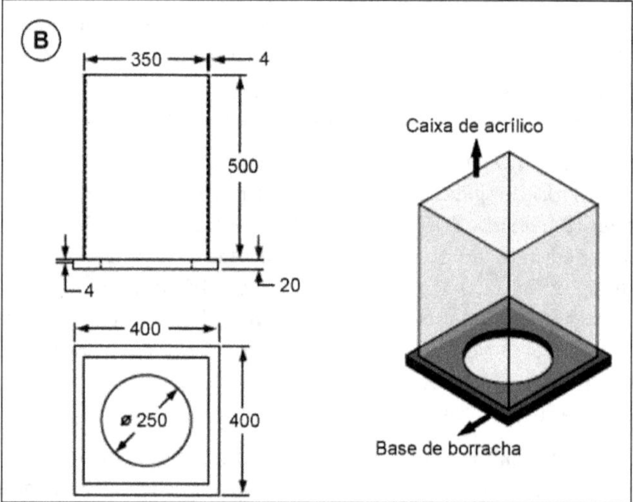

Figura 1   Dispositivos para a colonização e coleta do perifiton. (A) Amostrador elaborado por Salomoni *et al.* (2007); (B) Aparato desenvolvido por Canani *et al.* (2010).

Além disso, no laboratório, o processamento do material colonizado em substrato artificial é otimizado, pois a uniformidade da superfície desse substrato facilita a determinação da área colonizada e a extração do material aderido (Lamberti & Resh, 1985; Pompêo & Moschini-Carlos, 2003). Substratos artificiais (pedras de brita, lâminas de vidro) têm sido utilizados no Brasil pela CETESB (2011).

As texturas dos substratos, sejam estes artificiais (vidro, madeira, cascalho, acrílico) ou naturais (seixos lisos ou seixos rugosos), afeta o padrão de colonização de microinvertebrados e algas, uma vez que estes organismos colonizam preferencialmente substratos com superfícies rugosas e irregulares (Saliu & Ovuorie, 2007; Schneck *et al.*, 2011). Além da importância na colonização, substratos rugosos fornecem refúgios contra distúrbios físicos e predadores, promovendo, assim, maior persistência das assembleias de algas bênticas quando comparados com substratos lisos (Schneck & Melo, 2013).

Schneck *et al.* (2011), ao testarem a influência de substrato artificial (acrílico) rugoso e liso sobre a riqueza e densidade de algas bênticas em riacho do sul do Brasil, observaram que a riqueza foi significativamente maior em substratos rugosos que em substratos lisos, enquanto a densidade não diferiu entre os dois tipos de substratos. Os mesmos autores, ao analisarem as formas de vida das algas, observaram que espécies eretas, pedunculadas, móveis, filamentosas e metafíticas apresentaram maior riqueza em substratos rugosos. Contudo, espécies adnatas/prostradas não apresentaram diferenças significativas em sua riqueza e densidade entre os substratos.

Processo de colonização: interações e adaptações dos organismos

O processo de colonização se inicia com a deposição de substâncias orgânicas, e em poucas horas uma cobertura de bactérias começa a se formar por reações hidrofóbicas. A matéria orgânica particulada morta serve de suporte para a adesão das bactérias (Carrias *et al.*, 2002). As bactérias aderem-se ativamente ao substrato, por meio de filamentos de mucilagem, que oferecem sítios de ligação para uma variedade de elementos coloidais orgânicos e inorgânicos (Flemming, 1995).

Após a colonização bacteriana, pequenas algas, mais comumente diatomáceas penadas, adnatas, se aderem à matriz orgânica secretada pelas bactérias. Seguem-se espécies eretas ou com pedúnculos curtos, com pedúnculos longos ou que formam rosetas e almofadas de mucilagem. Nos estágios avançados do desenvolvimento do perifíton, algas clorofíceas e cianobactérias filamentosas podem crescer, formando uma comunidade disposta em camadas (Hoagland *et al.*, 1982; Tuchman, 1996).

As diatomáceas são algas que predominam no perifíton por apresentarem estratégias adaptativas como alta resistência a distúrbios físicos, capacidade de adesão a substratos (pela presença de poros, produção de mucilagem e pedúnculo) e altas taxas de migração (Round *et al.*, 1990; Biggs *et al.*, 1998; Fernandes, 2005). Analisando as diatomáceas epifíticas aderidas a *Potamogeton polygonus* Chamess. & Schltdl. em ambientes lêntico e lótico no estado do Paraná, Santos (2007) observou 26 táxons aderidos a fragmentos da macrófita, dos quais 12 apresentaram algum tipo de estratégia para fixação no substrato. As estruturas envolvidas na secreção de mucilagem foram a rafe, rimopórtula e o campo de poros apical, permitindo o estabelecimento do hábito ereto (Figura 2A, C) e prostrado (Figura 2B).

Bertolli (2010), estudando diatomáceas epifíticas em *Polygonum hydropiperoides* Michaux no Reservatório do Rio Passaúna, Paraná, observou altas densidades de *Achnanthidium minutissimum* (Kütz.) Czarn. durante todo o período do estudo. O tamanho diminuto e a formação de pedúnculos de mucilagem dessa espécie permitem que a mesma seja capaz de se aderir tanto ao substrato quanto a pedúnculos de outras algas (Figura 2D, E), característica esta que pode ter contribuído para o sucesso de sua colonização e fixação.

É interessante relatar que a colonização pode acelerar o processo de senescência e deterioração das folhas de macrófitas submersas, o que pode explicar a observação de maior abundância de organismos em folhas senescentes do que em folhas jovens da mesma planta (Godward, 1934; Burkholder & Wetzel, 1989).

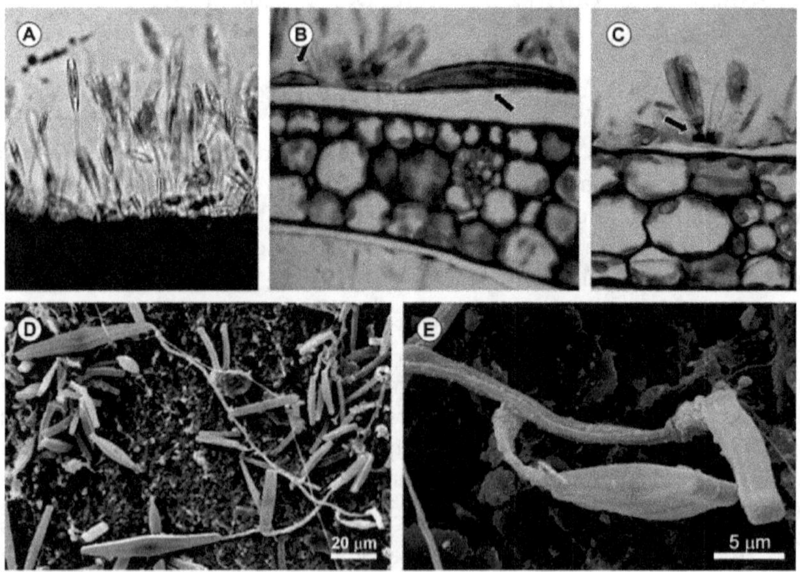

Figura 2 Diferentes formas de fixação de diatomáceas em substrato natural e artificial. (A) *Gomphonema* sp. formando longos pedúnculos; (B) *Eunotia* sp.adnata ao substrato; (C) *Gomphonema parvulum* (Kütz.) Kütz. formando curtos pedúnculos; (D) *G. gracile* Ehr. com longos pedúnculos colonizados por *Achnanthidium minutissimum*; (E) Detalhe da fixação de *A. minutissimum* e *Gomphonema* sp. Fonte: imagens A-C (Santos, 2007); D, E (Bertolli, 2010).

A ocorrência de espécies de diatomáceas sobre cetáceos, tartarugas, aves aquáticas marinhas, larvas de insetos e microcrustáceos tem sido objeto de diversas publicações (Bourrelly, 1974; Croll & Holmes, 1982; Holmes *et al.*, 1993; Gaiser & Bachmann, 1993, 1994; Holmes & Nagasawa, 1995; Torgan *et al.*, 2009; Wetzel *et al.*, 2012) sem, entretanto, mencionar como se dá a colonização. Na observação de valvas do molusco bivalve *Limnoperna fortunei* Dunker, conhecido vulgarmente como mexilhão-dourado, encontrado no Lago Guaíba, Rio Grande do Sul, pôde-se constatar a presença inicial de espécies de *Nitzschia* Hassall e *Navicula* Bory, que, em virtude da estrutura porosa de suas valvas, se fixaram por adsorção à carapaça do hospedeiro (Figura 3A, B). A concha possui superfície com ranhuras, fato que favorece a fixação das diatomáceas. Diatomáceas são encontradas também "alojadas" sobre grãos de areia, cuja superfície irregular não permite contato total direto com o substrato (Figura 3C). Nesta última situação o que se observam são valvas grandes e bem silificadas, pertencentes aos gêneros *Pinnularia* Ehr. e *Eunotia* Ehr. (Figura 3D).

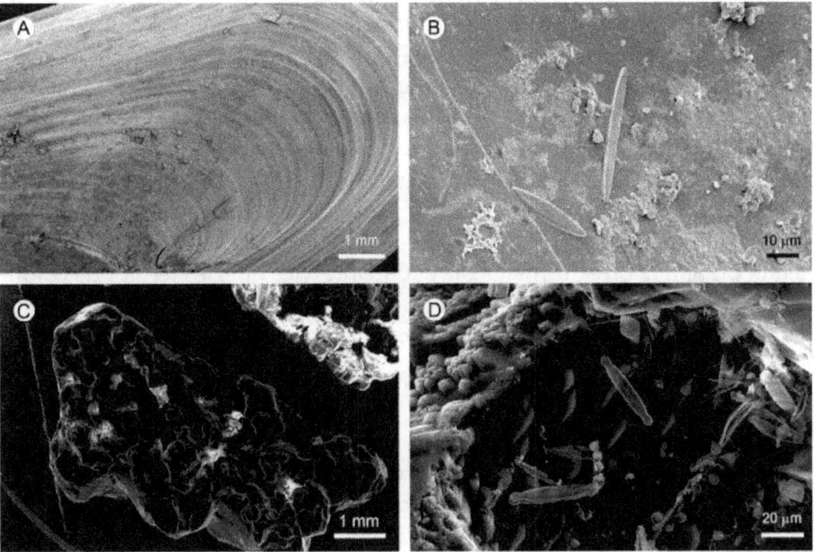

Figura 3 (A) Concha do molusco *Limnoperma fortunei* colonizada por diatomáceas. (B) *Nitzschia* sp. e *Navicula* sp. adsorvidas sobre a concha. (C) Grão de areia colonizado por diatomáceas. (D) *Pinnularia* sp. e *Eunotia* spp. sobre grão de areia (imagens cedidas por Luís Gustavo Canani).

Na vegetação terrestre, as plantas nos estágios sucessionais avançados apresentam maiores formas de vida (Grime, 1979). O mesmo padrão tende a ocorrer no perifíton, em que sua dominância numérica nos substratos em estágios avançados está frequentemente associada a organismos com longos pedúnculos mucilaginosos, com maiores dimensões e longos filamentos verticais (Tuchman, 1996).

O papel dos colonizadores primários (bactérias) na chegada, adesão e nutrição de colonizadores secundários (como diatomáceas) é discutível. Alguns autores sugeriram que o filme bacteriano primário promove a colonização secundária por prover locais de fixação e nutrientes ou por atrair algas colonizadoras (Gorden *et al.*, 1969; Hirsch & Pankratz, 1970; Calow, 1975). Entretanto, estudos com base em microscopia eletrônica de varredura indicaram que a colonização por bactérias não é pré-requisito para a colonização por diatomáceas (Sieburth & Thomas, 1973; Paul *et al.*, 1977), portanto, não é possível afirmar que essa sequência é obrigatória.

Em ambientes lóticos subtropicais (Rodrigues & Bicudo, 2004; Felisberto & Rodrigues, 2012), assim como documentado para regiões temperadas da América do Norte (Hoagland *et al.*, 1982, 1986; Biggs, 1996), as diatomáceas de menor tamanho foram as colonizadoras iniciais do substrato. Já em rio da Europa, as colonizadoras pioneiras foram as formas arrafídeas relativamente grandes e as birrafídeas, sendo substituídas na segunda fase por formas birrafídeas e monorrafídeas pequenas e, na última fase, pelas mono e birrafídeas de tamanho médio (Ács & Kiss, 1993). As algas verdes filamentosas pertencentes aos gêneros *Oedogonium* Link e *Stigeoclonium* Kütz., de crescimento mais lento, podem ocorrer, tornando-se abundantes nos estágios tardios da colonização (Felisberto & Rodrigues, 2012), em ambientes com disponibilidade de nutrientes e correnteza com baixa velocidade.

Round (1981) distingue no perifíton as formas adnatas, aquelas que se aderem bem próximas ao substrato, e as formas de aderência vertical, que se prendem por pedúnculos de mucilagem. As formas adnatas provavelmente vivem em ambientes relativamente pouco turbulentos e estão sujeitas a maior interação com o substrato, enquanto as formas pedunculadas tendem a sofrer maior influência da corrente e de herbivoria. A Figura 4 apresenta um desenho realizado a lápis pelo Prof. Dr. Frank Eric Round, por ocasião de sua visita ao Museu de Ciências Naturais, Rio Grande do Sul, em 1995, representando a disposição espacial do perifíton em um substrato rochoso.

Poucos estudos têm tratado da sequência de colonização de algas epífitas em plantas marinhas e estuarinas. Os estudos pioneiros (ZoBell & Allan, 1935; ZoBell, 1946) em substratos artificiais indicaram que a colonização por bactérias era um pré-requisito para a instalação de outros organismos.

Figura 4 Desenho esquemático da disposição espacial das diatomáceas em substrato rochoso (ilustração de F. E. Round, 1995).

Entretanto, posteriormente, Sieburth & Tootle (1981) observaram que a colonização é mínima e apenas facultativa para a fixação de diatomáceas. Ferreira & Seeliger (1985), em investigação realizada com substrato natural (*Ruppia maritima* L.) no estuário da Lagoa dos Patos, sul do Brasil, demonstraram o mecanismo e a sequência da colonização, ilustrando em microscópio eletrônico de varredura (MEV) a microzonação das diatomáceas nessa fanerógama aquática. O primeiro estágio da colonização foi ocupado por *Cocconeis placentula* Ehr., formando uma camada unialgal, aderida pela secreção de mucilagem da valva rafídea (Figura 5A).

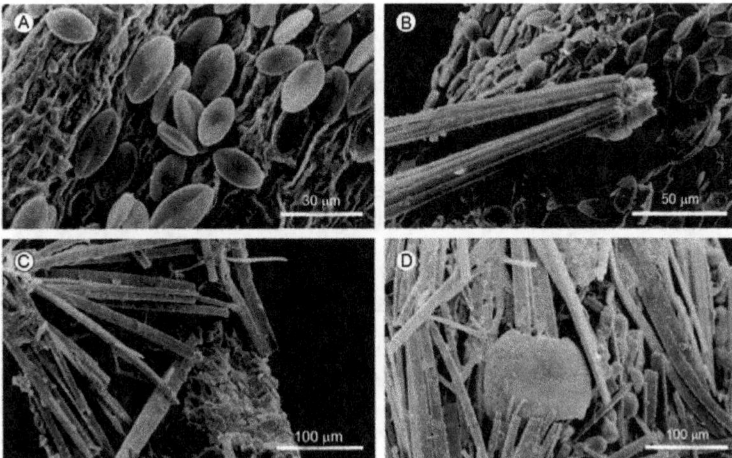

Figura 5 Imagens modificadas de Ferreira & Seeliger (1985). (A) *Cocconeis placentula* no primeiro estágio da colonização. (B) *Synedra fasciculata* como segunda colonizadora. (C) Densa população de *S. fasciculata*. (D) Flora densa e diversa de diatomáceas, em estágio avançado de colonização.

Como segunda colonizadora, *Synedra fasciculata* (Ag.) Kutz. fixou-se na camada de *Cocconeis* Ehr. através de almofadas de mucilagem liberadas pelos poros apicais das valvas (Figura 5B e C) e, posteriormente, a densa população de *Synedra* Ehr. permitiu a adesão de outros gêneros, como *Amphora* Ehr., *Nitzschia* Hassall, *Biddulphia* Gray, *Melosira* Ag., *Navicula* Bory, *Rhopalodia* O. Müll. e *Mastogloia* Thwaites (Figura 5D).

Fatores ambientais e bióticos envolvidos no processo de colonização

O ambiente e os fatores bióticos são também importantes no processo de colonização. Em ambiente lótico, a colonização do perifíton é afetada pela força e orientação da corrente, por esse motivo diferentes partes de uma mesma rocha têm mostrado variações na estrutura da comunidade. A microtopografia do substrato pode criar um micro-hábitat heterogêneo, onde serão selecionados organismos com estratégias específicas (Cazaubon & Loudiki, 1986; Bergey, 2005).

Além da velocidade da corrente, outros fatores como nutrientes, luz, temperatura, instabilidade do substrato, sólidos suspensos e interações biológicas (por exemplo, competição interespecífica por recursos e pastejo por invertebrados ou peixes) regulam o equilíbrio da biomassa perifítica (Biggs, 1996; McCormick, 1996). A remoção do perifíton de sua base pode ocorrer por "descamação", como resultado da limitação de luz e/ou nutrientes ou por outros distúrbios relacionados ao movimento abrupto da água, no caso, por exemplo, de enchentes (Peterson, 1996).

A taxa de degeneração do perifíton depende de sua composição taxonômica e dos padrões de fluxo d´água. Peterson & Grimm (1992) determinaram que tapetes dominados por cianobactérias persistem com maior biomassa e por períodos mais longos, enquanto maior grau de senescência foi relatado em tapetes dominados por diatomáceas. Por outro lado, a recuperação da comunidade após um distúrbio depende da biomassa remanescente e das taxas de imigração. Essas taxas têm relação com a concentração de células suspensas na água. Em sistemas lênticos, a recolonização do substrato está diretamente relacionada à ação do vento, que aumenta a densidade celular pela suspensão de organismos do sedimento para a coluna de água, particularmente diatomáceas (Azim & Asaeda, 2006).

A colonização do perifíton é um processo complexo, pois eventos de imigração, emigração, morte e reprodução ocorrem conjuntamente. No caso de maiores taxas de reprodução e imigração, haverá aumento da biomassa ou abundância dos organismos. No caso de maiores taxas de emigração, mortalidade e pastejo, diminuirá essa biomassa ou abundância. Quando se analisa uma amostra não se sabe exatamente a taxa de imigração e a de reprodução, só se pode estimar a taxa de crescimento (Ács & Kiss, 1993). Em estudos desta natureza, o maior número de informações sobre os componentes da rede trófica e sobre as condições limnológicas, hidrológicas e climáticas do ambiente auxilia no entendimento do processo.

Em sistemas lênticos, a sucessão de algas perifíticas pode ou não ser influenciada pela sazonalidade, dependendo do tempo de exposição considerado. Vercellino & Bicudo (2006) não observaram variação na colonização entre período seco e chuvoso no experimento realizado por 21 dias com substrato artificial (vidro), em um reservatório oligotrófico no estado de São Paulo. Em ambos os períodos climáticos o pico de clorofila *a* foi atingido no 21° dia. A densidade total de algas aumentou duas ordens de magnitude, sendo relativamente semelhante. Somente após o 21° dia a densidade aumentou 2,6 vezes no período chuvoso. A riqueza atingiu o valor máximo no 15° dia no período seco e no 12° dia no período chuvoso. A maior influência da sazonalidade foi constada na composição da comunidade.

Hoagland *et al.* (1982), ao investigarem a colonização de assembleias de diatomáceas em substrato artificial em pequenos reservatórios rasos eutróficos em Nebraska, América do Norte, demonstraram que a colonização foi lenta nas primeiras duas semanas nas estações de primavera, outono e durante o inverno, sendo mais rápida no verão. Os autores também observaram maior dissimilaridade entre as comunidades no verão e sugeriram que a heterogeneidade do ambiente foi a causa dessa diferença, enfatizando a influência de fatores físicos, químicos e biológico na estruturação dessa comunidade.

A influência dos fatores ambientais nas comunidades perifíticas em substratos artificiais foi também observada por Lam & Lei (1999) em estudo realizado no rio Lam Tsuen, Hong Kong. Nesse estudo, a maior diversidade de espécies foi encontrada no verão e outono, com maior riqueza (ou máximo clímax) registrada na quarta semana. Os autores também indicaram que a ocorrência de diferentes comunidades encontradas entre as estações do ano possivelmente tenha sido resposta da variação sazonal da velocidade e temperatura da água.

Felisberto & Rodrigues (2012), avaliando a dinâmica sucessional de algas perifíticas em ecossistema lótico tropical, somente no período chuvoso, verificaram que a densidade mais elevada (1.863×10^3 ind.cm^{-2}) foi obtida no 15° dia de sucessão, com o predomínio de algas da classe Bacillariophyceae. Já a riqueza de espécies e a diversidade de Shannon-Wiener apresentaram tendências similares, com valores mais elevados atingidos no 15° e 18° dias de sucessão.

Outro importante fator ambiental é a luz, que se torna limitante em um tapete de perifíton já estabelecido. O efeito da energia luminosa, dessa forma, pode explicar as diferenças na composição específica da comunidade. Hill (2006) menciona que essa diferença pode estar relacionada aos tipos de pigmentos de captura de luz e membranas presentes nos diferentes grupos taxonômicos. A forma de vida dos organismos também facilita a captura de energia luminosa. As algas filamentosas tendem a crescer para cima para a captação da luz, enquanto as não filamentosas (entre elas as diatomáceas) devem se beneficiar dos filamentos como escudo para protegê-las do desprendimento e como substrato secundário de estabelecimento (Steinman & McIntire, 1986; Sand-Jensen & Revsbech, 1987; Stevenson, 1996; Asaeda & Son, 2000).

Stevenson *et al.* (1991), ao comparar os efeitos de nutrientes (nitrato e fósforo) e do sombreamento na sucessão de diatomáceas bênticas em córregos nos Estados Unidos, observaram que a competição por nutrientes foi mais importante na estruturação da comunidade do que a competição por luz. A diminuição da disponibilidade desses nutrientes interferiu diretamente na densidade de células e na taxa de sucessão das espécies.

O perifíton tem sido comumente utilizado em investigações e experimentos para avaliar impactos provocados por efluentes industriais (Reddy & Venkateswarlu, 1986; Prisha, 1994; Dubé & Culp, 1996) por poluição orgânica (Biggs, 1989; Salomoni & Torgan, 2008; Lobo *et al.*, 1996; Lobo *et al.*, 2004b, Salomoni *et al.*, 2006) e pela eutrofização (Lobo *et al.*, 2004a; Schneck *et al.*, 2007). A colonização em substrato artificial, determinada pela biomassa e pelo conteúdo de pigmento do perifíton, foi utilizada como indicadora de impacto da eutrofização em áreas próximas à costa do Golfo do México por Lewis *et al.* (2002). Essa investigação demonstrou uma resposta significativa do perifíton com aumento do peso seco e clorofila *a* nas estações de descargas residuais de produtos industriais e florestais. Aumento de densidade e clorofila *a* foi também observado por Schneck *et al.* (2007) em trecho impactado pela influência da piscicultura em um riacho de altitude no sul do Brasil.

Conclusão

Estudos sobre colonização do perifíton tiveram início no final da década de 1950, quando essa comunidade passou a receber maior atenção nas investigações limnológicas na América do Norte e na Europa. Os estudos revelaram o quanto o processo de colonização é complexo, pois pode ser afetado por muitas variáveis, tais como: 1) tempo de exposição do substrato; 2) tipo de substrato; 3) fatores físicos e químicos do ambiente; e 4) interações biológicas dos organismos.

A bibliografia que trata especificamente da colonização do perifíton não é muito vasta, tendo em vista possivelmente a dificuldade de realizar experimentos intensivos, com periodicidade diária e semanal, para se efetuar um acompanhamento dos estágios sucessionais da comunidade, em tempo real.

Os estudos realizados demonstram a dificuldade de se estabelecerem padrões de colonização nos ambientes aquáticos. Para o estudo ecológico do perifíton, seja qual for o objetivo da investigação, o tempo necessário de manutenção do substrato no ambiente e os efeitos das principais variáveis ambientais e bióticas que influenciam o processo de colonização devem ser testados e levados em consideração.

Agradecimentos – Os autores agradecem à Dr.ª Thelma Alvin Veiga Ludwig e à MSc. Eloési Machado dos Santos, pela disponibilização das imagens de cortes histológicos. Ao Dr. Luís Gustavo de Castro Canani, pela cessão de imagens. À Dr.ª Mirna Januária Leal Godinho, pelo envio de sua publicação, e à Dr.ª Fabiana Schneck, pela revisão crítica do manuscrito.

Comunidades de Bactérias Perifíticas em Águas Continentais

5

Maria Angélica Oliveira

Introdução

As bactérias são os organismos de vida livre mais abundantes em grande parte dos ecossistemas aquáticos continentais. Desempenham diversos papéis ecológicos e apresentam alta variedade taxonômica, com grande contribuição à diversidade fenotípica, genética e molecular. Esses organismos heterotróficos de grande abundância no plâncton também têm a capacidade de formar biofilmes e na forma de vida séssil são considerados parte das comunidades perifíticas. Nadell *et al.* (2008) definem as bactérias como organismos gregários que tendem a formar comunidades densas chamadas de biofilmes. O perifíton bacteriano forma comunidades complexas, envolvidas por uma matriz gelatinosa (matriz extracelular ou substância polimérica extracelular – SPE), presentes como uma camada superficial em diferentes substratos nos corpos de água doce. A composição biológica das comunidades aderidas varia de acordo com as interações bióticas e as condições ambientais, incluindo fatores como intensidade luminosa, velocidade da correnteza e natureza das superfícies disponíveis. O desenvolvimento do perifíton inicia com a formação de um filme de macromoléculas (proteínas e polissacarídeos), o que é seguido por colonização bacteriana, diatomáceas e, finalmente, pelos demais grupos de algas e outros organismos.

Este capítulo tem por objetivo fornecer uma introdução ao estudo das comunidades bacterianas perifíticas em águas continentais, enfatizando aspectos ecológicos, sua importância no metabolismo de ecossistemas aquáticos e papel nas redes tróficas. Algumas metodologias de estudo serão descritas, especialmente aquelas relativas às comunidades epilíticas em ambientes lóticos. É importante ressaltar que no presente capítulo os termos perifíton bacteriano e biofilme são utilizados como sinônimos.

Comunidades bacterianas perifíticas em águas continentais

A maioria das bactérias aquáticas é gram-negativa, com relativamente poucos representantes gram-positivos. A reação das bactérias à técnica de Gram expressa diferentes características, de modo especial no que diz respeito à composição química, estrutura, permeabilidade da parede celular, fisiologia, metabolismo e patogenicidade. O tamanho das células bacterianas varia entre diferentes táxons e estados nutritivos, e as diferentes formas incluem bastão, hélice, células curvadas e cocoides. Outros fatores que caracterizam esses organismos são a forma de divisão celular e o desenvolvimento da capa de mucilagem extracelular, que pode ser proeminente ou pouco desenvolvida conforme os diferentes táxons. Vistas ao microscópio ótico de campo claro, bactérias aquáticas geralmente têm aspecto hialino, porém, algumas espécies podem apresentar coloração esverdeada, roxa ou outras cores. A forma de vida também varia muito, desde organismos de vida livre, que obtêm nutrientes do meio aquático, até organismos que formam associações tróficas como simbiose e parasitismo.

As bactérias constituem a forma de vida de maior sucesso na Terra, em termos de biomassa total e de variedade e amplitude de hábitats que colonizam. A principal razão deste sucesso é a plasticidade fenotípica desse grupo (Costerton *et al.* 1995), ou seja, a habilidade que os genótipos possuem de responder fenotipicamente a diferentes estímulos ambientais. As bactérias também são os organismos mais oportunistas na biota de água doce, sendo eficientes estrategistas '*r*'. Neste aspecto, superam praticamente todos os grupos de algas em termos de tamanho reduzido, ciclos celulares curtos e altas taxas de crescimento e absorção de nutrientes. Assim, as mesmas espécies de bactérias podem ocorrer no plâncton e no perifíton, dependendo de fatores ambientais como a correnteza e disponibilidade de substratos, entre muitos outros.

O modo de vida perifítico pode ser encontrado nos registros fósseis mais antigos, principalmente em ambientes hidrotérmicos. Algumas microcolônias foram identificadas e datadas de 3,3 a 3,4 bilhões de anos antes do presente, na formação sul-africana de Kornberg, e biofilmes filamentosos de 3,2 bilhões de anos foram localizados na Austrália (Hall-Stoodley *et al.*, 2004).

No perifíton, os organismos são tipicamente não móveis e localizados muito próximos uns dos outros; o microambiente circundando as células também se torna muito diferente daquele de águas abertas. Assim, a fisiologia das bactérias perifíticas difere em muitas formas das planctônicas, e a proximidade física entre as células em comunidades densas é importante em diversos processos tais como transferência de genes e comunicação química.

Em águas correntes (sistemas lóticos), em virtude do fluxo e maior disponibilidade de substratos, as bactérias de vida séssil predominam. Essas comunidades têm a habilidade de resistir à pressão da correnteza e geralmente são densas (Busscher & Mei, 2000). Nesses sistemas, o perifíton bacteriano se desenvolve em praticamente todas as superfícies (Figura 1) e depressões e algumas mudanças previsíveis em composição e abundância podem ocorrer entre locais. Mesmo que a biomassa microbiana perifítica exceda a planctônica, a contribuição relativa de cada compartimento pode variar entre estações do ano e diferentes regimes de fluxo (Edwards *et al.*, 1990). De acordo com Findlay *et al.* (2002), a maior acumulação de biomassa microbiana em águas correntes ocorre na porção superficial dos sedimentos, com estimativas de 100-500 mg C microbiano m^{-2}.

Figura 1 Perifíton bacteriano desenvolvido sobre filídios da briófita aquática *Fontinalis antipyretica* Hedw. em um sistema lótico de baixa ordem (Pulcagrie Burn, Galloway, Escócia). Observação em microscópio eletrônico de varredura (MEV). Barra = 20 μm.

Em lagos profundos, a comunidade planctônica usualmente detém a maior parte da biomassa bacteriana, porém, em ambientes lênticos rasos, como lagoas e banhados, biomassas elevadas podem ser registradas nas comunidades bacterianas perifíticas. Em uma lagoa costeira pouco profunda no estado do Rio de Janeiro, Brum & Esteves (2001) observaram valores de densidade e biomassa da comunidade bacteriana associada a detritos de macrófitas aquáticas aproximadamente dez vezes maiores do que aqueles registrados para a comunidade bacteriana na coluna d'água, em uma comparação área (cm^2) x volume (cm^3). Os autores destacam a importância dessa biomassa bacteriana, influenciando a qualidade dos detritos e os tornando acessíveis a níveis tróficos mais altos, como macroinvertebrados detritívoros que não são capazes de metabolizar os detritos de macrófitas, mas utilizam a comunidade bacteriana perifítica.

Colonização e desenvolvimento

A formação de uma comunidade perifítica bacteriana, ou biofilme bacteriano, é controlada por uma gama de processos físicos, químicos e biológicos interconectados. Apesar de sua relevância ecológica, a formação e maturação dessas comunidades permanecem pouco compreendidas. O desenvolvimento ocorre em substratos expostos, em uma sequência de três fases principais, descritas por Sigee (2005): adesão inicial, crescimento (colonização primária) e desenvolvimento da comunidade clímax. Algumas características do substrato onde a adesão inicial ocorre podem determinar o futuro do desenvolvimento da comunidade: a disponibilidade de nutrientes determina o crescimento e a quantidade de luz determina se haverá uma colonização futura por algas e consequente transformação do biofilme bacteriano em uma comunidade algal. A importância quantitativa da porção bacteriana do perifíton de águas doces também é diretamente influenciada pela quantidade de luz disponível. A maior parte da biomassa total do perifíton em ambientes não limitados pela luz é composta por algas e pela matriz extracelular ou substâncias poliméricas extracelulares (SPEs), enquanto a biomassa de bactérias é mais baixa. Dados de epilíton (comunidade que utiliza rochas como substrato) de rios mostram uma proporção total do carbono epilítico entre 60 e 90% de algas, 10 a 40% de matriz extracelular, 1 a 5% de bactérias e menos de 1% de fungos (Romaní, 2009). Entretanto, em locais sombreados, a biomassa de organismos heterotróficos se torna mais importante.

A Figura 2 ilustra os principais eventos no desenvolvimento dos biofilmes bacterianos em águas naturais. A adesão inicial de uma comunidade bacteriana pioneira é reversível, permitindo aos organismos um deslocamento em grupo até que a superfície mais adequada para a colonização seja encontrada; só então o estabelecimento da comunidade se torna irreversível (Sigee, 2005). Assim, quando células bacterianas localizam um substrato adequado, geralmente por colisão aleatória (Madigan *et al.*, 2012), uma série de mudanças fenotípicas para a interação entre a célula e a superfície colonizada passa a ocorrer. As células primeiramente aderem à superfície de forma reversível utilizando fímbrias e flagelos. Em seguida, a produção de polissacarídeos leva à fase de adesão irreversível ao substrato (Kirkpatrick & Viollier, 2012). São formados agregados de diversas formas que ainda podem se movimentar em conjunto sobre a superfície. Assim, a adesão das células desencadeia a sinalização para a expressão de genes específicos de biofilmes (Madigan *et al.*, 2012). Apesar de não ter sido elucidado o mecanismo específico de como células bacterianas encontram superfícies adequadas para a colonização, sabe-se que a transição do hábito planctônico para o perifítico é feita pela produção do segundo mensageiro celular em bactérias, bis-(3',5')-di-guanosina monofosfato cíclico (c-di-GMP), que estimula a biossíntese de adesinas e exopolissacarídeos em biofilmes, inibindo diversas formas de motilidade. Basicamente, a c-di-GMP controla a troca do modo de vida planctônico para o perifítico (Hengge, 2009).

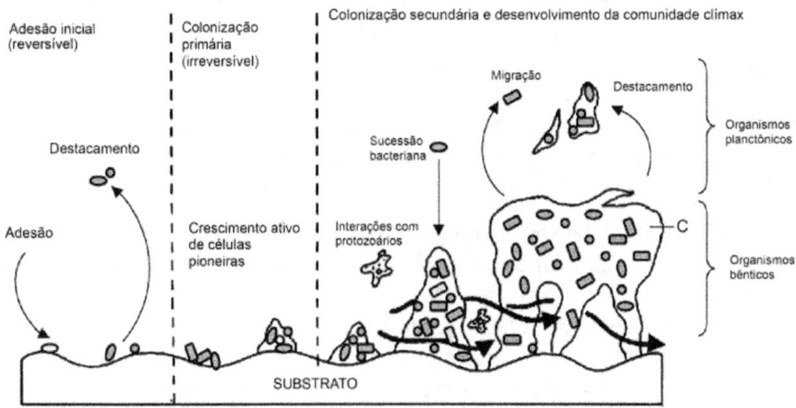

Figura 2 Desenvolvimento do biofilme bacteriano. O fluxo da água contendo nutrientes na comunidade madura está representado pelas setas espessas. C = agrupamento de células bacterianas (modificado de Sigee, 2005).

Assim, através desses processos, os novos colonizadores podem competir por espaço, formando colônias de uma ou várias espécies, e, inclusive, engajar-se em uma 'guerra química' com produção de surfactantes e outras substâncias na luta por espaço. Propriedades da superfície celular (especialmente a presença de fimbrias, flagelos, polissacarídeos e proteínas) podem conferir vantagens competitivas individuais para as espécies em uma comunidade mista.

Uma vez que a comunidade pioneira está estabelecida, inicia-se a fase de adesão irreversível e de crescimento, com aumento da biomassa e início da produção da matriz extracelular. As células tendem a formar colônias que aos poucos se tornam agregados maiores separados por fluxos microscópicos de água. Ao longo do tempo, se dá a colonização secundária, ou maturação do biofilme, com a adição de diferentes espécies de bactérias e demais microrganismos, como vírus, algas, fungos, protozoários e invertebrados (Flemming & Wingender, 2010). Assim, essas comunidades se tornam altamente complexas em termos de composição de espécies e estrutura tridimensional.

Uma vez alcançada a maturidade, o perifíton bacteriano tende a manter uma biomassa total relativamente constante: perdas e ganhos de biomassa tendem a se equilibrar, pois a perda de células em virtude de distúrbios físicos e migrações para a coluna d'água tende a ser balanceada por entradas de novas células. Um equilíbrio estático, no qual as condições externas são mantidas constantes, no entanto, é raramente ou nunca encontrado na natureza, pois as comunidades estão em constante mudança. Por exemplo, crescimento e divisões celulares levam à seleção de genótipos mais competitivos, incrementando ganhos. Por outro lado, a complexidade estrutural cria gradientes de oxigênio e nutrientes, limitando o aumento da biomassa total. Rochex *et al.* (2008) demonstraram, por exemplo, que estresse por ação da correnteza pode causar declínio na riqueza de espécies, tornando mais lento o processo de maturação, e as comunidades podem, inclusive, ser mantidas em estágios iniciais de sucessão se estiverem sob pressão continuada.

Besemer *et al.* (2007) investigaram os efeitos da velocidade da correnteza – como a principal variável de força em sistemas lóticos – sobre a sucessão de comunidades bacterianas perifíticas em microcosmos sob fluxo laminar, intermediário e turbulento. O estudo mostrou que o fluxo claramente modelou o desenvolvimento da arquitetura e composição da comunidade; enquanto o crescimento foi indiferenciado sob baixa velocidade de corrente, sob alta turbulência formaram-se cristas evidentes. Os autores comentam que as trajetórias sucessionais divergiram a partir de uma comunidade inicial comum aos diferentes fluxos, mas convergiram ao longo da maturação. Sugerem também que esse padrão de desenvolvimento é primariamente conduzido pelas algas – as 'engenheiras do ecossistema' –, que modelam seu microambiente criando arquiteturas similares e condições comparáveis em qualquer velocidade de corrente, reduzindo assim o efeito físico do fluxo sobre o perifíton. Os resultados, desta forma, sugeriram uma substituição do controle predominantemente físico para controles paralelos – biológicos e físicos – sobre a sucessão de comunidades bacterianas perifíticas em ambientes lóticos.

Para ambientes lênticos (mesocosmos e área úmida), Jackson *et al.* (2001) utilizaram métodos moleculares combinados a culturas e propuseram um modelo conceitual das comunidades bacterianas durante a sucessão na formação de biofilmes. A Figura 3 ilustra esse modelo. Em estágios iniciais, a comunidade é caracterizada por um grupo de diversas espécies, mas com poucos indivíduos de cada uma. À medida que a comunidade se desenvolve, espécies mais competitivas passam a dominar, sendo que a competição mantém uma baixa diversidade total. Finalmente, em uma comunidade madura, o desenvolvimento de uma arquitetura complexa, tridimensional, aumenta a diversidade de recursos e hábitats disponíveis para o crescimento bacteriano, resultando em um novo aumento da diversidade específica nos estágios finais de maturação. Nessas comunidades maduras, a competição pode operar em níveis mais refinados, por exemplo, em determinados grupos funcionais de bactérias, que utilizam o mesmo conjunto de recursos.

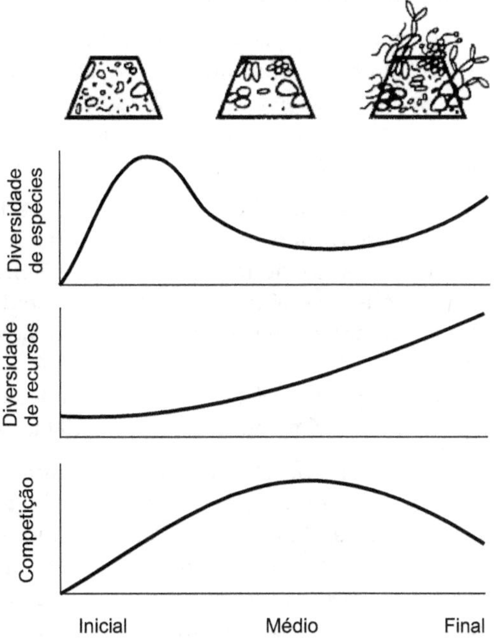

Figura 3 Modelo conceitual das variações em diversidade de espécies, de recursos e competição ocorrentes nas comunidades bacterianas aderidas ao longo do processo de sucessão (modificado de Jackson *et al.*, 2001).

Facilitando a colonização

Uma vez aderidas, as células bacterianas passam a condicionar os substratos para subsequente colonização por outros organismos. A comunidade fototrófica, por sua vez, após a adesão, pode criar microzonas ricas em nutrientes, pela produção e exsudação de compostos orgânicos fotoassimilados. A habilidade de permanecer nessas microzonas por processo de adesão permite às bactérias proliferarem em ambientes que de outra forma não poderiam popular (Haack & McFeters, 1982). O perifíton fototrófico pode se desenvolver mais rapidamente se as superfícies forem pré-colonizadas por bactérias heterotróficas (Roeselers *et al.*, 2008). Desta forma, mesmo se um biofilme fototrófico maduro for composto de um número reduzido de espécies, a comunidade inicial de microrganismos heterotróficos pode ser crucial para o estabelecimento da primeira. Segundo Rier & Stevenson (2002), o papel dos pré-colonizadores é de grande importância, por exemplo, para incrementar o cultivo de perifíton utilizado no tratamento de águas residuárias.

Hodoki (2005) demonstrou que a taxa de imigração de células algais do fitoplâncton para o perifíton em substratos artificiais, em seu estudo, foi diretamente proporcional à densidade de bactérias aderidas. Esse experimento concluiu ainda que a entrada das algas na comunidade perifítica se deveu, principalmente, à adsorção não seletiva pelo biofilme bacterian.

Gawne *et al.* (1998) observaram que a comunidade bacteriana pode facilitar a adesão das algas se o substrato base for hidrofílico, mas não se for hidrofóbico ou se o filme bacteriano for muito espesso. Nestes casos, as bactérias provavelmente não terão efeito na adesão da comunidade fototrófica. Os autores sugerem que os padrões geralmente observados no desenvolvimento de comunidades perifíticas em sistemas naturais (bactérias precedendo as algas) são mais provavelmente o reflexo da disponibilidade de organismos colonizadores e apenas ocasionalmente representam facilitação pelas bactérias.

Por outro lado, considerando as diatomáceas, interações entre estas e as bactérias têm sido encaradas como componentes-chave na formação de um biofilme. Em trabalho recente, Bruckner *et al.* (2011) demonstraram, em culturas pareadas, que o componente bacteriano tem o potencial de controlar a formação de biofilme e a produção de SPE pelas diatomáceas. Ao mesmo tempo, essas algas produzem a matéria orgânica necessária para a multiplicação das células bacterianas.

Durante essa interação, organismos de ambos os grupos se agregam e vão adaptando seu modo de vida de planctônico para perifítico. A regulação da interação entre os grupos se dá por sinais múltiplos, envolvendo biomoléculas (proteínas e polissacarídeos e seus respectivos monômeros). Desta forma, o ajuste da quantidade e qualidade dos produtos extracelulares existentes pode ser a chave para o estabelecimento de comunidades perifíticas algais na natureza. Uma vez que a flora microbiana associada pode ser um dos fatores cruciais no estabelecimento das comunidades de diatomáceas, Bruckner *et al.* (2011) consideram-nas como 'jardineiros microbianos' de alta importância ecológica.

Manutenção da variabilidade genética

A forma de vida séssil e a formação de biofilmes em bactérias foram provavelmente um traço fundamental na sobrevivência de microrganismos recém-desenvolvidos nas eras remotas da Terra (Costerton & Lappin-Scott, 1995). A formação de biofilmes já foi identificada na maioria dos grupos de bactérias, o que nos leva a presumir que traços genéticos que confeririam benefícios aos organismos aderidos a superfícies são difundidos entre os diferentes táxons desse domínio da vida. Assim, é esperado que as espécies capazes de formar biofilmes atualmente possuam ampla gama de estratégias para garantir sua sobrevivência em comunidades fixas a um substrato. O modo de vida perifítico oferece uma série de vantagens aos organismos, mesmo em locais ricos em nutrientes. A maior densidade de células aumenta a troca de material genético, facilita a obtenção de nutrientes em 'parcerias' nutricionais (McBain *et al.*, 2000) e proporciona proteção contra a predação e a desidratação. Em sistemas oligotróficos, as bactérias aderidas são capazes de absorver nutrientes que estão adsorvidos e concentrados próximos a uma superfície, conferindo possibilidade de maior crescimento em comparação ao plâncton.

A forma de vida aderida também pode, no entanto, oferecer desvantagens. Enquanto o biofilme aumenta em espessura, muitas células são confinadas ao fundo, ficando cada vez mais distantes da água circundante e de fontes essenciais de energia e nutrientes. Toxinas e resíduos também podem acumular nessas zonas em níveis elevados e, assim, a localização na parte mais profunda do biofilme passa a ser uma ameaça à sobrevivência das células. Desta forma, as células que estão confinadas às regiões mais profundas, longe da água circundante e próximas do substrato, desenvolvem estratégias tais como a redução da atividade metabólica, produção de formas de resistência e formação de microcanais para a circulação de água, ligando o interior da comunidade e a água externa.

Apesar da existência dessas estratégias que permitem lidar com diferentes situações, nem todos os problemas no desenvolvimento do perifíton podem ser assim resolvidos. Alterações das condições ambientais podem tornar o ambiente hostil a tal ponto que mesmo o modo de vida aderido pode não oferecer a proteção necessária. Mudanças na salinidade, pH e oxigênio dissolvido, entre outros fatores, podem extinguir localmente uma comunidade séssil. Assim, ainda há outra estratégia utilizada por esses organismos: a fuga. De acordo com Davies (2011), duas estratégias principais são utilizadas nessas migrações: as células podem ser liberadas individualmente ou em grupos, a partir da margem da comunidade, na interface com a água circundante, ou podem migrar a partir do interior do biofilme, onde não estão em contato com a água externa.

No primeiro caso, as células, ou grupos de células, enfrentam uma transição direta para a fase líquida com a qual já estavam em contato prévio. Esse tipo de migração é chamado de destacamento. No segundo caso, as células precisam forçar sua saída por entre as demais camadas do perifíton bacteriano, e este processo é conhecido como dispersão. A dispersão, ainda de acordo com Davies (2011), é um mecanismo que permite o escape de condições de limitação de nutrientes ou de superpopulação e dá às células a oportunidade de migrar para melhores condições, o que também favorece o biofilme, que permanece, pois haverá diminuição da população local.

Assim, uma parte essencial da dinâmica das populações perifíticas está ligada a trocas com o plâncton. Se o processo de sucessão nas comunidades perifíticas fosse limitado a crescimento e descolamento, a falta de variabilidade genética se tornaria um problema, limitando as oportunidades de expansão e evolução do *pool* genético. É muito improvável que todas as espécies de uma comunidade clímax tenham estado presentes no momento da colonização primária; assim, a evolução da estrutura da comunidade só pode se dar com a imigração de novas células. Da mesma forma, há a emigração de células para outros ambientes, não somente por necessidades nutricionais, mas também para promover o aumento da diversidade genética do ambiente aquático como um todo. Assim, mesmo que o número de células, espessura e composição de espécies em uma comunidade perifítica se mantenham relativamente constantes como um todo, mudanças dramáticas tendem a ocorrer em áreas específicas da comunidade.

Substância Polimérica Extracelular (SPE)

Dentro do biofilme, o metabolismo microbiano é responsável pela absorção de nutrientes inorgânicos, bem como pelo uso e decomposição da matéria orgânica dissolvida e particulada. A matéria orgânica disponível para os microrganismos pode ser procedente da água circundante ou do interior do biofilme. Uma vez que a maioria das moléculas orgânicas é de alto peso molecular, a atividade de enzimas extracelulares é necessária antes da utilização desta pelos organismos. As enzimas extracelulares em biofilmes são ligadas às células bacterianas externamente ou no espaço periplasmático nas gram-negativas ou então livres na matriz extracelular. A maioria dos microrganismos no biofilme produz enzimas extracelulares, especialmente fungos e bactérias (algumas algas, cianobactérias e protozoários também podem ter essa capacidade).

Fatores ambientais externos, como temperatura da água e quantidade de luz disponível, influenciam o desenvolvimento inicial das comunidades perifíticas, mas, à medida que elas amadurecem, tornam-se mais complexas e os processos internos se tornam mais importantes. Essa complexidade é em parte determinada pela arquitetura da matriz extracelular ou substância polimérica extracelular (SPE), que circunda as células e colônias. Um exemplo dessa estruturação é ilustrado na Figura 4.

Figura 4 Comunidade perifítica (epifíton) sobre filídios da briófita aquática *Fontinalis antipyretica* Hedw. em um sistema lótico de baixa ordem (Pulcagrie Burn, Galloway, Escócia). Observa-se em MEV a presença de grande quantidade de SPE, células bacterianas e diatomáceas. Barra = 10 μm.

Um biofilme é, portanto, composto de células microbianas e de polissacarídeos e glicoproteínas extracelulares. Estes podem conter de 50 a 80% do carbono orgânico total da comunidade e formam uma matriz extracelular na qual as células estão inseridas. Essa matriz é o agente estruturante primário dos microambientes microbianos e controla suas propriedades físicas e químicas, protege os organismos contra a dissecação (Ledger & Hildrew, 2001), toxinas e agentes antibióticos (Davey & O'Toole, 2000). Além disso, assegura a manutenção de estabilidade fisiológica e contenção de nutrientes. Comunidades perifíticas em sistemas lóticos foram descritas como resilientes à depleção de matéria orgânica na água circundante, pois podem utilizar a energia estocada na SPE (Romaní & Sabater, 2000). A matriz extracelular é, desta forma, uma parte funcional do perifíton, tanto quanto seus componentes bióticos.

Em comunidades bem desenvolvidas, a SPE forma canalículos entre grupos de células, onde existe circulação de água. Esse fluxo atua no transporte de nutrientes e oxigênio em diferentes regiões do perifíton bacteriano. Estudos com microeletrodos revelam uma heterogeneidade espacial nos biofilmes em escala micrométrica onde pode haver grande variação de pH e de concentrações de oxigênio, com formação de zonas anóxicas na ordem de décimos de milímetro (Santegoeds *et al.*, 1998).

Flemming & Wingender (2010), estudando *in situ* um biofilme utilizando microscópio com focal a laser para diferenciar os vários componentes da SPE e dos organismos, concluíram que este é estruturado fisicamente de modo a formar microdomínios. Essas regiões abrigam diferentes ambientes bioquímicos e são modificadas enzimaticamente em resposta a mudanças ambientais microscópicas.

Aspectos ecológicos

Ciclagem de nutrientes

Por sua grande diversidade metabólica, bactérias aquáticas desempenham papéis fundamentais nos ciclos geoquímicos e são particularmente importantes em ambientes anaeróbicos, onde algas e demais elementos da biota são menos ativos. Bactérias perifíticas utilizam, decompõem e retiram matéria orgânica da água circundante (fonte alóctone) e do interior do biofilme (fonte autóctone). A matéria orgânica na água doce é composta de matéria dissolvida (MOD) e particulada (MOP). Uma grande parte da MOD é composta de substâncias húmicas e polímeros, portanto, é necessária a atividade enzimática extracelular por parte dos organismos heterotróficos para a aquisição e entrada nas redes alimentares de compostos de nitrogênio e carbono (Romaní, 2009), necessários para o crescimento e reprodução da biota.

Em sistemas lóticos, a maior parte da produção secundária ocorre no perifíton, enquanto apenas pequena parte ocorre na coluna d'água. Entretanto, até hoje, o conhecimento existente sobre as comunidades bacterianas perifíticas de águas correntes é particularmente limitado, pois os organismos de água doce estão entre os menos estudados. A importância ecológica dessas comunidades reside não apenas em seu papel na ciclagem de nutrientes, mas, inclusive, em sua capacidade competitiva, disputando recursos com organismos autotróficos – nutrientes inorgânicos ou até mesmo espaço físico, especialmente quando formas prostradas são as dominantes na porção algal da comunidade.

Distúrbios físicos e outros impactos

Em águas correntes, o ambiente físico é governado pelo movimento da água. Assim, em ecologia de rios, o fluxo da água é a função de força dominante (Sigee, 2005), e a maioria dos processos ambientais são por ela influenciados. Isto inclui mudanças na morfologia do canal, distribuição dos organismos no tempo e espaço, taxas de transferência de energia e ciclagem de nutrientes.

Rickard *et al.* (2004) encontraram uma relação inversamente proporcional entre magnitude do distúrbio por correnteza e diversidade no perifíton bacteriano, revelada através de perfis por DGGE (do inglês, denaturing gradient gel electrophoresis, eletroforese em gel de gradiente desnaturante). Os trabalhos de Cloete *et al.* (2003) e de Rickard *et al.* (2004) sugerem que a velocidade do fluído e a abrasão associada moderam a biodiversidade do perifíton bacteriano, e que a habilidade de formar agregados e de adesão é determinante na composição da comunidade sob pressão de corrente. Assim, há suporte na literatura para a afirmação de que a velocidade da correnteza seleciona as diferentes espécies formadoras do perifíton que, em velocidades menores, não estariam presentes.

Alguns estudos em substratos naturais de ambientes lóticos têm demonstrado que bactérias epilíticas podem responder a diferentes impactos ambientais. Ainsworth & Goulder (2000a) descreveram o aumento na assimilação de leucina e abundância bacteriana a jusante da entrada de efluentes de uma estação de tratamento de esgoto no norte da Inglaterra. Esses autores sugerem que essa resposta pode, inclusive, acelerar o processo de biopurificação. Outros trabalhos dos mesmos autores (Ainsworth & Goulder, 2000b; Ainsworth & Goulder, 2000c) também demonstraram um aumento gradual na atividade bacteriana em outros cursos d'água no Reino Unido a jusante de fontes de enriquecimento por nutrientes.

A resposta de comunidades epilíticas a impactos naturais, como diferentes substratos geológicos, foi investigada por Goulder (1988, 1989), Chappell & Goulder (1994) e Oliveira & Goulder (2006). Foram encontradas diferenças marcantes entre as variáveis microbiológicas comparando riachos calcários e riachos de águas acidificadas.

Em sistemas lênticos, alguns dos fatores abióticos de maior influência sobre comunidades bacterianas perifíticas incluem temperatura, oxigênio dissolvido, pH, ácidos húmicos, salinidade, nutrientes, mixagem da água, tempo de residência e até mesmo metais pesados. A influência desses fatores ajuda a definir os padrões de mudanças das comunidades no tempo e no espaço. As comunidades bacterianas também sofrem influência em sua estruturação de interações biológicas como competição, predação, lise viral e interações com algas.

Interações bactérias e algas

Assim como quebram e assimilam matéria orgânica particulada e dissolvida, as bactérias também são fontes de carbono para protozoários e invertebrados. Grande parte da matéria orgânica utilizada pelas bactérias provém de plantas aquáticas e microalgas. Assim, a incorporação de carbono dissolvido liberado pelas microalgas e a subsequente predação das bactérias por protozoários formando o elo microbiano (*microbial loop*) na cadeia alimentar fornecem uma alternativa importante para a rota convencional representada pela predação direta de microalgas, conforme originalmente descrito por Azam *et al.* (1983). Thomaz (1999) ressalta que o elo microbiano, mais recentemente, tem sido aceito como um componente de teias alimentares bastante complexas e apresenta ampla e interessante discussão sobre o papel ecológico das teias alimentares microbianas em ecossistemas aquáticos.

As algas liberam moléculas orgânicas extracelulares durante a atividade metabólica ou na lise celular e senescência natural. A liberação de moléculas orgânicas de células algais vivas amplia-se com o aumento da fotossíntese e é geralmente correlacionada com o aumento de radiação luminosa. Esses produtos são compostos de baixo peso molecular rapidamente utilizados pelas bactérias e podem resultar em aumento da produtividade bacteriana. Interações entre bactérias heterotróficas e algas já foram bem documentadas em sistemas planctônicos (Tulonem, 1993). Foi demonstrado, por exemplo, que bactérias planctônicas utilizam produtos liberados por algas e alcançam sua abundância máxima durante o declínio de florações algais (Chróst, 1989).

A natureza da relação entre bactérias e algas em comunidades perifíticas, no entanto, continua sendo objeto de discussões. Apesar de ser provável que a proximidade física entre algas e bactérias perifíticas dentro da matriz extracelular facilite essas interações (Romaní & Sabater, 2000), alguns autores sugerem que as biomassas epilíticas de algas e bactérias sejam reguladas por processos independentes em alguns ambientes (Sobczak, 1996; Sobczak & Burton, 1996).

Variações coincidentes de biomassa e produção algal e bacteriana sugerem que a produção bacteriana perifítica é, até certo ponto, regulada pela abundância algal e pela produção primária. A produção bacteriana é geralmente pareada com a algal no epilíton quando as intensidades luminosas são suficientes para estimular a fotossíntese (Jones & Lock, 1993). Correlações positivas entre bactérias e algas em águas correntes podem, entretanto, resultar de uma resposta similar de ambos os componentes ao mesmo fator externo (nutrientes, pastejo, etc.). Aumentos concomitantes em biomassa e abundância de algas e bactérias podem, ainda, resultar da capacidade das bactérias de colonizarem a superfície das algas, estas últimas disponibilizando maior área para o estabelecimento do perifíton bacteriano. Por outro lado, a falta de pareamento pode ser atribuída a fatores tais como pastejo diferenciado de células bacterianas ou então à diferença em atividade metabólica entre células no biofilme.

Alguns estudos sugerem que o grau de interdependência (ou pareamento) entre comunidades autotróficas e heterotróficas no perifíton decresce em um gradiente de enriquecimento por nutrientes (Rier & Stevenson, 2002). Há evidências de que a ausência dessa interdependência não resulta de competição por nutrientes em ambientes pobres (Scott *et al.*, 2008), mas sim de uma facilitação mútua entre as comunidades em termos de aproveitamento de nutrientes disponíveis. O enriquecimento artificial de ambientes oligotróficos altera as funções básicas das comunidades microbianas, por exemplo, a diminuição do pareamento entre a produção algal e bacteriana, o que pode alterar profundamente as relações tróficas em todo o ecossistema aquático.

Findlay *et al.* (1993) sugerem que a ligação entre bactérias e algas é mais forte em sistemas lênticos que em sistemas lóticos. Nestes últimos, COD, nutrientes inorgânicos e temperatura podem exercer maior controle sobre a produção e distribuição bacteriana. Há, assim, consenso geral de que COD alóctone predomina sobre o autóctone em sistemas de águas correntes. As bactérias utilizam essas fontes e têm a capacidade de se adaptar a mudanças espaciais e temporais na disponibilidade de COD.

Considerando especificamente comunidades epilíticas de rios, variações coincidentes das populações de bactérias e algas, tanto em densidade quanto em atividade, registradas na literatura têm sido atribuídas principalmente a dois fatores: aumento da superfície colonizável e estrutura tridimensional do biofilme, proporcionado pela maior densidade de algas e pela 'captura' de maior número de células de bactérias planctônicas, também em virtude do aumento da complexidade estrutural. Por outro lado, alguns trabalhos, como o de Sobczak & Burton (1996), não registraram covariação entre biomassa bacteriana e algal, sugerindo que no epilíton diferentes fatores podem controlar as duas comunidades. Esses autores ainda comentam que a ligação entre as duas comunidades pode ser quebrada em alguns casos: (a) em biofilmes jovens ou afetados por distúrbio constante em que a complexidade estrutural não é atingida, (b) onde a pressão de pastejo sobre a comunidade bacteriana contém o desenvolvimento desta população, (c) quando a porcentagem de células ativas e viáveis for baixa e (d) quando há influência do carbono dissolvido na coluna d'água sobre as bactérias.

Assim, pode-se dizer que o controle exercido pelas variações na abundância de algas na base das cadeias alimentares em rios não é universal. Por exemplo, a entrada significativa de matéria orgânica alóctone pode enfraquecer a relação entre as comunidades algais e bacterianas, a qual geralmente não se torna tão forte no epilíton de rios quanto, por exemplo, no plâncton de lagos. Além disso, em cursos d'água oligotróficos, a ligação entre as comunidades pode ocorrer de forma diferente das comunidades de locais eutrofizados. Em condições oligotróficas, variações na produção primária são pequenas em relação ao suprimento de carbono orgânico e, assim, não há ligação aparente entre as comunidades. Apenas a partir de condições mesoeutroficas essa ligação se torna forte o suficiente para resultar em um efeito detectável sobre a comunidade bacteriana. Da mesma forma, se a estrutura física da comunidade de algas é importante como hábitat para a comunidade bacteriana, apenas quando uma massa crítica de algas é alcançada a correlação entre as comunidades passa a ser observável.

O pastejo

A estrutura e a dinâmica do perifíton bacteriano são controladas não apenas por condições físicas e químicas da coluna d'água, mas também pela herbivoria (Arndt *et al.*, 2003). Protistas têm a capacidade de reduzir a biomassa bacteriana de biofilmes (Weitere *et al.* 2005), assim como de alterar a morfologia da comunidade através do pastejo. Por exemplo, o aumento da temperatura da água geralmente acelera a formação inicial do perifíton bacteriano, no entanto, este ganho inicial pode não se traduzir em aumento da biomassa bacteriana final, no biofilme maduro (Villanueva *et al.*, 2011). Esses autores encontraram um decréscimo de biomassa bacteriana após um crescimento inicial acelerado em virtude do intenso pastejo por ciliados.

Diferenças na mobilidade e no modo de alimentação dos predadores podem afetar o grau de modificações morfológicas que causam nos biofilmes. Além disso, as bactérias perifíticas possuem a capacidade de desenvolver estratégias de defesa contra o pastejo por protozoários (Matz & Kjelleberg, 2005). A formação de agregados ou microcolônias e também a produção de toxinas por mecanismos deflagrados por percepção de quórum são eficientes defesas contra flagelados e ameboides. Böhme *et al.* (2009) demonstraram que a ação de predadores é capaz de alterar a morfologia de biofilmes bacterianos, afetando o arranjo espacial e removendo fragmentos. Desta forma, a função dessas comunidades bacterianas também é afetada, uma vez que pela influencia do pastejo são formados agregados, promovendo o aumento da área superficial do perifíton e também a formação de uma rede maior de canais na matriz extracelular, o que altera a característica da superfície.

Haglund & Hillebrand (2005), estudando os efeitos da adição de nutrientes combinada à presença de macroinvertebrados pastejadores em perifíton bacteriano de lagos mesotróficos na Suécia, encontraram interações significativas desses fatores sobre a biomassa e atividade dos microrganismos, não sendo possível atribuir importância diferencial a um deles.

O desafio de descrever a composição taxonômica

As bactérias são peculiares no aspecto em que é mais fácil detectar e mensurar sua atividade do que determinar sua biomassa e, principalmente, os táxons presentes em uma comunidade. As comunidades de bactérias e arqueas contêm uma diversidade genética formidável. Estudos recentes têm descrito grandes quantidades de novos táxons em biofilmes, em diversos níveis taxonômicos, de classes até espécies (Bolhuis & Stal, 2011); mesmo assim, certamente a maior parte da variabilidade em biofilmes bacterianos de ecossistemas naturais ainda não foi quantificada (Findlay, 2010), apesar dos esforços dos pesquisadores.

Coletivamente, os microrganismos possuem grande capacidade para a degradação de compostos de carbono orgânico, utilizando diversos aceptores de elétrons. Como autótrofos, são capazes de fixar carbono utilizando a luz do sol ou outros doadores de elétrons. Segundo Findlay (2010), um dos desafios para os pesquisadores é entender o quanto dessa grande variabilidade funcional observada é causado por expressão gênica dentro de um único grupo taxonômico e quanto pode ser consequência da representatividade de diferentes grupos em uma comunidade.

Técnicas para investigar o metabolismo de comunidades microbianas já existem por mais de um século, mas apenas nas últimas décadas tem sido possível estimar o número de táxons diferentes presentes em um hábitat, ou mesmo a existência de padrões constantes em riqueza e diversidade ao longo do tempo ou espaço. Mesmo assim, as técnicas existentes ainda oferecem grande variação em níveis de resolução (Leff & Lemke, 1998). O sequenciamento de DNA fornece a melhor ferramenta na identificação das espécies presentes em uma amostra ambiental, ainda que o conceito de espécie não tenha a mesma validade em bactérias do que em eucariotas. Considerando táxons em níveis mais altos, como filos e classes, podem ser utilizadas, por exemplo, sondas para grupos-alvo, tais como alfa e beta proteobactérias (Kirchman *et al.*, 2004; Logue *et al.*, 2008).

Uma análise completa da riqueza específica em comunidades aquáticas de bactérias tipicamente envolve a combinação de técnicas de taxonomia clássicas e de ferramentas moleculares. A identificação convencional em amostras ambientais consiste no isolamento, cultura em laboratório e caracterização dos táxons. Essa caracterização em famílias, gêneros e espécies baseia-se em ampla listagem de caracteres fenotípicos que incluem condições de cultura, morfologia das colônias formadas, características bioquímicas e morfologia detalhada. Entretanto, o uso dessa abordagem clássica em culturas *in vitro* para identificação dos táxons pode ser problemático. Apenas uma pequena porção, cerca de

1% dos organismos oriundos de amostras ambientais, pode ser potencialmente cultivada em laboratório (Amann *et al.*, 1995) e, mesmo quando a cultura é possível, as bactérias podem ter um crescimento muito lento. Ainda, estudos utilizando culturas mistas ou puras, muitas vezes, possuem apenas uma tênue semelhança com as comunidades em seu ambiente natural (Muyzer, 1998; Head *et al.*, 1998). Estudos ecológicos utilizando culturas não refletem a estrutura das comunidades e, depois de algumas gerações, a fisiologia das células pode se diferenciar muito daquelas encontradas na natureza (Theron & Cloete, 2000).

Desta forma, o desenvolvimento de técnicas de biologia molecular ofereceu uma nova perspectiva no estudo de comunidades microbianas e sua relação com o ambiente. Carvalho (1998) definiu ecologia molecular como "a aplicação de marcadores genéticos moleculares a problemas em ecologia e evolução, incluindo estudos das relações genéticas entre indivíduos, populações e espécies". Essas técnicas não se baseiam em culturas, mas na determinação direta da diversidade genética de populações microbianas pela extração do DNA.

O gene 16S rRNA (16S rDNA) que codifica as moléculas de rRNA necessárias para a síntese de proteínas tem sido amplamente utilizado. Com uma extensão de 1500 nucleotídeos, contém tanto regiões conservadas quanto variáveis (Wilderer *et al.*, 2002). Tendo sido extraído de comunidades naturais, podendo ser amplificado utilizando PCR (reação em cadeia da polimerase) e empregando *primers* específicos (oligonucleotídeos que se ligam ao DNA-alvo), apenas as sequências de 16S rDNA são amplificadas. Esses fragmentos podem, assim, ser clonados e sequenciados para revelar a identidade do microrganismo correspondente, por análise comparativa com sequências já conhecidas. A clonagem, no entanto, não é apropriada para a exploração de variabilidade em série temporal em comunidades microbianas ou então para a comparação de um grande número de pontos de amostragem (Muyzer, 1999; Muyzer & Smalla, 1998), uma vez que consome bastante tempo. Muyzer *et al.* (1993) introduziram a utilização da DGGE ao estudo da composição de comunidades naturais de bactérias.

DGGE é um método eletroforético de separação baseado em diferenças no comportamento de desnaturação de fragmentos de DNA de cadeia dupla. Proporciona a caracterização de comunidades microbianas sem a necessidade de cultura ou de um conhecimento prévio da composição de espécies (Boon *et al.*, 2002). Nessa técnica, fragmentos de DNA da mesma extensão, mas com diferentes combinações de nucleotídeos são separados por eletroforese. A técnica permite a separação de uma mistura heterogênea de fragmentos amplificados por PCR em um gel de poliacrilamida. É relativamente rápida e diversas amostras podem ser analisadas simultaneamente.

DGGE é, assim, particularmente útil quando se analisam séries temporais e na avaliação da similaridade específica em um conjunto de amostras, mesmo que não forneça dados sobre a composição taxonômica de cada comunidade. Portanto, perfis das comunidades (*fingerprinting*) são obtidos por DGGE (e também por uma técnica similar, a eletroforese em gel de gradiente de temperatura ou TGGE), sendo úteis na avaliação do grau de similaridade entre amostras de onde não há prévia informação sobre a composição taxonômica (Das *et al.*, 2007), mesmo que em alguns casos, como o relatado por Nikolcheva *et al.* (2003), o número de bandas obtidas pareça subestimar a real diversidade de táxons em uma amostra. Finalmente, a grande vantagem da DGGE é que ela permite complementar outras abordagens, inclusive técnicas de microbiologia convencional (Oliveira & Goulder, 2006).

Besemer *et al.* (2012), em trabalho recente, utilizaram a análise de polimorfismo dos fragmentos terminais de restrição (T-RFLP) e o pirossequenciamento 454 do RNA ribossômico 16S (rRNA) e do gene rRNA 16S para comparar a diversidade de unidades taxonômicas operacionais (UTOs) em perifíton e plâncton bacteriano em águas correntes. Os resultados desse estudo foram muito interessantes: a diversidade foi constantemente mais baixa no biofilme do que no plâncton, e os autores propõem que essa maior diversidade na água circundante foi mantida pelo fluxo contínuo de várias fontes na bacia hidrográfica. Outro resultado relevante foi que houve claras diferenças entre comunidades aderidas e as suspensas, enquanto, ao comparar o biofilme de três arroios diferentes, estas comunidades foram similares entre si. Assim, é sugerido que as comunidades perifíticas não são apenas um reflexo das comunidades suspensas (variando em diversidade de acordo com a comunidade fonte), mas, sim, que apenas determinados grupos de bactérias provenientes do plâncton são capazes de proliferar no biofilme. Dessa forma, há uma seleção para aquelas UTOs capazes de assumir o modo de vida aderido e nele proliferar. Esse aspecto do desenvolvimento do perifíton já foi comentado por Jackson *et al.* (2001).

De acordo com Findlay (2010), os próximos objetivos dos pesquisadores em relação ao estudo do perifíton bacteriano devem ser: (1) conectar a presença de determinados táxons às funções por eles desempenhadas, através da exploração da abundância e regulação de genes funcionais, que são parte da identidade genética do organismo; e (2) identificar os mecanismos de aquisição de energia, transformação de elementos e alterações ambientais provocadas pelas comunidades. Um pré-requisito é a existência de *primers* para habilitar a identificação do táxon e do gene de interesse.

Algumas técnicas utilizadas em estudos de comunidades bacterianas perifíticas

Poucos avanços em técnicas de estudo sobre a abundância, composição ou função de comunidades bacterianas perifíticas foram desenvolvidos em ambientes lóticos. Para Findlay (2010), os melhoramentos mais significativos em metodologias foram alcançados por estudos com bacterioplâncton marinho. Esse autor atribui a falta de estudos em ambientes lóticos às dificuldades técnicas impostas por esses ambientes e também ao maior interesse dos pesquisadores nos efeitos da presença desses organismos nos processos ecológicos do que propriamente na estrutura e composição das comunidades perifíticas. Segundo Thomaz (1999) e Logue *et al.* (2008), um grande salto qualitativo e quantitativo foi dado quando métodos baseados em meio de cultura requerendo condições assépticas puderam ser substituídos por métodos mais simples, baseados em ecologia quantitativa. Mesmo assim, o potencial de comunidades de bactérias perifíticas em responder a diferentes impactos ambientais tem sido demonstrado em diversos estudos. As características dos substratos e da água circundante influenciam largamente a composição e o metabolismo de comunidades epilíticas, e essas diferenças são detectadas por técnicas moleculares ou microbiologia clássica.

A seguir são brevemente descritas algumas técnicas microbiológicas selecionadas para o estudo de comunidades de bactérias perifíticas em águas continentais. Esse apanhado não pretende esgotar todas as técnicas existentes, muito pelo contrário, visa apenas enfatizar a abordagem ambiental, descrevendo alguns protocolos no estudo do epilíton bacteriano de águas correntes. São descritas técnicas para: amostragem, contagem total de células e estimativa de produtividade bacteriana, conforme Oliveira & Goulder (2006).

Obtenção de amostras

Conforme já comentado, em sistemas lóticos grande parte da biomassa de microrganismos está localizada sobre substratos. Em águas correntes que apresentam leito constituído de seixos de rolamento pode ser indicado utilizar esses substratos para obter amostras das comunidades naturalmente desenvolvidas. Assim, a amostragem deve ser feita com o acondicionamento do substrato em bolsas plásticas esterilizadas. Os seixos de rolamento devem ser retirados da água com a utilização de luvas, e a bolsa plástica deve ser rapidamente fechada e acondicionada a baixas temperaturas. Para a remoção do material do substrato são utilizadas escovas de dentes esterilizadas em autoclave. Adicionalmente, deve ser coletado um volume suficiente de água do ambiente para a ressuspensão das amostras. Para a obtenção da suspensão de epilíton, é feita a filtragem de água proveniente do ambiente em membranas de 0,2 mm de abertura de poro para eliminação das bactérias e demais microrganismos planctônicos. A água pura obtida é então adicionada ao epilíton, e a suspensão é tratada em um homogeneizador de amostra elétrico (Stomacher) por cinco minutos ou conforme adaptações necessárias ao volume e concentração da amostra.

Técnicas de contagem

A quantidade total de células bacterianas presentes em ambientes aquáticos é geralmente muito alta, e, em termos de número total de organismos presentes, são apenas menos numerosas que os vírus (Sigee, 2005). As populações bacterianas também apresentam grande variabilidade quantitativa em resposta a fatores ambientais diversos.

Populações de bactérias em suspensão podem ser enumeradas como contagem total de células ou células viáveis. A contagem direta (total) tem sido considerada como a técnica mais confiável na avaliação da dinâmica das populações, uma vez que todas as células são enumeradas. Medidas de dimensões celulares podem ser acrescentadas de forma a converter contagens de números de células em estimativas de biomassa, as quais podem ser combinadas com medidas de produtividade de forma a descrever a dinâmica da população.

A concentração de células bacterianas em uma suspensão de epilíton pode ser determinada por contagens diretas. Podem ser utilizados diferentes corantes fluorescentes, como o laranja de acridina (acridine-orange) ou DAPI (4'6'-diamidino-2-phenylindole), específicos para DNA, dispersos nas células bacterianas. Yu *et al.* (1995) recomendam a utilização deste último, que permite melhor visualização das células coradas em relação a detritos e particulados. Para esse procedimento, as amostras são preservadas em formalina neutra filtrada (membranas de 0,2 mm de diâmetro de poro) em uma concentração final de 2% de formaldeído. Podem ser estocadas por até duas semanas em geladeira em frascos de vidro. A solução estoque de DAPI (1 mg ml^{-1}) pode ser preparada com antecedência e preservada no escuro em congelador a -20°C. As amostras da comunidade epilítica podem ser diluídas conforme necessário, utilizando água destilada esterilizada e filtrada em membranas de 0,2 mm de diâmetro de poro. A concentração final de corante nas amostras considerada ótima para minimização de fluorescência de fundo e boa visualização das células é de 10 mgL^{-1} com um tempo de coloração de 40 minutos (Yu *et al.*, 1995; Oliveira, 2002).

Membranas escuras de policarbonato são geralmente utilizadas para a filtragem do material corado. Na impossibilidade de obtenção de membranas escuras de fábrica, é recomendada a coloração de membranas brancas com o corante Irgalan Black (0,2% em 2% ácido acético). As membranas são imersas no corante por 10 minutos e, então, transferidas para as unidades de filtração, sendo o resultado idêntico àquele obtido com membranas escuras (Oliveira, 2002). Após a filtragem, auxiliada por água esterilizada e filtrada, as membranas são montadas em lâminas de microscopia com óleo de imersão. A análise é feita em microscópio ótico de epifluorescência em objetiva de 100x. Um retículo de contagem acoplado a uma das oculares auxilia na enumeração das células, por exemplo, retículo de Whipple. Um número mínimo de células deve ser contado em cada preparação, determinado de acordo com a densidade das comunidades em cada estudo.

Contagens de bactérias perifíticas permitem que o número total de células presentes seja expresso em células por unidade de superfície do substrato, por exemplo, células por centímetro quadrado.

A seguinte fórmula é sugerida:

N. células por área (células cm^{-2}) = (N/n) x $[A_1/(A_2 \times V_1)]$ x $(D \times V_3/A_3)$ x 0.952*

em que: N = número de células contadas
n = número de campos contados
A_1 = área da membrana filtrante (mm^2)
A_2 = área do campo (mm^2)
V_1 = volume da solução filtrada (mL)
D = diluição
V_3 = volume total da solução de epilíton (100 mL)
A_3 = área superficial do substrato amostrado (cm^2)

* compensa pelo volume de formalina adicionado; o número deve ser adaptado às diluições e volumes utilizados em cada contagem.

Produção bacteriana

Uma estimativa confiável das taxas de crescimento e produção bacteriana é essencial para o entendimento do papel dessas comunidades em sistemas aquáticos. Para esse fim, uma grande variedade de técnicas tem sido desenvolvida. Uma das mais promissoras nessa estimativa é a incorporação de leucina por células bacterianas (Miranda, *et al.*, 2007). Kirchman *et al.* (1985) introduziram a medição da assimilação de leucina por células bacterianas como uma técnica para a estimativa de taxas de síntese de proteínas e produção secundária por comunidades bacterianas em sistemas aquáticos naturais. Descreveremos aqui a técnica para medição da atividade através de leucina marcada com ^{14}C, em saturação (V_{max}) expressa em pmol cm^{-2} h^{-1}, conforme utilizado por Oliveira & Goulder (2006). A fundamentação teórica para o uso dessa técnica pode ser encontrada em Goulder (1991).

Para que a técnica resulte em uma estimativa razoável de V_{max}, a concentração do substrato adicionado deve ser a saturação, suficiente para superar a concentração na água natural (Ainsworth & Goulder, 1998). Utiliza-se como substrato radioativo a leucina L-[U-^{14}C], com atividade específica de 10.9 GBqmmol$^-$L, à qual é adicionada leucina não radioativa para uma concentração final de incubação de 1500 nmolL^{-1}. A diluição das amostras do epilíton em água do ambiente filtrada em membranas de 0,2 mm é recomendável, assim como a utilização de leituras em réplica, sendo três normalmente suficientes (Oliveira, 2002). Uma quarta réplica, com a adição de formol a 4%, é utilizada como controle negativo, permitindo a correção para absorção abiótica. A cada réplica são adicionados 0,1 ml de solução de leucina ^{14}C (37 kBq ml^{-1}) e 0,15 mL de leucina não marcada a 100 mmol L^{-1}. Com isto, a concentração final chega a 1532 nmol L$^-$1, conforme recomendado por Ainsworth & Goulder (1998). As amostras são então incubadas por três horas no escuro em frascos de 30 mL de vidro e esterilizados. A temperatura sugerida para a incubação é a temperatura da água do ambiente no dia da coleta. Ao final do período de incubação, 2 mL do conteúdo de cada réplica são filtrados através de membranas de acetado de celulose com 0,2 mm de abertura de poro. Acrescentam-se, ainda, 5 mL de água esterilizada. As membranas filtrantes são, enfim, transferidas para frascos de plástico próprios para cintilometria líquida. Os filtros são dissolvidos no fluido de cintilação (10 mL) e a radioatividade é medida em cintilômetro.

A taxa de assimilação de leucina (nmol cm^{-2} h^{-1}) é dada por:

[média da assimilação nas incubações teste (nmolL^{-1}) – assimilação no controle (nmolL^{-1})] x fator de diluição (10) x volume da suspensão de epilíton (0,1 litro)/[tempo (3h) x área da superfície da rocha (cm^{-2})]

Miranda *et al.* (2007) testaram a aplicação da incorporação de [^{3}H] leucina com diferentes parâmetros em comunidades epifíticas sobre macrófitas aquáticas, concluindo que esta pode ser uma excelente ferramenta na medição da produção bacteriana.

Um por todos e todos por um

Mesmo que desde o início do século XIX já se tenha descrito a capacidade de bactérias formarem colônias, o nível de sofisticação desses sistemas só começou a ser realmente compreendido nas últimas quatro décadas. A propriedade mais recentemente descrita é a rede de comunicação entre células ou propriedade de percepção de quórum (QS, do inglês, *quorum sensing*) (Hunter, 2008). Decho *et al.* (2010) definem essa propriedade como uma forma de comunicação química entre células, dependente da densidade, através de moléculas sinalizadoras. A primeira pesquisa a descrever esse fenômeno foi desenvolvida no final da década de 1960, com a bactéria marinha *Vibrio fischeri*, a qual passa a produzir bioluminescência no momento em que um número suficiente de células estiver presente em culturas líquidas. A primeira explicação para esse fenômeno foi que a luminescência era uma propriedade inerente do organismo cultivado, mas inibida pelo meio de cultura e somente vencida com a ação coletiva de uma grande quantidade de células (Kempner & Hanson, 1968). Entretanto, Nealson *et al.* (1970) e Eberhard (1972) demonstraram que a luminescência ocorria em virtude da acumulação de uma molécula ativadora, ou de um autoindutor. Esta foi a primeira descrição do fenômeno de QS na literatura científica (Hunter, 2008). Em cada célula individual, alguns genes são ativados uma vez que o biofilme alcança uma massa crítica. Esses genes são importantes para a sobrevivência da comunidade como um todo, mas não têm utilidade para as células se estas estiverem vivendo individualmente no plâncton.

QS pode ser uma adaptação evolutiva que permite às bactérias mudarem certos aspectos de seu metabolismo, no momento em que a presença dos indutores químicos alcança determinada concentração. O princípio é simples: cada célula produz e reconhece certo sinal molecular. Entretanto, esse sinal pode ser detectado apenas quando sua concentração é suficientemente alta, o que ocorre quando o biofilme tenha atingido determinado estágio de crescimento. Quando esses autoindutores são vinculados a receptores nas células bacterianas, eles ativam a transcrição de certos genes, mas a probabilidade de isso acontecer permanece baixa em concentrações baixas, porque o autoindutor pode se dissipar antes de alcançar o receptor-alvo (Nadell *et al.*, 2008). O número mínimo para a formação de quórum também não é fixo e varia de acordo com as taxas de produção e a perda da molécula sinalizadora, processos estes que são dependentes das condições ambientais externas (Williams *et al.*, 2007). Com a utilização de moléculas sinalizadoras, as bactérias obtêm informações sobre o tamanho da população e conseguem coordenar comportamentos em grupo, de modo similar a um organismo multicelular (Decho *et al.*, 2010).

Os mecanismos de QS têm sido principalmente estudados em laboratório e em biofilmes patogênicos. A importância desses estudos baseia-se principalmente na resistência às infecções de, por exemplo, próteses e tecidos implantados, pois as bactérias formadoras de um biofilme ficam protegidas pela SPE e tornam-se resistentes à ação de antibióticos. Os estudos de Boles & Horswill (2008), por exemplo, concluíram que o mecanismo de QS é requerido para a formação de um biofilme pulmonar e também a sua reativação é necessária no biofilme já maduro, para que o destacamento e a migração possam ocorrer.

Em contrapartida, e talvez de modo previsível, pouco é sabido sobre como os mecanismos de QS atuam na natureza. Modificações biológicas e geoquímicas nos sinais provavelmente ocorrem no ambiente extracelular, o que pode interromper a comunicação e dificultar o reconhecimento dos sinalizadores (Decho *et al.*, 2010). A proximidade espacial dos microrganismos no perifíton proporciona interações interespecíficas e gera comunidades complexas e diferenciadas. A comunicação química é reconhecidamente parte essencial na coordenação das respostas dessas comunidades a variações ambientais.

Estudos recentes demonstram alguns aspectos da complexa 'conversa' que norteia simbioses, competição e defesa contra predadores e patógenos no mundo microbiano, mas mais estudos são necessários para o entendimento de como essa comunicação entre diferentes espécies dá forma à dinâmica estrutural e funcional nas comunidades. O estudo das interações químicas no perifíton em ambiente natural, entretanto, encara o desafio da quase ilimitada complexidade das comunidades e, em contrapartida, a culturabilidade muito limitada das espécies que as compõem. Esses estudos requerem integração entre química analítica e genética microbiana, com técnicas de cultura inovadoras e bioensaios o mais próximo possível da realidade. Para Matz (2011), o entendimento das bases moleculares nas interações no perifíton ainda em seu contexto ecológico pode, inclusive, levar à descoberta de novos produtos naturais e novas biotecnologias.

Uma vez que as comunidades naturais no perifíton são tão complexas, a própria definição tradicional de QS (dada acima, considerando este um fenômeno dependente da densidade de células, em que um único grupo de bactérias monitora a expressão gênica de sua população) talvez seja pouco abrangente. Sabe-se hoje que uma única bactéria pode conter múltiplos sistemas de QS, o que leva a crer que essa capacidade permite às populações responderem melhor a uma vasta gama de condições ambientais. Mas como testar essa hipótese, se a maioria dos estudos em QS é realizada em condições controladas e culturas isoladas? E mais: se o ambiente realmente altera os mecanismos de sinalização, as moléculas sinalizadoras alteradas, ao alcançarem a célula receptora, poderão ligar-se a receptores alternativos? Para Decho *et al.* (2010), é provável que sim, e os autores consideram que este pode ser um sistema adicional de regulação da expressão gênica em resposta a mudanças ambientais.

SPE e QS – no perifíton, as bactérias estão cercadas pela SPE. Isto pode significar interferências na transmissão da sinalização química, principalmente porque a SPE varia muito em consistência e solubilidade. A densidade da SPE e os tipos de ligações entre moléculas poliméricas adjacentes variam em micro e nanoescalas espaciais, chamadas microdomínios (Decho *et al.*, 2010), em que as propriedades químicas da SPE também variam. Assim, é possível que colônias bacterianas influenciem seus microdomínios, num esforço para conter o fluxo de sinais químicos e íons. Outro aspecto da SPE relacionado à sinalização química é a sua complexidade estrutural em três dimensões. Assim, agrupamentos de bactérias são formados e a proximidade das células pode ser de grande importância na facilitação da comunicação.

Os mecanismos de QS também já foram detectados em uma comunicação cruzada entre procariotas e eucariotas, uma vez que moléculas sinalizadoras podem influenciar o comportamento de eucariotas – plantas e metazoários (Williams, 2007) –, facilitando assim a sobrevivência bacteriana em nichos que lhes oferecem maiores vantagens.

Finalmente, a sinalização química entre bactérias em uma comunidade complexa pode colaborar – mas não é necessariamente requerida – para a formação de associações e consórcios cooperativos e estáveis. O trabalho de Nadell *et al.* (2009), utilizando a sociobiologia no modelamento da auto-organização de biofilmes bacterianos, concluiu que uma auto-organização pode existir mesmo sem uma coordenação ativa, como QS e sinalização química, e que essas comunidades não necessariamente se desenvolvem como unidades cooperativas.

Na revisão publicada por Psenner *et al.* (2008), os autores comentam que a Ecologia Microbiana Aquática apenas se iniciou como disciplina a partir da publicação do trabalho de Farooq Azam e colaboradores em 1983 (Azam *et al.*, 1983), que enfatizaram o papel dos microrganismos na coluna d'água e cunharam o conceito de "elo microbiano", o qual foi mais tarde redefinido pelo próprio Azam como "rede trófica microbiana". Psenner *et al.* (2008) ainda questionam a razão pela qual o reconhecimento da importância do papel das bactérias em ambientes aquáticos foi tão tardio e afirmam que isso ocorreu simplesmente porque esses organismos não eram vistos!

Historicamente, as redes de plâncton utilizadas possuíam larguras de poro muito grandes, os métodos de cultivo eram muito seletivos, os microscópios não "enxergavam" tão bem, os corantes não eram suficientemente efetivos e as metodologias baseadas na fisiologia dos organismos eram muito distantes das condições naturais. Os autores seguem dizendo que, enquanto a amostragem com redes sempre funcionou muito bem para algas, cladóceros e alguns protozoários, nunca foi efetiva para pequenos flagelados, bactérias e vírus. Assim, essa situação não foi diferente daquela vivida em 1919 com a descoberta do nanoplâncton.

Uma vez que a Ecologia Microbiana é tão recente, a descrição de espécies e comunidades está alguns passos atrás da descrição de seus papéis ecológicos. Segundo Psenner *et al.* (2008), essa disciplina apresentou um desenvolvimento que é inverso àquele da Limnologia e da Oceanografia, em que as espécies e comunidades primeiro foram descritas e depois é que foram reconhecidas por habitar determinados ambientes e por sua significância ecológica.

Um aspecto importante distingue a Ecologia Microbiana da Ecologia clássica e de estudos em Evolução: os conceitos básicos para a classificação dos organismos, especialmente o conceito de espécies, não se aplicam às bactérias. O que muitas vezes é considerado uma espécie, pode ser um gênero e, assim, o termo ecótipo talvez seja mais adequado (Cohan, 2002).

Determinantes da estrutura do biofilme

Há um constante debate entre pesquisadores sobre as contribuições relativas da genética (respostas ativas) e do ambiente (respostas passivas) no desenvolvimento da estrutura dos biofilmes. Esses fatores não se excluem mutuamente; assim, de maneria a determinar a importância relativa dos fatores genéticos e da resposta a determinadas condições ambientais, experimentos multifatoriais se fazem necessários (Hall-Stoodley *et al.*, 2004). A complexidade estrutural do perifíton tem levado alguns autores a considerar essas comunidades como associações análogas a organismos multicelulares e os indivíduos como células especializadas com a capacidade de cooperação "altruísta", o que violaria os princípios Darwinianos (Nikolaev & Plakunov, 2007).

A partir dessa noção, já foram construídas hipóteses da origem dos primeiros organismos multicelulares a partir de um biofilme bacteriano e de ciliados. O fenômeno da apoptose (morte celular programada) também pode reforçar essa ideia. No entanto, por mais complexo que seja, um biofilme bacteriano não tem características permanentes de um organismo multicelular, ou seja, as células não passam por um processo de diferenciação. Se a adesão for de alguma forma revertida, as células podem retornar ao estado planctônico, continuando seu ciclo de vida. Assim, há um fenótipo perifítico, mas não um genótipo perifítico. Mas é importante ressaltar que, mesmo assim, um biofilme apresenta características emergentes quando comparado aos seus constituintes separadamente. Watnick & Kolter (2000) e Nikolaev & Plakunov (2007) denominaram essas associações como "cidade dos micróbios", as quais são formadas para suprir diferentes necessidades dos seus "habitantes".

Battin *et al.* (2007) propuseram que teorias da ecologia de paisagem sejam aplicadas ao estudo dos biofilmes, os quais podem ser considerados paisagens microbianas, ou micropaisagens, enfatizando a forte dimensão espacial que é característica dessas comunidades, que são partes interconectadas em uma área maior de colonização.

Conclusões

Com o desenvolvimento de novas técnicas de estudo a partir da biologia molecular, uma melhor compreensão da enorme diversidade de espécies e funções associadas aos biofilmes bacterianos tem sido possível. Já é sabido que a estrutura dessas comunidades reflete distúrbios antropogênicos locais e apresenta mecanismos de recuperação após a exposição a estes, porém, pouco tem sido demonstrado sobre os efeitos de mudanças em escala global, ou mesmo se bactérias perifíticas em águas continentais apresentam padrões biogeográficos similares àqueles de organismos macroscópicos. As interações entre diferentes espécies dentro das comunidades perifíticas são outro aspecto relevante, porém pouco estudado, muitas vezes pela dificuldade metodológica inerente. Assim, pesquisas em diferentes escalas se fazem necessárias com o intuito de elucidar diferentes aspectos.

Apesar da notável sensibilidade e, muitas vezes, fragilidade dos biofilmes frente a impactos ambientais, ainda não são intensivamente incluídos em estudos de avaliação de qualidade de água, talvez porque as consequências para os ecossistemas de alterações nessas comunidades ainda são pouco compreendidas. Mesmo assim, a rapidez de resposta a mudanças do ambiente faz desses organismos excelentes candidatos a bioindicadores ecológicos e, portanto, a inclusão dessas comunidades em avaliações de biodiversidade, estrutura e funcionamento é fundamental para melhor entendimento do funcionamento de sistemas aquáticos continentais.

Perifíton Heterotrófico

6

Cláudia Costa Bonecker & Leandro Junio Fulone

From either species-distributional viewpoint, a lake, for example, might be considered by a botanist as containing several distinct plant aggregations, (...). The associated animals would be "biotic factors" of the plant environment, tending to limit or modify the development of the aquatic plant communities. To a strict zoologist, on the other hand, a lake would seem to contain animal communities roughly coincident with the plant communities, although the "associated vegetation" would be considered merely as a part of the environment of the animal community. A more "bio-ecological" species-distributional approach would recognize both the plants and animals as co-constituents of restricted "biotic" communities, such as "plankton communities", "benthic communities", etc., in which members of the living community "co-act" with each other and "react" with the non-living environment (Lindeman, 1942).

A comunidade perifítica heterotrófica

Um século de pesquisas de campo e de laboratório tem acumulado amplo conhecimento sobre a ecologia da comunidade perifítica (Larned, 2010), embora vários autores ressaltem, ainda, a escassez de tais pesquisas tanto no Brasil (Bicudo *et al.*, 1995; Huszar *et al.*, 2005; Pereira *et al.*, 2007) quanto em outras partes do mundo (Duggan, 2001; Arora & Mehra, 2003; Azim & Asaeda, 2005; Peters, 2005). No entanto, Pompêo & Moschini-Carlos (2003) acrescentam que há crescente interesse de estudos com essa comunidade no Brasil, mas reconhecem que o número de estudos publicados é reduzido e enfatiza excessivamente a assembleia algal. Nesse sentido, Skal'skaya (2009) destacou que a porção heterotrófica dessa comunidade está entre a menos estudada em ambientes aquáticos continentais.

O próprio termo perifíton pode levar a equívocos quanto ao enfoque da pesquisa realizada, tendo em vista que o prefixo *peri*, de origem grega, significa "ao redor de", "em volta de"; e *fiton*, também de origem grega (*phytón*), significa "planta". Assim, perifíton significa, literalmente, "em volta da planta", a despeito de originalmente ter sido empregado por Behning, em 1928, para designar os organismos que colonizam substratos introduzidos pelo homem em rios (Schwarzbold, 1990).

Apesar de *Aufwuchs* ("o que cresce sobre") ser o termo mais adequado, pois não faz alusão aos organismos colonizadores nem ao tipo de substrato colonizado, hoje é consenso, entre a maioria dos pesquisadores, a utilização do termo perifíton, que não considera as macrófitas como o único tipo de substrato possível de colonização e, tampouco, as algas como os únicos organismos colonizadores, o que gera uma definição de caráter mais amplo.

De acordo com Wetzel (1983), o perifíton é uma "complexa comunidade de microbiota (algas, bactérias, fungos, animais, detritos orgânicos e inorgânicos) que está aderida a um substrato. Os substratos são inorgânicos ou orgânicos, vivos ou mortos". Na maioria dos textos em português sobre o assunto, essa definição repassa a ideia de que apenas os organismos sésseis pertencem ao perifíton, sendo que, na verdade, o adjetivo inglês "*attached*" refere-se à comunidade e não aos organismos. Isto fica mais claro em outra definição de Wetzel (1983b): "comunidade de todos os organismos vivendo sobre a superfície de objetos submersos na água", ou em definições mais recentes, como a de van Dam *et al.* (2002): "assembleia de organismos aquáticos, plantas e animais, aderidos em substratos submersos, incluindo a fauna associada não aderida", ou a do próprio Wetzel (2005): "comunidades microbianas aderidas, ou vivendo, sobre substratos".

Portanto, além de incluir organismos heterotróficos, na atual definição não há distinção entre os organismos realmente aderidos e aqueles que podem se deslocar sobre o substrato, como os organismos de vida livre, que podem nadar ou rastejar, alimentando-se dos organismos aderidos, matéria orgânica ou outros organismos de vida livre dentro da matriz perifítica. Essa matriz, também chamada de bioderme, é uma camada mucopolissacarídea e, segundo Moresco *et al.* (2009), apresenta uma espessura que varia de dez micrômetros a dois milímetros, sendo mais espesso em regiões mais produtivas. De acordo com Hutchinson (1993), grupos como Protista, Turbellaria, Nemertea, Nematoda, Rotifera, Gastrotricha, Oligochaeta, Tardigrada e a maioria dos grupos de pequenos artrópodes de água doce exercem, em pequena escala dentro da camada perifítica, um papel análogo ao dos insetos e mamíferos de pequeno porte em uma comunidade de plantas herbáceas. Muitas comunidades perifíticas, particularmente em águas subterrâneas, com ausência de luz, são totalmente heterotróficas e utilizam substratos orgânicos alóctones (Wetzel, 2005). Assim, conforme aumenta a profundidade e diminui a penetração de luz, a comunidade perifítica torna-se mais heterotrófica (Weitzel, 1979).

A morfologia de muitos organismos do perifíton é similar à do plâncton, o que permite que esses organismos sejam encontrados nadando na coluna de água ou aderidos a um substrato, ou ambos, dependendo de quando a observação é feita e em qual hábitat (Azim & Asaeda, 2005). Isto se deve ao fato de que esses organismos se dispersam pela coluna de água à procura de novos substratos, como demonstrado por Peters *et al.* (2007). A permanência destes no perifíton se deve a algumas modificações morfológicas adicionais que lhes permitem aderirem ao substrato (Azim & Asaeda, 2005), como pés bem desenvolvidos e órgãos adesivos; entretanto, a maioria dos organismos perifíticos heterotróficos não é séssil. Portanto, uma vez que os animais se deslocam mais ativamente do que a maioria das algas, a classificação ecológica desses heterotróficos como organismos perifíticos (no contexto de organismos aderidos) torna-se difícil (Hutchinson, 1993). Além disso, outros organismos heterotróficos podem viver livres dentro da camada perifítica, mesmo com adaptações menos desenvolvidas para aderirem ao substrato, como espinhos e garras, e permanecem livres dentro dessa camada.

De acordo com Pereira (2001), organismos heterotróficos (por exemplo, cladóceros, copépodes, protozoários testáceos, flagelados, ciliados, rotíferos, entre outros) são encontrados em alta abundância no perifíton e representam importantes componentes da biodiversidade dos ambientes aquáticos. Duggan *et al.* (2001) salientam que os rotíferos podem ser funcionalmente importantes na comunidade perifítica, como elos na transferência de energia aos níveis tróficos superiores ao longo das cadeias alimentares. O mesmo é salientado para os protozoários testáceos que, de acordo com Mieczan (2007), juntamente com os ciliados, são importantes consumidores de bactéria, flagelados e algas, além de participarem da decomposição de matéria orgânica e ciclagem de nutrientes.

Desta forma, a insuficiência de informação quanto aos organismos heterotróficos perifíticos surpreende, uma vez que o perifíton é considerado um componente-chave em ecossistemas com regiões litorâneas rasas, como lagos e rios (Peters *et al.*, 2007); assim, estudos com essa comunidade deveriam também incluí-los. Essa carência de informação pode ser atribuída às dificuldades metodológicas de se amostrar e quantificar tais organismos, à falta de pesquisadores que se dediquem a essa área de conhecimento e ao fato de a maioria dos livros textos que aborda o perifíton tratar quase exclusivamente das algas perifíticas. Esses fatos contribuem ainda mais para que os organismos heterotróficos perifíticos continuem sendo pouco estudados. Esperamos que este capítulo sirva de inspiração para que estudos com esses organismos passem a ser realizados sistematicamente.

Os poucos estudos realizados com o componente heterotrófico da comunidade perifítica apontam grande diversidade de grupos taxonômicos, incluindo desde bactérias, protozoários e fungos até vários metazoários, como nematódeos, rotíferos, oligoquetos, moluscos, crustáceos, insetos, entre outros (Pereira, 2001; Peters & Traunspurger, 2005; Guevarra-Cardona, 2006; Sharapova, 2010).

No Brasil, alguns estudos abordaram a distribuição espacial e temporal de esponjas em macrófitas e seixos de rios, lagoas e reservatórios e apontaram uma associação entre a dominância de espécies e o tipo de substrato, além da sazonalidade da temperatura e de chuvas como estruturadores temporais da comunidade (Batista *et al.*, 2003; Tavares *et al.*, 2005; Olkmer-Ribeiro *et al.*, 2010).

Em planície de inundação, estudos pioneiros com esses organismos foram realizados em seis lagoas de várzea e constataram a ocorrência de 146 táxons, incluindo protozoários testáceos, rotíferos, microcrustáceos e nematódeos. Os dois primeiros grupos foram os mais representativos na comunidade, e os rotíferos também foram o principal grupo descritor das variações espaciais e temporais do número de organismos (Pereira *et al.*, 2007). A similaridade da comunidade heterotrófica, entre as lagoas, bem como a abundância, foi maior no período de cheia (Pereira, 2001), em virtude do efeito de homogeneização na composição faunística nesse período hidrológico (Thomaz *et al.*, 2007), além da maior conectividade e consequente troca de fauna entre os ambientes (Ward, 1988).

Terminologia utilizada

Como mencionado anteriormente, na literatura há uma profusão de termos adotados para designar os organismos associados a substratos. A maioria deles é desnecessariamente complexa e confusa, especialmente quando perdem o significado de suas definições originais (Wetzel, 1981). De acordo com Margalef (1998), categorizações descritivas de comunidades (plâncton, bentos, perifíton, etc.) não apresentam valor absoluto e não é muito conveniente adotar designações "inventadas", como pseudoplâncton ou pseudoperifíton, sendo melhor examinar as implicações que tais situações de fronteira proporcionam, pois os indivíduos de uma mesma população podem combinar estratégias de sobrevivência e, ora permanecerem no plâncton, ora no perifíton. Sendo assim, seria conveniente utilizar o termo perifíton para qualquer organismo amostrado em qualquer substrato submerso e que se encontre dentro da bioderme.

Termos como fauna associada e meiofauna deveriam ser evitados. Fauna associada é uma mistura entre os organismos da comunidade perifítica e aqueles adaptados à vida planctônica, mas que vivem na região litorânea, ou até mesmo organismos tipicamente planctônicos que são carreados ou migram para essa região. Os estudos que se referem a esse grupo de organismos são desenvolvidos a partir de amostragens realizadas na região litorânea, onde, durante a coleta, ocorre a agitação da vegetação marginal e consequente liberação de alguns organismos para coluna de água. Dessa maneira, a fauna é composta por organismos tipicamente planctônicos e perifíticos. Esse tipo de amostragem, além de subestimar os organismos perifíticos, sequer permite a utilização de dados quantitativos, visto que a abundância desses organismos é expressa em número de indivíduos por área de superfície (e.g. ind/m², ind/cm²), enquanto daqueles que estavam na coluna de água, número de indivíduos por volume (e.g. ind/l, ind/m³).

O termo meiofauna é uma denominação relacionada ao tamanho corpóreo dos animais e se refere àqueles que ficam enterrados no sedimento e retidos em malhas de 42 µm a 500 µm (Fenchel, 1978), ou em malhas de 63 µm a 1.000 µm (Giere, 1993). Dentre esses organismos estão, principalmente, os bentônicos, o que inviabiliza a definição de meiofauna para os organismos perifíticos, embora muitas espécies encontradas no perifíton também pertençam à meiofauna, porém, as condições dos hábitats são bastante distintas.

Outras denominações, como fitófilo, epifíton, epilíton, episamon, deveriam ser utilizadas em conjunto com perifíton ou como palavras-chave, evitando-as em títulos de artigos ou outras formas de divulgação científica. Isto contribuiria para a consolidação do termo perifíton com seu atual significado, além de facilitar levantamentos bibliográficos, uma vez que a utilização de tantos termos diferentes para designar uma mesma comunidade torna esse trabalho muito laborioso.

Amostragem e análise da comunidade perifítica heterotrófica

A maioria das metodologias empregadas nos estudos com o perifíton, e encontradas na literatura, é descrita para as algas perifíticas. Todavia, esta também pode ser utilizada nos estudos com os organismos heterotróficos, a partir de pequenas adaptações quanto à fixação, identificação e contagem, dependendo do grupo a ser investigado. O tipo de substrato deve ser escolhido de acordo com os objetivos do estudo. Estudos de monitoramento ou avaliação da diversidade de um dado local devem optar pelos substratos disponíveis mais abundantes. Apesar de algumas objeções quanto à utilização de substratos artificiais, estes devem ser utilizados quando for necessário conhecer o tempo inicial de colonização ou para padronização, quando as amostragens são realizadas em ambientes distintos.

De acordo com Schwarzbold (1990), na escolha do substrato (natural ou artificial) devem prevalecer alguns aspectos:

1) preocupação com a homogeneidade;

2) adequação do tipo de substrato ao estudo pretendido;

3) grau de rugosidade da superfície de colonização do substrato artificial em relação ao substrato natural;

4) superfície mínima colonizada que permita uma amostragem adequada;

5) possibilidades do emprego de técnicas de remoção do perifíton;

6) localização dos substratos artificiais, junto aos bancos de macrófitas aquáticas ou ao sedimento ou ainda em relação à correnteza nos ambientes lóticos;

7) posição do substrato artificial (horizontal, vertical ou oblíquo);

8) tempo de exposição ideal do substrato artificial e conhecimento do tempo de colonização do substrato natural, quando necessária a comparação entre eles.

Estudar o perifíton de macrófitas como *Eicchornia* A. Rich. e *Nymphaea* L. apresenta a vantagem da facilidade de amostragem e de mensuração da área amostrada. O estádio adulto da vegetação é amostrado utilizando-se uma tesoura (Figura 1a) e pode ser armazenado em uma câmara úmida (frasco de vidro com um pouco de água destilada), mantida refrigerada (gelo), ou trabalhado logo após a amostragem. Em laboratório ou no campo, o perifíton é removido do pecíolo da macrófita com o auxílio de uma lâmina de aço (lâmina de barbear), encapada com papel alumínio (Figura 1b) a fim de prevenir que partes da planta sejam retiradas e inutilizem a amostra, principalmente quando o objetivo do estudo for estimar o peso seco dos organismos.

Figura 1　Amostragem do pecíolo de *Eicchornia azurea* Kunth (a) e do material perifítico (b).

Com um pissete, jatos de água destilada são jogados no pecíolo para lavá-lo, bem como na lâmina, fazendo com que o perifíton raspado escorra para o recipiente em que é previamente armazenado (placa de Petri). Ao final, o material amostrado é armazenado em frascos de vidro, fixado, para posterior análise em laboratório, ou mantido no escuro, para análise *in vitro*. Para calcular a área dos pecíolos e estimar a abundância ou peso seco dos organismos, Schwarzbold

(1990) propôs a utilização da fórmula do cálculo da área de um cilindro, em virtude da semelhança deste com essa figura geométrica. Assim, deve-se obter o comprimento e o diâmetro do pecíolo com o auxílio de um paquímetro.

O perifíton nas macrófitas com morfologia mais complexa (*Cabomba* Aubl., *Egeria* Planch., *Utricularia* L., *Najas* L., *Hydrilla* Rich., entre outras) pode ser removido com auxílio de pincéis de cerdas finas; entretanto, este método está sujeito a maiores erros de subamostragem. Os valores de abundância dos organismos são expressos utilizando a massa seca da macrófita (ind gMS^{-1}) da qual foram amostrados. Esse valor é obtido colocando as macrófitas em estufas para secarem (105°C por 72 horas) e posterior pesagem, até peso constante (gMS^{-1}).

Outra forma de amostrar os organismos heterotróficos perifíticos pode ser a lavagem direta do substrato a partir de jatos de água destilada. No entanto, esse método é desaconselhável, uma vez que pode subestimar as espécies sésseis (*Sinantherina* Bory de St. Vincent, 1826, *Collotheca* Harring, 1913, *Floscularia* Cuvier, 1798, *Vorticella* Linnaeus, 1767, *Epistylis* Ehrenberg, 1830, entre outras) e as não sésseis (*Arcella* Ehrenberg, 1832, *Centropyxis* Stein, 1857, *Difflugia* Leclerc, 1815, *Lecane* Nitzsch, 1827, *Trichocerca* Lamarck, 1801, *Notommata* Ehrb, 1830, entre outras), mas que apresentam adaptações eficientes para se aderirem ao substrato. Portanto, é recomendável a metodologia de raspagem do substrato, a fim de garantir uma amostragem mais fidedigna dos organismos.

Em alguns substratos, como as rochas frequentes em rios e riachos, é mais difícil de amostrar o perifíton, o que requer mais cuidado, pois há a possibilidade de perda da comunidade ou inclusão de espécimes e/ou matéria orgânica e inorgânica suspensas na coluna de água quando o substrato for retirado. A velocidade de corrente, principalmente em ambientes lóticos, também pode influenciar a perda e inclusão dos organismos. Assim, a amostra poderá conter não somente os organismos heterotróficos perifíticos presentes no substrato, mas também aqueles que estavam temporariamente nadando na coluna de água ou à deriva.

Para mitigar esses problemas de subestimação e/ou superestimação, Peters *et al.* (2005a) readaptaram um amostrador descrito por Stockner & Armstrong (1971) e que, por sua vez, foi adaptado anteriormente por Perkins & Kaplan (1978) e Loeb (1981) (Figura 2). Outros detalhes sobre esse amostrador podem ser encontrados no endereço eletrônico http://www.uni-bielefeld.de/biologie/Zoooekologie/mitarbeiter/lpeters.html.

No caso de substratos artificiais, segundo Cairns *et al.* (1979), há três fatores críticos que influenciam sua colonização e, portanto, sua eficácia como dispositivos de amostragem, que são: 1) o tamanho do substrato; 2) o tipo de material do substrato e sua posição no ambiente; e 3) a escala temporal em que são expostos para colonização.

Figura 2 Desenho com detalhe do amostrador e imagem após coleta de material perifítico em rocha (imagens cedidas pelo Dr. Lars Peters).

Uma das opções de substrato artificial seriam as lâminas de vidro de tamanho padronizado, o que facilita a comparação de resultados. As lâminas devem ficar dispostas na posição vertical, assim como os pecíolos de macrófitas aquáticas, em vários suportes que se encaixam em um suporte maior (Figura 3).

Deve-se tomar cuidado na escolha do local de instalação do suporte em virtude da importante influência que a distância da fonte de dispersão de espécies pode ter sobre a colonização desses substratos. Estudos realizados por Mormul *et al.* (2011) apontaram que, quanto maior a distância entre os substratos artificiais e o banco de macrófitas aquáticas (consideradas pelos autores como a fonte de dispersão), menor a diversidade e a densidade de invertebrados, em especial de Oligochaeta. Assim, se o objetivo do estudo for avaliar o processo de colonização dos heterotróficos em substratos, os mesmos devem ser instalados longe dos bancos de macrófitas quando não for possível ter certeza de que essa vegetação permanecerá no ambiente ao longo do tempo, pois, caso esses bancos mudem de lugar, uma menor diversidade de espécies não deve ser interpretada por alterações da comunidade em virtude dos processos inerentes à colonização, mas sim por conta da distância da fonte de dispersão.

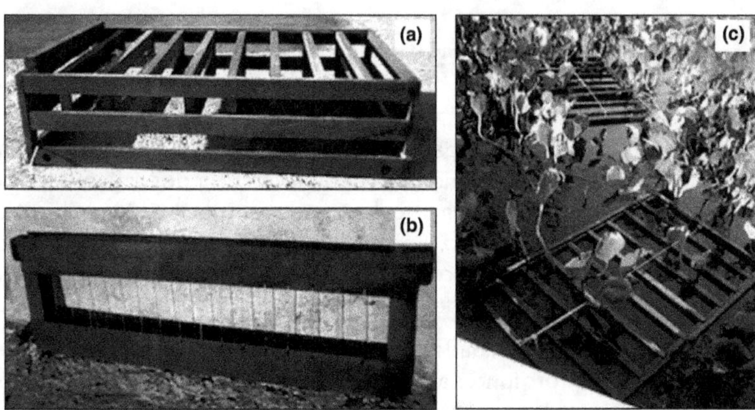

Figura 3 Suportes de madeira para utilização de substratos artificiais na colonização do perifíton: suporte com as gavetas (a), detalhe de uma das gavetas com as lâminas de vidro (b) e suportes instalados em um banco de *Eichhornia azurea* (c).

Vários autores recomendam que a identificação das espécies seja realizada a partir de organismos vivos, como Koste & Shiel (1991), Pereira (2001), Segers (2008) e Garraffoni & Araújo (2010). Isto é válido, principalmente, para rotíferos desprovidos de lórica, gastrótricos, platelmintos turbelários, flagelados e ciliados. Esses grupos estão entre os mais diversos e abundantes no perifíton heterotrófico, o que torna a utilização de amostras vivas uma forma de evitar a subestimação da riqueza de espécies e abundância dos organismos. Na maioria das vezes, a identificação das espécies é impossível quando se analisa material fixado.

O ideal é observar o material vivo durante o menor tempo decorrido entre a amostargem e a análise das amostras. Além disso, é recomendável manter as amostras dentro de câmaras frias (como caixas térmicas com gelo) para diminuir o metabolismo dos organismos, enquanto estes não são analisados, e reduzir as perdas de organismos por morte natural e por predação.

A identificação e contagem dos organismos menos ativos, como os protozoários testáceos e rotíferos sésseis, podem ser realizadas em câmaras do tipo Sedgwick–Rafter. Os organismos mais ativos, como os outros rotíferos, cladóceros e copépodes, devem ser triados e colocados em gotas de água destilada sobre lâminas; utilizar, quando necessário, glicerina, hipoclorito de sódio, formol ou álcool e lamínulas para a identificação. Deve-se tomar cuidado para que o mesmo organismo não seja quantificado mais de uma vez, portanto, o ideal é que todo organismo encontrado seja retirado da câmara após sua identificação.

Fatores intervenientes na estruturação e dinâmica da comunidade

A ocorrência e persistência das espécies nos ambientes aquáticos dependem da capacidade adaptativa e do limite de tolerância dos organismos de cada espécie, pois o crescimento da população ocorre em condições ambientais próximo ao ótimo do organismo. Por outro lado, o tamanho populacional diminui quando os organismos ocorrem raramente, em virtude da influência das condições sobre seus limites de tolerância (Berezina, 2001).

A composição da comunidade heterotrófica perifítica é influenciada tanto por fatores abióticos (profundidade, fluxo de água, pluviosidade, luminosidade, temperatura, pH) como bióticos (competição, predação, taxas reprodutivas, emigração, imigração), que irão interferir na dominância dos grupos e, às vezes, até na de espécies (Sharapova, 2010; Berezina, 2001).

O desenvolvimento da comunidade está relacionado, especialmente, com a complexidade do substrato, que afetará a sua colonização (Sharapova, 2010). Entende-se como complexidade de um substrato as características em pequena escala de um hábitat, como tamanho, forma, textura superficial e grau de angulosidade em relação aos espaços vazios entre as áreas colonizáveis (Gee & Warwick, 1994). Substratos mais complexos apresentam maior diversidade (Bell *et al.*, 1991).

Cada espécie de macrófita, por exemplo, tem suas particularidades no que diz respeito à sua estrutura espacial, apresentando diferenças em seu comprimento, largura e área superficial e, dessa forma, as comunidades associadas a esses vegetais refletem a morfologia do hábitat proporcionado pela planta (Kuczynska-Kippen & Nagengast, 2006). Além do mais, macrófitas com raízes bem desenvolvidas, maior número de folhas ou com folhas mais complexas suportam maior diversidade perifítica, pois oferecem maior variedade de hábitats para colonização (Edmondson, 1944; Pontin & Shiel, 1995; Duggan *et al.*, 1998). Estudos com a comunidade perifítica heterotrófica, em raízes de *Eichhornia crassipes* e em folhas flutuantes e submersas de *Salvinia molesta*, em remansos de um rio da Índia, registraram a ocorrência de 18 espécies de rotíferos e maior riqueza de espécies nas raízes de *E. crassipes*, além da ocorrência exclusiva de três espécies sésseis nessa estrutura vegetal. Este fato foi relacionado à maior disponibilidade de alimento e oferta de abrigo à predação proporcionada pelo emaranhado de raízes dessa macrófita (Arora & Mehra, 2003).

Com o mesmo enfoque, Vieira *et al.* (2007) realizaram um experimento com dois tipos de substratos plásticos de mesma área superficial, sendo um com reentrâncias e outro liso. A composição das espécies de rotíferos, amebas testáceas, microcrustáceos, quironomídeos, oligoquetos, tricópteros, nematódeos e ostrácodes não diferiu entre os substratos, porém, a riqueza de espécies e a abundância dos rotíferos e de todos os organismos menores que 100 µm foram significativamente maiores nos substratos com reentrâncias. Os autores concluíram que mesmo pequenas diferenças na complexidade estrutural de macrófitas, como disposição mais complexa das nervuras de uma folha, podem influenciar a diversidade da comunidade heterotrófica perifítica. Outros estudos mostraram, ainda, que essa comunidade apresenta maiores densidades em substratos ásperos do que em substratos lisos (Dobrestov & Railkin, 1996), bem como maiores valores de biomassa (Sharapova, 2010).

Além da morfologia da planta, outros fatores podem agir de maneira diferenciada na composição do perifíton em função da espécie de macrófita. Entre eles, textura superficial, distribuição da macrófita no ambiente, posicionamento da planta na corrente de água, padrão ondulatório de movimento, idade da macrófita, taxas de crescimento foliar e senescência, biomassa, capacidade de retenção de matéria orgânica particulada, colonização do perifíton e a forma de vida predominante entre os invertebrados associados, diferenças na composição e concentração do alimento disponível, liberação de substâncias alelopáticas ou outras substâncias químicas, diferenças no grau de proteção contra predação e a sazonalidade da planta (Duggan *et al.*, 2001; Taniguchi *et al.*, 2003, Poi de Neiff & Neiff, 2006, Ali *et al.*, 2007).

Considerando, ainda, a complexidade do hábitat, Taniguchi & Tokeshi (2004) apontaram que, provavelmente, o efeito desse fator sobre a composição das espécies é mediado principalmente pelo tamanho corporal dos organismos. Os autores comentam que o tamanho dos interstícios pode permitir ou impedir sua utilização como hábitat por organismos de diferentes tamanhos. Segundo Green (2003), todas as formas perifíticas de rotíferos possuem ao menos um dedo no pé e com enorme variação em seus comprimentos (menor que 20 µm e até maior que 400 µm). Assim, a soma do tamanho corpóreo e o comprimento do dedo determinarão parcialmente o hábitat ocupado pela espécie. Tamanho corpóreo pequeno e dedos curtos são vantajosos para se manter perto da superfície do substrato, reduzindo a susceptibilidade à predação, em virtude da redução da visibilidade do predador, e facilitando a obtenção de ampla variedade de alimento presente na matriz perifítica. Por outro lado, tamanho corpóreo pequeno e dedos compridos podem permitir que uma espécie alcance a coluna de água ao seu redor e se alimente de algas planctônicas e bactérias, embora isso possa aumentar seu próprio risco de predação.

Outros estudos mostraram que a distribuição espacial do perifíton heterotrófico em seixos é influenciada pela competição do recurso algal e pela predação por outros invertebrados e vertebrados (Peters & Traunspurger, 2005; Peters *et al.*, 2005b). No entanto, fatores físicos afetam essas relações bióticas, como a velocidade de corrente e a ação de ondas na região litorânea, que podem causar a retirada mecânica dos organismos e influenciar a eficiência de predação sobre os organismos heterotróficos (Peters *et al.*, 2007).

Estudos utilizando substratos artificiais em lagos temperados realizados por Sharapova (2010) apontaram o efeito da coloração do substrato sobre o desenvolvimento dos organismos heterotróficos. Os briozoários jovens, por exemplo, se desenvolveram melhor em substratos escuros, chegando a dominar a comunidade. A rugosidade do substrato também influenciou a estrutura da comunidade, sendo os maiores valores de biomassa, e em especial de briozoários encontrados apenas em substratos ásperos, provavelmente em virtude da maior densidade desses organismos nesse tipo de substrato. Entretanto, a autora ressaltou que a influência de ambos os fatores (coloração e rugosidade do substrato) foi dependente da biomassa dos organismos. Em elevada biomassa ($>$100g m^{-2}), as abundâncias da comunidade e de uma família de oligoquetos (Naididae) foram influenciadas por essas duas características do substrato, sendo os maiores valores alcançados nos substratos ásperos e escuros.

Ainda em relação às propriedades físicas do substrato, estudos experimentais realizados por Kiel (1996) mostraram que a abundância das larvas de simulídeos nos substratos com um reduzido biofilme diminui após nove dias de exposição, sugerindo que a colonização do perifíton (espessura do biofilme) pode afetar a manutenção dos dípteros (adesão ao substrato e abundância) por um longo período.

A qualidade e palatabilidade da matéria orgânica disponível dentro da matriz perifítica também influenciam diferentes aspectos de vida dos organismos heterotróficos. Em perifíton aderido a serrapilheira, formada por folhas de carvalho e faia, Brown *et al.* (2003) verificaram que as diatomáceas foram importantes na dieta de fêmeas ovadas de copépodes e as bactérias, na dieta dos náuplios (primeiros estágios de desenvolvimento) de copépodes harpacticóides. Esses copépodes são freqüentemente encontrados no perifíton, e Caramujo & Boavida (2009) observaram certa especificidade na ocorrência desses microcrustáceos na bacia do rio Zerere em Portugal, sendo que uma espécie ocorreu em substratos cobertos por algas filamentosas e outra, em um substrato mais espesso e rígido.

Ambos os estudos destacam a importância da interação entre os organismos heterotróficos e a matéria orgânica (algas e bactérias) na dinâmica trófica dos ambientes aquáticos. Neste sentido, a diferença de hábitos alimentares entre os grupos que compõem a comunidade perifítica pode favorecer a co-ocorrência desses organismos. Outro estudo com substratos naturais e artificiais em lagos temperados mostrou que a comunidade heterotrófica foi dominada numericamente por oligoquetos e em biomassa por briozoários. Isto ocorreu porque estes últimos são organismos filtradores de sedimento e, ao se alimentarem, facilitam o estabelecimento de organismos predadores e coletores, como oligoquetos do gênero *Nais* e gastrópodes (Sharapova, 2010).

Assim, é possível considerar que o perifíton apresenta duas características importantes para o estabelecimento dos organismos heterotróficos: (i) o espaço para colonização e (ii) a oferta de alimento. A distribuição desses organismos será afetada, ainda, se a predação interferir sobre essas propriedades (Peters *et al.*, 2007), ou seja, mudanças na complexidade fisionômica, biomassa e composição dos organismos perifíticos autotróficos e até a eliminação desses produtores, induzidas pela atividade de predadores ou diminuição de luminosidade, afetam diretamente os organismos heterotróficos. Esta relação foi apontada em alguns estudos em virtude da forte relação positiva entre a biomassa perifítica autotrófica (considerada como um estimador do tamanho do hábitat) e a abundância dos organismos perifíticos heterotróficos (Sakuma & Hanazato, 2002; Peters & Traunspurger, 2005; Peters *et al.*, 2007).

Um experimento realizado por Peters *et al.* (2007) no lago Constance (na fronteira entre Alemanha, Suíça e Áustria) avaliou a colonização de nematódeos, rotíferos, copépodes, ostracódes, oligoquetas e tardigradas. Para tal, foram usados substratos artificiais (placas de alumínio) dispostos junto ao sedimento e suspensos a 30 centímetros do fundo. Os rotíferos foram numericamente dominantes em ambos os tratamentos; a biomassa perifítica (clorofila *a*, concentração de matéria orgânica e inorgânica) também apresentou aumento temporal em ambos os tratamentos, sem diferença significativa entre eles. Além disso, foi observada rápida colonização dos organismos, e os nematódeos atingiram, relativamente, alta diversidade após oito dias e um pico de diversidade após duas semanas de colonização. Esses autores sugerem que os resultados estiveram relacionados com o papel da coluna de água como via de dispersão desses organismos.

Ainda estudando a colonização da comunidade perifítica heterotrófica, porém em ambientes lóticos, bem como sua sucessão, Guevara-Cardona *et al.* (2006) instalaram substratos artificiais em locais onde a velocidade de corrente era menor em duas regiões de um rio em Tolima, na Colômbia. Após coletas quinzenais, durante dez semanas, foram registrados 27 táxons. A maior abundância foi registrada para os protozoários, seguidos pelos rotíferos, macroinvertebrados, nemátodeos, gastrotríqueos, anelideos e moluscos. Os protozoários também foram os primeiros a colonizarem os substratos, seguidos pelos rotíferos, anelídeos, nematódeos, gastrotríqueos e, por último, macroinvertebrados e moluscos.

Em um rio da Rússia, Sharapova (2009) também apontou que a velocidade de corrente foi o fator estruturador da comunidade perifítica heterotrófica. A substituição de tricópteros na dominância da comunidade por quironomídeos, hidras, simulídeos e gastrópodes esteve relacionada com a redução da velocidade de corrente e da sedimentação de detritos. Neste mesmo ambiente ocorreu, ainda, a redução da riqueza de espécies em locais poluídos.

Mais especificamente, Jax (1996), em um estudo sobre a colonização de protozoários testáceos no perifíton, realizado na Alemanha, constatou que curtos períodos de tempo de exposição do substrato artificial (no caso, lâminas de vidro expostas no ambiente durante um mês) não fornecem informações confiáveis sobre a tendência de estabelecimento desses organismos, especialmente no inverno, visto que sua abundância e biomassa foram muito menores do que as registradas em substratos expostos há mais tempo (por mais de dois anos). Assim, sugere-se que as taxas de colonização dos diferentes grupos taxonômicos devem ser consideradas quando se pretende analisar processos ecológicos no perifíton. Outro estudo desse mesmo autor, realizado em 1997, mostrou que algumas espécies desses protozoários podem ser utilizadas como indicadores do estágio de sucessão da comunidade perifítica, tendo em vista a ocorrência de três grupos: aquelas espécies que apresentam grande capacidade de colonização e predominam no início do processo; outras espécies que foram específicas de alguma etapa da sucessão; e aquelas que foram capazes de dominar a comunidade no final do processo.

Outro estudo realizado por Berezina (2001) com substratos artificiais em mesocosmos mostrou que diferenças nos valores de pH afetam a estruturação da comunidade, resultando em alterações na composição e abundância dos organismos. Foram registradas 30 espécies, incluindo oligoquetos, moluscos, turbelários, tricóptéros, efemerópteros e quironomídeos, sendo estes últimos os organismos mais representativos com 15 espécies. A maior riqueza foi encontrada no mesocosmo com pH entre 8,0 e 8,6. Por outro lado, em mesocosmos com valores de pH entre 9,0 e 10,5 e pH menor que 4 foram registrados os menores valores de riqueza de espécies, sendo 9 e 5 espécies, respectivamente. Em mesocosmos com pH entre 4,0 e 5,0, a diversidade de espécies e a abundância de moluscos foram menores e os oligoquetos, ausentes. Em valores mais baixos de pH (< 4), apenas os insetos se desenvolveram. Os quironomídeos foram os organismos mais tolerantes às alterações de pH.

Em dezessete lagoas da Suécia, com diferentes tamanhos, profundidades, estados tróficos e biomassa perifítica, Peters & Traunspurger (2005) mostraram que as comunidades foram caracterizadas por organismos jovens que se alimentam de matéria orgânica e pelo predomínio numérico de nematódeos; entretanto, essa estrutura diferiu significativamente entre os lagos.

Conclusão

A maioria dos estudos descritos anteriormente destaca a importância das escalas espaciais e temporais na estruturação da comunidade de heterotróficos perifíticos, pois os fatores intervenientes nessa estruturação, como hidrodinâmica, disponibilidade de nutrientes, intensidade luminosa, características do substrato (tamanho, complexidade, textura e exposição), além das características biológicas intrínsecas de cada organismo e relações bióticas, são afetados por essas escalas.

Comparado com outras comunidades aquáticas, o perifíton é mais facilmente amostrado e, de forma geral, não depende de equipamentos dispendiosos. Além disso, apresenta vantagens ímpares no que diz respeito à sua utilização como bioindicador das condições ambientais, por responder rapidamente às variações que ocorrem no meio. Todos os organismos presentes dentro da bioderme estão intimamente relacionados e em uma escala espacial mais reduzida do que ocorre no compartimento limnético ou bentônico.

O perifíton pode ser considerado, ainda, um ecossistema dentro do ambiente aquático, no qual processos de produção, predação e decomposição, além de reprodução, emigração e imigração, acontecem em microescala em um espaço limitado. Isto confere a essa comunidade enorme potencial de utilização em experimentos com teorias ecológicas ou como ferramenta de monitoramento ambiental. Para que finalmente os estudos com essa comunidade passem a ser realizados sistematicamente é fundamental a padronização das técnicas e termos utilizados.

Factores que Regulan la Distribucion y Abundancia del Perifiton em Ambientes Lenticos

7

Yolanda Zalocar de Domitrovic, Juan José Neiff & Silvina Vanesa Vallejos

Introducción

En las últimas décadas hubo un creciente interés por el estudio del perifiton; aún así, su conocimiento es escaso respecto del fitoplancton. En el pasado, los limnólogos señalaban a las comunidades limnéticas (fitoplancton, zooplancton, bentos) como claves en el metabolismo de los ecosistemas acuáticos, especialmente porque las primeras investigaciones se desarrollaron en el hemisferio norte, en lagos templados, profundos y con escaso desarrollo de vegetación acuática (Esteves, 1988).

El estudio de Wetzel (1964), en un lago somero de California, demostró que la productividad del perifiton era aún mayor que la de las plantas acuáticas (substrato) y que la del fitoplancton, en la zona litoral del lago, destacando la importancia de esta comunidad.

Al incrementarse los estudios en ambientes de clima cálido, se observó que los macrófitos y microorganismos asociados resultan de importancia, equivalente al fitoplancton y otras comunidades de lagos templados (Esteves, 1988; Neiff, 1990; Heckman, 1998; Becares *et al.*, 2004).

En parte, la escasez de investigaciones del perifiton se debe a su variabilidad espacial y a las dificultades que plantea el muestreo y la determinación de la producción primaria particularmente en substratos naturales (Hansson, 1992; Fernandes & Esteves, 2011).

Del mismo modo, la terminología para designar a los cuerpos de agua donde se desarrolla el perifiton no ha sido estandarizada generándose diferencias de interpretación. Así, en ambientes acuáticos permanentes pueden reconocerse los lagos someros (*shallow lakes*), lagunas (*lagoons, ponds*) y esteros (*marshes*) y, entre los ambientes temporarios, las charcas y "bañados" (Ringuelet, 1962; Neiff, 2001, 2003a).

Generalmente el perifiton maduro tiene una estructura tridimensional como en la vegetación terrestre: con algas postradas que conforman una capa inferior, e intercaladas, formas adnatas erectas que conforman las capas media y superior. Esta última generalmente integrada por formas filamentosas (Esteves, 1988; Liboriussen, 2003), que se extienden o se fragmentan permaneciendo entre la vegetación (metafiton). El perifiton es considerado como un biofilm o bioderma (Fernandes & Esteves, 2011) de variable espesor, tiene aspecto viscoso y variada tonalidad, integrado por una compleja mezcla de microalgas (vivas y muertas), bacterias, hongos, pellets fecales de microconsumidores, partículas de calcita (producto de algunas algas) y sedimentos inorgánicos consolidados por una matriz mucilaginosa producida por algas y bacterias (Burkholder, 1996). Suele medir entre 10 y 2000 μm de espesor, pudiendo alcanzar varios milímetros en ambientes productivos (Rodrigues *et al.*, 2003).

Esta comunidad desempeña un rol importante en el metabolismo de los ecosistemas acuáticos (Weitzel, 1979; Wetzel, 1983; Watanabe, 1985; Stevenson, 1996; Moschini-Carlos *et al.*, 1998; Pompêo & Moschini-Carlos, 2003). Su biomasa y las características físicas y químicas del agua suelen tomarse como indicadores de polución (Watanabe, 1990) y como monitor biológico de eutrofización (Vercellino, 2007).

En este capítulo se utiliza el término perifiton de acuerdo a Wetzel (1983): "a complex community of microbiota (algae, bacteria, fungi, animals, and inorganic and organic detritus) that is attached to substrata. The subtrata are inorganic or organic, living or dead". Una definición semejante, basada en el estudio de Roos (1983), fue dada por Tundisi & Tundisi (2008), aclarando que se denomina "euperifiton a la comunidad que está asentada y adherida a un substrato por varios mecanismos, como rizoides, túbulos de mucílago u otras estructuras de fijación". Sin embargo, siempre que sea posible se debe precisar la fracción de la comunidad que se estudia (ej. algas perifíticas), en relación con el substrato colonizado: epifiton, epizoon, epixylon, epiliton, epipsammon, epipelon (Round, 1981). Aun dentro de esta definición amplia y general, la mayoría de los ejemplos que se presentan en este capítulo corresponden a algas del epifiton (crecimiento sobre partes sumergidas de vegetales), por ser los macrófitos el componente más importante en ambientes acuáticos de regiones tropicales y subtropicales. Algunos autores, en referencia a las algas del perifiton, denominan a esta comunidad Ficoperifiton (Taniguchi *et al.*, 2005; Moreno & Ramires, 2009; Vettorato *et al.*, 2010) o Fitoperifiton (Aragón & Murillo, 2005; Castillo León, 2006),

Debe reconocerse, además, la importancia que tiene la fauna que integra esta comunidad (Robertson *et al.*, 2000). Varios autores encontraron una rica variedad de especies de invertebrados asociada a diferentes macrófitos acuáticos de la planicie de inundación del río Paraná en tramo brasilero (resumido por Takeda *et al.*, 2003) y argentino (Poi de Neiff & Neiff, 2006). Resultados similares para estos ambientes fueron señalados también para la microbiota integrada por tecamebas, rotíferos, cladóceros y copépodos (Lansac-Tôha *et al.*, 2003; Paggi, 2004; José de Paggi, 2004).

Entre las microalgas con adaptaciones a la vida fija están las formas epizoicas que colonizan el exoesqueleto de microcrustáceos (Figura 1) y que son bastante comunes en lagos someros y wetlands tropicales y subtropicales, sin embargo fueron escasamente estudiados en América del Sur (Seckt, 1931; Margalef, 1961; López *et al.*, 1998; Zalocar de Domitrovic *et al.* 2008, 2011).

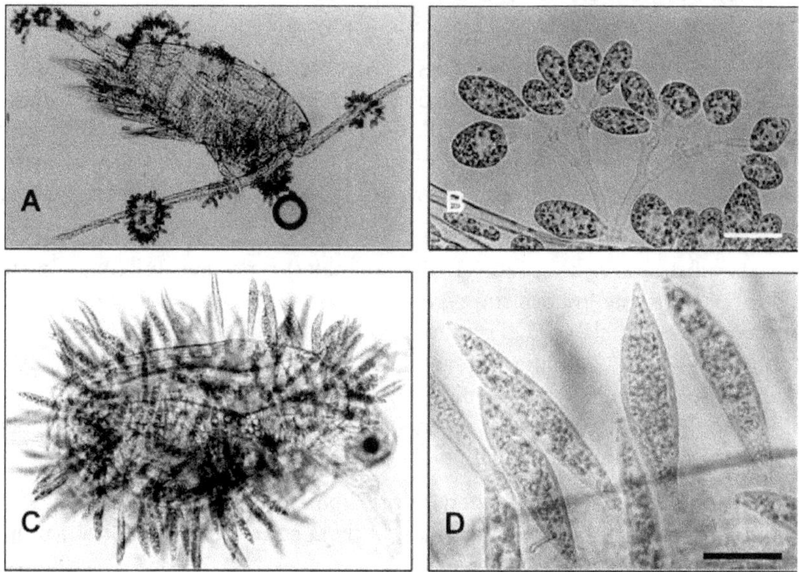

Figura 1 Ejemplos de algas epizoicas sobre microcrustáceos del plancton en humedales del nordeste argentino. A-B: *Colacium vesiculosum* (Euglenophyta) sobre un Copépodo Calanoideo; C-D: *Characiopsis* sp. (Xanthophyceae) sobre un Cladócero. Las escalas equivalen a 10 μm.

Factores que regulan la distribución y abundancia del perifiton

El desarrollo de las algas del perifiton depende de factores abióticos y bióticos que regulan el funcionamiento de sus componentes (bacterias, algas, hongos, animales). En este complejo ensamble, la influencia de los factores es variable para cada organismo (Roldan Pérez & Ramírez Restrepo, 2008), variando temporalmente en cada cuerpo de agua y, espacialmente, entre los cuerpos de agua (Hansson, 1992).

La composición (riqueza de especies + formas de vida o fisiognomía) y abundancia depende del tipo de substrato (macrófito), de la edad de los tejidos vegetales, de su posición en una misma planta, de la rugosidad o microtopografía de la superficie de adhesión y del estado trófico del agua (Villena Álvarez, 2006; Schwarzbold *et al.*, 1990; Pereira, 2001). La configuración de la comunidad es cambiante por la interacción dinámica de varios factores tales como disponibilidad de luz, estado trófico del lago, temperatura, fluctuaciones hidrológicas, inhibición por algas planctónicas, interacción con el substrato, infección por hongos, herbivoría y competición intra e interespecífica, entre otros (Roos, 1983; Hansson, 1988, 1992; Fernandes & Esteves, 2011).

La importancia de estos factores como determinantes del perifiton es aún poco conocida, debido a que los estudios focalizan uno o unos pocos factores, la mayoría realizados en ambientes lóticos y substratos artificiales. Hay escasa información para humedales, en substrato natural con excepción de pocos antecedentes, para el área tropical y para la región Antártica (Pizarro *et al.*, 2002).

El substrato, ya sea vivo (plantas, animales) o no vivo (plantas y/o animales, objetos inanimados sumergidos, etc.) o una combinación de ambos, proveen la superficie para el crecimiento de las algas del perifiton donde las condiciones físicas y químicas generalmente difieren de la columna de agua (Burkholder, 1996). El tamaño y fisiognomía de las microalgas están en relación al tamaño y/o bioforma vegetal cuya estructura física y estabilidad pueden influenciar la colonización de las algas (Allan & Castillo, 2007).

A continuación se describen los principales factores abióticos y bióticos que regulan la distribución y abundancia de la comunidad perifítica, los que serán tratadas separadamente.

1. Vegetación (el Substrato)

Como bien señala Wetzel (1983), en las relaciones entre el perifiton y la planta substrato hay muchos mitos y pocas certezas, especialmente cuando se ha señalado la interdependencia entre ambos por el aprovechamiento de los nutrientes. Debe tenerse en cuenta que ambos componentes son dinámicos espacial y temporalmente y que se han realizado pocos estudios objetivos de microescala que permitan modelar esta interdependencia. Con frecuencia se ha estudiado el tema de una manera simplificada, reduciéndolo a la utilización de la luz u otro recurso (Wetzel, 1983), pero sólo se puede obtener una visión real cuando se analizan las relaciones entre el epifiton, la planta substrato y los herbívoros (Rogers & Breen, 1983).

También es difícil establecer cuál/es es/son los factores determinantes de la presencia, permanencia y abundancia de un organismo o comunidad de organismos en determinado sitio, a pesar de que existan métodos estadísticos que brindan ayuda para esto. Resulta evidente que, si no existiera la vegetación, no existiría esta comunidad y, en la simple observación a campo de diferentes praderas de vegetación puede visualizarse que el desarrollo del perifiton también es diferente (en cobertura, espesor, aspecto, color).

Grupos ecológicos

En ambientes someros los macrófitos acuáticos vasculares suelen ocupar más del 70% de la biomasa total del cuerpo de agua. Dada la heterogeneidad filogenética y taxonómica, éstos vegetales son clasificados, según su biótopo, en diferentes grupos ecológicos o tipos biológicos (Esteves, 1988; Thomaz & Esteves, 2011) que se detallan a continuación: 1) macrófitos emergentes, vegetales enraizados con hojas fuera del agua (ej. *Typha* sp., *Schoenoplectus* sp., *Thalia* sp.); 2) macrófitos enraizados con hojas flotantes (ej. *Nymphaea* spp., *Nymphoides* sp.); 3) macrófitos sumergidos enraizados (ej. *Potamogeton* spp., *Egeria* sp.); 3) macrófitos sumergidos libres (ej. *Utricularia* sp., *Ceratophyllum* sp.); y 4) macrófitos flotantes no enraizados o libres, plantas que flotan libremente y cuyas raíces permanecen en la superficie del agua (ej. *Eichhornia* spp., *Pistia* sp., *Salvinia* spp.).

La distribución y abundancia de los grupos ecológicos de macrófitos puede relacionarse con el gradiente topográfico, situando a las plantas sumergidas en los sitios más bajos y a las arraigadas emergentes en el borde externo de las lagunas. Generalmente (Figura 2) desde la costa hasta 1 m de profundidad, se encuentra la vegetación emergente (ej. *Schoenoplectus californicus* (C.A. Mey.) Soják, *Thalia multiflora* Horkel) que tienen períodos de suelo inundado y de suelo seco, lo que representaría una limitación temporal para el perifiton. En esta zona hay acumulación de materia orgánica muerta (detritos) por lo que la concentración de oxígeno en el agua suele ser baja, existiendo buena disponibilidad de CO_2 y de nutrientes. La radiación fotosintéticamente activa (RFA) que llega a la superficie del agua puede ser menor que 20%.

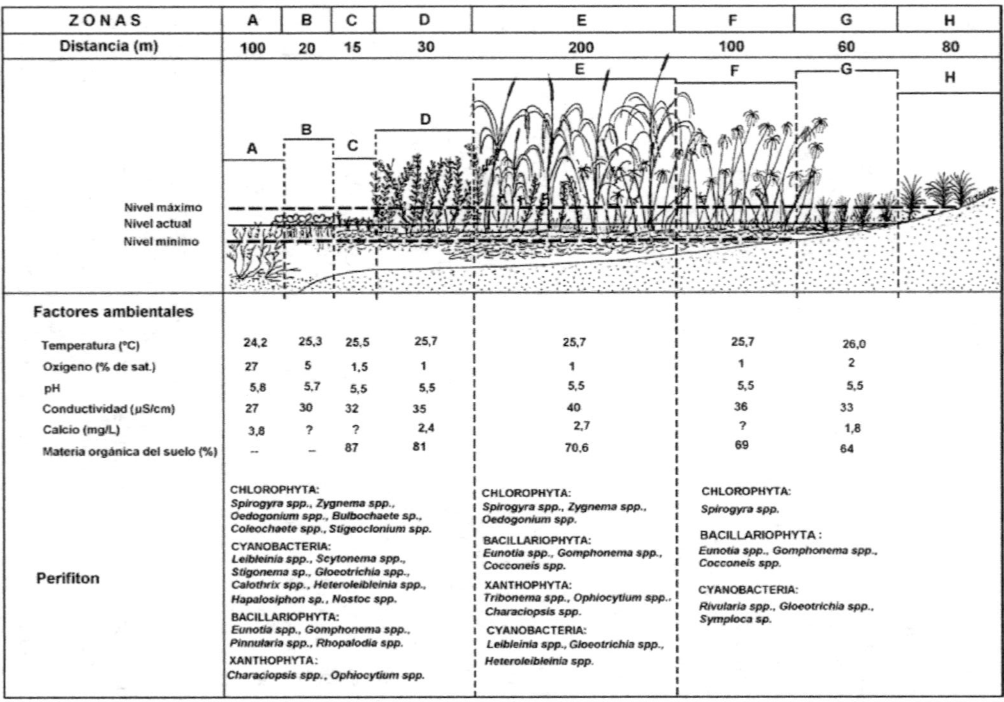

Figura 2 Perfil esquemático de la vegetación en esteros del nordeste argentino: principales características físicas y químicas (modificado de Neiff, 2004) y taxones de cianobacterias y microalgas que predominan en el perifiton.

La extensión de esta zona puede ser una franja de pocos metros o de varios kilómetros rodeando al espejo de agua del lago (Neiff, 2004). La mayoría de las plantas emergentes tienen epidermis lisa, tejidos duros y hojas en posición vertical, configurando un escenario favorable para el desarrollo de un epifiton integrado casi exclusivamente por colonias mucilaginosas de *Gloeotrichia* J. Agardh ex Bornet & Flahault probablemente en relación a las variaciones del nivel de agua, las que pueden sobrevivir en condiciones de sequía y recuperarse en condiciones de humedad. Hacia el interior del cuerpo de agua (entre 1 y 3 m de profundidad) se encuentra la vegetación arraigada de hojas o de tallos flotantes (ej. *Nymphoides indica* (L.) Kuntze, *Hydrocleis nymphoides* (Willd.) Buchenau, *Nymphaea* spp., *Eichhornia azurea* (Sw.) Kunth, *Polygonum* spp., *Ludwigia* spp.) caracterizada por menor interferencia de la RFA, circulación y renovación moderada del agua. La arquitectura de las plantas determina que más del 70% de las mismas se encuentre en o abajo de la superficie del agua, con una porción emergente menor. Hay gradientes verticales en la abundancia y composición del perifiton, determinados por la disponibilidad de la RFA en la columna de agua y, también, por la densidad de las plantas, que reducen el paso de la radiación (Planas & Neiff, 1998). En estos ambientes, especialmente las plantas arraigadas de hojas flotantes (*Nymphoides indica* y otras similares), no crecen a más de 3,5 m de profundidad (Neiff, 1979; Neiff *et al.*, 2000).

El grupo ecológico de macrófitos sumergidos (Bafon) se compone de dos categorías: los arraigados (*Potamogeton* spp., *Cabomba* spp., *Egeria* spp., *Hydrilla* spp.) y los no arraigados o libres (*Ceratophyllum demersum* L., *Utricularia* spp.) que ocupan una zona de variable profundidad, generalmente entre 1,5 y 5 m, dependiendo de la transparencia, la textura del fondo y la influencia del viento, entre otros factores.

El género *Utricularia* L., de distribución cosmopolita, es el más común en humedales de regiones tropicales y subtropicales. Tiene abundante perifiton y mayor diversidad que otros macrófitos simpátricos. Entre sus componentes incluyen, además de algas unicelulares y filamentosas (Lacoste de Díaz, 1981), bacterias, hongos, cianobacterias, rotíferos, protozoos y microcrustáceos (Bosserman, 1983; Díaz-Olarte & Duque, 2009).

Un grupo ecológico propio de la franja intertropical es el de los macrófitos flotantes no enraizados (Pleuston). Abundan en aguas permanentes, en ocasiones en zonas resguardadas del viento, especialmente los de mayor porte tales como *Eichhornia crassipes* (Mart.) Solms y *Pistia stratiotes* L. (Neiff, 2001). En cambio, las especies de los géneros *Salvinia*, *Azolla* y *Lemna* se desarrollan rápidamente en ambientes temporarios (Poi de Neiff & Neiff, 1984), en las que el perifiton no ha sido investigado, con excepción de un estudio taxonómico de Tribophyceae realizado por Tell & Pizarro (1984) en *Azolla caroliniana* Willd.

La riqueza de especies del epifiton está relacionada con la morfología de las plantas (Laugaste & Reunanen, 2005). La morfología de los macrófitos sumergidos y también la distribución de las hojas en los tallos presenta muchas variantes como hábitat para el perifiton, desde las hojas compuestas por finos foliolos (*Cabomba caroliniana* A. Gray) hasta aquellas enteras, en forma de espátula (*Potamogeton montevidensis* Bennett). La abundancia de los tallos sumergidos puede bloquear la luz a 50 cm de profundidad. Por este motivo es importante relacionar la riqueza de especies y la biomasa del perifiton con la cobertura de plantas o con su biomasa, en los distintos estratos que ocupan en el cuerpo de agua.

2. Morfometría de lagos y lagunas

El tamaño y la forma de la cubeta regulan la física, química y biología de lagos y humedales en general, con fuerte influencia en la composición de las comunidades de algas y su productividad (Wehr & Sheath, 2003).

Los grandes lagos suelen tener menor desarrollo de vegetación y de la comunidad perifítica debido a la acción del viento. En lagos cuyo diámetro mayor es superior a 1 km, con vientos de 50 km/h que duren media hora, puede esperarse olas de más de 40 cm, y esto es suficiente para controlar el desarrollo de la vegetación y de sus organismos asociados, en la zona litoral. En lagos en los que el viento recorre 10 km/h sin obstáculos (*fetch*) las comunidades litorales estarán circunscriptas a pequeños sectores resguardados del viento (Neiff *et al.*, 2000).

En este sentido, el "desarrollo de la línea de costa" es un índice que relaciona el perímetro total de un lago o laguna con el perímetro que tendría si el cuerpo de agua fuese un círculo perfecto. Se lo llama también "índice de forma". En la medida que este número es mayor, indica que el cuerpo de agua tiene mayor número de áreas protegidas del viento, que resultan más favorables para el crecimiento de macrófitos y organismos adnatos (Hutchinson, 1975).

La morfometría influye en la distribución del perifiton, su complejidad, abundancia, productividad y condiciones tróficas. Los lagos con pendiente pronunciada en la zona litoral, lagos profundos (con baja relación superficie: volumen), son generalmente poco productivos (lagos oligotróficos). Los lagos someros o "shallow lakes" (con alta relación superficie: volumen), cuyos sedimentos presentan mayor contacto con el agua, generalmente alcanzan productividad intermedia o alta (lagos eutróficos). En éstas los macrófitos y algas del perifiton de la zona litoral tienen el mayor aporte a la producción primaria (Wetzel, 1981).

Una de las características más salientes de América del Sur es la gran extensión que ocupan los ambientes acuáticos, entre ellos los humedales ("wetlands") donde más del 80% se ubica en clima tropical y subtropical (Neiff, 2004). Las comunidades de plantas de wetlands están entre los ecosistemas más productivos del mundo (Mitsch & Gosselink, 2000). La densa y variada vegetación que puebla estos ambientes constituyen substratos naturales con una amplia variedad de microhábitat para el desarrollo algal (Azim *et al.*, 2005).

En los lagos, el desarrollo del perifiton está condicionado en gran medida por la presencia y desarrollo de la vegetación acuática, y la distribución y abundancia de ésta está influenciada por el declive de la zona litoral, la transparencia del agua y el viento (Hutchinson, 1975). De tal manera la abundancia y complejidad del perifiton puede acompañar a los gradientes batimétricos de los lagos. En los lagos del sur de Argentina, donde la transparencia (medida con el disco de *Secchi*) puede alcanzar a 18 m, la vegetación sumergida puede llegar a 25 m de profundidad (Neiff, 1973).

Otro aspecto de interés es la posición altimétrica en que se encuentran los lagos. Así por ejemplo, las especies de *Egeria*, en los lagos próximos a la confluencia de los ríos Paraná y Paraguay (28º de latitud Sur, cota de 63 m s.n.m.) llegan a 6 m de profundidad; en cambio, en los lagos de piedemonte de los Andes colombianos (4º41' de latitud Sur; cota de 725 m s.n.m.), crecen hasta 25 m de profundidad, con una rica variedad de organismos asociados (perifiton y metafiton). Lo expresado permite suponer que la distribución de las plantas y sus organismos asociados está influenciada también por la presión atmosférica que se manifiesta en diferente presión hidrostática en el entorno inmediato de la comunidad.

3. Hidrodinámica

Con este título se identifica no sólo la fluctuación vertical del agua de un lago, sino también los flujos horizontales que resultan en la circulación del agua. La evapotranspiración, el anegamiento por lluvias o la inundación por desborde fluvial, pueden provocar cambios importantes en el hábitat del perifiton. La recurrencia, intensidad, duración y estacionalidad de estos fenómenos constituyen la predictibilidad temporal del hábitat. La construcción de embalses en un río reduce generalmente la variabilidad de la lámina del agua y crea condiciones diferentes para el desarrollo del perifiton.

La profundidad del agua es una variable importante que regula la comunidad perifítica ya que afecta directamente la irradiación sub-superficial e, indirectamente, la acción del viento que puede causar re-suspensión de sedimentos desde el fondo, particularmente cuando la vegetación es escasa o cuando el tamaño de la laguna permite la formación de olas. Además, los movimientos del agua generados por el viento permiten el intercambio gaseoso de nutrientes entre macrófitos-epífitos y el agua circundante (Goldsborough *et al.*, 2005).

Las fluctuaciones del nivel del agua producen dos efectos igualmente importantes: 1) en la vegetación emergente de la zona litoral, donde es frecuente una oscilación del nivel del agua de 50 cm o hasta 1 m en los lagos patagónicos (sur de Argentina); 2) en la planicie de inundación de grandes ríos como el Paraná, la fluctuación anual en las lagunas puede ser mayor de 2 m y, en el Amazonas, mayor de 6 m (Sioli, 1975). Esta variación determina que el hábitat para el perifiton sea temporario, por afectar directamente al biofilm (desecación/inmersión, restricción de la luz, otros) y contener en su composición morfotipos de ambientes xéricos (Thomas *et al.*, 2006). Pero estas fluctuaciones del nivel del agua determinan cambios temporales en la distribución y abundancia de las plantas acuáticas y palustres, incluyendo la sustitución de bioformas vegetales (Neiff, 1979, 1990).

Es posible que la riqueza de especies del perifiton esté regulada por la circulación del agua. Murakami *et al.* (2009) estudiaron la composición del perifiton en una laguna de la planicie de inundación del río Paraná (Brasil) antes y después de la construcción del reservatorio de Porto Primavera y registraron un aumento en la riqueza de especies (principalmente Zygnemaphyceae) luego del llenado del embalse; es decir, cuando se produce una reducción importante de la fluctuación vertical del agua, considerado éste como el principal factor de cambio, y la acción combinada de otros factores tales como el incremento de la transparencia y de la concentración de P en el agua.

En el lago Cristalino (Amazonia Brasilera), Rai & Hill (1984) encontraron una fuerte relación positiva entre la tasa de crecimiento del perifiton y el ingreso del agua proveniente del río Amazonas. Resultados similares en la biomasa y producción primaria del perifiton fueron registrados en otros dos lagos de la planice de inundación del Amazonas, en Colombia (Castillo León, 2006). En los lagos de planicies inundables, la fluctuación vertical del agua, supone flujos horizontales de agua, desde y hacia el curso del río, con el consiguiente flujo de nutrientes que necesita el perifiton.

Son numerosos los trabajos que señalan un efecto directo de las variaciones del nivel del agua sobre el perifiton, particularmente en la planicie inundable de ríos en América del Sur (Pizarro, 1999; Rodrígues & Bicudo, 2001, 2004; Moschini-Carlos *et al.*, 1998; Algarte *et al.*, 2006, 2009; Taniguchi *et al.*, 2005; entre otros). Los autores señalan que el pulso constituye la principal función de fuerza que actúa sobre la comunidad de algas perifíticas en la planicie, seguido por el grado de conectividad y presencia de macrófitos acuáticos. Lewis (1988) demostró que la producción primaria de las algas en el río Orinoco sólo puede comprenderse si se estudian paralelamente los flujos horizontales del agua entre las lagunas de la planicie inundable y el curso principal. Rodrigues *et al.* (no Capítulo 8) presentan una revisión completa sobre estos aspectos del perifiton.

Goldsborough & Robinson (1996) propusieron un modelo conceptual que intenta integrar las características de asociaciones de algas que se desarrollan en los humedales de aguas continentales, según cuatro estados hidrológicos (seco, abierto, controlado y estado-lago) dominados alternativamente por epipelon, epifiton, metafiton o fitoplancton, cuya abundancia varía según el tipo de humedal y su antigüedad (Tabla 1).

Tabla 1   Propiedades sugeridas para los cuatro estados en la ontogenia de un humedal de agua dulce (tomado de Goldsborough & Robinson, 1996).

Propiedad	Estado seco	Estado abierto	Estado controlado	Estado lago
Algas dominantes	Epipelon	Epifiton	Metafiton	Fitoplancton
Producción primaria algal	Baja	Media	Alta	Variable
Nivel de agua	Bajo	Medio	Medio	Alto
Disturbios en la columna de agua	Raro	Frecuente	Raro	Frecuente
Transparencia en la columna de agua	Alta	Variable	Alta	Baja
Nutrientes	Alto (?)	Medio	Alto	Alto
Macrófitos acuáticos	Poco	Abundante	Medio	Poco
Herbivoría	Baja	Alta	Baja	Baja
Producción secundaria	Baja	Alta	Baja	Variable

Variaciones importantes de nivel se dan en los esteros (wetlands) y en la zona litoral de lagos someros y/o lagunas. Goldsborough *et al.* (2005) señalan dominancia de cianobacterias bénticas (en agregaciones) en zonas de frecuente desecación y el predominio de diatomeas y algas verdes en sitios de agua permanente en los Everglades de Florida (USA). En esteros del nordeste de Argentina, de aguas con bajo contenido salino y abundante materia orgánica, con fluctuaciones del nivel de agua en la zona litoral, predominan cianobacterias filamentosas y coloniales, formas pennadas de diatomeas, algas verdes filamentosas (principalmente Oedogoniales y Zygnematales) y Xanthophyceae unicelulares y filamentosas (Figura 2). El éxito de estas especies para colonizar estos hábitats se debe a su capacidad para tolerar las variaciones del nivel de agua y a la desecación, como indica la presencia de abundante mucílago en algunas especies de cianobacterias, diatomeas y la producción de estructuras de resistencia (zigósporas) por Oedogoniales y Zygnematales.

4. Luz y Temperatura

La luz y la temperatura son factores importantes para el desarrollo de la comunidad perifitica. En la naturaleza ambos factores varían en forma concomitante, aunque la influencia de la luz se manifiesta en la longitud del período de fotosíntesis y la temperatura influye como factor acumulativo o de pérdida gradual, debido a la elevada inercia térmica que posee el cuerpo de agua. En los ambientes tropicales y subtropicales, las lagunas someras tienen una base térmica de 12-15°C al final del invierno y llegan a 32-35°C en verano, cuando la profundidad de la laguna es menor de 2 m.

La temperatura actúa como regulador de la concentración de oxígeno y de dióxido de carbono. Por lo tanto, la luz y la temperatura están estrechamente relacionadas en términos de productividad (Cadima Fuentes *et al.*, 2005).

Temperaturas extremadamente bajas o altas son limitantes para la vida en el agua. En general las algas están en condiciones de crecer entre límites térmicos bastante amplios, pero algunos grupos como las diatomeas crecen en el rango entre 5°C y 20°C, algunas desmidiáceas y crisofíceas entre 15°C y 30°C, aunque no hay un patrón universal respecto a lo señalado. Las cianobacterias, si bien se encuentran en un amplio rango de temperatura, son termófilas en su mayoría y prefieren temperaturas por encima de los 30°C (Margalef, 1955; Cadima Fuentes *et al.*, 2005).

La tasa de fotosíntesis del perifiton tiene estrecha relación con la temperatura. Según Tundisi & Tundisi (2008), el aumento de la temperatura del agua desde 11,9°C a 20°C, con 20.000 Lux de intensidad luminosa, puede producir un incremento de 33,4% en la tasa de fotosíntesis del perifiton.

La luz que penetra en el agua está en relación al tipo y desarrollo de macrófitos acuáticos y es el factor regulador más importante en la distribución de plantas sumergidas (Sand-Jensen & Borum, 1991; Bini & Thomaz, 2005) y de sus epífitos. Antes de alcanzar la superficie colonizada del substrato, ésta es reflejada, absorbida y esparcida por el agua, fitoplancton, carbono inorgánico disuelto (CID), carbono orgánico disuelto (COD), sólidos suspendidos (SS), etc. (Figura 3).

En la idea de Margalef (1983), las algas y los macrófitos actúan como fotorreceptores y fotoacumuladores de energía, que utilizan los nutrientes y el dióxido de carbono disuelto en el agua, para producir materia orgánica. Wetzel (1981) señala que el circuito: radiación solar–nutrientes–producción–circulación de la energía en las mallas tróficas, es el que permite establecer la condición trófica de los cuerpos de agua.

Las fluctuaciones en la energía solar son potencialmente responsables de las variaciones en el crecimiento, fisiología y estructura de la comunidad perifítica. Otros factores ambientales asociados (ej. estabilidad del substrato, temperatura, nutrientes, herbivoría) pueden también afectar su estructura y/o biomasa, pero la disponibilidad de luz es claramente un requisito previo para una existencia fototrófica (Hill, 1996).

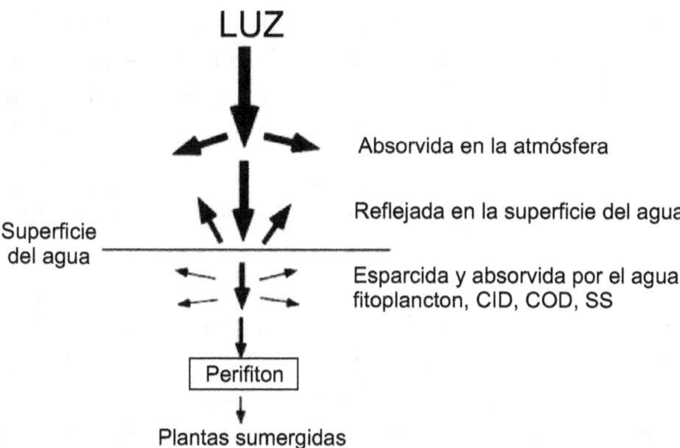

Figura 3 Disponibilidad de la luz en el agua para plantas sumergidas y su epifiton. (Modificado de Cronk & Fennessy, 2001.)

Bini & Thomaz (2005) encontraron que la luz es el principal limitante de la distribución y abundancia de *Egeria* spp. en el reservatorio de Itaipu (Brasil). Estas praderas tienen un rico perifiton cuya abundancia depende de la densidad de la planta substrato.

El efecto de la vegetación sobre la luz es muy dinámico ya que la estructura de la vegetación se modifica estacionalmente (Cronk & Fennessy, 2001) y, también, en relación a la hidrodinámica de los cuerpos de agua.

En los "Esteros del Iberá" (NE de Argentina), los ambientes que presentan densas praderas de *Egeria najas* Planch. (lagunas de 1,5 m de profundidad), sólo llega al fondo, el 10% de la luz incidente. En lagunas con predominio de *Cabomba caroliniana*, *Egeria najas*, *Ceratophyllum demersum* y *Potamogeton ferrugineus* Hagstr. (donde la circulación del agua se atenúa sensiblemente), la transmisión de la luz es interferida por la densidad de hojas, lo que determina que a profundidades inferiores a 50 cm, llegue menos del 20% de la luz recibida en superficie (Neiff, 2003a, b, 2004). Entre las algas del perifiton se registran diatomeas pennadas (*Ulnaria* spp., *Gomphonema* spp., *Eunotia* spp.), algas verdes (*Oedogonium* spp., *Zygnema* spp., *Spirogyra* spp.) e integrando el metafiton *Mougeotia* spp. y una rica variedad de desmidiáceas unicelulares (*Micrasterias* spp., *Gonatozygon* spp., *Triploceras* sp., *Closterium* spp., *Cosmarium* spp., *Euastrum* spp., *Staurastrum* spp., *Staurodesmus* spp., *Xanthidium* spp.) y filamentosas (*Desmidium* spp., *Spaherozosma* spp., *Bambusina* spp., *Teilingia* sp., *Spondylosium* spp., *Phymatodocis* sp.).

En lagunas con vegetación flotante de la planicie inundable del río Paraná (Argentina), en el Chaco Oriental, en el epifiton de *Eichhornia crassipes* ("aguapé" o "jacinto de agua") se registró escasa concentración de clorofila *a*, debido a la interferencia lumínica de las plantas (Planas & Neiff, 1998).

En planicies de los grandes ríos de Sudamérica, el porcentaje de luz recibida en la superficie del agua, respecto a la luz incidente, depende de la vegetación dominante: 17-30% en praderas de *Hymenachne amplexicaulis* (Rudge) Nees, 7-15% en formaciones palustres de *Cyperus giganteus* Vahl y menos del 5% en formaciones densas de *Thypha latifolia* L. (Neiff, 1981). Estas diferencias ejercen influencia en la estructura y biomasa de las microalgas, limitada a una rica variedad de euglenofíceas (probablemente por el metabolismo heterotrófico facultativo de algunas especies), diatomeas pennadas y algas verdes filamentosas (Zalocar de Domitrovic *et al.*, 1986).

La distribución vertical de las algas del epifiton responde a las propiedades cuali-cuantitativas de la luz, lo que se refleja en la presencia y proporción de pigmentos fotosintéticos de lo grupos taxonómicos de microalgas. El punto de compensación lumínica en Cyanobacteria (igualmente para diatomeas) suele ser inferior a 10 μE m^{-2}. En cambio, para las clorofíceas, incapaces de crecer con poca luz, las tasas de crecimiento suelen saturarse con valores superiores a 200 μE m^{-2} s^{-1} (Tabla 2).

Tabla 2   Crecimiento de cianobacterias y microalgas en diferentes condiciones de luz (tomado de Richardson, 1984). lo-μ mín. = densidad del flujo de fotones donde se observa la mínima velocidad de crecimiento; lo-μ máx. = densidad del flujo de fotones donde se observa la máxima velocidad de crecimiento; n = numero de experimentos; DE = desviación estándar; X = media aritmética.

Clase	lo-μ mín. (X $\pm$ DE) (μE m^{-2} s^{-1})	n	lo-μ máx. (X $\pm$ DE) (μE m^{-2} s^{-1})	n
Cyanobacteria	5	1	38,8 $\pm$ 6,2	4
Rhodophyceae	–	0	78,7 $\pm$ 19,7	3
Dinophyceae	6,6 $\pm$ 0,09	16	46,6 $\pm$ 6,6	17
Bacillariophyceae	6,4 $\pm$ 0,9	17	84,0 $\pm$ 8,1	22
Cryptophyceae	1,0	1	–	0
Chlorophyta	20,6 $\pm$ 8,1	5	211 $\pm$ 58	9

5. Química del agua

Nutrientes

Las algas del perifiton al igual que las del plancton, requieren de numerosos nutrientes minerales (inorgánicos), algunos de los cuales pueden ser más limitantes para su crecimiento (Tabla 3). El proceso mediante el cual los nutrientes son tomados desde el agua y absorbidos por las algas es conocido y descrito por el modelo de Michaelis-Menten (Graham & Wilcox, 2000). El concepto de nutrientes limitantes desarrollado por Liebig para plantas vasculares también es aplicable a las algas. Dos o más nutrientes pueden simultáneamente estar próximos a las concentraciones limitantes para el crecimiento, pero solo uno suele ser limitante. El perifiton, al igual que el fitoplancton, suele estar integrado por diferentes especies de algas que pueden tener limitación en el crecimiento por diferentes nutrientes, es decir que el concepto de limitación de nutrientes no es aplicable a nivel de la comunidad.

Para la comunidad algal del perifiton de ambientes leníticos hay poca información sobre los requerimientos de nutrientes de las especies individuales, especialmente para ambientes tropicales. La mayoría de los estudios fueron realizados en ambientes lóticos de clima templado (Pizarro *et al.*, 2002). Según Tundisi & Tundisi (2008), sobre datos experimentales de Cerrao *et al.* (1991, citado por Tundisi & Tundisi, 2008), la mayor biomasa de perifiton (como clorofila *a*) desarrollado sobre plantas acuáticas se dio cuando las concentraciones de nitrógeno y de fósforo fueron de 300 y 30 µg/L, respectivamente.

Puede utilizarse la relación atómica N:P para detectar la limitación del crecimiento de las algas. Aquellos ambientes con una relación superior a 20:1 son considerados limitados por fósforo, si la relación es menor que 10:1 serían limitados por N y, si es entre 10-20:1, es indistinto. Cerrao *et al.* (1991, citado por Tundisi & Tundisi, 2008) mencionan que la relación más favorable suele darse en la proporción 10:1. La relación N:P tiene importancia sólo cuando los elementos están cerca de concentraciones limitantes. Cuando los nutrientes están disponibles, esta relación es irrelevante (Borchardt, 1996) y, generalmente, la limitación principal es la radiación termolumínica (Carignan & Planas, 1994).

En estudios de perifiton realizados en el reservorio Garças, un reservorio raso e hipereutrófico de zona tropical (SE de Brasil) con floraciones frecuentes de cianobacterias, la relación N:P no fue un predictor importante, señalando a la luz como el factor responsable de las variaciones temporales de la clorofila *a* del perifiton (De Oliveira *et al.*, 2010).

Tabla 3 Elementos químicos comúnmente requeridos por las algas (Graham & Wilcox, 2000).

Elemento	Ejemplos de la función/ localización en la célula algal
N	Aminoácidos, nucleótidos, clorofila, ficobilinas
P	ATP, ADN, fosfolípidos
Cl	Producción de oxígeno en la fotosíntesis
S	Cuerpos aminoacídicos, nitrogenasa, lípidos tilacoidales
Si	Frústulos de diatomeas, paredes de Ulvophyceae (*Cladophora*), escamas de Synurophyceae (*Synura*)
Na	Nitrato reductasa
Ca	Carbonato de calcio, calmodulina
Mg	Clorofila
Fe	Citocromo, nitrogenasa
K	Regulación osmótica, cofactor para muchas enzimas
Mo	Nitrato reductasa, nitrogenasa
Mn	Lórica de Euglenophyta
Cu	Plastocianina, citocromo oxidasa
Co	Vitamina B_{12}
Zn	Anhidrasa carbónica, glutamato deshidrogenasa
V	Bromoperoxidasa,
Br, I	Compuestos antimicrobianos, anti-herbívoros, con funciones alelopáticas

El aporte intermitente de N y P puede provocar cambios irreversibles en la biomasa y estructura de la comunidad perifítica. En reservatorios mesotróficos tropicales, con limitación de P, en condiciones de adición intermitente de los mencionados nutrientes (N y P), en experiencias en mesocosmos, Vercellino (2007) registró una reducción de especies nativas de desmidias con aumento de algunas especies adaptadas a condiciones de eutrofia (ej. *Achnanthidium* Kütz.) → hipereutrofia (ej. *Characiopsis* Borzi, *Chlamydomonas* Ehr., *Monoraphidium* Komárková-Legnerová y *Nitzschia palea* (Kütz.) W. Smith).

La fuente de nutrientes para las algas perifíticas, particularmente del epifiton y el rol de los macrófitos en el suministro de nutrientes, ha sido objeto de mucho debate. Una diferencia importante entre las algas planctónicas y perifíticas es la organización espacial de ambas comunidades. El fitoplancton al encontrarse en suspensión en la columna de agua, obtiene los nutrientes desde cualquier dirección; las algas sésiles en cambio pueden tomar nutrientes a partir del substrato, del reciclado de nutrientes dentro de la matriz que ocupa o de la columna de agua. El suministro de nutrientes al perifiton sobre la superficie de una hoja (Figura 4) puede provenir del substrato, de la columna de agua y de la misma matriz perifítica o biofilm –mucopolisacáridos (Gl) – producidos por las algas (A) y bacterias (B) asociadas – el cual es un sitio dinámico de regeneración de nutrientes (Nu).

En la Figura 4 se esquematizan pellets fecales (PF), algas vivas (A) con ejemplos de diatomeas, cuyos frústulos permanecen después de morir. Ambos son fuentes de silicio (Si). Las bacterias (B) y enzimas fosfatasas libres (asteriscos) son activas en el reciclado de materiales desde la materia orgánica (Or) y el carbonato de calcio (Ca). Las fisuras o rupturas generadas en la matriz (biofilm) promueven el intercambio de materiales entre la columna de agua y las porciones inferiores de la matriz.

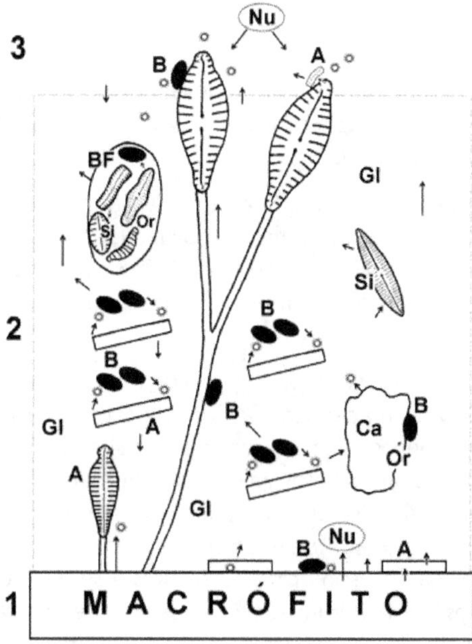

Figura 4 Representación esquemática de la fuente de nutrientes (Nu) en la matriz perifítica o biofilm (2) sobre la superficie de una hoja de macrófito (1). 3: Columna de agua. (Modificado de Burkholder, 1996.)

Si bien los epífitos tienen acceso a los nutrientes de la columna de agua, algunos autores señalan que el espesor del biofilm y el microambiente generado alrededor del complejo macrófito-epífito puede limitar la difusión de los mismos (Borchardt, 1996).

El establecimiento de la comunidad y formación del biofilm sobre la planta demanda cierto tiempo por lo que se puede asumir que durante la fase de colonización resulta particularmente importante la concentración de nutrientes en el agua que contiene al substrato vegetal. Con bajos niveles de nutrientes pueden dominar cianobacterias filamentosas, incluyendo fijadoras de nitrógeno (*Tolypothrix* sp., *Calothrix* sp., *Nostoc* sp., entre otras).

El estado trófico de los lagos ha sido postulado también como un vector ambiental determinante de la riqueza de especies y abundancia del perifiton por Lakatos (1978), quien estudió comparativamente los mismos substratos vegetales en lagos oligotróficos, mesotróficos, eutróficos y politróficos de Hungría. Según este autor, la mayor riqueza de especies fue encontrada en lagos mesotróficos, registrándose la menor diversidad de especies en los lagos oligotróficos.

pH

Las fluctuaciones de pH dependen de las características físicas y químicas del agua, siendo una de las propiedades más sensibles para detectar variaciones en el sistema $CO_2 - HCO_3^- - CO_3^{-2}$.

Generalmente en aguas con pH dentro del rango básico es donde mejor se desarrolla el perifiton, aparentemente, porque entonces hay mayor disponibilidad de nutrientes al igual que iones carbonato y bicarbonato. Es conocido que, en aguas con valores de pH inferior a cinco, muy pocas plantas pueden absorber el fósforo.

Es frecuente encontrar menor número de taxones de algas en ambientes o sectores sometidos a la acidificación, donde también suele haber una declinación de los macrófitos que proveen soporte al epifiton. La mayoría de las cianobacterias son sensibles a bajos valores de pH no desarrollándose generalmente a pH inferior a 4 unidades (Margalef, 1983). Aguas con pH dentro del rango ácido generalmente limitan el crecimiento de *Mougeotia* Agardh. Varias especies de *Eunotia* Ehr. son ácido-tolerantes y se vuelven dominantes en ambientes afectados por la acidificación. No se conocen las causas del dominio de algunos grupos de algas en aguas acidificadas (Planas, 1996).

Muchos autores han asociado a ciertos grupos de algas con el pH y las clasifican de acuerdo a su afinidad en: acidobiónticas, acidófilas, circumneutras, indiferentes, alcaliófilas y alcalibiónticas (Lowe, 1974). No se dispone de información para conocer el rango en el que crecen las algas en ambientes tropicales y subtropicales.

Salinidad

Es frecuente ver que se utiliza a la salinidad – y aún a la conductividad eléctrica – como factores que pueden determinar la presencia y abundancia del fitoplancton o del perifiton en los ensambles. La utilización de ambos parámetros en el análisis multifactorial (o de otro tipo) no es correcta por varios motivos:

♦ En primer lugar por ser la salinidad un parámetro inespecífico, solamente expresa la cantidad de sales disueltas en el agua, y es conocido que los efectos de la salinidad son muy diferentes en tanto la misma esté dada por la concentración del sodio, o del calcio, o de otro ion.

♦ Utilizar un parámetro inespecífico como éste, a la par del uso de otros que tienen alta especificidad (como la temperatura del agua o el contenido de amonio), puede inducir a encontrar coincidencias entre el indicador y el factor indicado, lo que no implica, en modo alguno, causalidad entre ambos.

♦ La utilización de la conductividad eléctrica de las aguas es una inferencia para el uso de campo, como indicador del tenor de sales en el agua, aunque no existe correspondencia lineal entre conductividad y salinidad. Menos aún informa, sobre las sales que estarían causando el éxito o el fracaso en la permanencia de las algas, a pesar que las pruebas estadísticas estén señalando coincidencias con alto grado de significación.

Al igual que ocurre con el pH, las algas pueden vivir en un amplio rango de concentración de sales, desde las aguas de lluvia y en lagunas del NO de Corrientes (Argentina), con concentración total de sales menor de 0,1 mg/L hasta aquellas con salinidad equivalente al agua de mar (albuferas, marismas). En lagunas menores de 5 hectáreas que forman el Sistema de Las Viruelas, en el Sur del Chaco (Argentina), el fitoplancton, el perifiton y las plantas acuáticas crecen en aguas que tienen 22 g/L de sales totales. En ríos y arroyos de Sabana, en el Chaco Oriental, se registran dos fases bien marcadas: el período de seca con salinidad del orden de 10 g/L y el período lluvioso, en el que las aguas tienen concentración inferior a 400 mg/L de sales (Lancelle *et al.*, 1986). En estos ambientes se ha documentado un reemplazo importante en los ensambles de algas, respondiendo a las características físico-químicas contrastadas de ambas fases (Zalocar de Domitrovic *et al.*, 1986). Durante la fase seca, *Enteromorpha* sp., *Compsopogon* sp. y otras algas halófilas (*Bacillaria paradoxa* J.F. Gmelin, *Entomoneis alata* (Ehr.) Ehr.) integraron un ensamble sólo encontrado en ambientes salinos en la misma latitud.

6. Herbivoría

La herbivoría es considerada como uno de los principales reguladores de la abundancia temporal y espacial del perifiton. En una revisión de modelos tróficos (bottom-up *vs* top-down), Lamberti (1996) destaca el importante rol de los consumidores en la estructuración de la comunidad del perifiton. La biomasa de algas puede tener fuerte declinación por la presencia de herbívoros (Lamberti & Resh, 1983). En el caso de los omnívoros, éstos exhiben poca especificidad en la elección del alimento, en el rango de tamaño disponible (Steinman, 1996).En algunos ecosistemas, las algas epífitas de una comunidad madura poseen una estructura tridimensional similar a la de las comunidades de plantas terrestres (Steinman, 1996). Gruesas capas de perifiton son vulnerables al desprendimiento debido a la senescencia de las capas más inferiores (Allan & Castillo, 2007) acentuado por el *stress* mecánico producido por diversos organismos, principalmente los herbívoros.

Teniendo en cuenta la clasificación de Merritt & Cummins (1996), los modos de herbivoría en algunos ambientes acuáticos tropicales de los que se dispone información incluyen raspadores, recolectores y desmenuzadores (Poi de Neiff & Carignan, 1997; Poi de Neiff *et al.*, 2009). En las Figuras 5 y 6 (basadas en el esquema de Steinman, 1996) se representan algunos ejemplos de formas de crecimiento del epifiton de ambientes acuáticos tropicales, en relación a la zona de alimentación ocupada por los diferentes tipos de herbívoros.

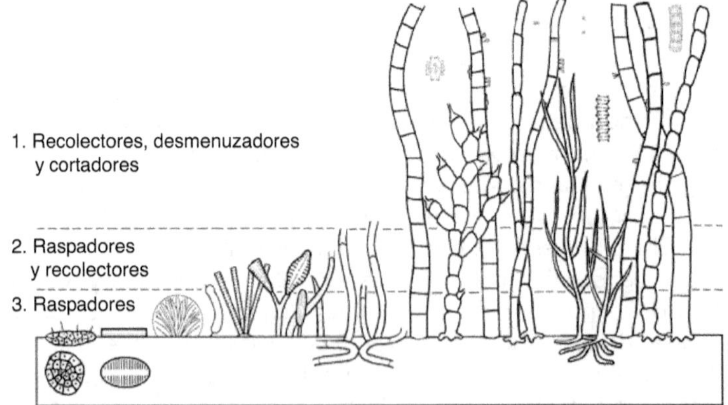

Figura 5   Principales formas fisiognómicas del perifiton sobre un substrato vegetal en relación a la zona de alimentación por diferentes grupos funcionales de herbívoros. Nivel 1: algas filamentosas y sus epífitos + algas del metafiton y del plancton; nivel 2: algas unicelulares o filamentosas adheridas por vainas, almohadillas o pedúnculos mucilaginosos; nivel 3: algas postradas y/o colonias mucilaginosas. (Modificado de Steinman, 1996.)

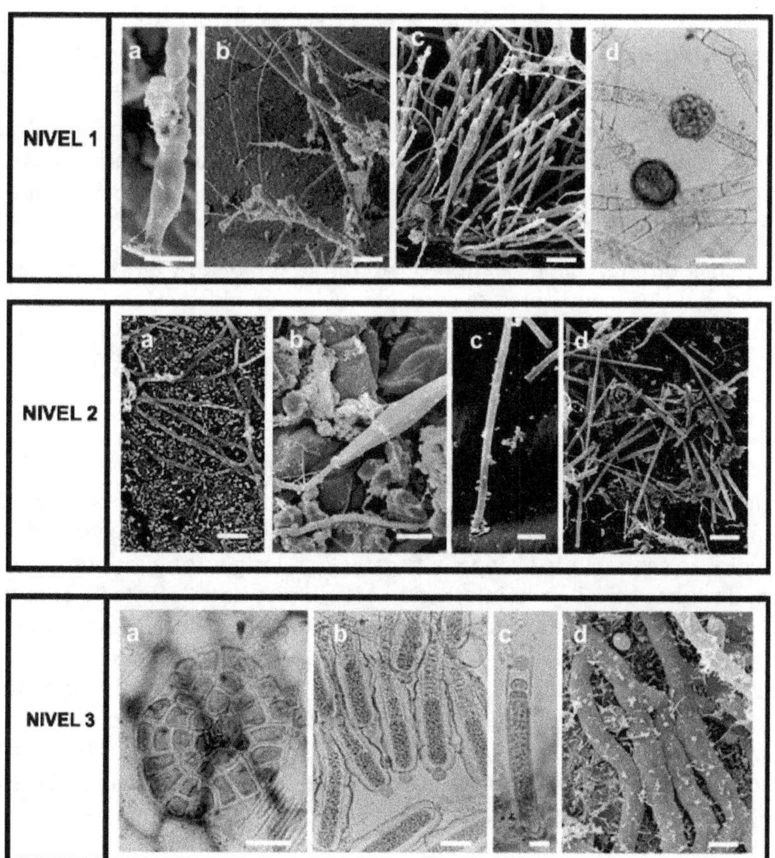

Figura 6   Fotomicrografías de las formas de crecimiento del epifiton en relación a la zona de alimentación ocupada por los herbívoros. Nivel 1: algas filamentosas (a-c: MEB; d: MF); a-*Oedogonium undulatum* (célula basal), b- *Bulbochaete* sp., c- *Stigonema hormoides* (filamentos erectos), d- *Oedogonium* sp. (filamentos con zigósporas); nivel 2: cortos filamentos y diatomeas pediceladas (a-d: MEB); a- *Scytonema* sp., b- *Gomphonema* sp., c- *Heteroleibleinia mesotricha*, d-*Synedra* sp.; nivel 3: algas postradas, adheridas por una vaina + colonias mucilaginosas (a-c: MF; d: MEB); a- *Coleochaete* sp., b- *Gloeotrichia* sp., c- *Chamaesiphon* sp., d- *Stigonema hormoides* (filamentos postrados). MF: microscopio fotónico; MEB: microscopio electrónico de barrido. Escalas, nivel 1: a, d = 20 μm; b, c = 50 μm; nivel 2: a, c, d = 2 μm; b = 5 μm; nivel 3: a, b = 10 μm; c = 3 μm; d = 50 μm.

Los recolectores, desmenuzadores y cortadores (nivel 1 en la Figura 5) son los que obtienen algas filamentosas y sus epífitos + algas del plancton y metafiton depositadas o entremezcladas con los filamentos y/o entre el detritus; los raspadores y recolectores (nivel 2 en la Figura 5) que se alimentan de diatomeas pediceladas y cortos filamentos; y los raspadores (nivel 3 en la Figura 5) que obtienen algas postradas y/o colonias mucilaginosas.

Bajo condiciones de herbivoría intensa y/o elevado disturbio mecánico por los consumidores, el perifiton queda integrado por pocas especies de diatomeas (resistentes al "pastoreo"), como por ejemplo *Cocconeis* Ehr., que se adhiere al substrato por la superficie valvar de la hipovalva.

En contraste, cuando pastoreo y disturbio son bajos y hay buena disponibilidad de luz y nutrientes, se encuentra una comunidad más compleja, con diatomeas adnatas o provistas de largos tubos mucilaginosos, algas verdes filamentosas y cianobacterias, entre otras (Graham & Wilcox, 2000).

7. Alelopatía

Entre las primeras definiciones del término alelopatía (Molisch, 1937) se incluían las interacciones bioquímicas entre plantas vasculares y microorganismos, tanto estimulantes como inhibidoras. Actualmente la mayoría de los estudios se centra en la alelopatía negativa y a los efectos ejercidos por una especie sobre otra o, a la interacción bioquímica entre plantas y animales (Gross, 1999). Durante mucho tiempo se sospechó que la excreción de sustancias producidas por macrófitos acuáticos inhibía el crecimiento del fitoplancton (Hutchinson, 1975). Experiencias con diferentes macrófitos (*Ceratophyllum demersum* L., *Myriophyllum spicatum* L., *Potamogeton lucens* L., *Stratiotes aloidess* L., *Chara fragilis* Desv., *Ch. aspera* Deth. ex Willd. entre otros) han demostrado un fuerte potencial alelopático sobre diversas especies del fitoplancton y algas filamentosas del perifiton (Hootsmans & Blindow, 1994; Jasser, 1995; Van Donk & van de Bund, 2002; Mulderij *et al.*, 2006; Lampert & Sommer, 2007).

La producción y excreción de aleloquímicos por macrófitos acuáticos podría ser una estrategia de defensa eficaz en la competencia con otros organismos fotosintéticos (por luz y nutrientes), como es el epifiton y el fitoplancton (Wium-Andersen *et al.*, 1982; Gopal & Goel, 1993; Elakovich & Wooten, 1995).

Dependiendo de la biomasa del perifiton, entre 7 y 70 % de la luz que alcanza la superficie de los macrófitos sumergidos es absorbida por el perifiton (Sand-Jensen, 1983). Se ha especulado sobre una "defensa química" para mantener la epidermis de las plantas sin perifiton (Lampert & Sommer, 2007) pero, lo más probable es que sólo se relacione con el tiempo que demanda la colonización de las partes más jóvenes de los macrófitos.

Numerosos autores señalaron la existencia de interacciones alelopáticas entre macrófitos, cianobacterias y microalgas (resumido por Gross, 2003), pero las pruebas o evidencias de tales interacciones son débiles, y, a veces, se confunde con la conocida competencia por la luz (Wetzel, 1981), sin que ocurra alelopatía.

Un elevado número de compuestos fueron aislados de extractos de hojas de plantas (Godmaire & Planas, 1983; Van Donk & van de Bund, 2002; Lampert & Sommer, 2007) que han demostrado efectos negativos sobre el crecimiento de las algas, por inhibición de la fotosíntesis. Sin embargo no se ha comprobado si estos compuestos son secretados (o exudados) y su efecto sobre las microalgas y cianobacterias del perifiton.

En aguas continentales hay cianobacterias y dinoflagelados que ocasionalmente producen substancias con efectos tóxicos y/o alelopáticos, inclusive sobre otras comunidades bióticas (Olrik, 1994). Algunos autores hacen referencia a un efecto alguicida, como, por ejemplo, el producido por *Peridinium bipes* Stein sobre *Microcystis aeruginosa* (Kütz.) Kütz. (Wu *et al.*, 1998). Si bien la mayoría de las cianobacterias señaladas como potencialmente tóxicas (Skulberg *et al.*, 1993) pertenecen al plancton, numerosas especies integran también el epifiton y metafiton. *Fischerella* (Bornet & Flahault) Gomont produce una substancia nitrogenada que en altas concentraciones puede inhibir el crecimiento de otras cianobacterias del perifiton (Gross, 1999). Ejemplos de cianobacterias y microalgas fotosintéticas con efectos alelopáticos y su modo de acción fueron resumidos por Gross (2003).

La masa de microalgas y/o cianobacterias (floraciones) en ambientes eutróficos disminuye la abundancia de plantas sumergidas y la diversidad de comunidades vegetales (Harper, 1977; Poi de Neiff *et al.*, 1999). El efecto alelopático de extractos de microcistinas, cianotoxina producida también por algunas especies del perifiton (Chorus & Bartram, 1999), produce efectos alelopáticos en algunas plantas acuáticas como *Lemna gibba* L. (Saqrane *et al.*, 2007). Es escasa la información disponible sobre el rol ecológico de las cianotoxinas, particularmente las que intervienen en este tipo de interacciones.

La ecología química está poco desarrollada en aguas continentales. No se conoce bien si los procesos alelopáticos están involucrados en el desarrollo de las comunidades y además, en las variaciones que se producen durante la sucesión estacional (Lampert & Sommer, 2007).

8. Fuego

El fuego constituye un factor natural o, con frecuencia inducido, que elimina la cubierta vegetal controlando la estructura y estabilidad de los humedales de clima cálido (Neiff, 2001). En época de sequía el fuego produce una reducción de la cubierta vegetal, pudiendo afectar temporalmente al hábitat, es decir que sólo sería un factor condicionante del perifiton en las áreas palustres o litorales (Figura 7).

Ocurre en forma natural por acumulación de metano (producto de la descomposición anaeróbica de la materia orgánica) en las áreas palustres, cuando ocurren tormentas eléctricas, luego de varios días calurosos en los que no hubo circulación de viento dentro de la canopia de vegetación (Neiff, 2004).

Cuando el fuego es inducido por el hombre, produce una simplificación temporal de los ecosistemas, caída instantánea de la biodiversidad, la oxidación violenta de la materia orgánica, liberación de sales minerales que se incorporarán luego al agua intersticial del ambiente palustre y, finalmente, a los cuerpos de agua, entre otros cambios drásticos (Neiff, 2004). Otra consecuencia de la eliminación parcial o total de la vegetación es el aumento de la radiación (luz y temperatura), lo que configura un hábitat distinto para los organismos asociados a las plantas.

Si bien hay pocos estudios sobre los impactos del fuego en el perifiton, la mayoría de ellos señalan un aumento considerable de la biomasa de esta comunidad después de un incendio, como resultado de un aumento de la carga de nutrientes y de los niveles de luz (por reducción de la vegetación), comunidad que posteriormente suele retornar a las condiciones de pre-incendio (Minshall *et al.*, 1989). Esto puede llevar semanas o años, dependiendo de la magnitud e intensidad del incendio. El fuego también puede causar reducción del perifiton y/o producir cambios en la abundancia relativa de determinados taxones (Earl & Blinn, 2003).

En un humedal con dominancia de *Typha* spp. (Everglades de Florida, USA), Miao *et al.* (2010) estudiaron la respuesta inmediata a la acción del fuego en los 30 días posteriores. Observaron que el crecimiento del perifiton fue mínimo durante la primer semana después del fuego. Su biomasa se incrementó dos semanas después, probablemente en relación directa con un incremento de la luz en la columna de agua. En el modelo conceptual expuesto por los mencionados autores, el fuego elimina la cubierta de plantas y devuelve los nutrientes al sistema. Las respuestas del ecosistema incluyen: elevación del pH y P (PT y sus formas solubles), incremento de la temperatura y del OD en la superficie del agua, incremento de la concentración del PT del perifiton y alteración en la germinación de semillas. Mientras que la química del agua se recupera rápidamente dentro de los 10 días, en el agua intersticial las concentraciones de P fueron elevadas durante 3 semanas, y otras respuestas observadas en el ecosistema (pH, OD, concentración de P del perifiton y temperatura del agua) permanecieron meses después del fuego. La alta disponibilidad de luz por remoción de la litera y de la cubierta vegetal, con elevadas temperaturas del suelo y del agua, crearían condiciones favorables para el restablecimiento de la comunidad perifítica.

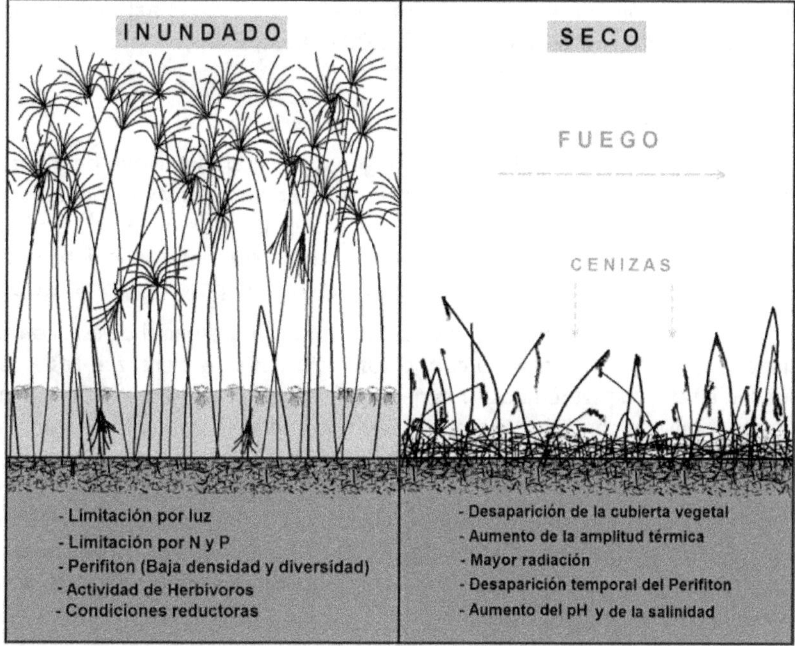

Figura 7   Representación esquemática de una formación de *Cyperus giganteus* Vahl en el área litoral de Humedales del Gran Chaco Argentino, antes y después del fuego.

Cuando los incendios se producen en forma natural, no tienen consecuencias adversas para la estabilidad del sistema, produciéndose un "rejuvenecimiento" y haciendo más lenta la colmatación de los lagos someros. El perifiton afectado por el fuego se deshidrata, mientras una parte muere, otra parte suele recuperarse lentamente, particularmente las que presentan una cubierta de abundante mucílago (ej. cianobacterias), que tienen capacidad para rehidratarse y absorber nutrientes cuando las condiciones ambientales se tornan favorables.

Este tipo de incendios, por afectar alternativamente distintas zonas palustres, por ocurrir al comienzo de las tormentas y por no comprometer integralmente la oferta de hábitat, no tienen efectos negativos sobre la biodiversidad.

La mayor parte de los organismos de las áreas palustres están adaptados a los pulsos de fuego (Neiff, 2004).

La menor frecuencia de fuego puede privar a los lagos del ingreso de nutrientes asimilables desde las áreas palustres perimetrales, afectando a la producción de plantas sumergidas y su perifiton, que son el hábitat basal de complejas mallas tróficas (Poi de Neiff, 2003; Neiff, 2004).

Conclusiones

La escasa profundidad de lagos y lagunas y el gran desarrollo de plantas acuáticas sumergidas y emergentes proporcionan abundantes y variados hábitat para el desarrollo de algas epífitas. Su desarrollo depende de la variedad de substratos disponibles para la colonización y de un conjunto de variables físicas, químicas y bióticas que regulan su abundancia, composición y producción.

Los factores que regulan la abundancia temporal y espacial de esta comunidad (Figura 8) aún son poco conocidos y difíciles de generalizar. Las algas pueden ajustar su pigmentación, tamaño celular y capacidad metabólica a un amplio rango de condiciones ambientales. Dado que el ambiente acuático es muy variable en el tiempo y en el espacio, cada sitio de un lago o humedal tiene una configuración propia de organismos cuya plasticidad ecológica (euritipia) les permite permanecer allí. Algunos son "estrategas de fase" (Neiff, 1990) y serán encontrados sólo en el período de suelo inundado, mientras que otros son ubícuos y se los encuentra en un amplio rango de condiciones ambientales por ser anfitolerantes.

Entre los principales factores se mencionan a la luz, disponibilidad de nutrientes, temperatura y herbivoría, cuya importancia varía espacial y temporalmente en cada cuerpo de agua. El efecto del fuego es importante en humedales rasos que se secan periódicamente, aunque es aún inexplorado.

En la naturaleza no es adecuado analizar el peso de cada factor separadamente, debido a la interdependencia factorial. Una población de algas puede vivir en un sitio que por su escaso contenido de nutrientes haría suponer que esté ausente. Sin embargo, las condiciones de circulación del agua en el lago pueden abastecer el suministro continuo y así determinar su permanencia en el sitio. A su vez, la circulación del agua depende de la dinámica térmica del lago, por lo que: temperatura, hidrodinámica y nutrientes varían en forma concomitante. También resulta clara la importancia de definir el tamaño de la unidad de análisis. Numerosos trabajos demuestran la necesidad de colocar nuestra unidad de análisis dentro del contexto geográfico que lo condiciona. Esto es especialmente válido para el análisis de los lagos situados en planicies inundables, en los que los flujos horizontales (agua, organismos, nutrientes) actúan como poderoso factor de cambio en el perifiton.

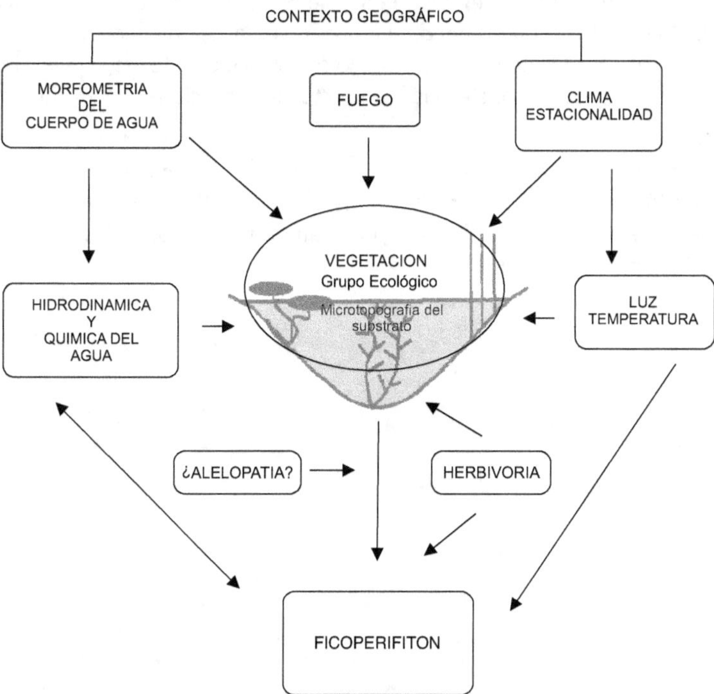

Figura 8   Diagrama de interrelaciones factoriales que regulan la distribución y abundancia del ficoperifiton en ambientes lénticos.

El suministro de nutrientes al perifiton puede también provenir del substrato (macrófito), de la columna de agua y de la misma matriz del perifiton o biofilm que facilita el reciclado de nutrientes, cuyas concentraciones difieren de la zona limnética. El espesor del biofilm y el microambiente generado por éste puede limitar la difusión de los nutrientes.

Los herbívoros pueden reducir la biomasa del perifiton e influir en la composición de la comunidad por eliminación selectiva de ciertas especies y formas de crecimiento, aunque no hay antecedentes respecto a que los herbívoros puedan segregar espacialmente al perifiton. También pueden afectar, indirectamente, el contenido de nutrientes y la diversidad de especies, si bien existe poca información objetiva sobre el tema.

Otro aspecto fundamental a tener presente en el análisis de los factores que condicionan los patrones de organización del perifiton es la unidad de tiempo que es necesario considerar, para tener una real representación de la interacción entre los factores del medio y la presencia y desarrollo de la comunidad. Un muestreo aislado puede dar una idea distorsionada de la cupla perifiton/ambiente, especialmente cuando no se conoce el entorno de variabilidad del substrato ni de la constelación de factores condicionantes (temperatura, flujos, etc.).

El análisis mediante métodos estadísticos multifactoriales para conocer la cupla perifiton/ambiente es una herramienta cuantitativa muy útil, a condición de que el investigador pueda incorporar en el análisis todos los factores que condicionan a la comunidad de algas.

Fatores Envolvidos na Distribuição e Abundância do Perifíton e Principais Padrões Encontrados em Ambientes de Planícies de Inundação

8

Liliana Rodrigues, Vanessa Majewski Algarte, Natália Silveira Siqueira & Érika Maria Neif Machado

Introdução

As planícies de inundação são sistemas rasos, geralmente encontrados em terrenos de baixa declividade, que estão permanentemente sob inundação ou sofrem inundações periódicas com as flutuações fluviométricas. São consideradas comumente como "sistemas de transição entre terra e água" (Ward *et al.*, 1999; Agostinho *et al.*, 2000). O curso de um rio, suas ilhas, canais secundários e planície adjacente são componentes intrínsecos desses sistemas (Neiff, 1990). O fluxo horizontal da água que sustenta, controla e mantém a estrutura e o funcionamento dessa paisagem tão característica transforma-a, funcionalmente, numa mesma unidade ecológica com o curso do rio (Poi de Neiff *et al.*, 1999).

Constituem sistemas de alta complexidade ecológica, importantes para o processo de estabilidade ambiental e manutenção da biodiversidade. Nesse ecossistema, a função de estabilidade é distinta dos demais ambientes. De acordo com Neiff (2003), planícies de inundação são sistemas de alta variabilidade, nos quais a estabilidade é representada mais pela capacidade do sistema de retomar o estado de equilíbrio do que pela capacidade de manter esse estado, o que fica mais evidente em análises de longas séries temporais.

Em planícies de inundação, o regime hidrológico é considerado a principal função de força que determina a estrutura de vários tipos de comunidades aquáticas (Figura 1). Os pulsos abrangem duas fases: potamofase, o período correspondente ao de águas altas (enchente e cheia), e limnofase, ao de águas baixas (vazante e seca) (Neiff, 1990).

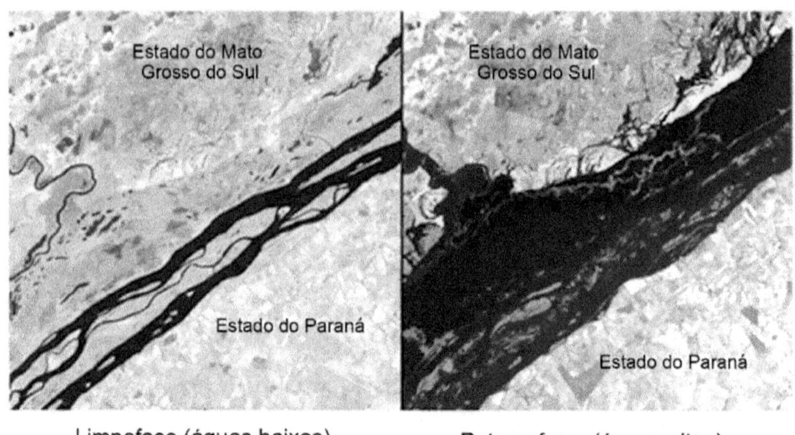

Figura 1 Planície de inundação do alto rio Paraná, Brasil, nos períodos de limnofase (águas baixas) e potamofase (águas altas). Fonte: Google:www.earth.google.com.

Essas fases se diferem em relação aos fatores que influenciam as características ambientais das planícies de inundação e, consequentemente, alteram a comunidade de algas perifíticas. Segundo Mitsch & Gosselink (1993), quando há alteração do regime hidrológico em planícies de inundação, a biota pode responder com alterações na riqueza de espécies e na produtividade do ecossistema. E, quando os padrões hidrológicos permanecem similares de ano para ano, persiste a integridade estrutural e funcional desses sistemas ao longo do tempo.

Em períodos de potamofase, de modo geral, ocorrem fluxos horizontais no sentido do curso do rio para a planície de inundação, influenciando a distribuição de sedimento, minerais e organismos (Neiff, 2001), o que torna essas características mais similares entre a calha principal do rio e dos ambientes da planície (Thomaz *et al.*, 2007). Na limnofase, a variação fluviométrica não é elevada o suficiente para impulsionar os fluxos horizontais, os ambientes permanecem mais isolados entre si e sofrem maior influência das características morfométricas, conferindo elevada heterogeneidade às características ambientais locais e às comunidades em relação à distribuição e composição de espécies (Thomaz *et al.*, 2007).

O perifíton, complexa comunidade de microbiota aderida firme ou frouxamente a substratos submersos (Wetzel, 1983), tem como componente mais abordado e estudado as algas. Estas constituem grande parcela da produtividade primária dos ecossistemas aquáticos. Nos sistemas rios-planícies de inundação, essa produtividade está relacionada, principalmente, ao complexo macrófita-perifíton (Cattaneo & Kalff, 1979; Lalonde & Downing, 1991; Biolo & Rodrigues, 2010).

As algas dessa comunidade se constituem em boa ferramenta para análise das condições ambientais em sistemas altamente dinâmicos como os rios-planícies de inundação. Por apresentarem um modo de vida séssil, são diretamente influenciadas pelas variações ambientais e refletem alterações na estrutura e composição de espécies que se manifestam rapidamente em virtude do curto ciclo de vida e, desta forma, da alta taxa de *turnover* (Sládecková, 1962; Wetzel, 1983; Lowe & Pan, 1996; McCormick & Stevenson, 1998). Nesses sistemas, o desenvolvimento das algas perifíticas é influenciado por inúmeros macro e microfatores, como hidrodinâmica do sistema, nutrientes, temperatura, luz, substrato e herbivoria (Sand-Jensen, 1983; Stevenson, 1996; Rodrigues *et al.*, 2003) (Figura 2).

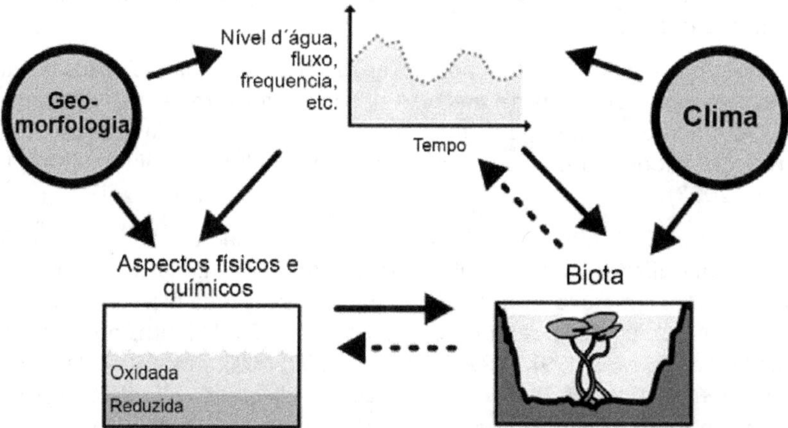

Figura 2 Representação das inter-relações estruturais e funcionais hierárquicas das condições físicas e químicas de planícies de inundações, determinantes para a resposta biológica da comunidade de algas perifíticas. Interações causais fortes são representadas por linhas contínuas e interações atenuadas, por linhas tracejadas. Fonte: Adaptado de Biggs (1996) e Stevenson (1997).

Principais fatores de influência

A entrada de água é quase sempre a maior fonte de nutrientes para o sistema e atua na ciclagem e remoção de componentes bióticos e abióticos (Mistch & Gosselink, 1993). Assim, durante períodos de potamofase ocorre o aumento da disponibilidade de **nutrientes** associados aos processos de decomposição de animais e plantas retidos nas áreas adjacentes e carreados para outros ambientes. O aumento do volume d'água também promove alterações no regime de fluxo dos ambientes, alterando a permanência de **substratos**, como as macrófitas aquáticas (Padial *et al.*, 2009), fundamentais para o estabelecimento e desenvolvimento da comunidade perifítica (Rodrigues *et al.*, 2003). Ainda, o aumento da profundidade dos corpos aquáticos em períodos de temperaturas mais elevadas promove a **estratificação térmica** (Thomaz *et al.*, 2004b).

A ocorrência de diferentes morfotipos de macrófitas aquáticas (plantas submersas, livre flutuantes, emergentes ou enraizadas com folhas flutuantes) constitui grupos multi ou monoespecíficos e contribui para elevar a complexidade e a bioarquitetura dos hábitats da planície de inundação (Thomaz *et al.*, 2004a). Variações na composição das comunidades de macrófitas podem determinar os padrões de biodiversidade de outras comunidades aquáticas (Thomaz *et al.*, 2004b).

Assim, em planícies de inundação, as condições específicas de cada hábitat apontam para a existência de uma plasticidade morfológica da vegetação aquática, em que o tamanho, a forma, bem como as espécies das comunidades presentes, modificam-se ao longo de um gradiente físico e químico (Murphy *et al.*, 2003).

Fósforo (P) e nitrogênio (N) são os nutrientes mais estudados e considerados como limitantes para as algas (Borchardt, 1996). Em estudos feitos em microcosmos e mesocosmos, observaram-se diferenças na biomassa ou na estrutura da comunidade perifítica com a adição de P e N juntos ou separadamente (Cerrao *et al.*, 1991; Rosemond *et al.*, 1993; McCormick & O'Dell, 1996; Havens *et al.*, 1999; Stelzer & Lamberti, 2001; Hillebrand & Kahlert, 2001). O fósforo, em especial, tende a ser intensamente conservado dentro do complexo macrófita/perifíton/sedimento (Figura 3). Burkholder & Wetzel (1990) demonstraram que certas espécies de algas perifíticas podem obter fósforo (cerca de 60%) via seu hospedeiro (macrófita). O fósforo disponível na água da região litoral é, por sua vez, ativamente assimilado pelas algas do perifíton, mas frouxamente associado às macrófitas aquáticas. Dentro da matriz perifítica, o fósforo tende a ser intensamente reciclado entre seus componentes autotróficos e heterotróficos, em taxas bastante elevadas, sendo assim ciclado pelo perifíton. Durante o período de senescência das macrófitas, grande parte do fósforo é translocada para o sistema radicular e a perda pelas folhas é rapidamente utilizada pela comunidade perifítica. Quando o tecido vegetal com o perifíton colapsa e se deposita no fundo, o fósforo é incorporado ao sedimento, sendo ativamente retido e reciclado pela comunidade perifítica, associada ao sedimento (Rodrigues *et al.*, 2003).

O perifíton é um importante regulador na dinâmica interna dos **nutrientes**, especialmente o fósforo, pois pode remover esse elemento da coluna de água e de macrófitas senescentes e transportá-lo para o sedimento, diminuindo as trocas entre esse compartimento e a coluna de água (Dodds, 2003) (Figura 3).

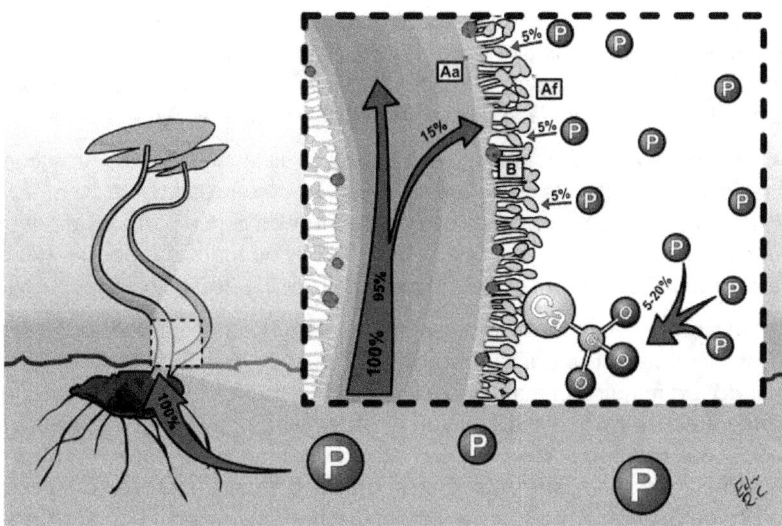

Figura 3 Representação do fluxo do fósforo (P) entre o sedimento, macrófitas e a comunidade de algas perifíticas (Aa = algas firmemente aderidas; Af= algas frouxamente aderidas; B= bactérias). *Fonte*: Adaptado de Rodrigues *et al.* (2003).

Durante a ocorrência de picos de inundação em ambientes de planícies é observada a diluição das concentrações de nutrientes (Rodrigues & Bicudo, 2001; Thomaz *et al.*, 2004a, b; Montoya *et al.*, 2006; Weilhoefer *et al.*, 2008). Na potamofase, ocorrem também mudanças no fluxo da corrente e entrada de novos propágulos, assim como de material em suspensão e sua deposição (Rodrigues *et al.*, 2004). No conjunto, esses fatores determinam a estrutura e a dinâmica das comunidades, destacando-se aqui a comunidade de algas perifíticas. Desta forma, os maiores valores de diversidade e riqueza dessa comunidade são registrados nesse período (Rodrigues *et al.*, 2004; Algarte *et al.*, 2006, 2009), resultados que enfatizam o pulso enquanto efeito homogeneizador desses sistemas.

Na limnofase, o fluxo (não apenas o transversal do curso do rio) carreia informação da planície para o curso do rio (Neiff, 2001). Durante esse período, os ambientes permanecem isolados uns dos outros e forças locais, como hidrodinâmica, disponibilidade de nutrientes e substratos, são as principais determinantes da heterogeneidade ambiental (Thomaz *et al.*, 2007). A entrada de água de tributários secundários ou do solo, ação do vento e animais induzem também à ressuspensão de sedimentos,com aumento das concentrações de nitrogênio, fósforo e turbidez no sistema. Esses fatores afetam os corpos d'água segundo sua morfometria e sucessão ecológica, esta última se referindo aos propágulos carreados durante períodos de potamofase e os processos de desenvolvimento da comunidade (Thomaz *et al.*, 2007). De modo geral, fatores ambientais locais, nesse período, são os principais determinantes da estrutura e composição da comunidade de algas perifíticas (Rodrigues & Bicudo 2004).

Como os ambientes nas regiões de planícies de inundação são relativamente rasos, em períodos de limnofase alguns podem secar totalmente (Thomaz *et al.*, 2004b). Bem como podem ocorrer eventos de curtos períodos de dessecamento causados por variações diárias naturais ou induzidas por interferência da operação de reservatórios (Souza-Filho *et al.*, 2004; Stevaux, 2009).

Ambos os eventos promovem alterações na comunidade de algas perifíticas (densidade, riqueza, composição e formas de desenvolvimento), ocasionando a diminuição na abundância de alguns grupos menos resistentes e a proliferação de espécies mais tolerantes quando há a reimersão dessa comunidade. Esses resultados são efeitos diretos da mudança nas concentrações de nutrientes, principalmente nitrogênio e fósforo, bem como da ação do próprio evento de dessecamento sobre as células algais da matriz perifítica (Gottlieb *et al.*, 2005; Caramujo *et al.*, 2008; Algarte, 2009).

A riqueza de espécies de algas perifíticas decresce em períodos de limnofase como consequência do aumento da densidade e da dominância de específicos grupos algais, principalmente das diatomáceas, como registrado no alto rio Paraná e nos Everglades na Flórida (Rodrigues & Bicudo, 2004; Rodrigues *et al.*, 2004; Fonseca & Rodrigues, 2005b; Gottlieb *et al.*, 2006; Algarte *et al.*, 2009). Nesse período, a ausência ou a ocorrência de pulsos com baixa/curta magnitude não provoca a conectividade hidrológica entre o rio e a área de planície adjacente (Weilhoefer *et al.* 2008), o que favorece a estabilidade das condições ambientais, propicia o desenvolvimento de espécies competidoras e reduz a riqueza (Rodrigues & Bicudo, 2004; Rodrigues *et al.*, 2004).

Em períodos de limnofase, a biomassa algal pode ser mais elevada do que em períodos de potamofase, em virtude do acúmulo e ausência de exportação para outros ambientes, característicos dos períodos de potamofase (Montoya *et al.*, 2006; Weilhoefer *et al.*, 2008; Miller *et al.*, 2009). No entanto, em períodos de potamofase, ela pode ser elevada em decorrência do suprimento de nutrientes e de maior disponibilidade de substratos submersos (Rodrigues & Bicudo, 2004; Gottlieb *et al.*, 2006; Leandrini & Rodrigues, 2008). Esses padrões reportados enfatizam a importância dos regimes de pulso em ambientes conectados a sistemas rios-planícies de inundação na determinação de fortes padrões de variações sazonais e espaciais na biomassa das algas perifíticas.

Outro importante fator que afeta a comunidade de algas perifíticas em planícies de inundação é a **temperatura** (Goldsborough & Robinson, 1996). O efeito da temperatura nas reações bioquímicas faz com que esta seja um dos fatores ambientais mais importantes sobre a comunidade perifítica, afetando primariamente seu metabolismo fotossintético e controlando as taxas de reações enzimáticas (DeNicola, 1996). A temperatura também influencia a estrutura da comunidade de algas perifíticas em termos de dominância de classes, composição e diversidade de espécies, sucessão, distribuição geográfica e interações de competição e trofia (Tilman *et al.*, 1986; Coesel & Wardenaar, 1990; DeNicola, 1996; Butterwick *et al.*, 2005). As espécies respondem diferentemente aos efeitos da temperatura, podendo ser sensíveis a altas temperaturas ou resistentes a ampla faixa de variação (Butterwick *et al.*,2005).

Relação trófica das algas perifíticas

As algas perifíticas podem constituir a principal fonte alimentar para **herbívoros** aquáticos (Goldsborough *et al.*, 2005),e, geralmente, as macrófitas aquáticas são menos predadas. Isto porque as algas apresentam tamanho reduzido, sendo mais facilmente assimiladas, e poucos herbívoros têm a capacidade de ingerir macrófitas, que são mais acessíveis na forma de detritos (Goldsborough & Robinson, 1996). Além disso, as algas perifíticas estão disponíveis para os herbívoros durante toda a fase de seu crescimento, ao contrário das macrófitas, que são sazonais (Goldsborough & Robinson, 1996).

As algas perifíticas são ricas em proteínas, vitaminas e minerais (Moschini-Carlos, 1996; Rodrigues *et al.*, 2003) e podem providenciar recursos alimentares para consumidores vertebrados e invertebrados (Goldsborough *et al.*, 2005), afetando o crescimento, desenvolvimento, sobrevivência e reprodução desses organismos (Hann, 1991; Campeau *et al.*, 1994; Azim *et al.*, 2005).

O efeito mais intenso dos herbívoros sobre a comunidade de algas perifíticas é a redução de sua biomassa (McCormick *et al.*, 1994; Biggs, 1996;

Steinman, 1996; Hillebrand & Kahlert, 2001; Carlsson & Brönmark, 2006; Yang & Dudgeon, 2010). Ao se alimentarem, esses organismos exercem efeito negativo nas concentrações de clorofila*a* e peso seco livre de cinzas (Hunter & Russell-Hunter, 1983; Lamberti & Resh, 1983; Jacoby, 1987; Brönmark *et al.*, 1992; Rosemond *et al.*, 1993). Todavia, há registros de que a pressão de herbivoria pode aumentar a produção primária (Lamberti & Resh, 1983; Danger *et al.*, 2008) ou até não a afetar significantemente (Mundy & Hann, 1996; Hann *et al.*, 2001; Sandsten *et al.*, 2005; Wellnitz & Poff, 2006). A biomassa algal pode aumentar em resposta à pressão de herbivoria, pela remoção de células senescentes e de algas aderidas a outras algas maiores, resultando em maior recurso externo para as células viáveis (Lamberti & Res, 1983; Jacoby, 1987; Stevenson, 1996; Hillebrand, 2009).

Os herbívoros podem também alterar as características estruturais dessa comunidade, como riqueza, abundância e composição de espécies, bem como o arranjo espacial dos elementos constituintes. Alguns estudos mostram que o número, composição de espécies e a diversidade são menores diante da ação de herbívoros (Nicotri, 1977; Graham *et al.*, 1990; Tuchman & Stevenson, 1991; Rosemond *et al.*, 1993; Huchette *et al.*, 2000; Abae *et al.*, 2007; Almeida, 2010).

Recentemente, algumas investigações foram desenvolvidas em planícies de inundação na região norte-americana, com enfoque apenas no efeito de herbívoros aquáticos sobre a biomassa da comunidade de algas perifíticas e no consumo dessas algas por outros organismos (Mundy & Hann, 1996; Hann *et al.*, 2001; Geddes & Trexler, 2003; Carlsson & Brönmark, 2006; Winemiller *et al.*, 2006; Cobbaert *et al.*, 2010; Taylor & Batzer, 2010). Até o presente momento, nenhum estudo foi publicado com essa abordagem em planícies de inundação brasileiras.

Principais padrões identificados no Brasil

Até hoje foram realizados 39 estudos sobre a comunidade de algas perifíticas em planícies de inundação brasileiras (Tabela 1) e estão mais concentrados na região Sul, na planície de inundação do alto rio Paraná (46.15%), na região Amazônica (35.90%), na região Sudeste (12.82%) e no Pantanal (5.13%). Desses, 35 são de cunho ecológico e apenas quatro voltados para a taxonomia.

Para a planície de inundação do alto rio Paraná, até o momento, foi documentado um total de 1102 táxons, distribuídos em dez classes, com maior destaque para Bacillariophyceae (diatomáceas), com 363 táxons; Zygnemaphyceae, com 293 táxons;Cyanophyceae, com 170; e Chlorophyceae, 148. Menor número de táxons até então foi constatado para as classes Euglenophyceae (57 táxons), Xanthophyceae (26 táxons), Chrysophyceae (19 táxons), Oedogoniophyceae (12 táxons), Chryptophyceae (9 táxons) e Rhodophyceae (5 táxons).

Tabela 1 Listagem dos estudos sobre a comunidade de algas perifíticas em planícies de inundação brasileiras.

Autor(es)	Ano	Abordagem	Local
Raí & Hill	1984	Ecológica	Planície Amazônica
Engle & Melack	1990	Ecológica	Planície Amazônica
Engle & Sarnelle	1990	Ecológica	Planície Amazônica
Doyle	1991	Ecológica	Planície Amazônica
Schwarzbold	1992	Ecológica	Planície do rio Mogi-Guaçu
Alves	1993	Ecológica	Planície Amazônica
Engle & Melack	1993	Ecológica	Planície Amazônica
Doyle & Fisher	1994	Ecológica	Planície Amazônica
Putz	1997	Ecológica	Planície Amazônica
Putz & Junk	1997	Ecológica	Planície Amazônica
Rodrigues	1998	Ecológica	Planície do alto rio Paraná
Taniguchi *et al.*	1998	Taxonômica	Planície do rio Mogi-Guaçu
Gomes	2000	Ecológica	Planície Amazônica
Taniguchi *et al.*	2000	Ecológica	Planície do rio Mogi-Guaçu
Rodrigues & Bicudo	2001	Ecológica	Planície do alto rio Paraná
Oliveira & Rodrigues	2002	Ecológica	Pantanal
Taniguchi *et al.*	2003	Taxonômica	Planície do rio Mogi-Guaçu
Pereira *et al.*	2004	Ecológica	Planície do alto rio Paraná
Rodrigues & Bicudo	2004	Ecológica	Planície do alto rio Paraná
Fonseca & Rodrigues	2005a	Taxonômica	Planície do alto rio Paraná
Fonseca & Rodrigues	2005b	Ecológica	Planície do alto rio Paraná
Taniguchi *et al.*	2005	Ecológica	Planície do rio Mogi-Guaçu
Algarte *et al.*	2006	Ecológica	Planície do alto rio Paraná
Leandrini	2006	Ecológica	Planície do alto rio Paraná
Loverde-Oliveira *et al.*	2006	Ecológica	Pantanal
Prast *et al.*	2006	Ecológica	Planície Amazônica
Fonseca & Rodrigues	2007	Ecológica	Planície do alto rio Paraná
Pereira *et al.*	2007	Ecológica	Planície do alto rio Paraná
Castro	2008	Ecológica	Planície Amazônica
Leandrini *et al.*	2008	Ecológica	Planície do alto rio Paraná
Leandrini & Rodrigues	2008	Ecológica	Planície do alto rio Paraná
Algarte *et al.*	2009	Ecológica	Planície do alto rio Paraná
Algarte	2009	Ecológica	Planície do alto rio Paraná
Biolo	2010	Ecológica	Planície do alto rio Paraná
França *et al.*	2009	Ecológica	Planície Amazônica
Murakami *et al.*	2009	Ecológica	Planície do alto rio Paraná
Murakami & Rodrigues	2009	Ecológica	Planície do alto rio Paraná
Biolo & Rodrigues	2010	Taxonômica	Planície do alto rio Paraná
França *et al.*	2011	Ecológica	Planície Amazônica

Na planície de inundação do alto rio Paraná, as pesquisas são realizadas com o intuito de avaliar a composição, densidade e biomassa da comunidade de algas perifíticas. Até o presente momento, resultados demonstram o pulso de inundação como a força motora nesses ecossistemas, e nutrientes, temperatura e substratos são importantes fatores que influenciam a comunidade de algas perifíticas.

As regulações diárias do fluxo hidrométrico impostas por reservatórios a montante influenciam a comunidade de algas perifíticas (Murakami *et al.*, 2009; Biolo, 2010). Algarte (2009) analisou o efeito que o dessecamento exerce sobre a comunidade de algas perifíticas e seus resultados deixam claro o efeito sobre o perifíton (Figura 4). As conclusõessugerem que o evento de dessecamento alterou a estrutura da comunidade de algas perifíticas e aumentoua diversidade de espécies diante da redução das densidades totais registradas.

O grau de conectividade também pode afetar o perifíton, incluindo a meiofauna epifítica (Rodrigues, 1998; Fonseca & Rodrigues, 2005b; Rodrigues & Bicudo, 2001, 2004; Pereira *et al.*, 2004, 2007; Leandrini *et al.*, 2008; Leandrini & Rodrigues, 2008; Algarte *et al.*, 2006, 2009).

Rodrigues & Bicudo (2001) verificaram a similaridade da comunidade de algas perifíticas entre substratos artificial e natural em três ambientes com diferentes graus de conectividade. A maior riqueza foi, invariavelmente, encontrada no sistema lêntico e no período de águas altas. A comunidade de algas perifíticas foi caracterizada, principalmente, pelo regime hidrodinâmico e pela morfometria do ambiente, com nítida separação da comunidade do sistema lótico em relação à dos outros dois sistemas (lêntico e semilótico). O tipo de ambiente exerceu grande influência sobre a riqueza específica da comunidade, e as perturbações causadas pelos pulsos de inundação e pela operação dos reservatórios influenciaram, marcadamente, as flutuações da riqueza específica das comunidades perifíticas (Figura 5).

Murakami & Rodrigues (2009) comprovaram em experimentos a influência que as algas perifíticas sofrem em sua estrutura e dinâmica diante da adição de nutrientes e alterações na temperatura (nitrogênio e fósforo). O enriquecimento artificial de nutrientes alterou a estrutura da comunidade de algas perifíticas, aumentando a densidade das classes algais, principalmente com a adição de fósforo. Este pode ser considerado direcionador da densidade das algas perifíticas, em virtude da rápida resposta após os enriquecimentos artificiais (Figura 6).

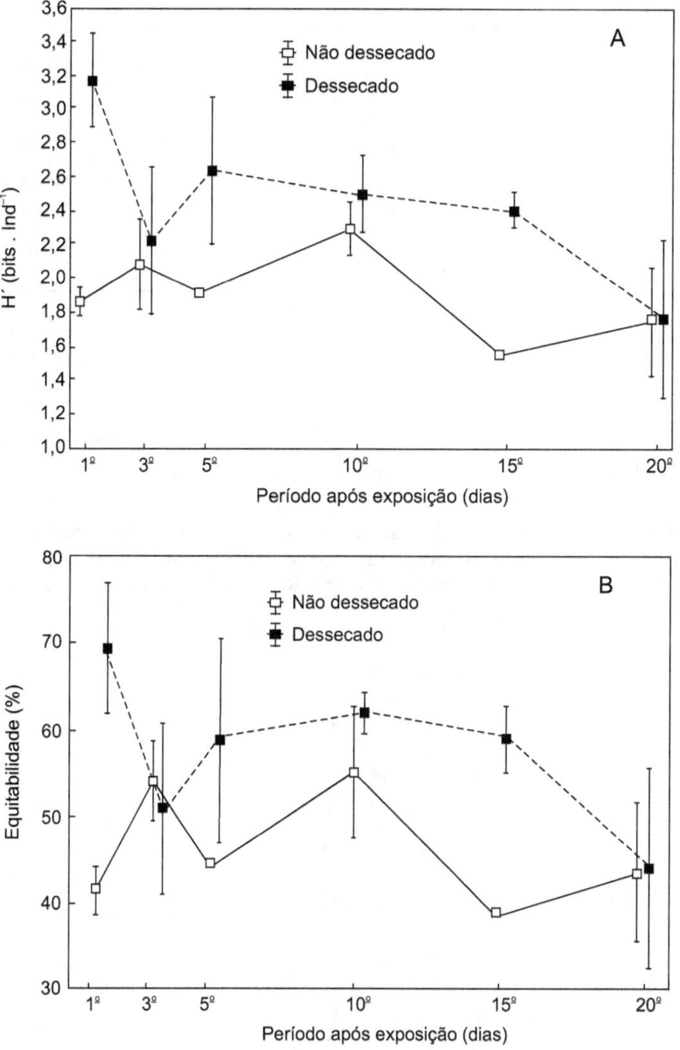

Figura 4 Diversidade (A) e equitabilidade (B) da comunidade de algas perifíticas após serem expostas e não expostas ao dessecamento. Experimento realizado na lagoa das Garças, planície de inundação do alto rio Paraná. Valores de média ( ) e desvio padrão (I). *Fonte:* Algarte (2009).

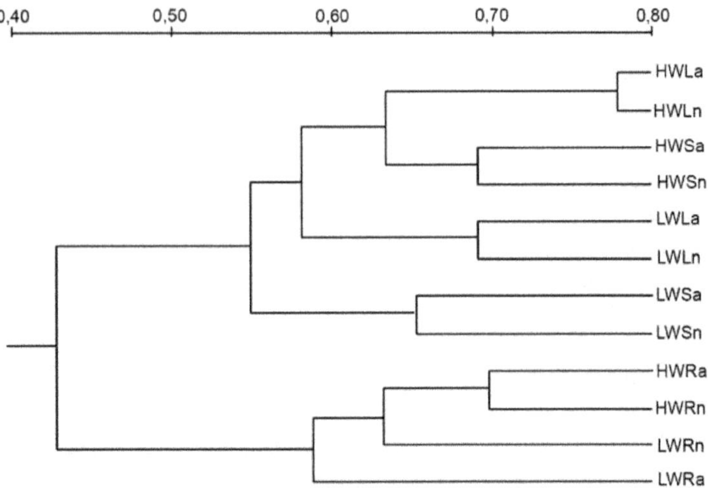

Figura 5 Dendrograma de similaridade entre a comunidade de algas perifíticas em diferentes sistemas, substratos e períodos hidrológicos. (HW = potamofase; LW = limnofase; L = ambiente lêntico; S = ambiente semilótico; R = ambiente lótico; a = substrato artificial; n = substrato natural). Fonte: Rodrigues & Bicudo (2001).

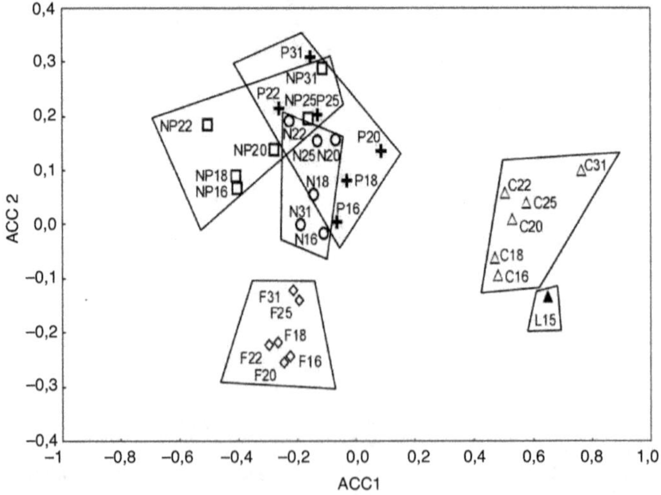

Figura 6 Ordenação pela Análise de Correspondência Canônica (ACC) da lagoa das Garças (L) e dos tratamentos controle (C), frio (F) e com adições de fósforo (P+), nitrogênio (N) e nitrogênio e fósforo (NP+), ao longo da sucessão (15° ao 31° dia). Fonte: Murakami & Rodrigues (2009).

Nesse mesmo experimento, diante da exposição a temperaturas mais baixas, a riqueza da comunidade de algas perifíticas manteve-se elevada ao longo de curto período sucessional, o que favoreceu a permanência de mais espécies. No controle, no entanto, observou-se decréscimo no número de táxons ao final da sucessão (Murakami, 2008). A diminuição de temperatura afetou a abundância das classes de algas perifíticas, principalmente pela redução da densidade relativa de Cyanophyceae e aumento de Zygnemaphyceae (Murakami & Rodrigues, 2009).

Rodrigues & Bicudo (2004), ao analisar *in situ* a comunidade na planície de inundação do alto rio Paraná, constataram maior desenvolvimento da biomassa perifítica diante de temperaturas mais elevadas. Nessas mesmas condições, maior número de espécies de Cyanophyceae foi registrado por Fonseca (2004).

A presença ou ausência de substratos naturais, bem como a arquitetura e morfologia da planta, também pode afetar a estrutura da comunidade de algas perifíticas. Biolo (2010) pesquisou essa comunidade em diferentes macrófitas aquáticas em um ambiente semilótico da planície de inundação do alto rio Paraná. Nesse estudo, a composição de *Oxycarium cubense* (Poeppig & Kunth) apresentou uma comunidade mais diferenciada em termos de composição e *Eichhornia azurea* Kuth foi a mais diferente em termos de densidade e diversidade de espécies (Figura 7).

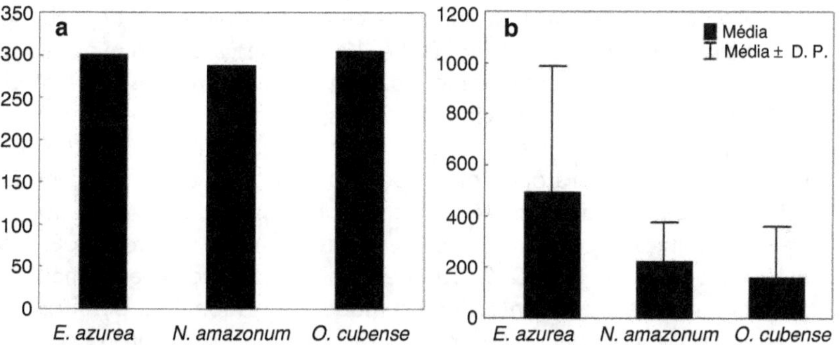

Figura 7 Número total de táxons (a) e densidade total (b) de algas perifíticas registrado nos substratos amostrados (*E. azurea, N. amazonum* e *O. cubense*) no ressaco do "Pau Véio", planície de inundação do alto rio Paraná. D.P. = desvio padrão. Fonte:Biolo (2010).

Nesta planície, os trabalhos de cunho ecológicos são a maioria. Acerca de estudos taxonômicos, Fonseca & Rodrigues (2005a) realizaram pesquisas de cianobactérias perifíticas, Leandrini (2006) estudou as diatomáceas de ambientes semilóticos e Biolo & Rodrigues (2010) trabalharam com a taxonomia das classes Euglenophyceae e Xanthophyceae, sendo estes últimos trabalhos inéditos para essa planície.

Na região Sudeste, poucos são os trabalhos realizados em áreas de planícies, e pesquisas feitas na planície de inundação do rio Mogi-Guaçu verificaram que a comunidade de algas perifíticas é influenciada pelo regime hidrológico e pelo sistema de pulso de inundação (Taniguchi *et al.*, 2005; Schwarzbold, 1992). Trabalhos de taxonomia foram realizados nessa planície apenas para a classe Zygnemaphyceae (Taniguchi *et al.*, 1998, 2000, 2003).

Considerando a planície de inundação do Amazonas, os estudos acerca da comunidade de algas perifíticas são praticamente inexistentes. Estudos sobre produção primária e taxas de fixação de nitrogênio pelo perifíton verificaram que essas taxas podem ser influenciadas pela luz disponível no ambiente (Raí & Hill, 1984; Doyle, 1991; Doyle & Fisher, 1994; Alves, 1993). Putz (1997) concluiu que águas claras possuem maior produtividade que águas negras e a penetração de luz é um fator limitante para a taxa de produção nesses ambientes. Putz & Junk (1997) registraram que, na comunidade de algas perifíticas, as classes dominantes foram diatomáceas e cianofíceas e, em virtude dessa limitação por luz, o substrato mais favorecido para o crescimento do perifíton foram raízes de macrófitas flutuantes. Prast *et al.* (2006) mediram a variação diária das taxas de nitrificação e desnitrificação, e as variações entre essas taxas foi atribuída a diferenças na disponibilidade de carbono orgânico que suporta esse processo. Engle & Melack (1990, 1993) observaram a diminuição de clorofila-*a* durante a enchente, ocasionada pela deposição de silte nas raízes da macrófita, o que impede o crescimento das algas, e que a turbidez inorgânica regula a habilidade das algas fixas de utilizarem os nutrientes dissolvidos presentes na água do rio. Fatores como abertura do dossel, disponibilidade do substrato, velocidade da correnteza, fósforo total dissolvido, transparência da água e precipitação podem influenciar as algas perifíticas (Castro, 2008; Gomes, 2000). França *et al.* (2009, 2011) estudaram a variação da biomassa, o estado de nutrientes, a colonização e o modelo sucessional do perifíton em períodos hidrológicos diferentes em substrato artificial. Esses autores concluíram que: a variação desses atributos foi influenciada pelo tempo de colonização e pela escala sazonal, os modelos sucessionais foram diferentes em cada período climático e as mudanças no nível hidrológico atuaram diretamente sobre a sucessão das algas perifíticas.

Estudos sobre o perifíton no Pantanal são escassos, porém, de grande contribuição para entender sua dinâmica. Nesses ecossistemas, características como disponibilidade de luz e quantidade de sedimento aderido nos substratos foram fatores importantes que influenciaram a comunidade de algas perifíticas (Oliveira & Rodrigues, 2002; Loverde-Oliveira *et al.*, 2006).

Conclusão

O Brasil possui, em seu território, uma vasta área de planícies de inundação, contudo, o conhecimento sobre as comunidades de algas nesse gradiente espacial é, ainda, muito escasso, em especial sobre a comunidade de algas perifíticas. Assim, com as informações apresentadas, espera-se incentivar maior interesse de pesquisadores para aumentar o número de investigações nas planícies brasileiras, ambientes estes altamente produtivos e que contam com alta diversidade de espécies.

Reforça-se a importância do pulso atuando como fator homogeneizador desses sistemas, ao aumentar a conectividade em períodos de potamofase e determinar as características físicas, químicas e bióticas desses ambientes. Destaca-se também, como já registrado por Rodrigues *et al.* (2003), que as algas perifíticas desempenham papel essencial em planícies em relação ao fluxo de nutrientes e teias tróficas.

O Perifíton como Bioindicador em Rios

9

Carina Moresco & Liliana Rodrigues

Introdução

Atualmente, quase metade da população mundial vive em áreas urbanas, e a perspectiva é de que 60% dessa população será urbana até 2030 (ONU, 2003; Avelar *et al.*, 2009). O processo de migração das populações rurais para áreas urbanas resulta em altas densidades populacionais em muitas cidades, ampliando as demandas industriais, comerciais, de infraestrutura pública e de habitação (Su *et al.*, 2010). Além disso, o acelerado crescimento da população somado ao desenvolvimento econômico de muitos países provocam aumento na demanda de produção de alimentos (Grimm *et al.*, 2008; Stevenson & Sabater, 2010), expandindo concomitantemente áreas de cultivo agrícola.

Historicamente, as margens dos rios têm sido os locais preferidos para a formação das cidades (Perry & Vanderklein, 1996; Cunha, 2003; Cunico, 2010), sendo estes elementares como fontes de água potável, recursos pesqueiros, irrigação e sistemas de remoção de resíduos (Petts *et al.*, 2002; Bere & Tundisi, 2010). Desta forma, rios em todo o mundo são ameaçados através da alteração do uso do solo e do clima, que afeta a hidrologia e a qualidade das águas (Stevenson & Sabater, 2010). Apesar do interesse público pelas causas dos problemas relacionados com tal deterioração, provocada por influência antrópica sobre os ambientes lóticos (Bere & Tundisi, 2010), a qualidade das águas do planeta tem sido degradada de maneira intensa (Rebouças *et al.*, 2002).

Estudos recentes descrevem os efeitos da urbanização sobre rios, nos quais se incluem alterações hidrográficas, elevação da concentração de nutrientes e contaminantes, alterações na morfologia e estabilidade do canal (Paul & Meyer, 2001; Meyer *et al.*, 2005; Walsh *et al.*, 2005). O impacto está diretamente relacionado com a impermeabilização das bacias de drenagem, causando o escoamento superficial da água da chuva para córregos e rios e o carreamento de diversos componentes químicos para esses ambientes (Walsh, 2000; Walsh *et al.*, 2005). Como consequência podem ocorrer inundações fora de época ou com maior frequência (Blakely & Harding, 2005; Coleman II *et al.*, 2011) e distúrbios físicos do hábitat (Allan, 2004).

Nas áreas rurais, os recursos hídricos são deteriorados em virtude das aplicações de fertilizantes e defensivos agrícolas, pecuária e outras atividades agrícolas (Kim *et al.*, 2009). A erosão das camadas superficiais do solo em áreas de cultivo agrícola é o principal fator responsável pelo empobrecimento do solo, e a aplicação de fertilizantes se faz necessária (Ramírez *et al.*, 2008). Ainda, a agricultura intensiva é geralmente dependente de agrotóxicos, que, assim como os fertilizantes, atingem os ecossistemas aquáticos através de pulverizações, escoamento e lixiviação (Landry *et al.*, 2004; Montuelle *et al.*, 2010).

Programas de controle da qualidade da água têm sido implementados para aumentar a compreensão dos problemas relacionados à poluição de ecossistemas aquáticos, bem como conhecer as medidas adequadas para controlar a qualidade de águas superficiais (Bodo *et al.*, 1992; Møhlenberg *et al.*, 2007). Avaliações dos impactos antrópicos sobre os rios e córregos podem ser feitas de diversas maneiras (Nienhuis *et al.*, 1998; Meyer *et al.*, 2005) e são amplamente baseadas em medidas químicas, que, por serem pontuais, necessitam de um grande número de amostragens para terem maior precisão (Loeb, 1992; Petts *et al.*, 2002).

Porém, para melhor compreensão da qualidade da água de um rio, dados baseados em características físicas, químicas e biológicas devem ser considerados (Atkim & Birch, 1991; Lobo *et al.*, 2004b; Lavoie *et al.*, 2004; Bere & Tundisi, 2010). Os organismos que habitam um sistema aquático são sensores fundamentais que respondem aos distúrbios do ambiente (McCarthy & Shugart, 1990; Loeb, 1992) e, desta forma, são utilizados como bioindicadores (McCarthy & Shugart 1990; Lowe & Pan 1996). De acordo com Tundisi & Matsumura-Tundisi (2008), o monitoramento biológico permite, até certo ponto, antecipar impactos, avaliar o risco ecológico e as consequências dos impactos. Segundo esses autores, um grande conjunto de fatores interage para ordenar e consolidar as características biológicas em rios, especialmente aquelas que dependem dos substratos e de sua composição.

Stevenson (1997) afirma que há um padrão hierárquico de interação entre os fatores ecológicos, os quais afetam o funcionamento e a estrutura das algas perifíticas, e que pode ser categorizado de acordo com o modo pelo qual esses fatores atuam, seja direta ou indiretamente, numa escala de variabilidade dessas variáveis. A habilidade das algas do perifíton de crescerem e se desenvolverem nos ambientes lóticos é resultado de uma série complexa de interações que envolvem a hidrologia, a qualidade da água e os fatores bióticos (Biggs, 1996). A importância relativa de variáveis locais (isto é, variáveis que controlam diretamente a acumulação e a perda) reflete as características ambientais em maior escala, consideradas variáveis regionais, tais como topografia, inclinação, uso da terra e vegetação. Por sua vez, estas refletem as variáveis finais da paisagem: geologia, clima e atividades humanas (Figura 1). Dessa forma, o clima, a geologia e o uso da terra são fatores de grande escala que afetam os recursos, os fatores bióticos e abióticos, e que atuarão diretamente sobre o funcionamento e a estrutura das assembleias de algas do perifíton.

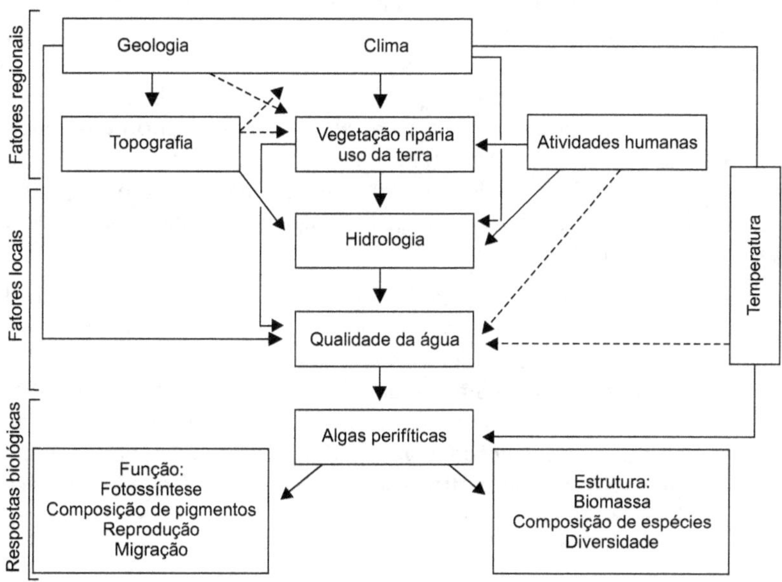

Figura 1   Representação das inter-relações hierárquicas das condições físicas e químicas em ambientes lóticos, que são determinantes para a resposta biológica das algas perifíticas, tanto estrutural quanto funcionalmente (adaptado de Biggs, 1996, e Stevenson, 1997). Interações causais fortes são representadas por linhas contínuas e interações atenuadas, por linhas tracejadas.

O Perifíton como bioindicador em rios

Os indicadores biológicos possibilitam medir a qualidade da água com base nas respostas dos organismos em relação ao meio onde vivem. Seu desaparecimento pode indicar alterações em curso ou fatores relevantes de estresse que estão atuando nas comunidades ou populações. Ou seja, essas espécies frequentemente funcionam como uma informação antecipada (Tundisi & Matsumura-Tundisi, 2008).

Os organismos indicadores ideais são aqueles que têm requerimentos ambientais estreitos e específicos (Johnson *et al.*, 1993; Lobo *et al.*, 2002). A utilização de organismos sésseis como indicadores biológicos é vantajosa principalmente no sentido de que representam os efeitos imediatos de fatores ambientais, como também os efeitos prévios (Frithsen & Holland, 1990; Júlio Júnior *et al.*, 2005). Aqui destacamos o perifíton.

A matriz perifítica apresenta, usualmente, de 10 a 2000 mm de espessura, podendo atingir até alguns milímetros em regiões mais produtivas. Essa proximidade espacial confere grande potencial de reciprocidade e interação metabólica entre os constituintes do perifíton, levando a uma elevada eficiência na utilização dos recursos do meio (Wetzel, 1993). O perifíton é sensível às mudanças na qualidade da água (Horner *et al.*, 1983; Cattaneo, 1987), e a estrutura da comunidade de algas perifíticas é controlada por um conjunto de fatores hidrodinâmicos, físicos e químicos da água (Moschini-Carlos & Henry, 1997; Stevenson, 1997).

Dessa forma, várias são as razões que levam à crescente utilização das algas dessa comunidade em estudos ambientais. Tanto as características estruturais quanto funcionais da comunidade de algas perifíticas podem ser utilizadas para avaliar as condições ambientais nos mais diversos hábitats aquáticos. Sua utilização como bioindicador em rios é considerada apropriada para avaliar fontes pontuais de poluição (Stevenson & Pan, 1999). A capacidade de se aderir aos substratos é uma particularidade essencial para que permaneçam nesses ambientes e, segundo Stevenson (1996), a intensidade da corrente pode afetá-los significativamente.

Os componentes da comunidade perifítica são a base da cadeia alimentar em muitos sistemas lóticos (Campeau *et al.*, 1994; Lamberti, 1996), atuam como redutores e transformadores de nutrientes (Wetzel, 1996), além de promoverem hábitat para uma diversidade de organismos (Biggs, 1996). Ainda, além da alta diversidade, os organismos perifíticos possuem tempo de geração curto e ciclo de vida relativamente simples, o que possibilita usá-los com eficácia no desenvolvimento e teste de modelos ecológicos.

A aplicação mais frequente do perifíton no monitoramento ambiental consiste na análise do impacto de fontes pontuais de contaminação em sistemas lóticos (Whitton *et al.*, 1991; Whitton & Rott, 1996). Mais recentemente, tem crescido o uso do perifíton para acessar a disponibilidade de nutrientes limitantes (nitrogênio e fósforo) em sistemas aquáticos (McCornick *et al.*, 1998;

Francoeur *et al.*, 1999). De acordo com Stevenson & Bahls (1999), em alguns tipos de sistemas, as algas perifíticas necessariamente devem ser utilizadas como indicadoras das condições ambientais. Destacam-se:

a) *Rios naturais*: nestes ambientes devem ser feitos levantamentos, já que na maioria das vezes são parques ou reservas que requerem ainda inventários de sua diversidade. Esses levantamentos servem como fonte de dados de referência.

b) *Rios regulados*: aqueles que apresentam seu curso represado permanentemente e recebem tensão severa em razão da construção de reservatórios em seu canal principal para a produção de eletricidade.

c) *Rios com poluição orgânica*: ambientes aquáticos que recebem rejeitos orgânicos são mais frequentemente estudados. Com acompanhamento adequado, as modificações provocadas nos táxons podem ser realmente atribuídas ao agente poluente.

O conceito de rio contínuo e as algas perifíticas

Por muitas décadas ecólogos vêm postulando modelos conceituais para descrever e testar padrões na estrutura e função de comunidades em sistemas lóticos.

A combinação dos princípios hidrológicos com os processos químicos e biológicos, ao longo do gradiente longitudinal de ambiente lótico, conduziu ao desenvolvimento do Conceito de Contínuo Fluvial, ou *River Continuum Concept* (RCC) (Vannote *et al.*, 1980). Os autores propõem uma abordagem teórico-holística para o funcionamento ecológico dos sistemas fluviais entre as cabeceiras e a foz, considerando o rio e a sua bacia hidrográfica como uma unidade funcional, com suas comunidades variando e sendo substituídas gradual e longitudinalmente de acordo com gradientes igualmente longitudinais de características físicas e químicas do sistema.

A Teoria do Contínuo Fluvial (RCC) postula que os organismos respondem às condições físicas e químicas determinadas pela geologia e geomorfologia da bacia de drenagem e do corredor fluvial. Os locais a jusante dependem em grande parte da ineficiência alimentar dos locais a montante e dos excedentes nutritivos oriundos do meio terrestre. A estrutura das comunidades (produtores primários e macroinvertebrados) se modifica ao longo de um contínuo entre as cabeceiras e a foz, em resposta a gradientes longitudinais igualmente contínuos das contribuições relativas das fontes alimentares endógenas e exógenas.

Tendo por base essa teoria, um estudo foi realizado no ribeirão Diamante (cidade de Diamante do Norte, PR), buscando verificá-la através da biomassa perifítica, da cabeceira, trecho intermediário e foz desse ambiente lótico, o qual desemboca no reservatório de Rosana, na Bacia Hidrográfica do Rio Paranapanema. O local situado mais próximo da cabeceira apresentou os teores de clorofila mais reduzidos. Esse ponto foi caracterizado por velocidade de corrente da água mais elevada e um canal mais estreito, com vegetação ripária no entorno e, consequentemente, maior área sombreada. De acordo com a Teoria do Contínuo Fluvial, as cabeceiras dos rios possuem pequena dimensão e são margeadas por vegetação ripária, com corrente rápida e turbulenta, águas transparentes, bem oxigenadas e com poucos nutrientes. O rio depende dos materiais fornecidos pelas zonas terrestres adjacentes, e a presença de produtores primários, com destaque aqui para a comunidade perifítica, é escassa.

Por sua vez, no ponto intermediário (entre a cabeceira e a foz), foi constatada maior biomassa perifítica, que foi atribuída à velocidade de corrente moderada, ao acréscimo de nutrientes e ao aporte de propágulos algais, oriundos da cabeceira do ribeirão Diamante, os quais encontram na região condições favoráveis para a colonização e desenvolvimento dos substratos. De acordo com Biggs & Thomsen (1995), a velocidade da corrente e o regime de cheias vêm sendo apontados como fatores-chave na determinação dos padrões estruturais e funcionais das comunidades perifíticas de sistemas lóticos. Uma revisão da literatura indicou que as maiores biomassas de algas bentônicas (perifíton e macroalgas) ocorrem em ambientes com velocidade moderada (Stevenson, 1996).

Já no ponto situado na foz, em confluência com o reservatório de Rosana, onde as condições de velocidade de corrente são baixas, observou-se presença expressiva da comunidade perifítica. De acordo com a Teoria do Contínuo Fluvial (RCC), no final do corredor fluvial a massa de água é grande e pouco turbulenta. Como a profundidade aumenta, as plantas estão circunscritas às zonas marginais e o produtor primário em destaque é o fitoplâncton. No local de estudo havia quantidade significativa de macrófitas submersas, o que proporcionou disponibilidade de hábitat para o perifíton, além das características de luminosidade propícias ao incremento de vários grupos algais.

Diatomáceas perifíticas em ambientes lóticos

Dentre as algas presentes no perifíton, as diatomáceas (Bacillariophyta) constituem uma parcela expressiva da comunidade, principalmente em ambientes lóticos, apresentando adaptações que favorecem a fixação aos substratos (Wehr & Sheath, 2003).

A avaliação das condições ambientais de rios e riachos por meio de diatomáceas tem longa história (Stevenson & Pan, 1999). Esses organismos são eficientes indicadores das mudanças ambientais, porque são sensíveis e respondem rapidamente às mudanças dos fatores físicos, químicos e biológicos (Stevenson & Pan, 1999; Winter & Duthie, 2000). Segundo Azim & Asaeda (2005), os principais grupos de algas perifíticas dominantes em rios e riachos são as diatomáceas, as clorofíceas e as cianobactérias. Porém, uma grande vantagem da utilização das diatomáceas é que a identificação desse grupo baseia-se somente nas características morfológicas das frústulas. As outras classes de algas apresentam, muitas vezes, variação morfológica durante seu desenvolvimento (cianobactérias), necessitam do estágio reprodutivo para a identificação (Zygnemaphyceae, Oedogoniophyceae) ou, ainda, necessitam de cultivo para serem classificadas (muitas algas verdes unicelulares) (Stevenson & Pan, 1999). Também, as diatomáceas podem ser oxidadas, preservadas e reexaminadas e as lâminas feitas para a identificação são permanentes, possibilitando a distribuição para outros laboratórios (Lobo *et al.*, 2002).

Estudos em ambientes lóticos que drenam centros urbanos têm mostrado o declínio na riqueza de diatomáceas associado com a poluição orgânica (Lobo *et al.*, 1995). Dentre os efeitos comuns da poluição estão a redução da diversidade de espécies e o aumento de densidade, bem como o incremento de espécies tolerantes (Lobo *et al.*, 1995; Jüttner *et al.*, 2003). Contrariamente, em condições de concentração de nutrientes intermediárias, as diatomáceas perifíticas podem apresentar diversidade elevada (Lobo *et al.*, 1995; Jüttner *et al.*, 2003; Bere & Tundisi, 2010).

Em paisagens urbanas, as áreas de superfícies impermeáveis intensificam o escoamento superficial, carreando nutrientes (Paul & Meyer, 2001; Meyer *et al.*, 2005; Walsh *et al.*, 2005; Paul & Mayer, 2008) e contaminantes para os córregos (Paul & Meyer, 2001). Deficiências nos sistemas de tratamento de esgoto, bem como descargas ilícitas de efluentes em córregos urbanos, provocam aumento nas concentrações de nutrientes, principalmente de nitrogênio (Paul & Meyer, 2008; Cunico, 2010). Elevadas concentrações de nitrogênio contribuem para o desenvolvimento excessivo de algas, o que pode levar à diminuição da concentração de oxigênio dissolvido. Segundo Lowe & Pan (1996), se as alterações na qualidade da água provocadas por ações antrópicas estão fora do intervalo de tolerância de uma espécie, esta irá declinar e finalmente desaparecer.

As alterações na estrutura (composição, abundância relativa) das assembleias de diatomáceas perifíticas são comumente associadas à tolerância e preferência ecológicas das espécies (van Dam *et al.*, 1994; Lobo *et al.*, 1995; Potapova & Charles, 2003). Esses organismos respondem sensivelmente às diferenças nas características físicas e químicas da água (Passy *et al.*, 1999; Winter & Duthie, 2000), assim como às diferenças na geologia, clima e usos do solo entre bacias hidrográficas (Stoermer & Smol, 1999). Desta forma, alterações nas condições ambientais promovem uma reestruturação nas assembleias de diatomáceas perifíticas, e os atributos dessa assembleia são resultado da interação de condições que operam sobre a bacia hidrográfica (Stoermer & Smol, 1999).

Em alguns países, principalmente da Europa, o monitoramento de ambientes aquáticos que utilizam as comunidades biológicas tem sido rotineiramente aplicado (Fore & Grafe, 2002), e são empregadas principalmente as diatomáceas no monitoramento de rios (Jüttner *et al.*, 2003; Dela-Cruz *et al.*, 2006). No Brasil, os trabalhos de bioindicação de qualidade de água utilizam essencialmente diatomáceas e foram desenvolvidos a partir da década de 1980, realizados principalmente nas regiões Sul e Sudeste do país, sendo direcionados para ambientes lóticos (Lobo & Torgan, 1988; Lobo *et al.*, 1995, 1996, 2004a, b, c, 2006; Souza, 2002; Hermany *et al.*, 2006; Düpont *et al.*, 2007).

Estudos envolvendo a assembleia de diatomáceas perifíticas têm reportado a influência de ambientes urbanos e rurais sobre a estrutura e a distribuição dessa assembleia. Winter & Duthie (1998), em estudo realizado em Ontário, Canadá, observaram que a diferenciação da assembleia de diatomáceas perifíticas entre córregos urbanos e rurais, de uma mesma bacia hidrográfica, esteve relacionada às diferenças de temperatura, DBO, fósforo total e sólidos suspensos. Em estudo posterior, comparando duas bacias hidrográficas, Winter & Duthie (2000) mostraram que a diferenciação da assembleia de diatomáceas perifíticas ao longo de um gradiente urbano-rural está relacionada às diferentes concentrações de fósforo total e nitrogênio total.

Segundo Fore & Grafe (2002), a porcentagem de ocupação do solo por urbanização e agricultura é determinante na composição das assembleias de diatomáceas perifíticas. Walker & Pan (2006), em estudo realizado no Oregon (EUA), destacaram a condutividade e a distância dos córregos em relação as indústrias como principal fator de diferenciação das assembleias de diatomáceas perifíticas entre córregos urbanos e rurais. No Quênia, Ndiritu *et al.* (2006) verificaram diferenças entre as assembleias de diatomáceas perifíticas presentes em áreas com cidades menores e atividades de agricultura de subsistência e aquelas encontradas em áreas de grandes centros urbanos e com agricultura intensiva, associando as mudanças na composição das espécies à intensidade de poluição.

Considerações finais

O Brasil conta com ampla rede hidrográfica, subdividida em oito bacias principais – bacia do rio Amazonas, bacia do rio Tocantins, bacia do Atlântico Norte e Nordeste, bacia do rio São Francisco, bacia do Atlântico Leste, bacia do rio Paraná, bacia do rio Uruguai e bacia do Atlântico Sudeste. No entanto, são poucos os sistemas de monitoramento de qualidade da água. Raros são os corpos de água cujas informações estão armazenadas em bancos de dados, sendo ainda mais rara a existência de monitoramento biológico, com ênfase para as algas perifíticas.

A comunidade de algas perifíticas pode e deve ser usada em programas de monitoramento para detectar os impactos humanos antes mesmo de os efeitos serem evidentes (Roserberger *et al*, 2008). No Brasil, destacam-se os trabalhos desenvolvidos por Lobo *et al.* (2004a, b, c), utilizando diatomáceas epilíticas para o monitoramento de rios.

Muito se tem a fazer para a ampliação e melhoria do biomonitoramento em nosso país, e o uso da comunidade perifítica poderá auxiliar na melhoria da qualidade das águas e seu uso sustentável. Por ser um excelente bioindicador, o perifíton auxilia na definição do ponto de amostragem adequado, uma vez que sua composição e estrutura são características de ambientes oligotróficos, mesotróficos ou eutróficos. Ainda, são necessárias coletas periódicas, o que impede a não-frequência nas amostragens, um sério problema nos bancos de dados, como também é facilmente coletada e não requer equipamentos sofisticados. Acreditamos que a melhoria e a ampliação das informações com base no perifíton trarão maior fundamento para o uso múltiplo das águas e a sustentabilidade dos recursos hídricos.

Amostragem e Medidas de Estrutura da Comunidade Perifítica

10

Carla Ferragut, Denise C. Bicudo & Ilka S. Vercellino

Introdução

A proposta deste capítulo não é a de discutir exaustivamente os métodos de amostragem e de medidas dos atributos de estrutura do perifíton, mas, sim, de apresentar algumas questões e aspectos básicos que possam auxiliar nos primeiros passos do estudo da comunidade perifítica. De modo geral, as abordagens básicas sobre amostragem do perifíton são úteis para resolver a maioria das questões relacionadas a qualquer sistema aquático ou tipo de hábitat (Stevenson & Smol, 2003). Todavia, a escolha dos procedimentos de amostragem deve ser guiada pelos objetivos do estudo e pelas características do meio a ser amostrado (Stevenson & Smol, 2003; Pillar, 2004). Assim como em qualquer estudo ecológico (Green, 1979; Krebs, 1999), os estudos sobre Ecologia do Perifíton devem considerar alguns aspectos gerais importantes, tais como:

- ♦ Formular de forma concisa para outra pessoa as perguntas a que pretende responder. Questões bem formuladas geram resultados coerentes e compreensíveis.

- ♦ Aleatoriedade é essencial! Lembre-se de que amostrar em locais "típicos" ou "representativos" não é amostragem ao acaso e pode viciar suas amostras (por exemplo, estimar a clorofila perifítica amostrando os substratos mais "verdes"). Assim, as coletas com base na facilidade de acesso ou no julgamento do pesquisador devem ser evitadas e não podem ser confundidas com amostragens aleatórias. Na prática, dificilmente a amostragem é completamente aleatória. Em vez disto, amostras aleatórias restritas são obtidas seguindo algum conhecimento prévio. Este processo deve ser praticado com controle e coerência a fim de garantir que as amostras assim obtidas preservem as propriedades do conjunto completo de possíveis amostras. Por exemplo, pode-se obter amostras aleatórias em cada ponto de coleta preestabelecido (aleatoriamente ou não) (Soler, 2007).

♦ Além disso, amostragem aleatória é requisito fundamental para a grande maioria dos testes estatísticos. Essa violação é um dos pecados capitais em estatística. É impossível contornar o problema depois da coleta realizada. Os erros devem ser independentes e não viciados.

♦ Áreas com elevada heterogeneidade espacial devem ser divididas em subáreas relativamente homogêneas (amostragem estratificada), e as amostras devem ser tomadas aleatoriamente dentro de cada subárea. A estratificação garante que todas as áreas de interesse sejam incluídas na amostra. Mais informações sobre as técnicas de amostragem encontram-se em Pillar (2004).

♦ Amostras com número adequado de repetições. As diferenças entre dois locais de amostragem ou entre dois tratamentos só serão avaliadas corretamente se levarmos em conta as diferenças dentro de cada local/tratamento de amostragem. Em outras palavras, é necessário conhecer a variabilidade "dentro" para avaliar a variabilidade "entre".

♦ Comparar com controle ou local de referência. Efeitos de uma dada condição ambiental só podem ser demonstrados quando comparados com um controle (efeito ausente ou presente) ou, dependendo da abordagem do estudo, com um local de referência (que não foi claramente impactado pela ação antropogênica).

♦ Realizar amostragem prévia. Estas servem de base para a escolha correta do delineamento amostral e/ou experimental e das análises estatísticas. A omissão desta etapa inicial pode levar à perda de tempo no final. Todavia, o conhecimento prévio sobre o local de estudo possibilita a omissão desta etapa.

♦ Amostragem eficiente e uniforme. O método de coleta deve amostrar a população-alvo (perifíton) com eficiência e uniformidade durante todo o estudo. Variação na eficiência de amostragem "vicia" a amostra e impede comparações.

♦ Amostragem deve ser adequada ao objeto de estudo. A unidade amostral deve ter tamanho apropriado às densidades e à distribuição espacial e temporal dos organismos de interesse.

♦ Lembre-se de que uma amostragem errada gera resultados errados e, consequentemente, conclusões incorretas.

Primeiros passos para um bom delineamento amostral
Definindo os objetivos

O primeiro passo para o planejamento adequado de um estudo é a clara definição de seus objetivos (Stevenson & Smol, 2003). Objetivos bem definidos ajudam a resolver as seguintes questões (Biggs & Kilroy, 2000): Onde amostrar? Com que periodicidade? Quais variáveis devem ser consideradas? Quais os métodos de amostragem mais adequados? Quantas repetições? Quais abordagens para análise de dados são mais apropriadas? A realização de um bom planejamento força o pesquisador a pensar sobre os efeitos ou as diferenças mais importantes que se pode encontrar no estudo. Para Biggs & Kilroy (2000), "começar tendo o fim em mente" ajuda muito no desenvolvimento de um bom planejamento do estudo.

Para elaboração de perguntas que promovam o avanço do conhecimento científico sobre o perifíton, deve-se usar o conhecimento acumulado, a literatura científica e o raciocínio sensato baseado em princípios científicos sólidos. A realização de uma boa revisão bibliográfica é sempre o melhor ponto de partida para a construção de uma nova linha de pesquisa, nova abordagem ou, simplesmente, para solucionar um novo problema.

Qual abordagem escolher: observacional ou experimental?

Com base nos objetivos e hipóteses propostos, deve-se definir se o estudo será observacional e/ou experimental (em campo ou laboratório). Os estudos experimentais têm a vantagem de controlar a(s) variável(is) de interesse e são usualmente mais precisos, todavia, afastam-se mais das condições naturais do ecossistema. As duas abordagens são necessárias, complementares e dependem do objetivo do estudo.

O *estudo experimental* pressupõe que a comunidade seja submetida à manipulação experimental e que a mesma possa ser dividida em porções replicáveis e submetidas a vários tipos de tratamentos e controles de interesse (Ludwig & Reynolds, 1988). As diferenças nas respostas da comunidade podem ser atribuídas ao tratamento experimental. Exemplificando: o efeito do enriquecimento combinado e isolado de nitrogênio (N) e fósforo (P) sobre o perifíton foi avaliado por meio de quatro tratamentos (Controle: sem adição de nutrientes; P+ com adição isolada de P; N+ com adição isolada de N; NP+ com adição combinada de N e P), e a resposta positiva da biomassa algal aos tratamentos P+ e NP+ indicou que o perifíton foi fortemente limitado por fósforo (ex. Ferragut & Bicudo, 2010). Independentemente dos objetivos do estudo, os aparatos experimentais mais usuais para experimentos *in situ* (ou seja, em campo) são: mesocosmos de fundo aberto com influência do sedimento (ex. Beklioglu & Moss, 1996), mesocosmos de fundo fechado (ex. Ferragut & Bicudo, 2010; Figura 1A) e mesocosmos de riachos (Rier & Stevenson, 2006). Especificamente para os experimentos de enriquecimento, o substrato difusor de nutrientes (SDN) (Figura 1B) é uma técnica bastante empregada principalmente em ambientes lóticos ou em represas, pois não confina a comunidade (ex. Francoeur *et al.*, 1999; Fermino *et al.*, 2004).

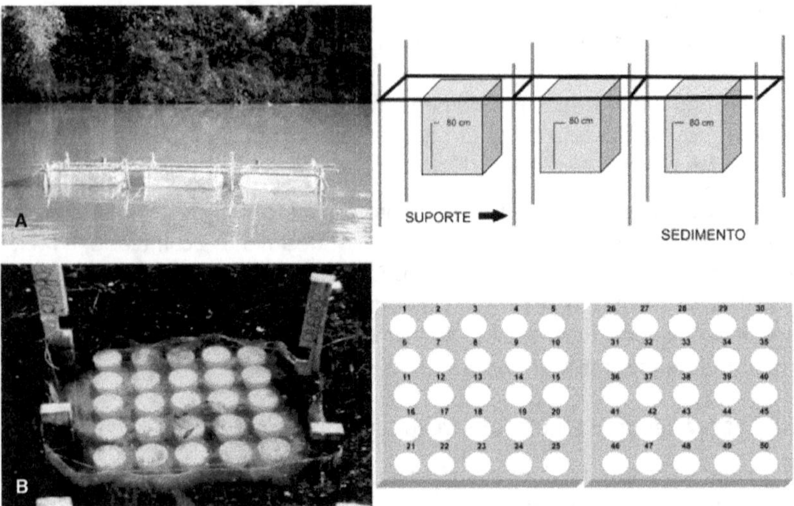

Figura 1   (A) Foto e esquema de um conjunto de mesocosmos. (B) Substrato difusor de nutrientes. *Fonte:* D. Bicudo, F. Fermino/Núcleo de Ecologia, Instituto de Botânica.

Alguns aspectos básicos devem ser considerados nos estudos experimentais em campo, tais como: presença de controle; ter repetições; observar qualquer tipo de contaminação dos tratamentos (ex. aporte não controlado de nutrientes via fezes de pássaros em experimentos de enriquecimento); variáveis ambientais que podem atuar como interferentes na resposta do perifíton (ex. velocidade da água, direção da corrente, sombreamento, precipitação pluviométrica); posicionamento dos tratamentos.

No *estudo observacional* é necessário considerar que a estrutura e o funcionamento da comunidade biológica podem ser influenciados por uma série de fatores ambientais naturais (Ludwig & Reynolds, 1988). De modo mais simplista, neste tipo de estudo pode-se endereçar duas abordagens principais: estudar amostras coletadas ao mesmo tempo em condições ambientais diferentes em um dado ecossistema (ex. Borduqui & Ferragut, 2012) ou em ecossistemas diferentes (Rodrigues & Bicudo 2004); estudar amostras de um mesmo local, mas em tempos diferentes, tais como em escala sucessional (ex. Vercellino & Bicudo, 2006; Felisberto & Rodrigues, 2012), sazonal (ex. França *et al.*, 2011) e/ou anual (ex. Leandrini & Rodrigues, 2008; Oliveira *et al.*, 2010).

Que tipo de substrato escolher?

A estratégia de amostragem deve considerar o tipo de substrato disponível para colonização, uma vez que os organismos perifíticos estão intimamente associados a este. O perifíton pode crescer sobre a superfície dos sedimentos (epipélon), rochas (epilíton), macrófitas aquáticas (epifíton), madeira (epixílon), sobre ou entre os grãos de areia (episamon), entre outros. As propriedades físicas e químicas do substrato podem influenciar a estrutura e o metabolismo da comunidade perifítica. A microtopografia do substrato (depressões, fendas, protrusões) é uma propriedade física que pode amenizar os efeitos de perturbações físicas sobre o perifíton (Murdock & Dodds, 2007; Bergey, 2005; Schneck *et al.*, 2011), favorecer algas com determinadas formas de aderência (Schneck & Melo, 2012) e, ainda, reduzir a suscetibilidade das algas à remoção por organismos pastejadores (Bergey & Weaver, 2004). Outras propriedades físicas são a orientação e o tamanho do substrato, a primeira atuando principalmente sobre a acumulação de detritos na comunidade (Cattaneo & Amireault, 1992) e a segunda, sobre a intensidade do efeito da perturbação (Luttenton & Baisden, 2006). Dentre as propriedades químicas do substrato, a liberação de nutrientes está dentre as mais importantes, pois pode modificar o estado nutricional do perifíton e influenciar diretamente o incremento de biomassa e a composição de espécies (ex. Guariento *et al.*, 2007; Santos *et al.*, 2013).

As macrófitas aquáticas são substratos naturais muito favoráveis à colonização do perifíton, pois podem fornecer ampla área de colonização e disponibilizar nutrientes por excreção e durante o processo de senescência (Burkholder, 1996). Contudo, as macrófitas podem atuar negativamente sobre o desenvolvimento do perifíton em virtude da redução da disponibilidade de luz pelo sombreamento (Cattaneo *et al.*, 1998; Santos *et al.*, 2013), liberação de substâncias alelopáticas (Erhard & Gross, 2006) e competição por recursos (Sand-Jensen & Borum, 1991). As rochas também são naturalmente encontradas na maioria dos ecossistemas aquáticos, sendo um tipo de substrato comumente colonizado pelo perifíton. Estudos mostraram a influência das características físicas de rochas sobre o perifíton (Bergey, 2005), mas a influência da constituição química de diferentes tipos de rochas é ainda incerta (Burkholder, 1996; Bergey, 2008). Desta forma, a avaliação da estrutura da comunidade de algas em rochas introduzidas no ecossistema deve ser cautelosa e estar relacionada aos objetivos do estudo.

Os substratos artificiais são amplamente utilizados para a colonização do perifíton, como, por exemplo, lâminas de vidro, plástico, acrílico, plantas de plástico, entre outros. Esses substratos são normalmente usados por conta das dificuldades de amostragem em substrato natural ou, ainda, quando há necessidade de isolar e/ou padronizar no espaço e tempo o efeito do substrato sobre a comunidade, a exemplo de estudos em monitoramento de rios e de colonização. Em relação à maioria dos substratos naturais, os artificiais apresentam vantagens, como fácil manipulação, redução da variabilidade em relação às condições físicas e químicas do substrato, baixo custo, área definida e constante para colonização, condições padronizadas e, no caso de acrílico ou vidro (exceto para sílica), serem quimicamente inertes (Cattaneo & Amireault, 1992; Wehr & Sheath, 2003). Todavia, requerem colocação prévia no ambiente por um dado período e estão mais expostos à ação de vandalismo, de forma que alguns grupos de pesquisa em monitoramento, por exemplo, preferem padronizar um substrato natural para avaliações no tempo e espaço (Stevenson & Bahls, 1999).

As lâminas de vidro de microscópio foram os primeiros substratos a serem usados (Sládecková, 1962) e, além das vantagens de qualquer substrato artificial, permitem a visualização direta do material ao microscópio (Bicudo, 1990). Apesar de os substratos artificiais não conseguirem representar perfeitamente o hábitat natural, alguns estudos relataram alta similaridade entre a comunidade natural e a desenvolvida em lâminas de vidro (Rodrigues & Bicudo, 2001; Lane *et al.*, 2003), enquanto outros relataram a ineficiência do substrato artificial em representar a comunidade natural (Barbiero, 2000; Albay & Akçaalan, 2003).

Dependendo da abordagem da pesquisa, também é possível realizar amostragem simultânea de vários tipos de hábitat em substratos naturais (diferentes macrófitas, pedras, entre outros). Essa amostragem composta multihábitat vem sendo utilizada, por exemplo, na comparação de diferentes segmentos de rios. Essa abordagem permite a melhor caracterização do perifíton de cada segmento, todavia, pode mascarar pequenas diferenças na qualidade da água em razão da variabilidade natural do hábitat entre os trechos do rio. Caso este seja o objetivo principal, a amostragem do perifíton de um único tipo de hábitat pode refletir as diferenças na qualidade da água mais precisamente, entretanto, pode não capturar impactos em outros hábitats em diferentes trechos do rio. Informações mais detalhadas sobre essas abordagens constam em Stevenson & Bahls (1999).

Alguns aspectos devem ser considerados na escolha da combinação do tipo de substrato e o hábitat (Stevenson & Bahls, 1999; Stevenson & Smol, 2003; Biggs & Kilroy, 2000):

♦ Coletar subamostras para mesma combinação substrato/hábitat. Stevenson & Bahls (1999) recomendam três ou mais subamostras.

♦ Área de colonização do perifíton deve ser determinada sempre que possível, uma vez que a comparação do perifíton por unidade de massa seca do substrato fica restrita ao substrato considerado (mesma espécie de macrófita).

♦ Substratos artificiais devem ser cuidadosamente limpos antes de serem colocados para colonização em suportes.

♦ O número total de substratos (ex. lâminas) depende do desenho do estudo. As subamostras podem ser analisadas individualmente ou integradas em amostras compostas.

♦ Tenha clara a diferença entre réplica e pseudo-réplica, pois a última não pode ser utilizada em análises estatísticas. A primeira exige que as replicações sejam independentes umas das outras. Além disso, a replicação correta depende da escala (espacial ou temporal) em que o *fator de interesse* se manifesta ou em que os tratamentos são aplicados. Um exemplo é comparar a acumulação de biomassa do perifíton em lagos impactados e não impactados por um dado efluente. Neste caso, o fator de interesse é o *impacto ou não impacto* sobre a biomassa. Para determinar a variabilidade do fator de interesse é necessário amostrar vários lagos impactados e vários lagos não impactados, sendo que cada lago representa uma réplica. Diferentemente, se tivéssemos um lago impactado e outro não impactado e coletássemos dez vezes em cada local, teríamos pseudo-réplicas, ou seja, a variabilidade da biomassa dentro de cada lago, não permitindo a comparação entre lagos impactados e não impactados como proposto inicialmente. Em outra escala de estudo, pode-se trabalhar em um lago utilizando mesocosmos com diferentes tratamentos (exemplo: controle, adição de fósforo e adição de nitrogênio). Neste caso, amostrar a biomassa do perifíton em quatro mesocosmos do mesmo tratamento seria réplica, enquanto amostrar o perifíton quatro vezes em um único mesocosmo seria pseudo-réplica. Tais exemplos mostram a importância da escala de estudo na definição das réplicas. Recomenda-se a leitura do estudo clássico de Hurlbert (1984).

♦ Os suportes contendo os substratos artificiais devem permanecer estáveis e, preferencialmente, protegidos de perturbações indesejáveis ou vandalismo.

♦ A orientação do substrato deve seguir o objetivo do estudo. Sugere-se que lâminas de vidro sejam colocadas verticalmente para evitar a deposição de material particulado.

◆ O substrato com o perifíton deve ser colocado em recipiente limpo, preservado adequadamente para posterior análise qualitativa e quantitativa e transportado em baixa temperatura (Figura 2A-D).

Tempo de colonização

O tempo de colonização de 20 a 30 dias é considerado suficiente para a comunidade perifítica atingir a maturidade em rios e lagos de região temperada (ex. Cattaneo & Amireault, 1992; Ács & Kiss, 1993) e tropical (Bicudo *et al.*, 1995). Em estudos experimentais, um período de 14 a 30 dias também foi suficiente para avaliar a resposta do perifíton ao enriquecimento (Carrick & Lowe, 1988), sendo a resposta algal mais significativa nos estádios avançados da sucessão entre 25-30 dias (Ferragut & Bicudo, 2012). Principalmente na avaliação de ambientes sujeitos a episódios de grandes fluxos de água, o tempo de colonização pode ser uma variável importante, pois usualmente são necessários de 21 a 28 dias para que substratos desnudos sejam recolonizados com uma comunidade madura (Peterson & Stevenson, 1990).

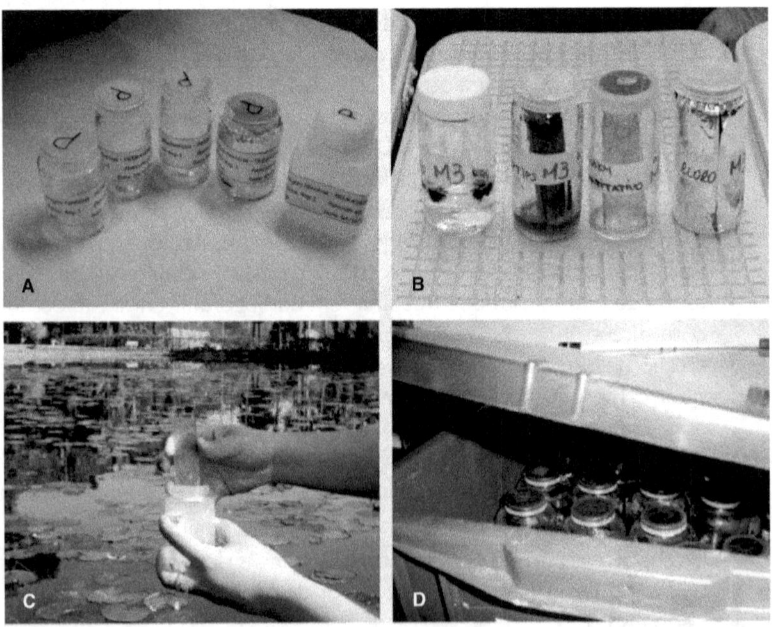

Figura 2 Frascos devidamente etiquetados no laboratório (A); amostras coletadas (B e C); e amostras fixadas estocadas em local escuro e protegidas de umidade (D). Fotos: Casartelli, M.R., Pellegrini, B.G. e Oliveira, D.E. (Núcleo de Ecologia, Instituto de Botânica).

Questões de escala

Um componente fundamental para estabelecer com clareza as hipóteses e os objetivos do estudo é a compreensão da escala do problema de interesse. Esta percepção possibilitará acessar que tipo de dados é requerido para atingir sua meta. Stevenson (1997) descreve um quadro hierárquico dos fatores ecológicos determinantes dos atributos da comunidade perifítica, os quais foram organizados em diferentes escalas, da maior para a menor: paisagem, bacia hidrográfica, ecossistema, hábitat, substrato e matriz perifítica (celular). Conforme Biggs & Kilroy (2000), o conceito de escala é um tanto nebuloso para a maioria das pessoas, podendo levar a muitas discrepâncias conceituais e problemas na interpretação dos dados. Assim, a definição correta da escala do estudo estabelece o ponto de referência para análise do problema. Escala refere-se ao tamanho da "janela" a ser utilizada para interpretar a variabilidade biológica e física na natureza (Pillar, 2004). Em essência, os padrões percebidos são fortemente influenciados pelo tamanho da janela que é aberta em relação à variabilidade espacial e temporal da comunidade perifítica e do ambiente. Às vezes, o pesquisador pode se deter no exame de pequenos detalhes para compreender a complexidade da comunidade perifítica, contudo, deve ter claramente a resposta para a seguinte pergunta: "Qual o nível de detalhamento e quantificação da variabilidade que realmente é necessário para responder à pergunta proposta inicialmente?" (Biggs & Kilroy, 2000). Em síntese, para garantir o sucesso da pesquisa é muito importante que o pesquisador tenha em mente um ou mais fatores potenciais cujos efeitos sobre a comunidade ele pretende examinar e, ainda, em que escala de respostas bióticas tais fatores podem atuar. Desta forma, é primordial estabelecer com clareza a escala adequada no delineamento do estudo, pois desta dependerá a definição da unidade amostral do estudo e, assim, a delimitação de réplicas verdadeiras (menor unidade amostral em que um tratamento pode ser aplicado e que depende do objetivo do estudo).

Onde amostrar?

Considerando os inúmeros fatores ambientais que podem determinar o desenvolvimento do perifíton (Stevenson, 1997), a escolha do *local de amostragem* no ecossistema é primordial. O reconhecimento visual e físico inicial dos possíveis locais deve ser feito antes da seleção dos pontos de coleta do perifíton, visando identificar possíveis fontes pontuais de perturbação física e/ou química (Lowe & Pan, 1996). A escolha dos locais de amostragem deve considerar as características morfométricas (ex. profundidade, declividade), limnológicas (ex. disponibilidade de luz e nutrientes) e hidrológicas (velocidade da água, tempo de residência), além da heterogeneidade espacial e temporal do ecossistema. Acima de tudo, os objetivos devem nortear a seleção dos locais de amostragem de forma a permitir a avaliação da influência da(s) variável(is) de interesse sobre o perifíton e eliminar outras variáveis potencialmente não controladas.

Qual é a frequência de amostragem do perifíton no período de estudo? Qual o tamanho da amostra?

O número de vezes que se deve ir ao campo para amostrar o perifíton depende fundamentalmente da escala espacial e temporal escolhida para atingir os objetivos do estudo. Contudo, deve-se ter em mente que, em qualquer quantificação, as amostras devem ser representativas das condições vigentes. Em outras palavras, o pesquisador analisa um subconjunto do todo e faz inferências sobre como a comunidade está organizada ou responde a fatores ambientais a partir dessa amostra (subconjunto). Assim, o grau com que a amostra representa o todo depende do tamanho dessa amostra (unidades amostrais: substratos, área), ou seja, do esforço amostral. Um esforço amostral é considerado adequado quando duas amostras de mesmo tamanho obtidas no mesmo local sob as mesmas condições produzirem resultados semelhantes.

O tamanho do esforço amostral deve refletir a variabilidade espacial e/ou temporal da comunidade perifítica nos pontos de amostragem. Há procedimentos relativamente simples para se estimar o esforço amostral e o número de repetições necessárias, tais como a partir do *desvio padrão* dos dados (Zar, 2009) ou a partir da média e do desvio padrão (Wetzel & Likens, 2000). Todavia, para avaliar o tamanho amostral adequado em comunidades/populações distribuídas em mosaicos, outros cálculos são mais apropriados, cujos detalhes podem ser vistos em Biggs & Kilroy (2000). Mais informações sobre os métodos para avaliar o esforço amostral encontram-se em Pillar (2004). Antes de iniciar o estudo, o cálculo do desvio padrão (como medida de variabilidade) pode basear-se em amostragem prévia ou em dados coletados anteriormente no mesmo local ou em locais com características ambientais similares (Biggs & Kilroy, 2000). Dados obtidos em coletas prévias também podem ser usados na estimativa do esforço amostral adequado.

Quais atributos do perifíton devem ser considerados?

A resposta a esta pergunta claramente depende dos objetivos propostos no estudo. Na realidade, a pergunta correta seria: Quais atributos do perifíton devem ser considerados para atingir meus objetivos? A comunidade de algas perifíticas pode ser caracterizada por meio de vários atributos estruturais e funcionais (Quadros 1 e 2). Os *atributos estruturais*, tais como biomassa, estado nutricional, riqueza, diversidade e outros, permitem a caracterização instantânea ("fotografia") das assembleias algais. Já os *atributos funcionais*, como taxa de fotossíntese, taxa de respiração, produtividade primária, taxa de assimilação de nutrientes, atividade da fosfatase alcalina e taxa de crescimento, são medidas ou indicadores do metabolismo do perifíton ("filme").

Exemplificando, os efeitos do enriquecimento sobre a estrutura do perifíton podem ser avaliados pela resposta da clorofila-*a* e da massa seca livre de cinzas ou pelo biovolume total das algas (expresso em unidade de volume ou de massa), os quais são medidas de biomassa e respondem positivamente à adição do nutriente limitante (Ferragut & Bicudo, 2010). Para obter uma resposta mais refinada dos efeitos do enriquecimento sobre a estrutura da comunidade, pode-se trabalhar com a composição e quantificação da contribuição das espécies de algas perifíticas (Ferragut & Bicudo, 2012; Rier & Stevenson, 2006). Por sua vez, os atributos funcionais são pouco explorados e raramente inseridos em rotinas de análise ambiental, mas são informações importantes para o conhecimento da atividade microbiana (Stevenson & Smol, 2003).

Quadro 1   Atributos estruturais da comunidade de algas perifíticas relacionados às variações das condições ambientais. Modificado de Stevenson & Smol (2003) e de McCormick & Cairns (1994).

Atributos estruturais	Medidas/Estimativas
Biomassa	Clorofila *a* Massa Seca Livre de Cinzas (MSLC) Biovolume total das algas
Estrutura de espécies	Densidade algal Biovolumealgal Abundância relativa das espécies Biovolume relativo das espécies Grupo funcional
Diversidade	Índices de diversidade Riqueza de espécies Equitatividade Dominância
Composição química	Razão clorofila *a* :feofitina Razão clorofila *a* : MSLC Conteúdo de C, N ou P (%MS,%MSLC, unidade de área) Razão molar N:P

Procedimentos básicos de amostragem/coleta

Controle de qualidade no campo

De acordo com Stevenson & Bahls (1999), alguns procedimentos simples ajudam na manutenção da qualidade da amostragem, tais como:

♦ Amostras devem ser precisamente etiquetadas, incluindo o código de identificação da amostra, data, local de amostragem e o nome do coletor. Os formulários de registro de campo e amostras devem conter as mesmas informações.

♦ Após a coleta, todo material que teve contato com a amostra de determinado ponto de amostragem deve ser limpo e lavado abundantemente em água destilada.

♦ Os equipamentos devem ser examinados antes da próxima amostragem e lavados novamente, se necessário.

♦ Após a coleta, confira a exatidão e a integridade das informações nos rótulos e formulários.

♦ Recomenda-se, sempre que possível e em função da complexidade do estudo, realizar coletas prévias para afinar a equipe de coleta e avaliar a adequação da técnica de amostragem.

Como remover o perifíton e expressar os atributos da comunidade por unidade de área do substrato?

O material perifítico deve ser removido cuidadosamente do substrato, pois as algas podem ser danificadas ou perdidas facilmente, de forma que a amostra pode subestimar os atributos quantitativos (ex. biomassa algal, densidade algal) e reduzir a riqueza de espécies.

As técnicas de *remoção do perifíton* variam de acordo com o tipo de substrato, mas recomenda-se fortemente que a área de colonização da comunidade seja determinada a despeito da complexidade do substrato. Apesar das especificidades de cada tipo de substrato, a raspagem acompanhada de jatos de água destilada é o método mais usual de remoção do perifíton. No caso de lâminas de vidro ou acrílico é recomendável o uso de lâmina de barbear (Figura 3A, B). Todavia, esse mecanismo pode danificar o substrato (ranhuras profundas), impedindo a reutilização da lâmina de vidro ou acrílico. A remoção do perifíton de substrato artificial ou de partes submersas de macrófitas pode ser feita por meio de espátulas de borracha, escova dental ou pincel de cerdas macias (Figura 3C, D). Esse procedimento requer um cuidado maior em virtude do acúmulo de resíduos nos utensílios, assim, os mesmos devem ser lavados adequadamente antes de serem reutilizados.

A remoção do perifíton de macrófitas aquáticas deve ser muito cuidadosa a fim de evitar danos ao tecido da planta, os quais podem causar interferências em algumas análises, tais como na determinação da clorofila-*a* e de MSLC. É muito difícil a remoção completa das algas do substrato, mas um bom indício é a mudança no aspecto da superfície do hospedeiro. Pode-se, ainda, realizar cortes finos na superfície do hospedeiro (translúcidos) e examiná-los ao microscópio para avaliar se a remoção foi eficiente e não seletiva (ex. se algas firmemente aderidas foram removidas).

Para a quantificação do perifíton é necessário determinar a *área do substrato*, a qual é mais comumente calculada com base na área de figuras geométricas.

Por exemplo, a área da lâmina de vidro para microscopia é determinada pela área do retângulo, e os dois lados da lâmina devem ser considerados (se ambos forem expostos à colonização). As laterais que não são raspadas não devem ser consideradas no cálculo da área do substrato. Conforme Biggs & Kilroy (2000), a área de raspagem em rochas pode ser delimitada a partir da superfície do substrato antes da colonização do perifíton ou a partir da delimitação da matriz perifítica, com a posterior remoção e cálculo da área. Os substratos com superfícies muito irregulares, como alguns tipos de rochas, podem ter sua área determinada mediante recobrimento completo com papel de alumínio de suas superfícies ou da superfície raspada e posterior mensuração dessas áreas (Dudley *et al.*, 2001).

Em substratos não consolidados, como sedimentos e areia, recomenda-se a amostragem de *cores* dos substratos contendo as algas, padronizando-se a área e a altura do *core* (Stevenson & Hashim, 1989). Para tanto, pode-se utilizar desde amostradores de sedimentos mais sofisticados que apresentam áreas definidas e que permitem o fatiamento do *core* em intervalo regular (ex. 1 cm superficial) até aparatos mais simples, desde que possibilitem a determinação e padronização da área e altura do substrato amostrado. Neste caso, o recipiente deve ser cuidadosamente introduzido no substrato não consolidado e, posteriormente, vedado na base com um suporte que sirva de tampa plana, seguido de sua completa remoção. O perifíton também pode ser removido por um dispositivo de sucção, como uma seringa (sem a ponta), padronizando-se a área do círculo e a altura do sedimento não consolidado e vedando o fundo com uma tampa plana para posterior remoção do substrato (Biggs & Kilroy, 2000). Em todas as situações deve-se determinar a área do substrato amostrada ou do círculo do aparato utilizado em sua remoção, sempre padronizando a altura do substrato (ex. 1 cm) para permitir a comparação dos resultados (usualmente o atributo é expresso por unidade de área do coletor).

No caso de algumas macrófitas, a determinação da área do substrato natural pode ser muito difícil; uma opção consiste em expressar os atributos estruturais do perifíton por unidade de massa seca da macrófita. Por exemplo, a densidade de algas perifíticas em raízes de *Eichhornia crassipes* (Mart.) Solms pode ser expressa por unidade de massa seca de raízes (ex. ind gMS^{-1}). Entretanto, é importante salientar que resultados expressos por unidade de massa seca do substrato apresentam grande limitação, uma vez que não há relação direta entre a área superficial e a massa seca de dada macrófita, ou seja, as comparações ficam limitadas aos estudos que empregaram a mesma espécie (e a mesma parte) de dada macrófita (Bicudo, 1990).

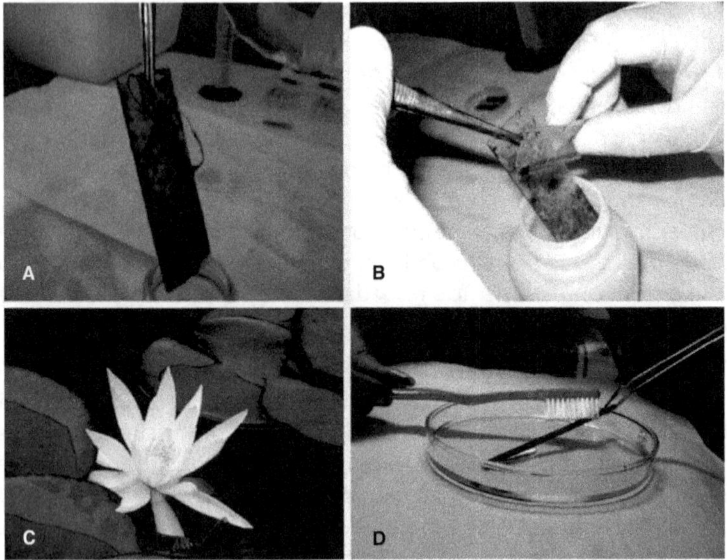

Figura 3   Remoção do material perifítico da lâmina de vidro por meio de raspagem com lâmina de barbear (A, B) e do pecíolo de *Nymphaea* com escova dental de cerdas macias (C, D). Fotos: Casartelli, M.R. e Pellegrini, B.G. (Núcleo de Ecologia, Instituto de Botânica).

Principais medidas para avaliação da estrutura da comunidade de algas perifíticas

A estrutura da comunidade perifítica pode ser avaliada por meio de diferentes atributos (Quadro 1), os quais são determinados por procedimentos analíticos específicos e mundialmente bem estabelecidos (APHA, 2005). Atualmente, inúmeras técnicas podem ser usadas para a determinação de dado atributo, a exemplo da clorofila-*a*, que pode ser determinada por espectrofotometria, fluorometria e cromatografia líquida de alta *"performance"* (HPLC). Assim, na escolha do método analítico, devemos levar em conta, principalmente, a precisão, exatidão, sensibilidade do método, robustez, bem como o tempo de análise, disponibilidade de equipamento e custo.

Além dos aspectos técnicos dos métodos, devemos considerar as vantagens e desvantagens no uso de determinada medida para o entendimento da estrutura da comunidade de algas perifíticas (Quadro 2). Stevenson (1996) recomenda o emprego de diferentes medidas da estrutura para melhor caracterizar e comparar a estrutura da comunidade perifítica. De fato, os métodos apresentam limitações e são, na realidade, complementares e não excludentes.

Quadro 2   Vantagens e desvantagens no uso de diferentes atributos da estrutura da comunidade perifítica e suas unidades de medidas mais comumente usadas (Wetzel & Likens, 2000; Biggs & Kilroy, 2000; Stevenson, 1996; e observações dos presentes autores).

Atributo	Vantagens	Desvantagens
Clorofila-*a* (Clo*a*) (μg cm^{-2})	Baixo custo. Grande base de literatura para comparação.	Adaptação cromática, dominância de cianobactérias e limitação por nutrientes podem mascarar sua estimativa. É uma medida proporcional da biomassa.
C, N ou P (μg cm^{-2}, %MS)	Pode ser usado para acessar o estado nutricional da comunidade.	Inclui o conteúdo de N, P e C de toda massa orgânica de outros organismos (além das algas), vivos ou mortos e dos detritos.
Massa seca (g m^{-2})	Baixo custo. Pode ser usada para estimar a massa de cinzas (massa inorgânica) ou massa orgânica (MSLC).	Não permite a distinção dos componentes da comunidade algal, pois inclui a massa de toda matéria orgânica e inorgânica particulada presente na amostra.
Massa seca livre de cinzas (matéria orgânica, MO) (g m^{-2})	Baixo custo. Grande base de literatura para comparação.	Inclui a massa de todo organismo vivo, bem como de detritos.
Densidade algal (cél cm^{-2} ou ind cm^{-2})	Usada para acessar a composição, abundância de espécies e o biovolume. Grande base de literatura para comparação.	Variações no tamanho celular e das espécies não representam a biomassa algal.
Biovolume (μm^3 cm^{-2})	Acessa precisamente a biomassa algal. Pode ser convertido para μgC cm^{-2}.	Determinação do biovolume é extremamente morosa. Presença de vacúolos e paredes inertes pode acarretar erro.
Pico de biomassa	Bom indicador do potencial de crescimento algal no hábitat.	Requer o monitoramento do desenvolvimento da comunidade de algas.
Densidade relativa (%)	Menos variável do que biovolume.	Acessa pobremente as mudanças de biomassa entre táxons com diferentes tamanhos celulares, i.e., entre divisões.
Biovolume relativo (%)	Acessa bem as mudanças taxonômicas de biomassa algal.	Pode apresentar elevados erros de variância.
Razão de pigmentos (ex. Clo*b*: Clo*a*)	Relativamente de baixo custo. Acessa as mudanças na composição das associações de algas em nível de divisão.	Base de literatura relativamente pobre para comparação. Resolução taxonômica limitada.
Índice autotrófico (Clo*a* : MSLC)	Distingue a biomassa do componente algal da biomassa total da comunidade.	Avaliação deve ser cautelosa em ambientes com grande quantidade de detritos na água.
Índices de diversidade	Grande base de literatura para comparação.	Valores de riqueza, equitatividade e diversidade são fortemente correlacionados quando usamos procedimentos padronizados de enumeração dos organismos.
Índices do estado nutricional (razão molar N:P, C:N e C:P)	Pode ser um bom indicador do conteúdo de nutrientes da comunidade e do nível de enriquecimento do hábitat.	Varia com a densidade algal e pode ser influenciado pelos componentes não algais da amostra.

Clorofila-*a* (corrigida da feofitina) do perifíton

A estimativa de biomassa pela clorofila-*a* (biomassa fotossintética) fornece indicação da quantidade total de organismos autotróficos vivos que compõem a amostra. Alguns cuidados na estimativa e/ou interpretação deste atributo: a) transportar as amostras refrigeradas e no escuro para evitar a degradação da clorofila-*a*; b) uma vez que a clorofila degrada naturalmente, formando feopigmentos que interferem na análise, é necessária sua correção mediante acidificação da amostra (Golterman *et al.*, 1978; Wetzel & Likens, 2000); c) a quantidade de clorofila-*a* varia entre os grupos taxonômicos algais e pode resultar em "diferenças" de biomassa entre comunidades (ex. dominância de cianobactéria e de clorofíceas); d) a escolha do tipo de filtro para a filtração da amostra, deve considerar o tamanho dos poros para evitar a perda de material orgânico particulado (ex. picoperifíton). O filtro mais comumente utilizado é o de fibra de vidro da Whatman GF/F (0,6-0,7 μm de diâmetro de poro). Atenção deve ser dada à escolha dos filtros, pois nem todos apresentam porosidade regular (consultar catálogos); e) filtrar a amostra em bomba a vácuo sob baixa pressão (até 0,3 atm ou 8,9 polHg ou 22,8 cmHg), para evitar danos e perda de material; f) a leitura deve ser feita antes e cinco minutos após a acidificação das amostras em pH final menor ou igual a 4 (usar 1-2 gotas de HCl 0,5-1N ou mais dependendo da amostra). Segue a equação para determinação da clorofila-*a* corrigida da feofitina do perifíton usando *etanol* como solvente, adaptada de Marker *et al.* (1980) e Sartory & Grobbellar (1984).

Fórmula para concentração de clorofila-*a*:

$$\text{Clorofila-}a\,(\mu g\ cm^{-2}) = \frac{(Eb - Ea) * (R/R - 1) * k * v}{S * L} * \frac{Vt}{va}$$

em que:

Eb = absorbância do extrato a 665 nm menos a absorbância a 750 nm, antes da acidificação

Ea = absorbância do extrato a 665 nm menos a absorbância a 750 nm, após a acidificação

R = 1,72 (razão de rendimento da clorofila-*a* não acidificada para acidificada, conforme Wetzel & Likens, 2000)

$R/R - 1$ = 2,39

k= coeficiente de absorção da clorofila-*a* (para etanol) = 11,49 (Marker *et al.*, 1980) em que $k_{etanol\ 90\%}$= 1000/87 = 11,49

v (ml) = volume do solvente utilizado (etanol) em ml (usualmente 10 ml)

L (cm) = comprimento do caminho óptico através da cubeta em cm (normalmente 1 cm)

S (cm²) = área total raspada do substrato

Vt e va são utilizados quando apenas parte do volume total da amostra contendo o perifíton for empregado

Vt = volume total da amostra com o perifíton removido do substrato (mL)

va = alíquota do volume total utilizado na filtração (mL)

Fator de conversão: $\mu g\ cm^{-2} \times 10 = mg\ m^{-2}$

Massa Seca Livre de Cinzas (MSLC) do perifíton

É uma estimativa da matéria orgânica da amostra, incluindo organismos autotróficos e heterotróficos, bem como detritos. O método encontra-se muito bem descrito em APHA (2005). A mensuração deste atributo é questionável (e deve ser evitada) na presença de baixa biomassa ($< 2g\ m^{-2}$), pois podem ser obtidos resultados imprecisos (Biggs & Kilroy, 2000). A temperatura de combustão recomendada em APHA (2005) é de 500-550ºC por 1-2 h, mas inúmeros estudos do perifíton recomendam 400ºC por 4 h para reduzir problemas com alguns minerais de argila (Biggs & Dodds, 2002; Floder & Kilroy, 2009; Kilroy *et al.*, 2009).

Índice Autotrófico (IA)

A partir da determinação dos atributos acima descritos (clorofila-*a* e MSLC) é possível calcular o Índice Autotrófico (IA), dividindo-se o valor da massa seca livre de cinzas pelo valor de clorofila-*a* (mesma unidade de concentração). Esse simples cálculo permite a determinação da natureza trófica da comunidade (Eaton *et al.*, 1995), de forma que valores maiores do que 50 e menores do que 200 (50 > IA < 200) indicam comunidade predominante autotrófica, enquanto valores maiores que 200 indicam comunidade predominante heterotrófica. Comunidades saudáveis em ambientes não poluídos usualmente apresentam IA entre 100 e 200 (Biggs & Kilroy, 2000). Os cuidados mencionados para os atributos que entram no cálculo do IA se aplicam para essa medida.

Densidade das algas perifíticas

O perifíton removido de seu substrato (medir a área raspada) deve ser imediatamente fixado e preservado em solução de lugol acético adicionada à amostra para atingir concentração final de 1% (Wetzel & Likens, 2000: 1mL de lugol para 100 mL de água). O volume final da suspensão deve ser conhecido para posterior cálculo da densidade por unidade da área raspada. A enumeração das algas deve seguir a metodologia aplicada ao fitoplâncton (ex. microscópio invertido, Utermöhl, 1958), todavia, alguns cuidados são fortemente recomendados:

a) Como as amostras do perifíton usualmente apresentam elevada densidade de organismos, elevada quantidade de detritos e de material particulado inorgânico, deve-se agitá-las cuidadosamente a fim de homogeneizar a amostra. Além disso, muitas vezes também é necessária a diluição de uma alíquota da amostra homogeneizada (ex. 1:1 com água destilada), cujo fator de diluição (no caso multiplicar por 2) deve entrar na equação para o cálculo da densidade.

b) A densidade por unidade de volume deve ser transformada em densidade por unidade de área e, para tanto, deve-se ter o valor do volume final da amostra com o perifíton removido do substrato e o valor da área do substrato correspondente (ver equação a seguir para cálculo da densidade por área).

c) Recomenda-se a observação prévia do material perifítico sedimentado no fundo da câmara de contagem a fim de verificar se a distribuição dos organismos é ao acaso. Caso se observe a formação de aglomerados de algas (distribuição não ao acaso), a quantificação não deve ser realizada. Neste caso, deve-se homogeneizar mais a amostra por meio de agitação, sonificação ou diluição seguida de nova agitação.

d) A enumeração das algas pode ser realizada por campos aleatórios ou transeções horizontais/verticais. Alverson *et al.* (2003) recomendam a quantificação por campos aleatórios, embora não tenham encontrado diferença significativa entre ambos os procedimentos. A contagem por transeções tem a vantagem de otimizar o tempo gasto na quantificação.

e) O esforço de quantificação pode combinar métodos diferentes (Bicudo, 1990), tais como: contagem de no mínimo 100 organismos da espécie mais comum em determinada amostra (quando a espécie for dominante, basear-se na segunda espécie mais abundante) e curva de rarefação de espécies.

f) Para reconhecimento das espécies de algas perifíticas é necessário um estudo taxonômico prévio convencional. A identificação das espécies de diatomáceas deve ser realizada a partir de amostras oxidadas e preparadas em lâminas permanentes e análise em aumento de 1000×. Caso não seja possível distinguir espécies muito semelhantes em aumento de 400× (microscópio invertido), as mesmas devem ser enumeradas de forma integrada. Posteriormente, as espécies "problema" precisam ser quantificadas separadamente nas lâminas permanentes (aumento de 1000×), e a proporção (%) encontrada entre ambas deve ser aplicada proporcionalmente ao número total de valvas obtido para tais espécies ao microscópio invertido.

g) Quando o objetivo for a enumeração apenas das diatomáceas, a quantificação deve ser feita a partir das lâminas permanentes com material oxidado, em aumento de 1000×. Para boa visualização, sugere-se que a concentração de frústulas por campo do microscópio seja de 6 a 10 em aumento de 1000×, ou de 20 a 30 em aumento de 400× (ex. McBride, 1988; E. Morales, *comunicação pessoal*). A unidade básica de contagem das diatomáceas é a valva, de forma que frústulas completas são consideradas como duas unidades. Os fragmentos são incluídos na contagem, desde que seja possível identificar a espécie por meio da área central ou das extremidades (no caso de algumas espécies arrafídeas) e que se visualize, pelo menos, 50% da valva (Battarbee *et al.*, 2001). A contagem das valvas é feita em transecções longitudinais nas lâminas permanentes, em aumento de 1000×, podendo ser adotada uma combinação de critérios para o estabelecimento do esforço de quantificação, tais como: (a) curva de rarefação de espécies, (b) contagem de um mínimo de 400 valvas no total (Descy, 1979; Battarbee, 1986) e (c) eficiência de contagem mínima de 90-92%, de acordo com a fórmula em Pappas & Stoermer (1996), em que:

$$\text{eficiência} = 1 - \frac{\textit{número de espécies}}{\textit{número de indivíduos}}$$

Para calcular a densidade algal é necessário, inicialmente, calcular o *volume de campos contados* (v_c) na câmara de sedimentação:

$$v_c = h * A_c * N_c$$

em que:

v_c = volume total de campos contados em mL (1 mL = 1 cm³)

h = altura da câmara em cm

A_c = área do campo em cm² (área do círculo = p.r^2; em que r = raio)

N_c = número de campos contados

Segue a equação para o cálculo da densidade modificada de Ros (1979):

$$N\,(ind\ cm^{-2}) = \left(\frac{n * V}{v_c} * \frac{1}{S}\right) * F$$

em que:

N = número de indivíduos por cm²

n = número de indivíduos contados no volume total de campos contados

V = volume da amostra em mL (1 mL = 1 cm³)

v_c = volume de campos contados em mL

S = área do substrato raspado em cm²

F = fator de diluição da amostra, quando necessário

Biovolume das algas perifíticas

O biovolume algal é o resultado da multiplicação da densidade da espécie (ind cm⁻²) pelo volume médio de suas células (μm^3). É usualmente expresso em $\mu m^3.cm^{-2}$. Para o cálculo do *volume algal* toma-se por base o volume dos sólidos geométricos que mais se aproximem, isolados ou combinados, da forma da célula. As formas geométricas e as equações para o cálculo do biovolume de vários gêneros de algas podem ser encontradas em Hillebrand *et al.* (1999), Wetzel & Likens (2000) e Sun & Liu (2003). Após o cálculo do biovolume de cada táxon, o *biovolume total* da comunidade de algas perifíticas pode ser calculado na amostra. Alguns cuidados são recomendados:

a) O procedimento de medição dos táxons (comprimento, largura e medidas de profundidade) deve ser feito com muita precisão. A falta de acuidade na medição é, potencialmente, a maior fonte de erro na estimativa do biovolume (Sun & Liu, 2003). Recomenda-se o desenvolvimento de um protocolo padrão.

b) Recomenda-se, sempre que possível, a medição de 20 ou mais células para a determinação do volume médio da espécie em virtude da variabilidade populacional (Hillebrand *et al.*, 1999; Sun & Liu 2003).

c) O volume de cada indivíduo deve ser calculado individualmente e, em seguida, calcula-se o volume médio da espécie, pois calcular o volume algal a partir das dimensões médias resulta em valor médio tendencioso (Biggs & Kilroy, 2000).

d) O biovolume pode ser superestimado em células que possuem vacúolos e paredes inertes, pois, conforme Sicko-Goad *et al.* (1977), tais estruturas podem representar de 30 a 82% do volume da célula. Recomenda-se considerar esse problema, principalmente se a espécie descritora ou mais abundante da comunidade apresentar tais estruturais. Neste caso, o biovolume pode ser corrigido subtraindo o volume do vacúolo e das paredes inertes das diatomáceas (Hillebrand *et al.*, 1999). Essas correções são desnecessárias quando o estudo abordar a comunidade de diatomáceas.

e) O biovolume pode não ser a melhor medida da contribuição de um táxon para a comunidade quando há espécies de biovolume elevado e densidade extremamente baixa (espécies raras). Neste caso é aconselhável empregar algum tipo de calibração, como a contagem estratificada sugerida e descrita em detalhes por Lowe & Pan (1996).

f) Apesar de o biovolume de várias espécies ser facilmente encontrado na literatura, recomenda-se fortemente o cálculo do biovolume algal em virtude da existência de grande variabilidade do biovolume em escala espacial e temporal (Bellinger & Sigee, 2010). Dados de literatura são muito úteis para fins comparativos, particularmente os desenvolvidos em ecossistemas tropicais e subtropicais *(e.g.* Torgan *et al.*, 1998; Fonseca *et al.*, no prelo).

Considerações finais

A maior dificuldade na amostragem e no estudo do perifíton advém da grande heterogeneidade desta comunidade (distribuição agregada, em mosaicos), associada à complexa interação de seus componentes (autotróficos, heterotróficos e detritos) no biofilme e com seu substrato associado. Assim, um conjunto complexo de fatores ambientais e de interações pode determinar o desenvolvimento do perifíton, tornando um grande desafio a identificação de padrões de variação espacial e temporal na matriz perifítica e nos ecossistemas aquáticos. Em síntese, para aumentar as chances de sucesso e avançarmos na investigação sobre essa complexa comunidade é fundamental a realização de um bom planejamento das amostragens, tanto espacial quanto temporalmente, o qual deve incluir: i) definição clara dos objetivos; ii) definição correta da escala de abordagem do estudo; iii) discussão do planejamento com um estatístico ou especialista familiarizado com técnicas de amostragem e estatística; iv) realização de prévias sempre que necessário; v) excelente levantamento bibliográfico, pois o conhecimento acumulado sobre o objeto de investigação será muito útil para o planejamento do estudo.

Agradecimentos – Agradecemos à revisão crítica e minuciosa do texto realizada pela Dra. Bárbara Medeiros Fonseca (Universidade Católica de Brasília), Dra. Fabiana Schneck (Universidade Federal do Rio Grande) e Dra. Liliana Rodrigues (Universidade Estadual de Maringá), bem como pelos doutorandos Thiago Rodrigues dos Santos e StéfanoZorzal de Almeida (Curso de Pós-graduação em Biodiversidade Vegetal e Meio Ambiente do Instituto de Botânica, São Paulo).

Métodos de Estudo da Produção Primária do Perifíton

11

Albano Schwarzbold

Introdução

Quando Behning (1924) pesquisou o fundo (*flussboden*) do rio Volga, o grande rio da Europa Oriental que drena para o mar Cáspio, passou a utilizar o termo *aufwuchs* ao se referir aos organismos que colonizavam esse ambiente. Compreendia, portanto, tanto algas quanto outros micro-organismos da interface água-sedimento. A obra *Grundriss der Limnologie*, de Ruttner (1952), originalmente escrita em alemão, dedicou um capítulo ao perifíton ("Aufwuchs"), no qual cita protozoários e esponjas, além das algas, compondo a biocenose, termo este utilizado pelos limnólogos europeus para abranger toda a comunidade de organismos num determinado ambiente. No entanto, na clássica e pioneira figura da arquitetura do perifíton (ver Capítulo 1 deste livro), o autor se atém apenas à estrutura da biocenose de algas e não inclui bactérias, fungos e animais, importantes componentes do metabolismo aquático e do próprio perifíton. Ao longo do texto, porém, o autor não deixa de mencionar as dificuldades metodológicas da investigação quantitativa, face às características da zona litorânea e da natureza e heterogeneidade dos substratos perifíticos.

Até meados do século XX, os trabalhos científicos de limnologia na Europa apresentavam forte conotação descritiva e poucos estudos se referiam a processos, o que era, também, uma realidade nos estudos do perifíton. A abrangente revisão sobre perifíton feita por Sládecková (1962) representou um marco histórico, atraindo para essa área vários pesquisadores e estimulando-os a adaptar e a introduzir metodologias antes utilizadas apenas nos estudos do fitoplâncton, especialmente o marinho. Vários trabalhos passaram a ser desenvolvidos a partir da década de 1960, entre os quais podem ser citados estudos de produção primária, de medidas gravimétricas de biomassa e massa livre de cinzas, além de determinação de pigmentos fotossintetizantes, todos adaptados de metodologias de estudos marinhos.

O avanço em estudos de lagos rasos, especialmente nos Estados Unidos, levou os pesquisadores a perceber que a produção primária das macrófitas aquáticas e do perifíton era tão ou mais importante que a produção do fitoplâncton, uma vez que nesses ambientes a zona litorânea era frequentemente mais extensa do que a zona limnética. Nesta nova abordagem destacou-se o trabalho de Wetzel (1964), comparando a produção desses dois compartimentos no Lago Borax (EUA) através do método do ^{14}C. Como resultado, Wetzel (1964) observou que as macrófitas aquáticas e o perifíton constituíam as maiores contribuições de produção de biomassa por fotossíntese no referido lago. Nesse mesmo estudo, Wetzel passou a utilizar câmaras em série, perpendicularmente à linha da margem, colocando unidades do sedimento em câmaras de "plexiglas", seguido de inoculação de $Na^{14}CO_3$. O uso dessa metodologia foi estendido à inoculação de substratos epilíticos e episâmicos, como os seixos, cascalhos e sedimentos mais finos, em rios de baixa ordem, cuja produção ocorre principalmente junto ao leito.

A partir do primeiro trabalho de medida da produção primária do fitoplâncton marinho, com introdução do método do ^{14}C por Steemann Nielsen (1952), seguiram-se muitos estudos com aplicação dessa nova técnica. A maioria desses estudos comparava os resultados com as medidas realizadas pelo tradicional método do oxigênio dissolvido em frascos claros e escuros, usados para medir a produção primária líquida e a respiração da comunidade, respectivamente. Para medir a produção primária do perifíton, por qualquer um dos métodos, adaptações metodológicas tiveram de ser feitas, como raspagem prévia e separação do substrato ou uso de substratos artificiais e as consequentes discussões sobre a comparação dos resultados.

O método de medida da concentração de clorofila também passou a ser utilizada nos estudos do perifíton, principalmente de clorofila *a*, que é encontrada em todas as divisões de algas e nas cianobactérias. A concentração de clorofila é obtida a partir da equação monocromática de Golterman*et al.* (1978) para solvente cetona, de Wetzel (1991) para solventes metanol e etanol e de Strickland & Parsons (1968) para as clorofilas *a*, *b* e *c*, esta última permitindo estimativas entre os grupos algais que apresentam composição de diferentes clorofilas.

É preciso ressaltar que, assim como foram de suma importância os trabalhos pioneiros de Sládecková (1962) e Wetzel (1964), o primeiro encontro internacional sobre perifíton de ecossistemas de águas interiores resultou em grandes avanços no estudo do perifíton. Os trabalhos apresentados durante o encontro estão publicados nos Proceedings of the First International Workshop on Periphyton of Freshwater Ecosystems, na revista *Developments in Hydrobiology 17* (1983), e discutem os mais variados temas sobre perifíton e algumas desmistificações sobre comparação entre tipos de substratos ou entre substratos naturais e artificiais.

O clássico conceito enunciado por Wetzel (1983a) nesse encontro internacional, e aceito pela comunidade científica, evidencia que o perifíton é, na verdade, um microcosmo cujos elementos interagem não somente entre si, mas com o substrato ao qual estão aderidos ou associados, com o metafíton do seu entorno, ou mesmo com toda a região litorânea do corpo aquático. Esse microcosmo assim formado, um biofilme associado a estruturas inertes e com trocas de materiais e nutrientes, cria as dificuldades de abordagem metodológica quando se estudam os processos, a produção, a respiração, o fluxo de energia, entre outros, ou quando se busca separar os componentes estruturais dessa unidade. Do ponto de vista de dificuldade de separação dos componentes do perifíton, especialmente da biota, a questão principal está entre o perifíton e o metafíton.

Um exemplo comum desse problema ocorre em coletas de campo quando um segmento de pecíolo de folha submersa colonizado por perifíton é retirado da água e arrasta consigo determinada porção de metafíton. A gota que ainda se desprende da amostra emergida durante a manipulação é formada por água com material metafítico. Basta que essa gota não tenha tido tempo de se desprender que passará a ser considerada parte do perifíton, sendo incluída nas análises e, assim, considerada nos resultados.

O objetivo principal deste capítulo é disponibilizar as principais metodologias utilizadas para medir a produção primária, bem como a biomassa e as relações quantitativas entre organismos e material inerte, incluindo rotinas de campo e laboratório. São apresentados, como sugestão, modelos de substratos artificiais adequados para ensaios *in situ* em ambientes lênticos e lóticos, levando em consideração os efeitos estressantes das variáveis de força de cada um dos ambientes, a distribuição do perifíton na coluna da água e a equivalente distribuição dos substratos.

Descrição das metodologias

Tipos de substratos adequados para diferentes estudos

Segundo citação de Sládecková (1962), foi Moebius que, em 1883, primeiramente propôs uma nova técnica para obtenção de animais microscópicos expondo lâminas de microscópio. Sládecková (1962) também cita Kny, que em 1884 expôs placas de vidro em posição horizontal e vertical dentro de cilindros de vidro preenchidos por água e com pedaços de macrófitas aquáticas colonizadas por algas. Ambos os estudos tinham por objetivo a obtenção de amostras qualitativas de fauna e flora do poluído porto de Hamburgo. Desde então, numerosos estudos passaram a ser realizados mediante utilização de substratos artificiais como madeira, cerâmica, cortiça e plásticos diversos, introduzindo algumas modificações na dependência dos objetivos de cada trabalho. Tais estudos foram realizados inicialmente por hidrobiólogos.

A partir de estudos quantitativos (e mesmo qualitativos) entrou em discussão a validade do uso ou não de substratos artificiais em substituição aos substratos naturais. A exposição para colonização de substratos artificiais sintéticos, além de vidro, gradualmente passou a ser introduzida, como o uso de acrílico por Grzenda & Brehmer (1960), Wetzel (1964) e Kevern *et al.* (1966). Uma avaliação do método de exposição de lâminas de vidro para estimativa da produção de algas aderidas foi realizada por Castenholz (1960, 1961), que comparou comunidades de diatomáceas e relações entre peso seco e peso seco sem cinzas em lâminas de vidro com o material coletado de seixos e cascalhos (epilíton). Suas observações mais importantes estão nas relações florísticas, indicando alguma seletividade de substrato. Concluiu também que lâminas em posição horizontal em águas calmas de lagos acumulam até 12 vezes mais material perifítico do que na posição vertical. Na posição horizontal, o material acumulado na face superior pode ser composto de 50% a 85% de cinzas, enquanto na face inferior as cinzas são formadas quase exclusivamente pelas frústulas de diatomáceas.

Comparando resultados de produção primária e biomassa epifítica que cresce sobre *Potamogeton richardsoni* e plantas plásticas morfologicamente similares, Cattaneo & Kalff (1979) não obtiveram diferenças significativas, mesmo tendo sido constatada pequena excreção de fósforo do substrato natural. Esses resultados não aceitam a hipótese de que haja significativo benefício das algas que crescem sobre um substrato de macrófita aquática.

Discussões em bases teóricas que podem servir de apoio às especulações sobre interações entre algas aderidas x substrato encontram-se em Wetzel (1983b).

A decisão sobre qual o tipo de substrato que deve ser utilizado, se este deve ser natural ou artificial, se o artificial deve ou não simular o natural e qual a melhor posição do substrato artificial, deve preliminarmente ser precedida de amostragens e medições comparativas, aplicando testes de significância entre os resultados. De qualquer modo, alguns detalhes importantes devem sempre ser levados em consideração:

a) grau de rugosidade da superfície de colonização do substrato artificial em relação ao substrato natural;

b) possibilidades técnicas de remoção do perifíton;

c) adequação do tipo de substrato ao estudo visado;

d) superfície mínima colonizada que permita uma amostragem adequada, principalmente quando se trata de análises múltiplas e de cunho
ecológico;

e) localização dos substratos artificiais (quando utilizados) junto aos estandes de macrófitas aquáticas, ao sedimento ou, ainda, em relação à
correnteza nos ambientes lóticos;

f) posição do substrato artificial, sendo ele laminar (horizontal, vertical
ou oblíquo);

g) tempo de exposição ideal e conhecimento do tempo de colonização
do substrato natural, quando necessária a comparação entre eles.

Quando um estudo tem por objetivo conhecer como o perifíton responde ao efeito da atenuação da luz na coluna da água, são indicadas coletas de
material que coloniza macrófitas aquáticas enraizadas com folhas flutuantes ou
talos de tecidos razoavelmente resistentes à remoção (por exemplo, por raspagem), como pecíolos ou pedúnculos de ninfeáceas, folhas ou talos de ciperáceas e gramíneas. Para corpos de água que sofrem fortes oscilações de nível,
substratos de plantas emergentes que não tenham mecanismos de flutuação
podem não ser adequados. Neste caso, a solução está na introdução de substratos artificiais suspensos por flutuadores ou substratos naturais de tipos biológicos de macrófitas aquáticas de ramos ou folhas flutuantes, como *Eichhornia
azurea*, facilmente encontrados em canais, remansos de rios, lagoas marginais
e áreas alagáveis de regiões tropicais.

Em todos os tipos de substratos anteriormente mencionados é possível
determinar sua área colonizada com uso de paquímetro, através do cálculo da
superfície lateral de um cilindro (por exemplo, pecíolo de ninfeáceas) ou de
áreas de retângulos em lâminas de vidro, acrílico ou acetato de celulose. Em
substratos de macrófitas aquáticas submersas, com folhas geralmente muito
fendidas e frágeis, normalmente se apresentam dois problemas:

a) baixa resistência mecânica dos seus tecidos, dificultando a remoção do
perifíton.

b) dificuldade de medir a área colonizada.

No caso (b), pode-se utilizar medidor de área foliar (encontrado em laboratórios de fisiologia vegetal), com o cuidado de calcular a figura medida
pelo seu volume (profundidade) e não somente a superfície calculada pelo
equipamento. Este critério é aplicável quando se estuda colonização de substratos de raízes de macrófitas flutuantes como *Eichhornia crassipes*, *Pistia stratiotes*
ou folhas modificadas de *Salvinia* sp. A alternativa de mensurar o substrato
pelo seu volume ou sua biomassa (como peso úmido ou peso seco) dificulta

comparações dos resultados obtidos sobre substratos em que foram feitas medidas de área colonizada.

Dos substratos naturais de macrófitas aquáticas emergentes ou enraizadas de folhas flutuantes são coletados segmentos (pequenos cilindros) de talos de pecíolos colonizados, com o cuidado de controlar seu estádio de desenvolvimento e profundidades de coleta. Quando forem coletados vários segmentos para diferentes análises, é necessário ter o cuidado de conhecer o estádio de crescimento do substrato, sob risco de cometer graves erros e obter resultados não comparáveis entre si. A maioria dessas plantas pode ser cortada rente ao sedimento e depois separada em vários segmentos. Para estudos em que se objetiva medir a produção primária e incremento de biomassa em relação aos estádios de colonização, podem ser utilizadas partes submersas de substratos naturais que tenham crescimento horizontal junto à superfície da água e que possam ser marcadas e datadas à medida que crescem e são colonizadas, como em *Eichhornia azurea*.

Lâminas de acetato de celulose passaram a ser utilizadas como substratos artificiais em virtude das várias vantagens que apresentam (Ho, 1976, 1979): resistência mecânica, tolerância às variações de temperatura na água, boa transparência, resistência à maioria dos álcoois, solúvel em cetona, solúvel em dioxano para contagem em cintilação líquida, possibilidade de produzir diferentes graus de rugosidade na superfície colonizada, facilidade de manipulação para exposição, facilidade de corte e perfuração e facilidade de remoção do perifíton por métodos mecânicos como raspagens. Mesmo em se tratando de material orgânico de composição semelhante a substâncias orgânicas naturais, permanece discutível a questão da seletividade e a validade da comparação com substratos naturais. Além das vantagens já citadas, o uso de acetato de celulose é recomendado em estudos que preveem a realização de diferentes análises de laboratório com o material coletado, uma vez que o acetato de celulose é de fácil manipulação e fracionamento.

A Figura 1 apresenta um modelo que permite a exposição de múltiplos substratos artificiais, que se prestam simultaneamente para (a) coletas que visam a estudos múltiplos e simultâneos; (b) coletas a diferentes profundidades; e (c) coletas de acompanhamento de sucessão e sazonalidade (Schwarzbold, 1990). As lâminas, neste caso, são de acetato de celulose, mantidas na posição vertical, portanto, aplicáveis a estudos em ambiente com macrófitas aquáticas enraizadas emergentes e enraizadas com folhas flutuantes, como em *Nymphaea* sp., e ciperáceas de talo vertical, como *Schoenoplectus californicus*. Pode-se observar que a estrutura necessária para a montagem de ensaios que objetivam comparar o perifíton em diferentes profundidades de substratos artificiais e entre substratos artificiais e substratos naturais colonizados é relativamente simples. Esse modelo é aplicável a estudos da região litorânea de ecossistemas lênticos protegidos da ação de ondas.

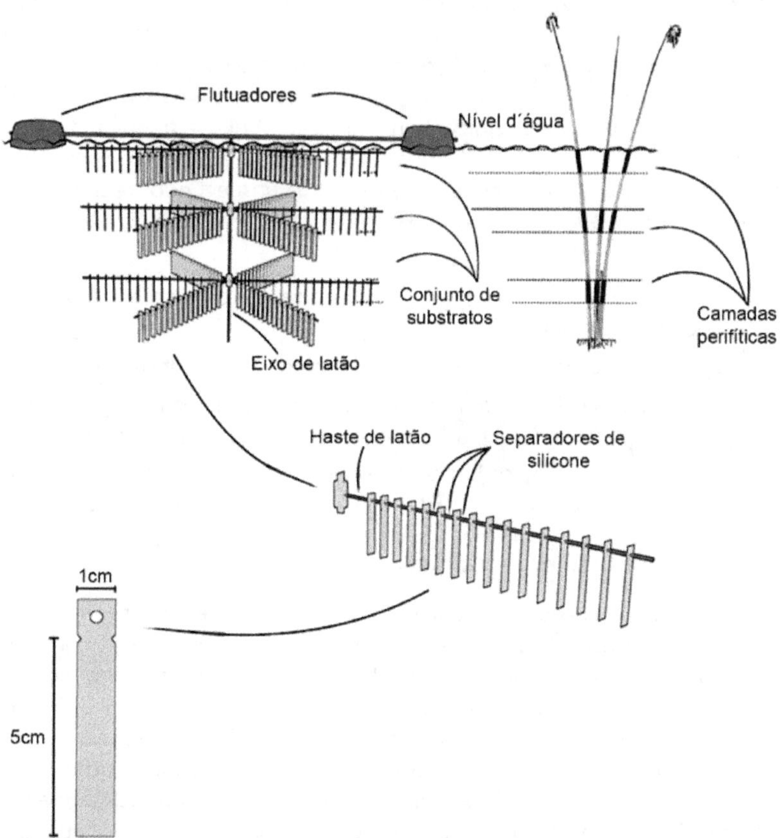

Figura 1 Modelo de substrato artificial de acetato de celulose indicado para medidas de produção primária, biomassa, sazonalidade, estádios de sucessão, a diferentes profundidades e com múltiplas réplicas. (Modificado de Schwarzbold, 1990.)

As técnicas variam com os tipos de substratos utilizados, com os objetivos dos estudos, com o tipo de ambiente aquático e com as características hidrológicas das massas de água onde se realiza a exposição.

Em ambientes lóticos é antiga a técnica de exposição de lâminas de vidro. Uma forma prática, simples e rápida é encaixar as lâminas numa caixa de microscopia e expor na água corrente, em posição e local que simule as condições do perifíton epilítico (Sládecková, 1962).

A exposição de cascalhos de fundo de ambientes lóticos coberta por um filme de colódio foi sugerida por Margalef (1948/1949). A técnica do filme de colódio foi descrita pelo mesmo autor e considera que esse material simula o próprio substrato epilítico por ele recoberto (colódio é uma nitrocelulose empregada na fabricação de vernizes). Como o colódio é de uso controlado, pode-se utilizar acetato de celulose (ou equivalente) que se solubiliza facilmente em cetona. Neste caso, basta mergulhar o cascalho ou outro substrato de fundo preso por um fio de náilon e depois de alguns segundos retirar e deixar exposto no ar até evaporar a cetona e solidificar o acetato. Essa técnica apresenta grande vantagem pelas seguintes razões:

a) mantém o mesmo formato do objeto retirado da água (recolocar na posição original);

b) permite a colonização de todas as superfícies do substrato;

c) facilita o cálculo da área colonizada, após a raspagem do perifíton, ao abrir a película do acetado e rebater num plano mensurável;

d) permite medir o conjunto dos processos que ocorrem no substrato todo (como a atividade bacteriana e heterotrófica nos espaços escuros).

Tempo de exposição dos substratos

A duração da exposição varia com o tipo de ambiente, a região geográfica, as características da água, a época do ano e, principalmente, com o objetivo da investigação. Quando o estudo objetiva relacionar a produção e o incremento de biomassa a partir da colonização inicial, poucos dias de exposição ou até uma semana são suficientes (Morin, 1986). Em estudos de biomassa e produção, um incremento gradual é alcançado ao longo do tempo de colonização, até um ponto de estabilização da curva de colonização, geralmente entre 30 e 45 dias, embora a produção de biomassa possa continuar a aumentar por meses em ambientes pouco estressados pela ação de variáveis de força, como ondas e correnteza. Já o tempo de exposição de substratos para medidas em ambientes impactados varia em função dos estudos pretendidos e da característica e intensidade do impacto (Watanabe 1985; Lobo & Buselato-Toniolli, 1985), o que deverá ser decidido caso a caso.

Coleta, transporte e remoção do perifíton

Amostras do perifíton devem ser coletadas junto com fragmentos colonizados do substrato, seja epifíton, seja epilíton ou substrato artificial. A transferência desses fragmentos colonizados para o frasco de coleta contendo água filtrada do próprio local deve ser feita com muito cuidado. Tanto a água quanto a solução de preservação devem cobrir completamente a amostra para não provocar o ressecamento.

A transferência de substratos artificiais para os frascos de coleta é feita pela separação de cada unidade amostral (por exemplo, lâmina de vidro) de seu suporte de exposição. Cuidado especial deve ser tomado durante essa transferência para o frasco, afim de que não se percam materiais não aderidos ao substrato, especialmente em estudos com lâminas expostas na posição horizontal, ricas em partículas depositadas.

Nos experimentos *in situ* ou na preparação das análises de laboratório, a remoção da camada perifítica pode ser feita por raspagem, agitação, vibração ou outro meio. A raspagem feita com lâminas (estilete, por exemplo) é indicada para certos substratos artificiais e para os naturais que apresentem superfícies e tecidos resistentes à ação mecânica da raspagem. Tecidos de macrófitas aquáticas submersas, como *Cabomba* e *Myriophyllum*, bem como de raízes e rizóides de plantas flutuantes, só permitem uma efetiva remoção por certos métodos, podendo ser utilizada escova ou pincel em estudos de massa, com o cuidado de não romper e incluir tecidos do substrato, que podem alterar significativamente os resultados.

A dificuldade de remoção do perifíton de seu substrato é uma das principais razões que levam à utilização de substratos artificiais. Contudo, tal técnica não tem sido encorajadora quando se trata de comunidades epipélicas e episâmicas, sendo indicada, neste caso, a coleta de vários 'cores' de pequeno diâmetro, dos quais possam ser removidas delgadas camadas do sedimento para incubação ou outra análise (Robinson, 1983).

Para estudos de produção primária podem ser utilizados cascalhos inteiros colonizados. A Figura 2 mostra uma câmara de incubação (material Pirex®, transparente), de aproximadamente 200 ml de volume, desenvolvida pelo autor (A. Schwarzbold), que é indicada para incubação tanto em frascos claros quanto em escuros. Essa câmara apresenta uma abertura grande para permitir a introdução do substrato, fechada com tampa esmerilhada para impedir troca gasosa com o meio, e outra abertura lateral menor, para permitir a retirada de bolhas antes do fechamento (fechar com o frasco mergulhado) ou para retirar amostras de água após incubação, a fim de injetar soluções nutritivas, solução com ^{14}C ou ainda para inserir sondas de medição. O cascalho colocado no frasco apresenta uma área colonizada de 25 cm^2, sendo que o restante do cascalho foi raspado. Esse modelo também é indicado para estudos que mantêm todo o perifíton aderido ao substrato, obtendo-se assim resultados mais realistas, principalmente no que diz respeito ao bacterioplâncton, aos pequenos animais, à produção e ao consumo heterotrófico e à efetiva produção líquida.

Figura 2 Imagem de uma câmara de incubação, com substrato de cascalho de área marcada de 25 cm², para medir a produção primária ou determinar a biomassa ou outra forma de mensuração. Ver fechamento da abertura lateral. Elástico preto para fixar a tampa maior (modelo e foto do autor).

Medidas de massa e produção primária

Vários métodos podem ser utilizados para medir a produção primária do perifíton. Estão apoiados nas mesmas bases teóricas dos estudos do fitoplâncton. Para evitar confusões, são inicialmente apresentados alguns conceitos básicos e terminologia a partir dos quais são aplicados os métodos e efetuadas as medições. Revisão e discussão mais ampla desses conceitos podemos encontrar em Westlake (1963), Steemann Nielsen (1965), Tundisi & Tundisi (1976) e Wetzel (1981,1991).

Biomassa é o peso de toda matéria viva de uma área ou volume em um tempo instantâneo dado. É um estoque de um dado momento.

Produção é o peso/massa de matéria orgânica formada durante determinado intervalo de tempo, mais as perdas ocorridas durante o mesmo intervalo. É, portanto, o incremento de biomassa ao longo de um período de tempo, mais as perdas ocorridas por respiração, excreção, morte ou pastejo (*grazing*). A matéria orgânica formada é o produto da fotossíntese e quimiossíntese, de maneira que os métodos utilizados na sua medição apoiam-se em diferentes parâmetros que expressem esses estoques ou incrementos: contagem e volumes celulares, pigmentos fotossintetizantes, peso fresco, peso seco (com cinzas ou livre de cinzas), conteúdo energético (calorias), ATP, carbono orgânico, oxigênio liberado, carbono fixado, etc.

Produção primária líquida é a efetiva taxa de produção de nova matéria orgânica disponível para o sistema.

Produção primária bruta é o produto da síntese orgânica (fotossíntese + quimiossíntese), da qual parte é gasta no próprio metabolismo dos organismos ou no próprio meio em que se processa. Esse consumo no metabolismo constitui as perdas devidas aos processos da *respiração e excreção*, principalmente.

A medida da produção primária líquida pelo método do oxigênio permite determinar a quantidade de oxigênio liberado pela diferença de concentração na água em determinado intervalo de tempo, em frascos transparentes (Teixeira, 1973). A respiração se mede utilizando o mesmo procedimento que permite medir o consumo de oxigênio em frascos mantidos no escuro. A produção primária bruta é calculada pela diferença entre a produção líquida e a respiração.

É comum o emprego do termo produtividade como sendo a taxa máxima possível em um sistema em condições ideais. Muitos autores utilizam o termo produtividade como sendo expressão de mesmo significado de produção, e o uso indistinto de ambos não discrimina seu significado. Neste trabalho é empregado o termo produção conforme definição acima, isto é, a taxa de nova matéria orgânica formada (incluindo a utilizada no próprio metabolismo) em certo intervalo de tempo.

Medidas de massa

Massa é toda matéria contida numa área ou volume que pode ser determinada representando um estoque instantâneo. Em ambientes terrestres e mesmo na maioria dos casos dos ambientes aquáticos, é possível separar os organismos por variados métodos de separação, mensurando sua biomassa. Esta biomassa pode ser expressa em peso fresco, peso seco e, ainda, peso seco sem cinzas.

Em estudos de produção perifítica a expressão biomassa pode tornar-se errônea, pois boa parte do material removido do substrato é composta por partículas orgânicas alóctones que se depositaram sobre a camada perifítica, portanto, dela fazendo parte, segundo Wetzel (1983). Essas partículas não podem ser separadas por métodos simples de remoção e posterior determinação gravimétrica.

Peso seco

Total de massa perifítica removida do substrato e seca em estufa a 65ºC (aproximadamente por 48 a 72 horas) até atingir peso constante. A medida é feita por gravimetria em balança de 4 a 5 dígitos decimais quando a separação ocorre por filtros e 3 a 4 dígitos decimais quando a separação for de maiores quantidades em frasco de alumina ou outro.

Os procedimentos práticos para obtenção do peso seco podem ser visualizados na Figura 3. Quando se trata de substratos artificiais, pode-se ter um procedimento alternativo, ou seja: os substratos são pesados (após secagem a 65ºC) antes da exposição *in situ*. Assim, após a coleta, não é necessário remover o perifíton, secando-se e pesando-se todo o conjunto e subtraindo o peso inicial (substrato) do peso final (substrato + perifíton).

Acerca da temperatura de secagem, Meullemans & Heines (1983) utilizam 70°C, o que pouco difere de 65°C. Temperaturas de 85°C e 105°C não são recomendadas, pois começa a ocorrer perda de materiais por volatilização.

Peso seco sem cinzas

Por combustão a 550°C durante 2 horas, toda matéria orgânica é queimada e eliminada, restando material inorgânico, denominado cinzas. A diferença entre o peso inicial (peso seco) e o peso após a combustão constitui o peso seco livre de cinzas (ou peso seco sem cinzas). É preciso considerar que as cinzas incluem também o material de origem alóctone aderido ou depositado, como silte e argilas. Portanto, as verdadeiras cinzas do material orgânico calcinado só poderão ser consideradas se antes da secagem a amostra for lavada. Esse procedimento também se aplica para obtenção do peso seco considerado orgânico. Na prática, esse procedimento só é possível quando se dispõe de razoável quantidade de material perifítico, o que nem sempre é possível. Os frascos utilizados na combustão (filtro de fibra de vidro, cadinho de cerâmica ou alumina) devem ser previamente calcinados a 480°C e pesados (ver procedimentos conforme Figura 3).

A relação entre peso seco e peso seco livre de cinzas é uma importante informação sobre a presença de partículas inorgânicas depositadas no epifíton e epilíton. No epipélon e episâmon essa relação diz respeito ao próprio sedimento ao qual o biofilme está associado.

Taxas de acumulação

Taxas de acumulação são uma estimativa de produção total do perifíton, pois nele estão incluídos outros organismos, além das algas. Essa taxa só é possível obter sabendo-se o tempo (em dias) de colonização. Os resultados apresentam valores superestimados quando se depositam sobre o substrato materiais alóctones orgânicos, que, de qualquer modo, também são perifíticos, segundo Wetzel (1983a). Em substratos naturais de macrófitas aquáticas é possível estimar a taxa de acumulação através da fenologia da macrófita aquática colonizada, ou seja, acompanhando e datando o início da colonização dos seus órgãos de renovo.

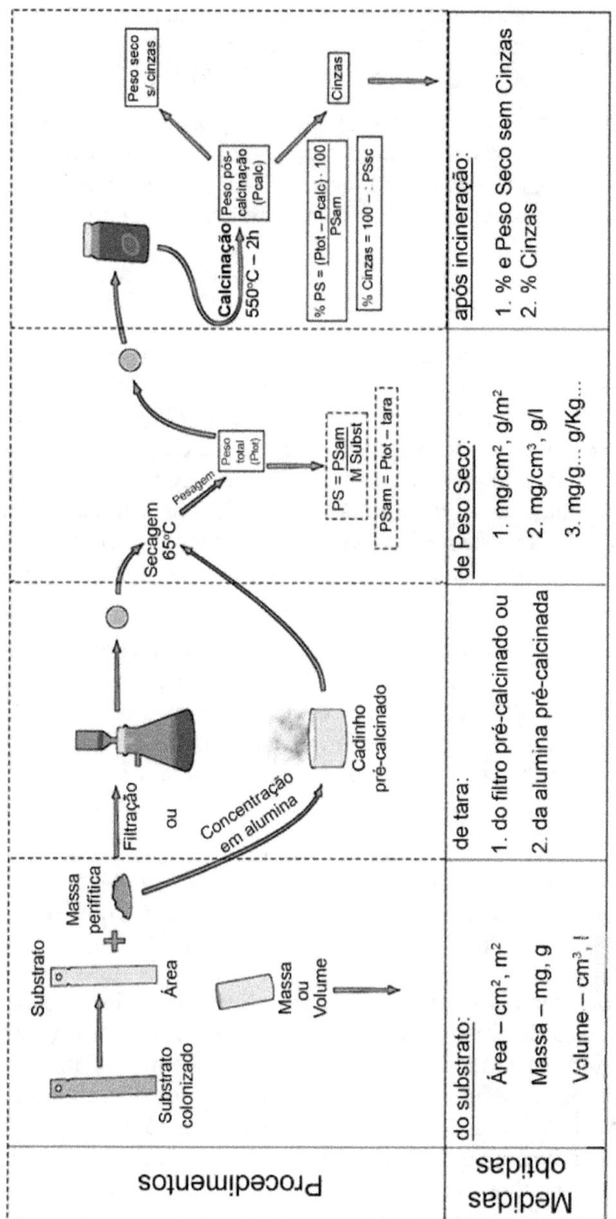

Figura 3 Esquema dos procedimentos para obtenção do peso seco (PS), peso seco sem cinzas (PSSC) e cinzas(C). (Modificado de Schwarzbold, 1990.)

No epilíton basta limpar as rochas ou cascalhos e, a partir daí, acompanhar a colonização. No epipélon e episâmon, a forma mais adequada de proceder é através da exposição de substratos artificiais, como feito por Wetzel (1964) nos primeiros estudos no lago raso Borax, na Califórnia.

Castenholz (1960), Shortreed & Stockner (1983) e Shortreed *et al.* (1984) calcularam a taxa de acumulação, dividindo o peso seco livre de cinzas pelo número de dias de exposição de substratos artificiais. Discussões sobre métodos de estimativas de massa em diferentes ambientes perifíticos são encontradas em Round & Hickmann (1971).

Clorofilas e feopigmentos

Vários tipos de clorofilas ocorrem em algas e nas plantas em geral. A mais importante é a clorofila *a*, seguida pelas clorofilas *b* e *c*. Essas clorofilas podem se degradar em meio ácido ou de forte radiação em temperatura ambiente (Golterman *et al.*, 1978), rompendo seus anéis de porfirina. Os produtos dessa degradação são feofitinas, cujo espectro de absorção é o mesmo das respectivas clorofilas. Esses produtos de degradação são encontrados na natureza, e sua determinação quantitativa terá de ser feita nas amostras mediante acidificação, afim de evitar erros grosseiros na quantificação das clorofilas (erros de até 70% do valor da clorofila).

As medidas das diferentes clorofilas são importantes na análise do perifíton, pois representam uma forma de quantificação da massa de algas no perifíton total. Permitem estabelecer índices, como o índice autotrófico (IA) (Eaton *et al.*, 1995), relacionando quantitativamente a massa autotrófica fotossinteticamente ativa com as demais massas, representadas por bactérias, fungos, protozoários, pequenos animais, restos orgânicos em degradação e material mineral depositado.

A concentração de clorofilas pode ser determinada por método colorimétrico ou espectrofotométrico e por fluorimetria. Abaixo são descritas as etapas e os métodos de análises das clorofilas.

Solventes de extração – Em colorimetria e espectrofotometria a leitura só poderá ser feita de extrato da amostra. A cetona 90% (vol/vol) é o solvente orgânico mais utilizado. Metanol 99% e etanol 96% também são empregados, e muitos trabalhos discutem a eficiência de extração dos diferentes solventes. Etanol e, principalmente, metanol requerem maiores cuidados de utilização, por entrarem facilmente em combustão e provocarem explosão, já que a extração é feita a temperatura ambiente, e por serem muito voláteis. O método de extração pelo metanol é considerado o mais eficiente.

Espectro de absorção – O pico de absorção da clorofila *a* ocorre entre 663 nm e 665 nm, que é praticamente a mesma faixa espectral da feofitina *a*, obtida com adição de ácido; em pH baixo ocorre a remoção do Mg da molécula da clorofila, que se degrada em feofitina do mesmo espectro. Os comprimentos de onda de 645 nm e 630 nm representam picos de absorção para clorofilas *b* e *c*, respectivamente.

O comprimento de onda de 750 nm representa uma faixa de absorção de ampla gama de substâncias dissolvidas ou dispersas numa amostra e onde praticamente não há absorção de pigmentos fotossintetizantes, cujos valores de leitura devem ser subtraídos dos valores de leitura dos pigmentos, já incluídos nas fórmulas de cálculo das concentrações.

Determinação por espectrofotometria

Extração e cálculos – Para determinação das clorofilas *a*, *b* e *c* é adequada a equação de Strickland & Parsons (1968), que inclui no cálculo os fatores específicos de absorção para cada um dos comprimentos de onda acima. Experimentos envolvendo comprimentos de onda e produtos da degradação das clorofilas sob efeito da acidificação foram realizados por Riemann (1978). Em Round & Hickmann (1971) são discutidos métodos de estimativa de produção primária envolvendo vários tipos de substratos.

Os procedimentos estão, em parte, baseados em Marker (1972) e Ho (1979) na determinação da clorofila *a* do epifíton. A extração é feita em laboratório em condições de baixa luminosidade, nas seguintes etapas (ver procedimento na Figura 4):

a) remover o perifíton transferindo o material para um becker e enxaguando o substrato com água destilada, para recuperar o residual;

b) filtrar a amostra removida em filtro de fibra de vidro (Whatman GF/ F ou similar), a vácuo inferior a 0,5 atm;

c) transferir o filtro para tubos de centrífuga e colocar o solvente escolhido até cobrir todo filtro;

d) tapar o tubo e colocar em geladeira por 24 horas, se for com cetona 90%; se for metanol 99% ou etanol 96%, colocar durante uma noite no escuro à temperatura ambiente (há autores que aquecem a amostra até o início da ebulição);

e) macerar ou agitar vigorosamente a amostra para romper eventuais células ainda intactas;

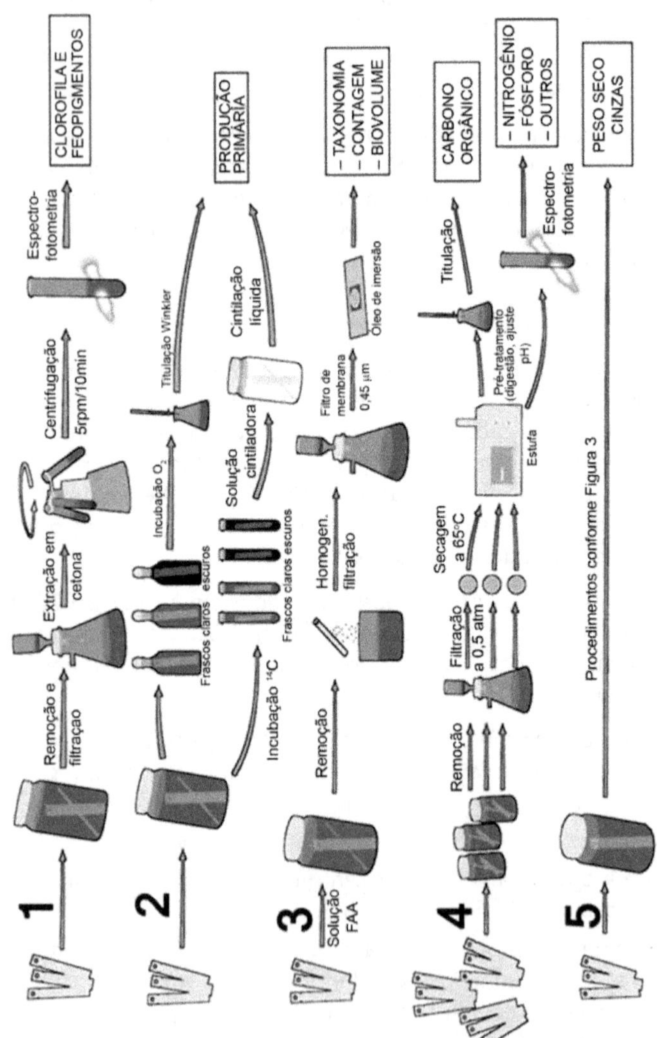

Figura 4   Esquema simplificado das etapas de diferentes métodos de análise do perifíton de substrato artificial. (Modificado de Schwarzbold, 1990.)

f) centrifugar a 3.000 rpm durante 10 minutos e, em seguida, transferir o sobrenadante para balões volumétricos de 10 ou 15 ml, completando o volume;

g) ler cada amostra a 750 nm e 663 nm no espectrofotômetro, para clorofila *a*;

h) adicionar 0,1 M de HCl na proporção de 0,1 ml/20 ml do extrato (Riemann, 1978), neutralizando após alguns minutos com $CaCO_3$, e novamente centrifugar e ler a 750 nm e 663 nm, para determinação de feofitina.

É indispensável, ainda, medir a superfície lateral ou volume ou ainda a biomassa do substrato colonizado pela amostra, pois tal medida é necessária na equação para a determinação de clorofila.

Os mesmos procedimentos de leitura a 645 nm e 630 nm são feitos para determinação de clorofila *b* e *c*; neste caso aplicando a equação de Strickland & Parsons (1968).

A equação indicada para medir clorofila *a* descontando o valor de feofitina *a* é baseada em Marker (1972) e Ho (1979), utilizando metanol 99% como solvente:

$$Cl\ a\ (mg\ m^{-2}) = 3{,}0\ (Ab - Aa) * 12{,}5\ (v/l) * (10/S)$$

em que:

Cl *a* = conteúdo de clorofila *a* em mg m^{-2};

Ab = absorbância a 663 nm, subtraída da absorbância a 750 nm, antes da acidificação;

Aa = absorbância a 663 nm, subtraída da absorbância a 750 nm, após a acidificação;

v = volume do solvente metanol em ml;

l = passo ótico da cubeta espectrofotométrica usada, em cm;

S = área colonizada do substrato, em cm; se a medida do substrato for volume, S será substituída por V (ml) ou g (massa em grama de biomassa);

3,0 = fator relativo à alteração na absorbância a 663 nm para a concentração de clorofila *a* e baseado no fator ácido máximo de 1,5;

12,5 = fator baseado no coeficiente de absorção específico de clorofila *a* em metanol e etanol;

10 = fator de conversão unitária de ugcm^{-2} para mg m^{-2} (válido somente para unidade de superfície do substrato).

Utilizando cetona 90% como solvente, ocorrem alterações nos fatores (Marker, 1972) e a equação passa a ser:

$$Cl\ a(mg\ m^{-2}) = 2,43\ (Ab - Aa) * 10,48 * (v/l) * (10/S)$$

sendo 2,43 baseado no fator ácido máximo de 1,7.

Na região do azul, entre os comprimentos de onda de 440 nme 410 nm, ocorre absorbância com picos maiores do que as 663 nm – 665 nm, mas várias interferências ocorrem nessa banda e leitura sem neutralização introduz erros significativos.

Determinação de clorofila pelo método do etanol 96% a quente

O método a quente, baseado em Marker*et al.* (1980) e Jespersen & Christoffersen (1987), tem os mesmos procedimentos de filtração dos demais métodos, mas que na etapa a quente apresenta os seguintes procedimentos:

a) após filtração deixar as amostras no freezer e no escuro por algumas horas (12 horas em média);

b) colocar os conjuntos em banho quente a 78ºC (não ultrapassar, pois é o ponto de ebulição do etanol 96%) por cinco minutos;

c) deixar esfriar e passar a solução para um balão volumétrico e avolumar com etanol 96% até 10ml. Em alguns casos pode ser necessária a centrifugação a 10.000 rpm, por 15 minutos, para que haja a redução da turbidez, principalmente de amostras episâmicas;

d) ler em espectrofotômetro, nos comprimentos 663 ou 665 nm para clorofila *a* e feopigmentos e em 750nm para correção da turbidez, tomando etanol 96% como branco.

e) após acidificar as amostras, acrescentando uma gota de HCl (concentrado), esperar 10 min. e ler novamente a 665 e 750nm.

f) a concentração de clorofila *a* é calculada usando a seguinte equação de acordo com Golterman*et al.* (1978), para o método monocromático:

$$Cl.a\ (mg\ m^{-2}) = \frac{11,3\ (Ab - Aa) * v * 10}{S * z}$$

em que:

Cl.*a* = concentração de clorofila *a* em mgm^{-2};

Ab = absorbância do extrato a 665 nm antes da acidificação menos a absorbância a 750 nm;

Aa = absorbância do extrato a 665 nm depois da acidificação menos a absorbância a 750 nm;

S = área do substrato colonizado;

v= volume de solvente usado para extrair a amostra (em ml);

z = comprimento da cubeta (em cm);

11,3 = fator relativo à absorbância a pH menor de 1,5 x fator baseado no coeficiente de absorção para o metanol e etanol;

10 = fator de conversão de $\mu g/cm^2$ para mg/m^2.

Equações tricromáticas de Strickland & Parsons (1968) para cetona 90%

$$Cl.a = 11,6E_{665} - 1,31E_{645} - 0,14E_{630}$$

$$Cl.b = 20,7E_{645} - 4,34E_{665} - 4,42E_{630}$$

$$Cl.c = 55E_{630} - 4,64_{665} - 16,3_{645}$$

em que: E_{665}, E_{645} e E_{630} representam os resultados das leituras nos respectivos comprimentos de onda para as clorofilas *a*, *b* e *c*, descontada a turbidez da leitura a 750nm e após a acidificação.

Cabe lembrar que as diferentes equações de medidas da clorofila apresentam algumas diferenças nos fatores relativos à absorbância, que são valores obtidos em testes de laboratório, específicos para cada solvente, comprimento de onda e pH. Para melhor compreensão das questões metodológicas envolvendo pigmentos fotossintetizantes e seus produtos de degradação, principalmente quanto a equações e coeficientes específicos das determinações, ver Strickland & Parsons (1968) e o trabalho síntese de Marker *et al.* (1980).

Determinação por fluorimetria

Clorofila pode também ser medida por fluorescência, um método altamente sensível que pode ser usado para amostras com baixa estimativa de pigmentos (Golterman *et al.*, 1978). As medidas podem ser feitas do extrato ou com células *in vivo* através de potente fotomultiplicador.

Nas medidas *in vivo*, a amostra é bombeada diretamente através do fluorômetro, o que para algas perifíticas é um obstáculo. Este método só poderá ser aplicado se o perifíton for removido e ressuspenso em determinado volume de água a ser bombeada, controlando a concentração. Outro obstáculo é a dificuldade em dispor de fluorímetro. As técnicas de fluorimetria foram descritas por Yentsch & Menzel em 1963 (Golterman*et al.*, 1978) e Lorenzen (1966). Marker*et al.* (1980) discutem e comparam os resultados dos métodos espectrofotométricos e fluorimétricos aplicados ao fitoplâncton, mas que também são válidos para o perifíton.

Medida do Trifosfato de Adenosina (ATP)

A medida do ATP é um método de estimativa de biomassa de células vivas. No perifíton, ele é aplicável para relacionar as atividades celulares das associações entre algas, bactérias e detritos (Holm-Hansen & Paerl, 1972) e estimativa de biomassa. Diferentes estudos têm demonstrado que o conteúdo de ATP nos organismos representa 0,40% do conteúdo de carbono orgânico celular. Isto significa que, multiplicando o valor medido de ATP por 250, pode-se estimar o valor do carbono orgânico celular, que aproximadamente representa o conteúdo do carbono do séston (COP). Porém, no perifíton essa medida representa uma estimativa menos segura em virtude da maior quantidade de carbono orgânico de deposição alóctone. Além disso, o conteúdo de ATP relata importante informação sobre o estado fisiológico dos organismos (Antonietti, 1983).

O princípio da determinação da concentração de ATP é o da bioluminescência desenvolvido por Seliger e Mc Elroy em 1960 (Holm-Hansen & Paerl, 1972), baseado na reação de oxidação da luciferina (reduzida) em presença da enzima luciferase e Mg^{2+}, em que ATP libera uma ligação energética formando ADP (Holm-Hansen & Paerl, 1972).

A preparação da amostra pode ser feita por diferentes técnicas, com extração do ATP das células (Clark *et al.*, 1978). Descrição de uma técnica de extração: destilação por cetona 90% com evaporação a 80°C e reidratação do resíduo com tampão TRIS ($NaHCO_3$) a pH 7,75 e preservação a –15°C antes da leitura. A leitura é feita em bioluminômetro por reação da luminescência de chama.

Uma técnica alternativa com prévia imersão da amostra em nitrogênio líquido e posterior extração em cetona 100% tamponada em $NaHCO_3$ foi descrita por Antonietti (1983). Ver ainda técnicas de extração em Perkins & Kaplan (1978).

Contagem e Biovolume

Esta metodologia está descrita no Capítulo 10 (Carla Ferragut *et al.*)

Medidas da Produção Primária

A capacidade de produzir material orgânico, a partir de fontes de energia externa (radiante ou química), pode ser medida diretamente, com base na fixação do carbono na síntese orgânica ou na liberação do oxigênio nos processos metabólicos dos organismos.

O método da medida da variação do pH, baseado na assimilação ou liberação do CO_2, pode ser utilizado, mas a baixa precisão e a presença de íons diversos que interferem na variação do valor pH têm provocado o seu abandono.

Método do oxigênio

É um método de medida direta da produção primária pela atividade fotossintética. Foi introduzido por Gaardere Gran em 1927 (Teixeira,1973). Sofreu algumas modificações no decorrer dos anos, mas os princípios básicos se mantiveram inalterados

O método do oxigênio foi inicialmente utilizado para medir a produção primária do fitoplâncton, tendo sido posteriormente adaptado para estudos com algas aderidas (Sládechová, 1962; Wetzel, 1964, 1965). A partir dos ensaios com o fitoplâncton e adaptado para o perifíton, o método consiste basicamente em colocar as amostras do perifíton (com ou sem o substrato) em frascos e expor à luz por um intervalo de tempo aproximado de 4 horas. Outros intervalos podem ser usados, inclusive nictemeral, se o objetivo é estabelecer o balanço em relação ao fotoperíodo, por exemplo. As amostras são transferidas para três frascos especiais (com réplicas), para o oxigênio dissolvido ser titulado pelo método de Winkler, após fixação. As amostras do primeiro conjunto de frascos são fixadas imediatamente após a coleta, determinando a concentração inicial (Ci). Os frascos do segundo conjunto deverão ser transparentes (Ct) e os do terceiro conjunto deverão ser escuros (Cp). Esses dois conjuntos ficarão expostos na coluna de água por determinado número de horas, devendo ser fixados após a retirada da água e seguir para titulação pelo método de Winkler.

A diferença encontrada entre a concentração inicial e a concentração final do frasco escuro (Ci – Cp) representa o valor do consumo de oxigênio na respiração dos organismos daquela amostra. A diferença entre a concentração final do frasco transparente (após o tempo de incubação) e a concentração inicial (Ct – Ci) representa o valor da produção líquida (ou aparente) daquela amostra. A produção bruta é a diferença entre as concentrações finais do frasco claro (Ct) e do frasco escuro (Cp), (Ct – Cp).

O método do oxigênio, pela titulação de Winkler, é aplicável para valores de clorofila *a* próximos de 1 mg/L. Concentrações muito altas formam bolhas de oxigênio nos frascos de incubação, que rapidamente se perdem por difusão para a atmosfera antes da fixação no conteúdo dissolvido; concentrações muito baixas apresentam resultados não significativos em virtude dos limites do método de Winkler. Nesta circunstância, a recomendação é usar o tiossulfato de sódio com baixa normalidade (nos laboratórios é frequente utilizar a normalidade do titulante para água com saturação próxima a 100% ou de amostras de saneamento, em que as diferenças são menos relevantes). Para outros detalhes sobre a utilização do método do oxigênio ver Wetzel (1965), Teixeira (1973) e Tundisi & Tundisi (1976). A técnica de titulação pelo método de Winkler é descrita em Golterman (1978).

Outro método para determinar a concentração de oxigênio de uma amostra é o eletrométrico, através de oxímetro. A vantagem desse método está em poder medir os valores das concentrações a intervalos curtos de tempo sem inutilizar a amostra, desde que o sensor esteja mergulhado no interior do frasco hermeticamente fechado para impedir trocas gasosas com o meio. A desvantagem do método está na dificuldade de manter estável a calibração do aparelho nos estudos *in situ* e na menor precisão da maioria dos equipamentos disponíveis, em relação ao método de Winkler. O eletrodo de medição do oxigênio deverá possuir um agitador da amostra (*stirrer*), quando forem feitas leituras durante a incubação.

Na incubação do perifíton, para determinar sua produção primária, são necessárias algumas observações:

a) substrato vivo só poderá ser incluído no frasco de incubação se for realizada incubação paralela de substrato similar, não colonizado, cujo valor de produção deverá ser subtraído do primeiro, mesmo assim sujeito a erros significativos; substratos aerenquimatosos (como de *Eichhornia azurea*), com seccionamento de tecidos, não podem ser utilizados, pois seus tecidos expostos absorvem grandes quantidades do oxigênio liberado pela fotossíntese;

b) com substrato vivo o melhor é remover o perifíton, que deverá ser homogeneizado (por agitação) em água filtrada do mesmo meio e deixado em repouso no escuro, durante uma noite, antes de incubar;

c) substratos artificiais ou substratos naturais mortos (desde que não em decomposição) poderão ser incubados diretamente com o perifíton, com a vantagem de não alterar a arquitetura das populações de algas ou romper células durante a remoção.

A seguir é dado um roteiro simplificado dos procedimentos para incubação e medição do oxigênio pelo método de Winkler, por frascos claros e escuros:

a) filtrar água do mesmo local de coleta do perifíton em filtros de fibra de vidro tipo Whatman GF/F ou similar, em volume suficiente para todos os frascos a incubar (seis no mínimo), antes do início da exposição;

b) determinar a concentração inicial (Ci) do filtrado, no momento da incubação;

c) transferir o substrato colonizado (ou amostra separada do substrato) para um frasco transparente com água filtrada e incubar na mesma profundidade de coleta; se houver remoção de substratos vivos, a amostra deverá ser homogeneizada e deixada em repouso durante algumas horas antes do inicio da incubação;

d) mesmo procedimento para um frasco escuro (que não poderá sofrer qualquer penetração de luz);

e) após um período de incubação de aproximadamente 4 horas, recolher as amostras e fixá-las para posterior titulação pelo método de Winkler, conforme Golterman *et al.* (1978).

Os frascos de incubação poderão ser de 100 a 300 ml de volume para titulação Winkler e de 300 a 500 ml de volume para determinação eletrométrica. A Figura 4 ilustra a técnica do oxigênio na medida de produção primária do perifíton.

A produção primária, expressa em $mgC\ m^{-2}h$, é calculada de acordo com a seguinte fórmula:

$$mgC\ m^{-2}h^{-1} = (mgO^2/l) * 12/32 * V/T * 10000/S$$

em que:

$mgC\ m^{-2}h^{-1}$ = produção de carbono, por m^2 colonizado, por hora;

$12/32$ = relação entre a massa atômica do carbono e a massa molecular do oxigênio;

V = volume da amostra incubada em litros;

T = tempo de incubação, em horas;

10000 = transformação unitária de cm^2 para m^2;

S = superfície do substrato colonizado, em cm^2.

Método do Carbono-14 (^{14}C)

Os estudos de produção primária com utilização de C-14 começaram com Steeman Nielsen (1952) no fitoplâncton marinho. Vários autores passaram a aperfeiçoar a técnica, mantendo, contudo, o primordial da técnica inicial.

O princípio da técnica está em incorporar o traçador (C-14) na matéria orgânica dos organismos fotossintetizantes durante a fotossíntese e a quimiossíntese, fazendo a posterior leitura desse carbono assimilado, em cintilação líquida. No meio aquático, o traçador utilizado é o $NaH^{14}CO_3$, pois o bicarbonato é a forma mais assimilada pelas algas. O método é relativamente simples, devendo-se conhecer o conteúdo do CO_2 total da água e adicionando quantidade conhecida de C-14 ($NaH^{14}CO_3$) na amostra a incubar, pois ambos fazem parte da fórmula do cálculo da produção.

Para conhecer aspectos mais detalhados da técnica de incubação por C-14, ver descrições de Steeman Nielsen (1952), Wetzel (1965) Teixeira (1973) e, principalmente, Vollenweider (1974). Técnicas de preparação das amostras e incubação do perifíton epilítico e epipélico são descritas em Vollenweider (1974).

Com pequenas modificações nos procedimentos e no cálculo, a técnica é aplicável ao estudo da produção primária do perifíton. Como na maioria dos estudos perifíticos, as técnicas variam em função do tipo de substrato colonizado. No caso das incubações com o próprio substrato deve haver o cuidado de evitar a utilização de substratos que absorvam material traçador. Ho (1979) utilizou lâminas de acetato de celulose que, após o período de colonização, foram colocadas diretamente nos frascos de incubação. Meullemans & Heines (1983) removeram o perifíton epifítico do substrato, homogeneizaram a massa separada em água filtrada e mantiveram por uma noite no escuro nas mesmas condições de temperatura do meio de coleta.

A seguir é apresentada uma rotina para medida de produção primária com incubação *in situ* utilizando substrato artificial que dispense remoção do perifíton, em parte baseado em Ho (1979):

a) colonização de lâminas de vidro ou de acetato de celulose na região litorânea do corpo de água (ver Figura 1);

b) preparação dos frascos de incubação claros e escuros, preferencialmente de 50ml a 100ml, com água filtrada do próprio local de coleta;

c) inoculação de 2 a 5 μCi de $NaH^{14}CO_3$, em cada frasco de incubação;

d) colocação de uma lâmina colonizada diretamente nos frascos e incubação na coluna da água por um tempo aproximado de 4 horas;

e) após a incubação, transferência imediata das amostras para uma caixa, no gelo e no escuro, a fim de impedir a continuação da atividade de produção ou respiração/excreção;

f) no laboratório, retirada das lâminas, secagem em fluxo de ar por 1 minuto e colocação em frascos de cintilação; o material restante do frasco de incubação será filtrado em filtro de membrana 0,45 μm, a vácuo máximo de 0,5 atm e incluído no mesmo frasco;

g) estocagem dos frascos em freezer até solubilização em solução cintiladora;

h) 12 a 24 horas antes da leitura no cintilador é feita a dissolução da amostra em 10 ml de solução cintiladora, no próprio frasco de cintilação.

Há várias composições de soluções cintiladoras, como, por exemplo, naftaleno, 120g; permablende III (Packard), 5,5g; dioxano, até completar 1 litro. A solução Bray é, contudo, a mais utilizada: naftaleno, 60g; PPO, 4g; POPOP, 200mg; metanol, 200 ml; etileno glicol, 20ml; dioxano, até completar 1 litro. Para estudos como excreção ou outros que mantenham água na amostra é indicada a solução Patterson & Greene: Renex, 6 partes; tolueno, 7 partes; PPO, 4g l^{-1}; POPOP, 100mg l^{-1}.

No caso do epifíton, este deve ser removido previamente e tratado conforme descrição de Meullemans & Heines (1983). Ver ilustração da técnica do C-14 na Figura 4.

A equação que calcula a produção primária horária é a seguinte, de acordo com Ho (1979):

$$P = (CPMc-CPMe)/CPMa * Ct/T * 1,06 * 10000/S$$

em que:

P = produção primária horária mgCm^{-2}h^{-1};

CPMc = contagem por minuto do frasco claro;

CPMe = contagem por minuto do frasco escuro;

CPMa = contagem por minuto do C-14 adicionado nas amostras e determinado experimentalmente (ver Vollenweider, 1974);

Ct = total de carbono orgânico disponível na amostra a incubar, emmg l^{-1}, calculado a partir dos valores de pH, alcalinidade e temperatura (ver Goldman *et al.*, 1974);

1,06 = correção do fator isotópico de 6%, entre C-12 e C-14;

10000 = fator de conversão unitária de cm² em m²;

T = tempo de incubação em horas;

S = área do substrato colonizado em cm².

Considerações finais

A problemática dos métodos a serem usados em trabalhos científicos, principalmente aqueles realizados *in situ*, sempre é motivo de preocupação entre os pesquisadores. Nos sistemas naturais, e especialmente nos estudos de natureza ecológica, em que muitos fatores intervêm simultaneamente, essa problemática aumenta consideravelmente. Estudos com perifíton potencializam os problemas metodológicos para sua análise: encontram-se aderidos a uma grande gama de substratos; ocorrem em diferentes espaços dos ambientes aquáticos desde que recebam suficiente iluminação e tenham onde se aderir; têm distribuição agregada, necessitando de várias réplicas nas análises quantitativas;

formam um microcosmo no qual todos os processos do metabolismo do ambiente aquático participam; mesmo que seu limite espacial esteja razoavelmente delimitado em relação ao seu entorno, sua separação completa em coletas é inviável, o que interfere nos resultados.

Por outro lado, esse microcosmo forma um biofilme rico em espécies, muitas das quais migram para o ambiente metafítico e limnético após perderem sua estrutura de adesão. Essa exuberante microbiota, sua intensa atividade biológica e participação em processos ecossistêmicos são a essência da busca do conhecimento nessa área. Diferentes métodos foram desenvolvidos nas últimas décadas, muitos adaptados de outros ambientes geralmente bem mais homogêneos. Conseguir que essas técnicas sejam aplicadas com o rigor exigido para o micro-hábitat perifítico é fundamental, sob risco de ocorrerem grandes erros nos resultados. Substratos naturais ou artificiais podem ter sua utilização plenamente aceita dependendo do objetivo da pesquisa. Mas é importante que se avance na decisão sobre os tipos de substratos mais adequados para cada estudo e se busque consenso sobre possível padronização que permita a comparação dos resultados entre os diferentes estudos nas mais diversas regiões e tipos de ambientes.

Especificamente, poucos estudos têm sido feitos sobre biomassa e produção primária do perifíton no Brasil e na América do Sul. Ocorrem grandes lacunas no estudo do perifíton epilítico de rios de baixa ordem, certamente importante fonte de carbono, tanto dissolvido quanto particulado, disponibilizado rio abaixo. Esses ambientes permitem, com alguma facilidade, realizar ensaios *in situ*, utilizando substratos do próprio local e instalando câmaras de incubação com eles, inclusive para estudos integrados de estrutura e processos do ambiente. Certamente, teorias ecológicas de rios poderão receber bons subsídios dos estudos sobre o perifíton epilítico.

Lagoas marginais e costeiras sempre são rasas, portanto, com extensas áreas litorâneas, ricas em epifíton. Sofrem fortes variações de nível e volume e são submetidas a estresse de ondas ou correnteza, constituindo, portanto, um desafio metodológico. Neste contexto tem muito a avançar, pois pouco se conhece sobre a estrutura, os processos (como produção primária e interações auto/heterotróficas, por exemplo) e a relevância do perifíton em relação aos demais compartimentos desses ambientes.

Agradecimentos – Agradeço à Dra. Fabiana Schneck, pela leitura crítica e sugestões apresentadas, e aos jovens Mateus Schwarzbold Salviano e Amanda Schwarzbold Salviano, pela digitalização e desenhos.

O Perifíton como Indicador da Qualidade da Água

12

Eduardo Lobo

Introdução

A água é um recurso natural essencial, seja como componente bioquímico dos seres vivos, como meio de vida de inúmeras espécies vegetais e animais ou como fator de produção de vários bens de consumo, tanto final quanto intermediário. Aceita-se atualmente que as formas de vida vegetal e animal somente evoluíram sobre a face da Terra à medida que desenvolveram mecanismos de adaptação e sobrevivência fora do ambiente aquático, principalmente para minimizar as perdas de água. Em igual escala, a ascensão e queda de várias civilizações ocorreram em função de conflitos e da exploração que estas fizeram dos recursos hídricos e dos solos (Rosa *et al.*, 2000).

Segundo Lobo & Callegaro (2000), os enfoques dos estudos concernentes à avaliação da qualidade da água podem ser divididos, basicamente, em duas categorias. A primeira utiliza os métodos físicos e químicos, enquanto a segunda considera os métodos biológicos de avaliação. Por integrar efeitos antropogênicos e influências naturais, a informação proveniente do uso de bioindicadores oferece uma avaliação mais refinada da qualidade da água do que as medidas físicas e químicas utilizadas isoladamente.

Pesquisadores do mundo inteiro (p.ex., Metcalfe, 1988; Armitage, 1995; Cairns Jr. & Pratt, 1993) argumentam que as metodologias tradicionais de classificação das águas, baseadas em características físicas, químicas e bacteriológicas, não são suficientes para atender a seus usos múltiplos, sendo particularmente deficientes na avaliação da qualidade estética, de recreação e ecológica do ambiente, portanto, é necessária uma análise integrada da qualidade, considerando não apenas as metodologias tradicionais de avaliação, mas os aspectos biológicos do sistema.

Conciliador, Round (1991, 1993) estabelece que os métodos de análises físicos e químicos complementam os métodos biológicos e, em conjunto, constituem a base para uma correta avaliação da qualidade das águas correntes.

Avaliação biológica da qualidade da água

Dentre as primeiras tentativas para uma avaliação biológica da qualidade da água destaca-se o trabalho de Kolkwitz & Marsson (1908), os quais criaram o primeiro sistema de sapróbios, mediante o reconhecimento de grande número de organismos indicadores para determinadas zonas de poluição orgânica. Segundo Sladecek (1973), o sistema de sapróbios define-se como um sistema de organismos (bactérias, plantas e animais) que indicam, pela sua presença, diferentes níveis da qualidade da água.

Nesse sentido, o conceito de indicador biológico originou-se a partir do sistema de sapróbios descrito por Kolkwitz e Marsson (1908), os quais desenvolveram a ideia de saprobidade em rios como uma medida de grau de contaminação por matéria orgânica (principalmente esgotos domésticos). Esses autores reconheceram cinco zonas de poluição: (1) Kataróbica: águas puras, não poluídas; (2) Oligossapróbica: zona de água saudável, não adversamente afetada pela poluição; (3) β-mesossapróbica: zona levemente poluída, poluição fraca; (4) α-mesossapróbica: zona poluída, poluição forte; e (5) Polissapróbica: zona muito poluída, intensa decomposição bacteriana.

Outra importante contribuição ao sistema de sapróbios foi introduzida por Fjerdingstad (1964), que aumentou o número das zonas características dos estágios de poluição, das cinco originalmente reconhecidas, para um total de nove. Nesse sistema, o autor omitiu totalmente a componente animal das comunidades, caracterizando as águas correntes em função dos fitobentos (algas e, parcialmente, bactérias).

Numerosas variações têm sido introduzidas desde que Kolkwitz e Marsson descreveram pela primeira vez seu sistema de sapróbios (p.ex., Butcher, 1947; Kolkwitz, 1950; Liebmann, 1951; Sladecek, 1965), contudo, muitas são apenas variantes terminológicas da classificação básica proposta.

O sistema de sapróbios, entretanto, tem sido criticado por muitos autores, e uma completa descrição da problemática encontra-se em Sladecek (1973). As principais objeções são normalmente apresentadas como segue:

1) A ideia global de organismo indicador, cuja presença prova a existência de poluição, é errada, visto que essas espécies ocorrem frequentemente em águas que não são afetadas negativamente pelas atividades do homem.

2) É restrito à poluição causada por esgotos domésticos ou águas residuais semelhantes.

3) A valência ecológica da grande maioria dos organismos indicadores é desconhecida. As espécies podem adaptar-se a novas circunstâncias e, pela mesma razão, uma espécie poderá apresentar diferentes respostas em diferentes ambientes pertencentes a um nível particular de saprobidade.

4) Há complicações em virtude da complexidade do ambiente físico dos cursos da água.

5) Necessita de profundo conhecimento de taxonomia.

Muitas dessas críticas, entretanto, não se aplicam às condições sob as quais o sistema de sapróbios foi desenvolvido (isto é, sistemas lóticos continentais da Europa onde a poluição por esgotos domésticos tem sido, e continua sendo, um dos principais problemas). Segundo Johnson *et al.* (1993), o sistema de sapróbios ainda é utilizado amplamente em sua versão original ou modificado. Por exemplo, recentemente, a Alemanha adotou uma versão melhorada do sistema de sapróbios como um método padrão para a avaliação biológica da qualidade das águas correntes (Friedrich, 1990).

A partir da sexta década do século passado, algumas tentativas para implementar sistemas numéricos para a avaliação da qualidade da água têm sido desenvolvidas, tendo por base o sistema de sapróbios. Dentre elas, uma das mais importantes contribuições é o Índice Sapróbico (SI), introduzido por Pantle & Buck (1955). A equação para o índice sapróbico é dada por:

$$SI = \frac{\sum (s \times h)}{\sum h}$$

em que *s* é o valor sapróbico das espécies e *h*, o percentual de ocorrência (abundância) de cada uma das espécies na amostra. O valor do SI varia de 1 a 4 nos ambientes aquáticos, em que 1,0-1,5 indica condições oligossapróbicas (poluição desprezível); 1,5-2,5 indica condições β-mesossapróbicas (poluição moderada); 2,5-3,5, condições α-mesossapróbicas (poluição forte); e 3,5-4,0, condições polissapróbicas (poluição excessiva).

O índice sapróbico, bem como seus derivados, tem sido amplamente utilizado na Europa, contudo, o método não tem tido ressonância na América do Norte, principalmente pelo fato de os maiores problemas estarem relacionados com a toxicidade da água em vez de uma poluição orgânica (Cairns & Pratt, 1993). Entretanto, o valor sapróbico *s* de alguns táxons para alguns rios da América do Norte tem sido determinado (Lowe, 1974).

Outra importante contribuição foi feita por Zelinka & Marvan (1961), os quais introduziram o termo *valência sapróbica das espécies*. Esse conceito baseia-se na noção de que uma espécie indicadora não será representativa de uma única zona de saprobidade; ao contrário, sua distribuição seguirá uma curva normal sobre uma faixa de zonas que refletirão sua tolerância. A forma e a área da curva de distribuição definem a valência sapróbica das espécies de Zelinka e Marvan, sendo que a posição do pico dessa curva de distribuição corresponde ao valor sapróbico das espécies. Dentre as listagens de valores sapróbicos que têm sido publicadas, uma das mais completas é aquela descrita em Sladecek (1973), que inclui informação de aproximadamente 2.000 espécies.

Indicadores biológicos

A partir da discussão anterior, fica claro que o conceito de indicador biológico é de fundamental importância no uso de organismos aquáticos para monitoramento biológico. Das muitas definições propostas, uma das mais apropriadas estabelece que:

> "Espécie indicadora é uma espécie (ou uma associação de espécies) que apresenta requerimentos específicos para um conjunto de variáveis físicas e químicas, de forma tal que mudanças na sua presença/ausência, número, morfologia, fisiologia ou comportamento indicará que as atuais condições físicas e químicas encontram-se fora do limite de tolerância daquela espécie (...)" (Johnson *et al.*, 1993).

A partir dessa definição, os organismos indicadores são aquelas espécies que apresentam tolerâncias estreitas e específicas para os fatores ecológicos. Ao contrário, organismos que apresentam ampla tolerância para diferentes condições ambientais, e cujos padrões de distribuição e abundância são ligeiramente afetados por variações substanciais na qualidade ambiental, são indicadores ineficientes (Johnson *et al.*, 1993).

Segundo Mason (1991), o uso de uma espécie como indicadora da qualidade da água não é confiável, já que as espécies em geral apresentam alto grau de variação espaço-temporal em virtude de fatores bióticos e abióticos. No seu lugar, o uso de comunidades de organismos (ou biocenoses) é altamente recomendável. Seguindo Price (1978), um sistema biológico para programas de monitoramento requer as seguintes características:

1) A presença ou ausência de um organismo deve ser uma função da qualidade da água e não de outros fatores ecológicos.

2) O sistema deve avaliar eficientemente a qualidade da água, deve ser expresso em forma simples e quantitativa, de modo que permita comparações.

3) A avaliação da qualidade da água deve refletir um período de tempo e não apenas o momento em que é feita a amostragem.

4) A avaliação da qualidade da água deve estar relacionada com o ponto da amostragem e não com o curso da água como um todo.

5) A amostragem, a identificação e o processamento da informação devem ser o mais simples possível, envolvendo o mínimo de tempo e esforço humano.

A abundância numérica das espécies em determinados pontos de amostragem, uma ampla distribuição e uma autoecologia bem documentada são também fatores importantes que devem ser levados em conta no momento de selecionar um grupo de organismos para a avaliação da qualidade da água (Mason, 1991).

Seleção de espécies (biocenoses) indicadoras

Segundo os resultados de extensa revisão da literatura feita por Hellawell (1986), invertebrados bentônicos e algas são os dois grupos de organismos normalmente recomendados na avaliação da qualidade das águas doces. Reynoldson (1984) e Hellawell (1986) oferecem uma série de razões para preferir os invertebrados bentônicos aos outros grupos, as quais podem ser resumidas como segue:

1) Ocorrem em qualquer lugar em águas doces e, portanto, podem ser afetados pelas perturbações ambientais em muitos tipos diferentes de sistemas aquáticos.

2) As comunidades de invertebrados bentônicos são muito heterogêneas com muitos filos e níveis tróficos representados. Dessa forma, a probabilidade de que pelo menos alguns desses organismos reajam a mudanças particulares nas condições ambientais é alta.

3) Sua natureza basicamente sedentária permite análises efetivas dos efeitos disturbadores na distribuição espacial das espécies.

4) Apresentam ciclos de vida comparativamente longos, de tal forma que podem ser utilizados para avaliar a qualidade da água num ponto de amostragem num período de tempo prolongado.

5) Os procedimentos de amostragem estão relativamente bem desenvolvidos e há chaves taxonômicas para a identificação da maioria dos grupos.

Segundo Mason (1991) e Rosenberg & Resh (1993), a utilização dos invertebrados bentônicos no biomonitoramento apresenta três principais desvantagens:

1) Apresentam uma distribuição espacial agregada, consequentemente, para obter-se uma amostra significativa de um ponto de amostragem, muitas amostras devem ser coletadas.

2) O fundo lodoso do leito dos rios é normalmente dominado por oligoquetos da família tubificídios (filo anelídios), os quais são muito difíceis de identificar, e as águas nessas situações são frequentemente profundas, dificultando o procedimento de amostragem.

3) Os insetos que compõem a comunidade estão ausentes uma parte do ano, fato que deve ser considerado no momento da interpretação dos resultados do monitoramento.

Por outro lado, dentre as algas, as biocenoses de diatomáceas epilíticas têm sido recomendadas por pesquisadores em muitos países como particularmente adequadas para avaliar a qualidade da água (p. ex., Schoeman & Haworth, 1986; Coste *et al.*, 1991; Prygiel, 1991; Round, 1991, 1993; Bere & Tundisi, 2010). Entretanto, as diatomáceas epilíticas têm sido consideradas menos importantes que os invertebrados bentônicos por alguns autores, como Blandin (1986) e Abel (1989).

As vantagens da utilização das diatomáceas como indicadores da qualidade da água, de acordo com Round (1993), podem ser resumidas como segue:

1) Ocorrem em qualquer lugar ao longo do rio, da nascente à foz, no estuário e no ambiente marinho.

2) Algumas espécies desse grupo são muito sensíveis às mudanças ambientais, enquanto outras são muito tolerantes.

3) Respondem às mudanças ambientais a curto e longo prazo.

4) Podem ser facilmente coletadas em grandes quantidades, em superfícies pequenas e com certa rapidez.

5) O material limpo (material oxidado) pode ser preservado, reexaminado e distribuído a outros laboratórios.

6) As lâminas feitas para identificação são permanentes.

7) É um grupo particularmente tratável de algas, já que a parede celular fortemente silicificada (frústula) é raramente danificada quando o material é retirado de substratos naturais ou artificiais. A taxonomia das diatomáceas baseia-se na morfologia da frústula.

8) Há protocolos padrão para o cultivo em laboratório, logo, são apropriadas para trabalhos experimentais sob condições controladas, visando determinar a resposta a mudanças de fatores específicos.

(9) Há bastante informação sobre a ecologia das diatomáceas.

Duas desvantagens da utilização desse grupo têm sido apontadas (Round, 1993), sendo elas: a necessidade de um conhecimento aprofundado de taxonomia e o problema da identificação de células mortas nas lâminas permanentes (material oxidado). Mesmo considerando essas dificuldades, as diatomáceas são universalmente reconhecidas como um dos componentes biológicos dos sistemas lóticos mais adequados ao monitoramento da qualidade da água, em termos da poluição orgânica e eutrofização (Sabater *et al.*, 1991; Round, 1993).

Num estudo comparativo de métodos baseados em diatomáceas e invertebrados, Leclercq & Maquet (1987) concluíram que os índices para a avaliação da qualidade da água, baseados na composição das diatomáceas, oferecem predições mais válidas do que os invertebrados bentônicos, já que as diatomáceas reagem diretamente aos poluentes orgânicos, enquanto os invertebrados são mais influenciados pelo substrato e pelas condições da correnteza. Ainda, Leclercq (1988) testou três sistemas de avaliação na Bélgica, um índice químico, outro tendo por base os invertebrados e um terceiro utilizando diatomáceas, e concluiu que o sistema baseado nas diatomáceas apresentou o melhor resultado. Em alguns casos, entretanto, os invertebrados aquáticos têm demonstrado ser mais eficientes comparativamente às diatomáceas como indicadores biológicos (Schoeman & Haworth, 1986). Todavia, segundo os mesmos autores, há certas ocasiões nas quais as análises químicas têm demonstrado ser mais eficientes nas faixas intermediárias de poluição, em que as diatomáceas e os invertebrados bentônicos são menos sensíveis.

Entretanto, Katoh (1992), num estudo comparativo de alguns métodos ecológicos para avaliar a qualidade da água, concluiu que as diatomáceas e os invertebrados apresentam características diferentes como organismos indicadores. Os invertebrados refletem não só a contaminação da água, mas também a sedimentação no leito do rio. De forma similar, Prygiel & Coste (1993) concluíram que as diatomáceas oferecem informação principalmente da contaminação orgânica dos rios, enquanto os invertebrados incluem também informação da qualidade do sedimento. Dessa forma, quando o programa de monitoramento está dirigido basicamente ao estudo da contaminação orgânica e eutrofização de rios, as diatomáceas apresentam-se como a melhor alternativa em termos de sua utilização como organismos indicadores.

A classe Bacillariophyceae (Diatomáceas)

As diatomáceas formam um grupo de algas unicelulares que vem sendo estudado por naturalistas amadores e profissionais há aproximadamente 300 anos (ou seja, virtualmente desde que o microscópio foi inventado). Durante o século XIX, a microscopia era considerada um *hobby* entre alguns senhores, que encontravam no magnífico aspecto estético das diatomáceas um objeto particularmente interessante de observação. A base da taxonomia moderna foi configurada durante esse período, e muitos dos nomes propostos por autores como Ehrenberg, Kutzing e W. Smith são até hoje utilizados por taxonomistas modernos (Figura 1).

A taxonomia das diatomáceas baseia-se na morfologia da parede de sílica, que possui alta resistência, muitas vezes permanecendo intacta por um longo período de tempo, mesmo após a morte celular (Barber & Haworth, 1981). No entanto, essa taxonomia vem passando por um processo de reformulação, uma vez que técnicas como a microscopia eletrônica de varredura e de transmissão têm permitido estudos ultraestruturais da frústula, capazes de desvendar estruturas morfológicas imperceptíveis sob microscopia óptica. Por exemplo, Round *et al.* (1990), numa obra sobre a biologia e taxonomia das diatomáceas, utilizam a microscopia eletrônica de varredura, bem como características citoplasmáticas, para uma revisão na circunscrição dos gêneros, sendo alguns gêneros tradicionais, como *Navicula* Bory, separados em outros, pela grande heterogeneidade morfológica existente no grupo.

Com relação à riqueza de espécies, cerca de 12.000 espécies de diatomáceas, pertencentes a mais de 250 gêneros, têm sido descritas em ambientes marinhos, água doce e até em ambientes terrestres. Alguns autores afirmam a existência de até cerca de 100.000 espécies (Van Den Hoek *et al.*, 1995) ou talvez 200.000 (Mann, 1999).

Embora se saiba que um elevado número de espécies possui caráter cosmopolita (Kociolek & Spaulding, 2000), ainda há pouca bibliografia disponível sobre a flora de diatomáceas na América Latina, fato que dificulta a correta identificação das espécies, uma vez que se utiliza por base principalmente a bibliografia europeia (p.ex., Krammer & Lange-Bertalot, 1988, 1991a, b; Lange-Bertalot, 1993, 2001). Round (1993) recomenda extremo cuidado na identificação de espécies encontradas no Hemisfério Sul, baseando-se nos estudos da flora europeia, pois, apesar de serem aparentemente idênticas, os táxons costumam apresentar variações sutis. Como comentam Coste & Ector (2000), numerosos autores consideram que as formas tropicais descritas constituem espécies à parte, ainda que morfotipos próximos existam em zonas temperadas.

Nesse sentido, cabe salientar que na última década foram publicadas obras iconográficas importantes sobre a flora de diatomáceas da América Latina, destacando-se os trabalhos de Metzeltin & Lange-Bertalot (1998, 2007), Metzeltin & García-Rodríguez (2003), Metzeltin *et al.* (2005) e Rumrich *et al.* (2000). Essas referências, portanto, se constituem em obras de consulta básicas para trabalhar com taxonomia de diatomáceas na América Latina.

Por exemplo, Rumrich *et al.* (2000) realizaram amostragens ao longo de toda a cadeia de montanhas dos Andes, incluindo a parte tropical a partir da

Venezuela, seguindo em direção ao sul, até as regiões subtropicais localizadas na Terra do Fogo (Chile). Em mais de 350 amostras, os autores encontraram cerca de 888 espécies, ou "*Sippens*",[1] incluindo espécies até então conhecidas somente no seu *locus typus* (p. ex., *Fallacia ecuadoriana* Rumrich & Lange-Bertalot). Nesse trabalho de grande importância biogeográfica, os autores assinalam que cerca de 42,1% das espécies encontradas são cosmopolitas com ocorrência também na Europa e 30,5% são espécies indeterminadas (incluindo "morfodemes").

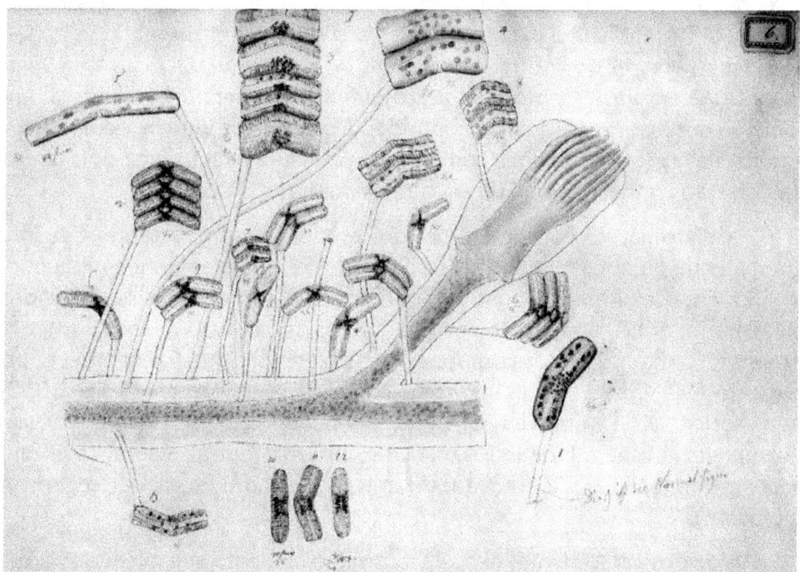

Figura 1   Representação de uma população de diatomáceas epífitas (*Achnanthes longipes* Agardh), desenhada por Ehrenberg no ano de 1839. Fonte: Museu de Berlim, Alemanha: http://download.naturkundemuseum-berlin.de/Ehrenberg.

Em outra extensa obra, Metzeltin *et al.* (2005) estudaram as bacias hidrográficas do Uruguai, caracterizadas por apresentarem condições climáticas moderadas, comparáveis aos países mediterrâneos. Dentre as mais de 100

---

1. "*Sippen*" é um termo taxonômico neutro particularmente usado quando se quer intencionalmente evitar o emprego de um enquadramento taxonômico formal. Um considerável número de populações (espécies?, variedades?, formas?, modificações locais?, regionais?, ecológicas?, clones particulares?) às vezes não se enquadra nas recentes revisões e recebe o termo provisoriamente, evitando as obrigações nomenclaturais formais (Krammer, 2000).

amostras analisadas pelos autores, foi verificado que as diatomáceas dominantes encontradas possuem caráter cosmopolita. Cerca de 850 espécies são reportadas para o país em questão e, destas, 96 novas espécies e um novo gênero (*Germainniella*) são descritos. Os autores comentam a elevada quantidade de elementos endêmicos num senso biogeográfico amplo. A grande quantidade de espécies encontradas se deve à grande variedade de corpos d'água estudados, incluindo as águas salobras das lagoas costeiras do país (p. ex., Lagoa Mirim, entre outras), que possuem uma flora distinta dos corpos d'água localizados no interior do continente, incluindo espécies marinhas. Os autores destacam como surpreendente o número de espécies pertencentes aos gêneros *Hantzschia* Grunow, *Luticola* D. Mann, *Pinnularia* Ehrenberg, *Placoneis* Mereschkowsky e *Sellaphora* Mereschkowsky e, por outro lado, a rara ocorrência de espécies do gênero *Nupela* Vyverman & Compère e *Brachysira* Kutzing, sendo que deste último somente dez espécimes foram encontrados. Do ponto de vista biogeográfico, o estudo cita o gênero *Placoneis* como particularmente interessante, pois poucas espécies são conhecidas na Europa ou na América do Norte.

As diatomáceas constituem um dos grupos mais importantes que integram a comunidade fitoplanctônica (Round, 1993). Desempenham papel relevante em ecossistemas aquáticos, participando como elo inicial da cadeia alimentar e, principalmente, como produtores primários (Wetzel, 1983). Nos oceanos, formam o maior componente do plâncton, que é responsável por cerca de 40 a 45% do total da produção primária do planeta (Kelly, 2000). As diatomáceas de ambientes aquáticos continentais que não são planctônicas, por sua vez, incluem indivíduos que crescem sobre outras plantas (epifíton), sobre rochas (epilíton), sobre grãos de areis (epipsamon) ou sobre o sedimento (epipelon).

À luz dos antecedentes expostos, torna-se evidente que, além de não ser uma tarefa fácil, a proficiência na taxonomia de diatomáceas requer anos de experiência e geralmente constitui um forte impedimento aos estudos com os mais variados enfoques (p. ex., ecologia, paleolimnologia, biomonitoramento, etc.). Neste sentido, a correta delimitação e identificação das espécies de diatomáceas é procedimento fundamental no diagnóstico e caracterização dos ambientes aquáticos.

Avaliação da qualidade da água no Brasil utilizando diatomáceas

No Brasil, a utilização de índices bióticos para avaliar a qualidade da água, utilizando diatomáceas, tem recebido praticamente toda a atenção por parte dos pesquisadores (Lobo *et al.*, 2002). Nesse sentido, alguns estudos relacionados com esse enfoque têm sido publicados, especialmente na região Sul (p. ex., Lobo & Torgan, 1988; Lobo & Ben da Costa, 1997; Lobo & Callegaro,

2000; Lobo *et al.*, 1991, 1994, 1996, 1999; Rosa *et al.*, 1988). Nesses estudos, entretanto, a tolerância das diatomáceas a fatores ambientais de poluição foi determinada seguindo classificações estrangeiras (p. ex., Lange-Bertalot, 1979; Watanabe *et al.*, 1988; Kobayasi & Mayama, 1989), em virtude da inexistência de dados sobre as tolerâncias das diatomáceas à poluição em rios brasileiros. Essas classificações são essenciais para calcular índices numéricos de poluição da água, tais como o índice de saprobidade SI de Pantle & Buck (1955). Entretanto, elas apresentam um uso geográfico restrito, já que foram determinadas com base nas características particulares dos rios onde as amostras de diatomáceas foram coletadas. Nesse sentido, a adoção direta dessas classificações para avaliar a qualidade da água de rios brasileiros poderia conduzir a uma interpretação errônea da mesma.

A primeira tentativa de classificar as diatomáceas em função da tolerância das espécies à poluição orgânica em rios do sul do Brasil foi feita por Lobo *et al.* (1996), com o objetivo de elaborar um sistema de sapróbios aplicável na avaliação da qualidade da água dos rios sul-brasileiros, em termos de poluição orgânica. Os autores, trabalhando em sistemas lóticos da Bacia do Rio Jacuí, RS, conseguiram identificar três grupos diferenciais: A, B e AB. Os grupos A e B correspondem aos grupos A e B do sistema de classificação de Kobayasi & Mayama (1989), ou às categorias 1 e 2 do sistema proposto por Lange-Bertalot (1979), porém, foram observadas diferenças significativas na composição de espécies nos grupos relevantes.

Um terceiro grupo (AB), intermediário entre A e B, caracterizou-se pela ocorrência de espécies que apresentaram um padrão de distribuição da abundância relativa, ao longo de um gradiente de poluição orgânica, intermediário entre aqueles observados nas espécies dos grupos A e B. Esse grupo não foi identificado na classificação proposta pelo sistema de sapróbios japonês (Kobayasi & Mayama, 1989) nem alemão (Lange-Bertalot, 1979). Embora o trabalho de Lobo *et al.* (1996) tivesse por base 79 amostras de diatomáceas epilíticas, a caracterização do grupo diferencial que inclui as espécies sensíveis à poluição, grupo C, não foi possível, em função dos baixos percentuais de abundância relativa das espécies observadas.

Com o objetivo de complementar o sistema de classificação original, durante os anos de 1996 a 1999, um novo conjunto de dados foi coletado em rios e arroios localizados na Região Hidrográfica do Guaíba, RS, principalmente em sistemas que apresentaram águas muito limpas ou excessivamente poluídas. Os resultados obtidos nessa pesquisa possibilitaram a caracterização de três grupos diferenciais de diatomáceas: grupo A (espécies mais tolerantes à poluição), grupo B (espécies tolerantes à poluição) e grupo C (espécies menos tolerantes à poluição). Para cada grupo, os seguintes valores sapróbicos foram atribuídos: 4 para as espécies do grupo A, 2,5 para as espécies do grupo B e 1 para as espécies do grupo C (Lobo *et al.*, 2002). Essa classificação, incluindo os valores sapróbicos que caracterizam cada grupo diferencial, pode ser utilizada para calcular índices bióticos da qualidade da água. Conforme proposto por vários autores (p. ex., Kobayasi & Mayama, 1989; Katoh, 1991; Lobo *et al.*, 1995), sugere-se a utilização do Índice Sapróbico (SI) de Pantle & Buck (1955).

No sistema preliminar proposto por Lobo *et al.* (1996), foi possível diferenciar um padrão de distribuição de diatomáceas em relação à poluição orgânica. Foi definido um grupo intermediário entre os grupos A e B, denominado AB, com uma média ponderada entre a abundância relativa das espécies e os valores da Demanda Bioquímica de Oxigênio após 5 dias (DBO$_5$) da água, dos pontos de coleta onde as amostras biológicas foram coletadas, que variou de 13 a 22 mg L^{-1}, caracterizando condições α-polissapróbicas de poluição (muito fortemente poluído). Para o grupo A foi estabelecida uma média ponderada acima de 22 mg L^{-1}, caracterizando condições polissapróbicas de poluição. No sistema proposto por Lobo *et al.* (2002), entretanto, nenhuma espécie apresentou uma média ponderada superior a 22 mg L^{-1}, sendo desnecessária, portanto, a divisão em dois grupos.

Assim, o grupo diferencial A ficou definido pelas espécies mais tolerantes à poluição, aquelas que apresentaram uma média ponderada acima de 13 mg L^{-1} para a DBO$_5$, caracterizando condições α-polissapróbicas de poluição. Da mesma forma, ficou operacionalmente definido que o grupo diferencial B de diatomáceas corresponde às espécies tolerantes à poluição, aquelas que apresentaram uma média ponderada entre 4 e 13 mg L^{-1} para a DBO$_5$, caracterizando condições α-mesossapróbicas de poluição (fortemente poluído). Igualmente, ficou operacionalmente definido que o grupo diferencial C de diatomáceas corresponde às espécies menos tolerantes à poluição, aquelas que apresentaram uma média ponderada abaixo de 4 mg L^{-1} para a DBO$_5$, caracterizando condições β-mesossapróbicas de poluição (moderadamente poluído).

Dentre os táxons reconhecidos mundialmente como espécies tolerantes à poluição orgânica, conforme Lange-Bertalot (1979), Kobayasi & Mayama (1989) e Watanabe *et al.* (1988), apenas *Luticola goeppertiana* (Bleisch) Mann e *Nitzschia palea* (Kutzing) Smith foram confirmadas por Lobo *et al.* (2002) como espécies características de ambientes polissapróbicos. Os autores classificam *Navicula cryptotenella* Lange-Bertalot no grupo C (espécies sensíveis à poluição) e *Navicula schroeterii* Meister no grupo C (Lange-Bertalot, 1979; Kobayasi & Mayama, 1989) e no grupo B (Watanabe *et al.*, 1988). Entretanto, em rios sul-brasileiros, essas espécies apresentaram uma distribuição típica do grupo A (médias ponderadas de 17,7 e 14,4 mg L^{-1}, respectivamente), que inclui as espécies mais tolerantes à poluição.

Por outro lado, *Gomphonema parvulum* (Kutzing) Kutzing e *Sellaphora seminulum* (Grunow) Mann, espécies reconhecidas como muito tolerantes à poluição, e que pertencem ao grupo A (Lange-Bertalot, 1979; Kobayasi & Mayama, 1989), apresentaram, conforme Lobo *et al.* (2002), uma distribuição típica do grupo B, com médias ponderadas iguais a 11,8 e 10,2 mg L^{-1}, respectivamente, caracterizando condições α-mesossapróbicas de poluição. Ainda, outro exemplo é *Achnanthidium exiguum* (Grunow) D.B. Czarnecki, considerada uma espécie sensível à poluição por Lange-Bertalot (1979) e Kobayasi & Mayama (1989). Entretanto, a média ponderada obtida para rios sul-brasileiros, 7,2 mg L^{-1}, demonstra que essa espécie apresenta tolerância maior à poluição do que aquela referida na literatura.

Os resultados obtidos no trabalho de Lobo *et al.* (2002) vêm confirmar os riscos na aplicação de sistemas de sapróbios em ecossistemas diferentes daqueles para os quais foram desenvolvidos, como seria o caso dos sistemas propostos por Lange-Bertalot (1979), Kobayasi & Mayama (1989) e Watanabe *et al.* (1988), já que a adoção direta destes na avaliação da qualidade da água em rios sul-brasileiros pode conduzir a uma interpretação equivocada da qualidade da água.

Com relação ao grupo diferencial C, que inclui as espécies menos tolerantes à poluição, observaram-se diferenças quando comparado com o grupo C de classificação do sistema proposto por Kobayasi & Mayama (1989), que caracteriza condições oligo/β-sapróbicas de poluição (ligeiramente poluídas), já que nos rios do sul do Brasil não foram observadas espécies com médias ponderadas abaixo de 2.0 mg L^{-1}, caracterizando, portanto, condições β-mesossapróbicas (moderadamente poluídas). Três espécies foram enquadradas no grupo C, *Frustulia rhomboides* (Ehrenberg) De Toni, *Gomphonema angustum* Agardh e *G. augur* Ehrenberg, e todas têm sido consideradas como espécies sensíveis à poluição (Kobayasi & Mayama, 1989).

Neste sentido, é interessante destacar que, mesmo tendo aumentado significativamente o tamanho da amostra, quando comparado o sistema de Lobo *et al.* (2002) com a classificação original (Lobo *et al.*, 1996), isto é, de 79 para 183 amostras, a caracterização do grupo diferencial C ficou prejudicada em função dos baixos percentuais de abundância relativa das espécies observadas. Essa situação poderia ser explicada levando-se em conta que os índices bióticos, como é o caso do índice sapróbico de Pantle e Buck, foram desenvolvidos para avaliar a poluição orgânica da água, desconsiderando os efeitos da eutrofização na composição biológica das biocenoses.

De fato, recentes trabalhos de monitoramento ambiental em sistemas hídricos da Região Hidrográfica do Guaíba, RS, realizados pelo Laboratório de Limnologia da Universidade de Santa Cruz do Sul, têm demonstrado que os mesmos já apresentam sinais evidentes de eutrofização (Lobo *et al.*, 2004a, b, c, d, e, 2010; Oliveira *et al.*, 2001; Wetzel *et al.*, 2002; Hermany *et al.*, 2006; Salomoni *et al.*, 2006, 2011; Schuch *et al.*, 2011; Dupont *et al.*, 2007). Ainda, segundo Tundisi (2006), essa condição caracteriza de forma generalizada os cursos d'água em toda a região Sul do Brasil, conforme resultados obtidos pelo Projeto Brasil das Águas.

Índice Biológico da Qualidade da Água (IBQA)

O sistema de sapróbios proposto por Lobo *et al.* (2002) foi desenvolvido para avaliar a poluição orgânica da água, tendo por base a DBO_5, desconsiderando, portanto, os efeitos da eutrofização na composição biológica das biocenoses. Neste contexto, Lobo *et al.* (2004a) propuseram a utilização do Índice Biológico da Qualidade da Água (IBQA), integrando os efeitos da contaminação orgânica, a partir da classificação descrita em Lobo *et al.* (2002), e da eutrofização, a partir dos valores indicativos obtidos com técnicas de análises multivariadas.

Para tal propósito, a partir da determinação dos distintos graus de tolerância à eutrofização das espécies de diatomáceas, tendo por base o gradiente ambiental definido pela variável fosfato, foram atribuídos valores indicativos de 1 a 5, correspondentes a níveis de tolerância muito baixa, baixa, média, alta e muito alta, respectivamente. Utilizando os valores indicativos para cada uma das espécies de diatomáceas, calcula-se o Índice Biológico de Qualidade da Água (IBQA):

$$IBQA = \frac{\sum (s \times h \times vi)}{\sum (h \times vi)}$$

em que *s* é o valor sapróbico das espécies, segundo a classificação proposta por Lobo *et al.* (2002); *h*, o percentual de ocorrência (abundância) de cada uma das espécies na amostra; e *vi*, o valor indicativo das espécies. A Tabela 1 apresenta a relação entre os valores do IBQA e a qualidade da água.

Tabela 1 Relação entre o Índice Biológico da Qualidade da Água (IBQA) e a qualidade da água (Lobo *et al.*, 2004a).

IBQA	Níveis de Poluição
≤ 1,00	Nula
1,01 – 1,47	Fraca
1,48 – 2,10	Moderada
2,11 – 2,80	Forte
2,81 – 4,00	Muito Forte

Neste contexto, para fins do cálculo do IBQA, a Tabela 2 apresenta os valores sapróbicos (*s*) e os valores indicativos (*vi*) das 48 espécies que foram classificadas como sendo importantes para o cálculo desse índice. Qualquer espécie que não esteja citada em uma das classificações, operacionalmente, se lhe atribui um valor sapróbico *s* = 1 e valor indicativo *vi* = 1, para calcular o IBQA.

Tabela 2 Lista de espécies utilizadas para o cálculo do Índice Biológico de Qualidade da Água (IBQA) para águas correntes sul-brasileiras (*s* = valor sapróbico, *vi* = valor indicativo), de acordo com Lobo *et al.* (2004a).

Espécies	*s*	*vi*
Achnanthes inflata (Kützing) Grunow	2.5	1.0
Achnanthidium exiguum var. *constrictum* (Grunow) Anderson, Stoermer e Kreis	2.5	5.0
A. minutissimum Sensu lato	2.5	3.0
Adlafia drouetiana (Patrick) Metzeltin e Lange-Bertalot	4.0	3.0
Amphipleura lindheimeri Grunow	4.0	3.0
Amphora montana Krasske	2.5	1.0
Cocconeis euglypta (Ehrenberg) Grunow	2.5	3.0
C. lineata (Ehrenberg) Van Heurck	2.5	2.0
Cyclotella meneghiniana Kützing	2.5	3.0
Cymbella affinis Kützing	2.5	3.0
C. tumida (Brébisson) Van Heurck	2.5	1.0
Diadesmis confervacea Kützing	2.5	1.0
D. contenta (Grunow ex V. Heurck) Mann	2.5	3.0
Encyonema perpusillum (Cleve) Mann	2.5	3.0
E. silesiacum (Bleisch) Mann	2.5	2.0
Eolimna minima (Grunow) Lange-Bertalot	1.0	4.0
Fallacia monoculata (Hustedt) Mann	4.0	5.0
Fragilaria capucina Desm. var. *rumpens* (Kützing) Lange-Bertalot	2.5	4.0
F. ulna (Nitz.) Lange-Bertalot var. *acus* (Kütz.) Lange-Bertalot	2.5	1.0
Geissleria aikenensis (Patrick) Torgan & Oliveira	2.5	1.0
Gomphonema angustatum (Kützing) Rabenhorst	2.5	4.0
G. angustum Agardh	1.0	2.0
G. clevei Fricke	4.0	3.0
G. gracile Ehrenberg	2.5	1.0
G. parvulum (Kützing) Kützing	2.5	4.0
G. pseudoaugur Lange-Bertalot	4.0	1.0

Tabela 2 Lista de espécies utilizadas para o cálculo do Índice Biológico de Qualidade da Água (IBQA) para águas correntes sul-brasileiras (*s* = valor sapróbico, *vi* = valor indicativo), de acordo com Lobo *et al.* (2004a) (*continuação*).

Espécies	*s*	*vi*
Gyrosigma acuminatum (Kützing) Rabenhorst	2.5	1.0
G. scalproides (Rabenhorst) Cleve	4.0	1.0
Luticola goeppertiana (Bleisch) Mann	4.0	1.0
Mayamaea atomus (Kützing) Lange-Bertalot	2.5	5.0
Melosira varians Agardh	4.0	3.0
Navicula cryptocephala Kützing	2.5	1.0
N. cryptotenella Lange-Bertalot	4.0	3.0
N. gregaria Donkin	2.5	3.0
N. rostellata Kützing	2.5	4.0
N. symmetrica Patrick	4.0	3.0
Nitzschia amphibia Grunow	4.0	2.0
N. linearis (Agardh) Smith	4.0	3.0
N. nana Grunow	4.0	1.0
N. palea (Kützing) Smith	4.0	3.0
Pinnularia gibba Ehrenberg	4.0	1.0
Planothidium lanceolatum (Brébisson ex Kützing) Lange-Bertalot	2.5	1.0
P. rostratum (Lange-Bertalot) Lange-Bertalot	4.0	2.0
Sellaphora pupula sensu lato	4.0	4.0
S. seminulum (Grunow) Mann	2.5	5.0
Surirella angusta Kützing	2.5	1.0
S. linearis Smith	2.5	1.0
Ulnaria ulna (Nitzsch) Compère	4.0	1.0

Estudos de Biomonitoramento na Região Sul

No Rio Grande do Sul, segundo Lobo *et al.* (2004*b*), os estudos de biomonitoramento mais representativos em relação às diatomáceas concentram-se basicamente nas regiões fisiográficas da Depressão Central e Planície Litorânea.

Lobo *et al.* (2010) pesquisaram a resposta da comunidade de diatomáceas epilíticas a gradientes ambientais na Bacia Hidrográfica do Rio Pardo, RS, entre 2001 e 2004, a partir da coleta de amostras mensais físicas, químicas e biológicas, em nove sítios de amostragem distribuídos ao longo da bacia. Um total de 270 táxons de diatomáceas pertencentes a 53 gêneros foram identificados, destacando-se *Nitzschia* Hasssall (12,2 %), *Navicula* (11,5 %) e *Gomphonema* Ehrenberg (7,4 %), pela riqueza de espécies. Os resultados indicaram que, dentre todas as variáveis físicas e químicas utilizadas, o principal gradiente estabelecido ao longo do primeiro eixo da análise de correspondência distendido (DCA) foi a eutrofização, verificada pela sua correlação significativa com a variável fosfato (P < 0,001). Desta forma, a pontuação de cada espécie ao longo desse primeiro eixo foi utilizada como critério operacional para indicar sua tolerância à eutrofização.

Assim, as oito espécies mais tolerantes à eutrofização foram: *Cyclotella meneghiniana* Kutzing, *Fallacia monoculata* (Hustedt) D.G. Mann, *Nitzschia acicularis* (Kutzing) W. Smith, *N. clausii* Hantzsch, *N. nana* Grunow, *N. palea*, *Sellaphora pupula* (Kutzing) Mereschkowsky sensu lato e *Ulnaria acus* (Kutzing) Aboal. Todas essas espécies são consideradas cosmopolitas, seguindo a classificação de Cocquyt (2000).

C. meneghiniana é uma das diatomáceas cêntricas de água doce mais amplamente estudadas (p. ex., Beszteri *et al.*, 2007), sendo considerada como a espécie mais comum e ocupando amplo espectro de tipos de hábitat (Håkansson, 2002). Conforme Van Dam *et al.* (1994), *C. meneghiniana* é uma espécie que ocorre em águas doces e salobras e em ambientes que variam de condições α-mesossapróbicas (poluição forte) a polissapróbicas (poluição muito forte). Segundo a classificação regional proposta por Lobo *et al.* (2004*a*), essa espécie apresenta uma tolerância média à contaminação orgânica (mesossapróbica) e tolerância média à eutrofização (mesotrófica).

Lobo *et al.* (2004*c*), trabalhando com arroios urbanos na cidade de Porto Alegre, RS, confirmaram um gradiente ambiental de eutrofização caracterizado pela variável fosfato, em que *C. meneghiniana* e *S. pupula* se apresentaram extremamente abundantes nessas altas concentrações de nutrientes. Segundo Salomoni *et al.* (2006), *S. pupula* apresentou-se abundante no trecho inferior do Rio Gravataí, RS, correspondendo à zona eutrófica fortemente contaminada por resíduos domésticos e industriais (valor médio para a concentração de fosfato total igual a 0,82 ± 0,44 mg L^{-1}). A Tabela 3 apresenta os níveis de contaminação (eutrofização) com base na concentração de fosfato total (mg L^{-1}), adaptado de Lobo *et al.* (2004b).

Wetzel *et al.* (2002), trabalhando nos trechos superiores, intermediários e inferiores da Bacia Hidrográfica do Rio Pardo, RS, registraram valores médios para a concentração de fosfato total iguais a 0,013, 0,054 e 0,134 mg L^{-1}, respectivamente, em três meses de amostragem, evidenciando um gradiente de eutrofização, desde condições oligotróficas até condições mesossapróbicas, poluição moderada, Classe "3" de Uso da Água do CONAMA (2005), destacando *S. pupula* nos trechos inferiores. A preferência dessa espécie por ambientes mais eutróficos foi registrada por Lobo *et al.* (2004c) nos arroios urbanos Condor e Capivara, na cidade de Porto Alegre, RS, onde os valores médios da concentração de fosfato total foram 0,12 e 0,45 mg L⁻¹, respectivamente.

S. pupula foi considerada espécie tolerante à poluição orgânica da água por Lobo *et al.* (2002), tendo sido atribuído um valor sapróbico $s = 4$, contudo, no Índice Biológico da Qualidade da Água (IBQA), proposto por Lobo *et al.* (2004a) para sistemas lóticos sul-brasileiros, essa espécie não apresentou correlação significativa com nenhum dos grupos diferenciais para eutrofização. Desta forma, a partir dos antecedentes expostos (Lobo *et al.*, 2004c, 2010; Salomoni *et al.*, 2006; Wetzel *et al.*, 2002), *S. pupula* é considerada como espécie tolerante à eutrofização, sendo que operacionalmente se lhe atribuí um valor indicativo $vi = 4$, para fins do cálculo do IBQA.

Tabela 3 Níveis de contaminação (eutrofização) com base na concentração de fosfato total (mg L⁻¹), adaptado de Lobo *et al.* (2004b). Categorias: < 0,032 (Haase *et al.* 1997); 0,033-0,050 (Train, 1979); 0,051-0,15 (CONAMA, 2005); > 0,15 (CONAMA, 2005).

Fosfato Total (mg L⁻¹)	Níveis de contaminação
< 0.032	Águas doces livres de contaminação
0.033 - 0.050	Causa problemas de eutrofização em arroios que desembocam em sistemas lênticos
0.051- 0.15	Poluição moderada (Classe "3" de Uso da Água)
> 0.15	Poluição Forte (Classe "4" de Uso da Água)

Van Dam *et al.* (1994) afirmam que *N. palea* é uma espécie polissapróbica indicadora de estados hipereutróficos. No Rio Gravataí, essa espécie foi encontrada em todas as amostras coletadas desde os trechos superiores até os inferiores, entretanto, as mais altas densidades populacionais foram registradas nos trechos inferiores (Salomoni *et al.*, 2006). Lobo *et al.* (2004*b*) verificaram altas abundâncias de *N. palea* e *S. pupula* em todas as amostras coletadas no Rio Pardinho, RS, no outono de 2002, quando a água foi classificada como fortemente poluída.

Ainda, Schneck *et al.* (2007) classificaram *N. palea* e *Luticola goeppertiana* como representativas de águas eutróficas em um riacho a uma altitude de aproximadamente 1000 m, em trecho impactado por efluentes de piscicultura, com significativo incremento nos teores de nutrientes e sólidos totais a jusante. Resultados semelhantes foram encontrados por Bruno *et al.* (2003) trabalhando com a comunidade de diatomáceas planctônicas no rio Quarto, Argentina, sob forte influência antropogênica. Por último, Bellinger *et al.*

(2006) reafirmam a validade da utilização de *N. palea* como indicadora de eutrofização por fósforo em arroios tropicais do leste da África.

Em sistemas lóticos do sul do Brasil, *N. palea* foi classificada como tendo uma tolerância média à eutrofização, mesotrófica, segundo Lobo *et al.* (2004*a*), e uma alta tolerância à contaminação orgânica, polissapróbica, segundo Lobo *et al.* (2002). Cabe destacar, contudo, que autores como Krammer & Lange-Bertalot (1988) afirmam que *N. palea* apresenta amplo intervalo de tolerância à contaminação orgânica, de condições mesossapróbicas a polissapróbicas, com ótimo ecológico em águas altamente poluídas. É importante notar que *N. palea* pertence ao gênero *Nitszchia* secção *Lanceolatae* Grunow, uma das secções mais problemáticas do gênero em virtude da falta de critérios taxonômicos a ser utilizados na microscopia óptica (Kobayasi *et al.*, 1985; Tudesque *et al.*, 2008).

De fato, como Trobajo & Cox (2006) afirmam, há considerável sobreposição no diagnóstico de caracteres morfológicos de *N. palea* e *N. palea* var. *debilis* (Kutzing) Grunow, em que a principal diferença entre ambos os taxa é a largura da valva. Essa situação tem conduzido a uma utilização equivocada desse táxon em estudos de biomonitoramento ambiental usando diatomáceas. Por exemplo, Lange-Bertalot (1980) considera *N. palea* como tolerante à poluição orgânica e *N. palea* var. *debilis* como tolerante somente a águas ligeiramente contaminadas. Segundo Lobo *et al.* (2004*b*), *N. palea* foi altamente abundante em todas as amostras coletadas no rio Pardinho, desde os trechos superiores até os inferiores, entretanto, as mais altas densidades foram observadas nos trechos inferiores. Esses resultados sugerem a possibilidade de que indivíduos identificados no sul do Brasil representem um complexo de espécies no lugar de um único taxa. Neste contexto, estudos mais detalhados da taxonomia, ecologia e genética deverão ser feitos para clarificar essa problemática.

Torrisi & Dell'Uomo (2006), ao trabalharem em alguns rios na Itália, encontraram *N. claussi* abundante nos trechos inferiores, classificados como corpos d'água com uma qualidade que varia de ruim a muito ruim, considerando matéria orgânica e nutrientes. Segundo Krammer & Lange-Bertalot (1988), essa espécie é tolerante a condições α-mesossapróbicas (poluição forte). *Nitzschia nana* é uma espécie típica saprófila (tolerante à eutrofização), segundo Watanabe *et al.* (1990), e também encontrada em ambientes mesotróficos a eutróficos (Lange-Bertalot & Steindorf, 1996).

Fallacia monoculata não estava incluída nas classificações brasileiras como espécie indicadora de contaminação orgânica e eutrofização (Lobo *et al.*, 2002, 2004a), entretanto, com base nos resultados de Lobo *et al.* (2010) e também nos de Souza & Senna (2009), *F. monoculata* é considerada como altamente tolerante a essas condições, sendo que operacionalmente lhe foi atribuído um valor sapróbico $s = 4$ e um valor indicativo $vi = 5$, para fins do cálculo do IBQA, proposto por Lobo *et al.* (2004a) para sistemas lóticos sul-brasileiros.

Os trabalhos apresentados evidenciam que as comunidades de diatomáceas epilíticas refletem a degradação da água por atividades humanas em sistemas lóticos subtropicais temperados, especialmente contaminação orgânica e processos de eutrofização. A presença de espécies altamente tolerantes a nutrientes em sistemas impactados implica atividades antropogênicas que estão sendo desenvolvidas em detrimento da conservação desses ecossistemas, e também corroboram a utilidade das diatomáceas epilíticas como indicadores ecológicos para o monitoramento da qualidade da água no sul do Brasil.

Com relação à elaboração de *Catálogos de Parâmetros Ecológicos* utilizando diatomáceas, segundo Moro & Furstenberger (1997), no Brasil foram desenvolvidos, até aquele período, três trabalhos com esse enfoque. Shirata (1985) publicou o *Catálogo de Diatomáceas (Chrysophyta, Bacillariophyceae) de água doce do Estado do Paraná, Brasil*, registrando 352 táxons, e Moreira Filho *et al.* (1990), a *Avaliação florística e ecológica das Diatomáceas (Chrysophyta, Bacillariophyceae) marinhas e estuarinas nos Estados do Paraná, Santa Catarina e Rio Grande do Sul*, com cerca de 850 táxons. Essas duas obras resumem as pesquisas desenvolvidas até 1989, respectivamente, nos dois ambientes. Por fim, Torgan & Biancamano (1991) publicaram o *Catálogo das Diatomáceas (Bacillariophyceae) referidas para o Estado do Rio Grande do Sul, Brasil, no período de 1973 a 1990*, em que 1229 táxons, tanto marinhos quanto continentais, estão classificados de acordo com seus hábitats e preferências ecológicas.

Moro & Furstenberger (1997) publicaram o *Catálogo dos Principais Parâmetros Ecológicos de Diatomáceas Não-Marinhas*, fornecendo os principais fatores ecológicos (salinidade, saprobidade, pH, corrente, hábitat, estado trófico e temperatura) de mais de 2.000 táxons ocorrentes em ambientes estuarinos e continentais.

Índices Tróficos

Segundo Ector & Rimet (2005), dentre os índices diatomológicos empregados para avaliar a qualidade da água, os mais amplamente usados na Europa têm sido o Índice de Poluição Específica (IPS) (CEMAGREF, 1982), o Índice Biológico de Diatomáceas (IBD) (AFNOR, 2000) e o índice de Eutrofização/Poluição de Dell'Uomo (EPI-D) (Dell'Uomo, 2004). A esse grupo de índices, Blanco *et al.* (2008) incorporaram o Índice Europeu (CEC) (Descy & Coste, 1990).

O índice trófico de diatomáceas (TDI), por sua vez, proposto por Kelly & Whitton (1995) e reavaliado por Kelly (1998) e Kelly *et al.* (2008), também tem sido amplamente utilizado na Comunidade Europeia, principalmente depois da publicação da Normativa de Tratamentos de Esgotos Urbanos da Comunidade Europeia, em 1991 (European Community, 1991). O TDI, assim como a grande maioria dos índices diatomológicos, utiliza a equação das médias ponderadas de Zelinka & Marvan (1961) para interpretar a estrutura da biocenose de diatomáceas epilíticas em termos da concentração de nutrientes no rio. Neste caso, a relação entre as espécies e o ambiente foi estabelecida a partir da análise dos gráficos que resumem as contagens percentuais para cada táxon *versus* a concentração de fosfato da água onde as amostras biológicas foram coletadas.

Segundo Kelly & Whitton (1995), um índice funcional requer tanto uma medida da eutrofização quanto uma indicação da proporção dessa eutrofização associada à poluição orgânica. O TDI preenche esse requisito, uma vez que a indicação de poluição orgânica é feita a partir do cálculo percentual de valvas das espécies características de águas organicamente poluídas, como, por exemplo, *Gomphonema parvulum*, *Navicula gregaria* Donkin, *Planothidium lanceolatum* (Brébisson ex Kutzing) Lange-Bertalot e pequenas formas dos gêneros *Navícula*, *Sellaphora* e *Nitzschia*.

Comparativamente à utilização desses índices tróficos, o Índice Biológico da Qualidade da Água (IBQA), proposto por Lobo *et al.* (2004a), incorpora uma resposta integrada da comunidade de diatomáceas epilíticas a processos de eutrofização e contaminação orgânica em rios sul-brasileiros, algo inédito no Brasil. Na América Latina, Gomez & Licursi (2001) publicaram a utilização de um índice regional para avaliar a qualidade da água de rios e arroios da planície Pampeana da Argentina, denominado Índice de Diatomáceas Pampeano (IDP). Para a formulação do índice, 210 espécies foram classificadas de acordo com suas tolerâncias à eutrofização e poluição orgânica, considerando suas respostas às concentrações de fosfato, nitrogênio amoniacal e demanda bioquímica de oxigênio. Distintamente do IBQA, que utiliza a comunidade de diatomáceas epilíticas, o IDP baseia-se na sensitividade da biocenose de diatomáceas epipélicas, integrando os efeitos do enriquecimento orgânico e eutrofização.

Na América Central, Michels-Estrada (2003), investigando a ecologia das comunidades de diatomáceas bentônicas em diversos rios e arroios da Costa Rica, destaca a urgente necessidade do estabelecimento de uma base de informações a respeito da ecologia dos ecossistemas aquáticos nos trópicos, objetivando o desenvolvimento de metodologias eficientes para o monitoramento da qualidade da água. Neste sentido, destaca-se também o trabalho de Silva-Benavides (1996).

Cabe ressaltar que o aumento dos riscos ambientais e para a saúde, em virtude da degradação cada vez maior da qualidade das águas superficiais, não é inteiramente resultante da lacuna de uma política econômica e ambiental adequada nem da inexistência de soluções técnicas ou tecnológicas. A análise das razões da ocorrência de certos fenômenos desfavoráveis nos ecossistemas aquáticos, em especial no processo de eutrofização, posiciona o problema também em uma categoria ética. O meio ambiente aquático afeta a qualidade da vida humana e, ao mesmo tempo, depende diretamente do comportamento de cada membro da comunidade. Deve-se, portanto, promover a cultura ambiental do povo utilizando métodos formais e informais de educação (UNEP-IETEC, 2001).

Neste sentido, por conta de sua simplicidade operacional, o IBQA poderá ser usado como interface em atividades educacionais, tais como feiras de ciências ou projetos pedagógicos em ciências naturais, possibilitando o desenvolvimento de uma prática educativa de cunho construtivista que atenda às demandas da atual legislação educacional brasileira, a partir da manipulação e observação concreta dos efeitos antrópicos sobre o meio ambiente aquático.

Duas iniciativas bem-sucedidas envolvendo o uso de sistemas de bioindicadores como instrumento de coleta de informações em programas educacionais e de monitoramento participativo podem ser encontradas na África do Sul e na Austrália.

No primeiro, como parte integrante do Programa Nacional de Saúde dos Rios, pesquisadores desenvolveram uma técnica de mensuração da qualidade geral da água que se baseia na sensibilidade da fauna aquática à poluição dos córregos. Uma versão simplificada desse sistema foi repassada para escolas e associações civis organizadas, dando origem ao que ficou conhecido como "Ferramenta Comunitária de Monitoramento da Saúde dos Rios da África do Sul" (http://www.riverhealth.co.za). Já na Austrália, uma instituição chamada Waterwatch (http://www.vic.waterwatch.org.au/about/) coordena, em todo o país, grupos comunitários e escolas no desenvolvimento de programas de coleta de informações sobre a qualidade da água utilizando indicadores biológicos (macroinvertebrados bentônicos). Em ambos os casos foi possível construir, com a ajuda da sociedade, um banco de informações sempre atualizado sobre a situação dos recursos hídricos de cada região. Esse conhecimento é usado pelas agências governamentais locais para tomada de decisões e ações que envolvam os usos múltiplos dos mananciais.

Evidentemente, essas ações só puderam ser realizadas a partir do momento em que as universidades assumiram seu papel de descodificadoras da informação científica, auxiliando no processo de difusão das informações e esclarecimentos, no sentido de garantir maior compreensão dos programas científicos e dos projetos, mostrando de forma clara sua aplicação prática. A realização de cursos de treinamento para professores e alunos sobre matérias relacionadas aos mananciais, excursões de campo, observações e experiências contribuem para aumentar o interesse, facilitar a troca de ideias e auxiliar na recuperação da "memória ambiental". Também a realização de cursos destinados aos representantes de comitês de bacias hidrográficas, prefeituras e outras universidades auxilia no fomento da permanência de pessoal qualificado nas instituições relacionadas às águas, bem como para trocas de experiências em nível regional e nacional. A educação, o treinamento e a consciência popular são decisivos para o desenvolvimento sustentado dos recursos hídricos (UNEP-IETEC, 2001).

Normativa Marco da Água (NMA)

A Normativa Marco da Água (European Union, 2000), aprovada pela União Europeia em 2000, estabelece o marco comunitário de atuação no âmbito da política da água e apresenta por objetivo prioritário atingir o "Bom Estado Ecológico" dos sistemas aquáticos (águas superficiais, estuarinas, costeiras e subterrâneas) até o ano de 2015. Especificamente, a NMA objetiva o uso racional dos recursos hídricos e a conservação, proteção e melhoria da qualidade dos sistemas aquáticos. Do ponto de vista dos procedimentos, a NMA requer a tipificação dos corpos d'água continentais, bem como o estabelecimento das condições de referência para cada tipologia, com base em indicadores hidromorfológicos, físicos, químicos e biológicos. Segundo Trobajo (2005), é importante destacar que a NMA é a primeira norma em gestão da água que inclui os conceitos de "Estado Ecológico" e "Estado de Referência" dos sistemas aquáticos.

A NMA é uma ferramenta fundamental que orienta todas as ações dirigidas à melhoria da saúde dos ecossistemas aquáticos, indica as estratégias para as atividades de monitoramento, estabelece os objetivos de qualidade e as diretrizes para o enfoque integrado no manejo de ecossistemas (Ziglio *et al.*, 2006). De forma geral, a NMA marca uma mudança significativa a partir de uma visão antropocêntrica para um enfoque holístico centrado no ecossistema. Nesta visão, o homem pode ser visto como um elemento do sistema e o principal consumidor de seus serviços.

Ainda segundo os mesmos autores, as normas anteriores, por exemplo, a European Community (1991), faziam uso extensivo de parâmetros físicos, químicos e microbiológicos, enquanto a NMA se concentra na avaliação dos efeitos da poluição nas comunidades bióticas. Neste enfoque revolucionário, os seres vivos são considerados indicadores privilegiados da saúde dos corpos da água, por serem capazes de integrar as pressões advindas dos componentes bióticos e abióticos dos ecossistemas.

O estado ecológico é uma expressão da qualidade da estrutura e funcionamento dos ecossistemas aquáticos associados às suas águas superficiais (Kelly *et al.*, 2008), uma definição muito parecida com aquela proposta por Cairns

& Pratt (1992) para a "Saúde Ecológica" ou "Integridade Ecológica" dos ecossistemas aquáticos. Cinco classes de estados ecológicos foram definidas (ótimo, bom, moderado, ruim e péssimo), a partir da comparação com a biota esperada em corpos d'água sujeitos a nenhuma ou mínima alteração antropogênica. O objetivo é atingir, no mínimo, um estado ecológico "Bom" em todos os corpos d'água até 2015.

Diferentes elementos dos ecossistemas lóticos podem ser usados como indicadores da qualidade biológica das águas doces: invertebrados bentônicos, macrófitas, algas bentônicas (diatomáceas), peixes e fitoplâncton. Adicionalmente a esses elementos estritamente biológicos, relevância é dada também aos elementos hidromorfológicos, físicos e químicos que suportam os biológicos (Ziglio *et al.*, 2006). Os elementos hidromorfológicos são: regime hidrológico, quantidade e dinâmica do fluxo d'água, conexão com águas subterrâneas, continuidade do rio, condições morfológicas, profundidade do rio e variação da largura, estrutura e substrato do leito do rio e estrutura da zona ripária do rio. Os elementos físicos e químicos são: condições termais, condições de oxigenação, salinidade, acidificação, nutrientes e poluentes.

Segundo Kelly *et al.* (2008), há significativas implicações econômicas e regulatórias associadas com os limites entre estado ecológico "Bom" e "Moderado", uma vez que a definição desses estados dada pela NMA é imprecisa. Estado Ecológico Bom ocorre quando "os valores dos elementos da qualidade biológica para a superfície dos corpos d'água mostram baixos níveis de distorções resultantes da atividade humana, porém, 'ligeiramente desviados' daqueles normalmente associados com a superfície dos corpos d'água que não apresentam condições de distúrbios". Já a definição para "Estado Ecológico Moderado" estabelece que "a composição das macrófitas e do fitobentos difere 'moderadamente' da comunidade tipo-específica e é significativamente mais distorcida do que a do estado ecológico bom". Essas definições permitem uma série de interpretações, entretanto, os autores acreditam que todos os enfoques para definir os limites entre os estados ecológicos deveriam ser confrontados com a definição de estado ecológico dada pela NMA, a qual enfatiza a estrutura e o funcionamento dos ecossistemas aquáticos.

Segundo Kelly (2005), um fator determinante será uma definição objetiva do "bom estado ecológico" dos sistemas aquáticos que possa ser aplicada em qualquer corpo d'água que pertença aos países membros da NMA e que possa ser confrontada com qualquer definição usada na União Europeia. Um bom estado ecológico precisará combinar informação da biota aquática como um todo, incluindo algas, macrófitas, invertebrados e peixes. A NMA conclama para que os estados ecológicos sejam medidos a partir dos desvios de valores que deveriam ser obtidos de sítios semelhantes, livres de qualquer estresse induzido pela ação antrópica, o que requer o estabelecimento de uma rede de "Sítios de Referência" para ser utilizada como padrão de comparação em relação aos desvios que possam ser medidos.

O estabelecimento de "sítios de referência livres da influência antropogênica" tem sido um dos principais problemas apontados por todos os estados membros, haja visto a forte dependência da disponibilidade de dados confiáveis. Os critérios utilizados para escolher os sítios de referência variam entre os estados membros, destacando usos do solo, valores da DBO_5, oxigênio e nutrientes (fósforo e nitrogênio). Contudo, o consenso foi que o critério "uso do solo" fornece o meio mais confiável para selecionar sítios de referência, embora essas informações não estivessem disponíveis para todos os estados membros, tendo havido, portanto, a participação de expertos no processo de seleção desses sítios.

A busca por "sítios de referência" em rios europeus tem sido uma tarefa árdua, considerando a longa história do estabelecimento humano nesse continente. A suposição básica é que um sítio livre de pressões antropogênicas terá uma "biota natural", logo, em teoria, os sítios de referências poderiam ser selecionados de um conjunto de sítios nos quais essas pressões não ocorrem (Stoddard *et al.*, 2006). Wallin *et al.* (2005) interpretam condições de referência como: "O estado no presente, ou no passado, que apresenta níveis muito baixos de pressões antrópicas, sem os efeitos da industrialização, urbanização e intensificação da agricultura, e com somente pequenas modificações fisicoquímicas, hidromorfológicas e biológicas". Todos os estados membros estão conscientes da necessidade de interpretar essas definições no contexto da realidade europeia, que tem sido submetida a uma significativa influência humana há milênios. A definição de Wallin *et al.* (2005) sugere um número de possíveis enfoques para determinar as condições de referência, incluindo a utilização de dados sobre o uso do solo, determinando a ausência de impactos físico-químicos ou hidromorfológicos e a avaliação direta dos elementos biológicos.

A NMA lida, ainda, com os requerimentos adicionais para o monitoramento biológico de áreas protegidas (European Union, 2000). Áreas protegidas incluem corpos de água superficiais e subterrâneos utilizados para captação de água potável, hábitat e áreas de proteção de espécies, áreas para balneabilidade e as zonas vulneráveis e sensíveis (European Commission, 1992).

A NMA define que áreas protegidas correspondem ao ponto de partida para a definição de planos de monitoramento, uma vez que nelas ocorrem os mais altos níveis de qualidade biológica, considerando que o principal papel de uma área protegida é a manutenção e melhoramento das condições ecológicas dessas características biológicas. De fato, áreas protegidas favorecem a preservação da biodiversidade, prevenindo a perda de espécies, além de apresentar importante papel ecológico na caracterização do ecossistema, em virtude de sua função como "corredor biológico" e fonte de recolonização faunística (Pressey *et al.*, 1993). De forma geral, verifica-se uma diminuição da qualidade biológica e funcionamento dos ecossistemas lóticos, motivo pelo qual o interesse em uma melhor organização e planejamento de áreas protegidas juntamente com a conservação da vida silvestre está aumentando (Lowe, 2002). A restauração e o manejo sustentável de áreas protegidas visando recuperar as funções naturais dos rios e reduzir as fontes de poluição são essenciais para melhorar a qualidade biológica das águas correntes (Osborne & Kovacic, 1993).

Considerações Finais

De acordo com Rocha (1992), as informações biológicas dirigidas para o controle da qualidade da água, no caso específico as algas, são ainda incipientes e pouco entendidas. Além disso, é flagrante a falta de conhecimento ecológico por parte dos gestores públicos que exploram pobremente as informações oriundas do uso de tal tecnologia.

A distância entre o conhecimento produzido nos meios acadêmicos e sua aplicabilidade nas rotinas de trabalho em autarquias ambientais, somada ao fato de que grande parte da microflora do Brasil e da região neotropical é ainda desconhecida, contribuem para o quadro geral de falta de recursos humanos especializados, principalmente no que tange ao aspecto taxonômico. A grande maioria dos técnicos e pesquisadores brasileiros trabalha em pesquisas voltadas para o estudo de efluentes industriais e domésticos e para o fornecimento de água para o abastecimento público, em que a necessidade de ações imediatas inerentes a essas atividades dificulta a realização de estudos taxonômicos aprofundados.

Essas considerações reforçam a importância da criação de grupos de pesquisa dedicados ao trabalho com taxonomia e o desenvolvimento de um Centro Nacional de Taxonomia, que funcionaria como um banco de dados da microflora, possibilitando o intercâmbio de conhecimento entre pesquisadores e instituições brasileiras. Bicudo & Menezes (1996), em uma análise sobre a biodiversidade de algas de águas continentais no Brasil, salientam que a maioria dos trabalhos publicados baseia-se em coletas aleatórias, apresentando como principais problemas os listados a seguir:

1. As coletas são pontuais, baseadas apenas em uma amostra, consequentemente, não representam a variação espacial e temporal do ambiente.

2. Essas coletas constituem-se de material planctônico, com alguma inclusão de material aderido a plantas submersas (perifíton) ou massas de algas flutuantes.

3. Grande parte das floras algais é obtida de amostras tomadas na zona do litoral e na superfície das águas.

4. Estudos ecológicos com base em comunidades de algas de águas continentais, em geral, abrangem coletas mensais, perfazendo um ciclo sazonal completo, com amostras tomadas em diferentes profundidades.

5. Pesquisas com algas perifíticas são mais recentes no Brasil e na maioria das vezes são obtidas através de substratos artificiais, desconsiderando substratos naturais.

6. Inexistência de um catálogo de algas de águas continentais no Brasil. Entretanto, o conhecimento da maioria dos grupos de algas reflete a distribuição geográfica dos especialistas, concentrados nas regiões Sudeste e Sul do País.

A análise realizada por Menezes & Dias (2001) para o Rio de Janeiro demonstrou que ocorreu expressiva contribuição estrangeira desde o primeiro registro de Martius (1833, apud Menezes & Dias, 2001) até a década de 1950. A partir daí constata-se participação mais expressiva de pesquisadores brasileiros, principalmente durante as décadas de 1980 e 1990, representando 56% dos trabalhos do período. Esses autores, que realizaram levantamentos sobre o estado atual do conhecimento da biodiversidade de algas de águas continentais no Brasil, alertam para alguns aspectos que podem auxiliar na solução das lacunas existentes:

1. Deve haver esforços no sentido de publicar manuais e chaves de identificação para algas de água doces no Brasil.

2. Comunidades perifíticas devem ser incluídas nos programas de amostragem dos taxonomistas, pois apresentam comunidades ricas que incluem material planctônico e espécies aderidas (atachadas).

3. Treinamentos de novas gerações de taxonomistas devem ser buscados nos centros de excelência do País.

4. Programas de inventário de biodiversidade devem ser apoiados pelas agências de fomento à pesquisa.

5. Promover a conscientização da iniciativa privada quanto à importância do conhecimento da biota e do funcionamento dos ecossistemas aquáticos continentais.

A partir do exposto, fica evidente a escassez de trabalhos que versem sobre o uso de comunidades de microalgas aplicadas ao biomonitoramento em sistemas de águas correntes. De fato, o conhecimento da flora de algas é parcial; muitas bacias hidrográficas carecem de estudos recentes ou históricos, e é muito frequente que, quando se realiza um estudo florístico, haja um aporte importante de novas ocorrências, não só para a região, mas para o país ou a ciência. Há, portanto, muito trabalho pendente a realizar sobre a flora de bacias hidrográficas, e é necessário aumentar os esforços para definir melhor a autoecologia das espécies visando otimizar sua utilização como bioindicadores.

Existe suficiente pessoal técnico com formação adequada para levar a cabo essa tarefa? Atualmente, é peremptória a necessidade de estabelecer mecanismos de formação e atualização do pessoal técnico encarregado da realização dessas pesquisas, considerando o nível de precisão necessário para reconhecer e diferenciar as variadas espécies. Seria interessante levar essa discussão às sociedades científicas (p. ex., Sociedade Brasileira de Ficologia, Sociedade Botânica do Brasil,), como aglutinantes dos expertos em todo esse processo, no intuito de incentivar a elaboração de cursos periódicos de formação, visando à homogeneização de métodos e critérios taxonômicos.

Por último, o foco dos programas de monitoramento ambiental na Europa está mudando com a adoção da Normativa Marco da Água (NMA), a partir de uma visão antropocêntrica para um enfoque holístico centrado no ecossistema. Nesta visão, o homem pode ser visto como um elemento do sistema e o principal consumidor de seus serviços. A NMA apresenta por objetivo prioritário atingir o "Bom Estado Ecológico" dos sistemas aquáticos (águas superficiais, estuarinas, costeiras e subterrâneas) até o ano de 2015. Cinco classes de estados ecológicos foram definidas (ótimo, bom, moderado, ruim, péssimo), a partir da comparação com a biota esperada em corpos d'água sujeitos a nenhuma ou mínima alteração antropogênica.

Um fator determinante para a implementação dessa norma será uma definição objetiva do "Bom Estado Ecológico" dos sistemas aquáticos que possa ser aplicada em qualquer corpo d'água que pertença aos países membros da NMA e que possa ser confrontada com qualquer definição usada na União Europeia. Um bom estado ecológico precisará combinar informação da biota aquática como um todo, incluindo algas, macrófitas, invertebrados e peixes. A norma conclama para que os estados ecológicos sejam medidos a partir dos desvios de valores que deveriam ser obtidos de sítios semelhantes, livres de qualquer estresse induzido pela ação antrópica, o que requer o estabelecimento de uma rede de "Sítios de Referência" para ser utilizada como padrão de comparação em relação aos desvios que possam ser medidos.

Neste contexto, certamente, as discussões em torno da Normativa Marco da Água Europeia deverão nortear as diretrizes a serem implementadas no Brasil e na América Latina, na busca de um modelo de gestão que possa ser adotado para o uso racional dos recursos hídricos e a conservação, proteção e melhoria da qualidade dos sistemas aquáticos. O foco principal, agora, deverá se concentrar na avaliação dos efeitos da poluição nas comunidades bióticas. Neste enfoque revolucionário, os seres vivos são considerados indicadores privilegiados da saúde dos corpos d'água, por serem capazes de integrar as pressões advindas dos componentes bióticos e abióticos dos ecossistemas.

Desta forma sugere-se, numa primeira etapa, o direcionamento dos esforços na busca por "Sítios de Referência" em rios brasileiros, na tentativa de unificar critérios [uso do solo, valores da DBO_5, oxigênio e nutrientes (fósforo e nitrogênio), entre outros] que possibilitem a definição de parâmetros ecológicos necessários para atingir o "Bom Estado Ecológico" dos sistemas aquáticos no Brasil.

Agradecimentos – O autor gostaria de agradecer, de forma geral, aos bolsistas de Graduação (Programas de Iniciação Científica do CNPq, FAPERGS, PUIC/UNISC) e Pós-Graduação (bolsistas CNPq, PROSUP/CAPES e FAPERGS do Programa de Mestrado em Tecnologia Ambiental da UNISC), vinculados ao Laboratório de Limnologia da UNISC, que na última década têm contribuido significativamente para o avanço da ciência na área da bioindicação com perifíton, sob minha orientação, possibilitando o estabelecimento das bases quantitativas deste capítulo. Ao programa FAP (Fundo de Apoio à Pesquisa) da UNISC, pela concessão de bolsas de pesquisa nos últimos dez anos. O autor agradece, também, ao CNPq, pelo apoio financeiro de projetos na área (Edital MCT/CNPq, CTHidro n° 27/2008, Edital MCT/CNPq/Universal n° 14/2011).

Enriquecimento e Difusão de Sais em Substratos: Aspectos Ecológicos e Aplicações

13

Fabiana Schumacher Fermino

Introdução

A eutrofização de corpos de águas continentais consiste no enriquecimento com nutrientes, principalmente fósforo e nitrogênio, que entram como solutos e se transformam em partículas orgânicas e inorgânicas (Galli & Abe, 2010). Quando citamos enriquecimento por nutrientes, estamos considerando os processos de crescente eutrofização das mais diferentes causas – naturais ou artificiais – que ocorrem em sistemas continentais. As principais fontes desse enriquecimento têm sido identificadas como as descargas de esgotos domésticos e industriais dos centros urbanos e a poluição difusa originada nas regiões agricultáveis. Embora a intensidade e diversidade dessas atividades variem de acordo com a população na bacia de drenagem, todas geram impactos e deterioração da qualidade da água, bem como interferem na quantidade de água disponível.

Tais nutrientes – nitrogênio e fósforo – são comumente limitantes para o crescimento das algas em geral, incluindo as perifíticas. O fósforo é considerado um nutriente essencial à produtividade primária nos ecossistemas aquáticos. Quando disponível em maior quantidade, ele é rapidamente assimilado, provocando aumento na biomassa. A biomassa de algas perifíticas, desenvolvida particularmente sobre macrófitas aquáticas, pode ser utilizada como parâmetro de monitoramento de estado trófico do corpo d'água (Hilton *et al.*, 2006).

As principais mudanças na qualidade da água geradas pela eutrofização artificial são a redução de oxigênio dissolvido, a perda da qualidade cênica, que representa as características estéticas do ambiente e seu potencial para lazer, a morte extensiva de peixes e o aumento da incidência de florações de microalgas e cianobactérias, com consequências negativas sobre a eficiência e o custo de tratamento da água, no caso de manancial de abastecimento público (Branco *et al.*, 2006).

O presente capítulo tem por objetivo proporcionar uma visão geral sobre a questão do enriquecimento de nutrientes, especificamente fósforo e nitrogênio, através da técnica de Substratos Difusores de Nutrientes (SDN), que é utilizada como substrato para o desenvolvimento de algas do perifiton. O estudo contempla, basicamente, aplicações dos SDN para o desenvolvimento da comunidade de algas perifíticas sobre o substrato, podendo ser utilizado para avaliar a resposta dessa comunidade perante processos de eutrofização. Este capítulo apresenta uma metodologia detalhada sobre os substratos difusores de nutrientes e faz considerações gerais sobre o desenvolvimento da comunidade de algas perifíticas.

A técnica de SDN utilizada com enriquecimento por fósforo e nitrogênio para desenvolvimento da comunidade perifítica apresenta algumas vantagens, como, por exemplo, a de que os sais são continuamente liberados para o meio e o não confinamento da comunidade (como no caso de mesocosmos), simulando, desta forma, condições mais próximas do ambiente natural. Além disso, o hábito do perifíton (associado a superfícies submersas) reforça o êxito na aplicação dessa técnica.

Principais aplicações dos Substratos Difusores de Nutrientes (SDN)

O perifíton é definido, por Wetzel (1983), como uma unidade ecológica, conceito aprovado pelos especialistas que pesquisam diferentes compartimentos do perifíton. Pelo tipo de hábitat, seu desenvolvimento é favorecido nos ecossistemas rasos, em função da disponibilidade de luz e presença de vários tipos de substratos, tais como macrófitas aquáticas, rochas e sedimentos.

Com o reconhecimento de que a maioria dos ecossistemas lacustres no mundo é rasa, com predomínio de regiões de interface terra-água (Wetzel, 1996), os estudos sobre a comunidade perifítica tornaram-se essenciais para a melhor compreensão ecológica dos ecossistemas aquáticos continentais. Essa comunidade desempenha reconhecido papel no fluxo energético e ciclagem de materiais, consistindo na fonte principal ou dominante de síntese de matéria orgânica na região litoral dos ecossistemas rasos, sendo responsável pela fixação de carbono e sequestro de nutrientes essenciais, como nitrogênio e fósforo, tornando-os disponíveis aos consumidores (Wetzel, 1996; Dodds, 2003).

Desta forma, as algas perifíticas são componentes-chave no ecossistema lacustre, tanto para os ciclos de nutrientes quanto para a cadeia alimentar (Lowe & Pan, 1996; Wetzel, 2001; Vadebooncoeur & Steinman, 2002). É notória, ainda, a expressiva biodiversidade dessa comunidade, mesmo em relação ao fitoplâncton (Ferragut *et al.*, 2005), que resulta da heterogeneidade de hábitats, aliada às diferentes estratégias para a colonização dos substratos (Stevenson, 1996; Goldsborough & Robinson, 1996), bem como da interação e do intercâmbio de espécies com a comunidade fitoplanctônica (Margalef, 1998; Tanigushi *et al.*, 2005).

O enriquecimento experimental por nutrientes (N e/ou P) sobre o perifíton vem sendo empregado de forma crescente em diferentes abordagens: na acumulação de biomassa (Allen & Hershey, 1996; Havens *et al.*, 1999; Tank & Dodds, 2003), na composição química, na estequiometria celular, nas espécies descritoras, na enzima fosfatase (McCormick *et al.*, 1998; Francoeur *et al.*, 1999, Pan *et al.*, 2000; Hill *et al.*, 2000; Vadeboncoeur & Steinman, 2002), entre outras.

Estudos apontam a importância do perifíton não apenas para o diagnóstico de impacto ambiental, mas também para detectar sinais precoces de eutrofização e estabelecer metas de recuperação (McCormick & Stevensom, 1988; McCormick *et al.*, 2001). As propriedades qualitativas e quantitativas dessa comunidade resultam da interação de uma série complexa de aspectos ambientais, definidos pela escala do sistema aquático, tais como fatores físicos, químicos e biológicos, bem como pela escala da paisagem, como geologia, clima e atividades humanas (Biggs, 1996; Pan *et al.*, 2000).

Entretanto, há escassez de informações ecológicas sobre o uso do perifíton na avaliação da disponibilidade de nutrientes e da qualidade ecológica dos ecossistemas em regiões tropicais, não se constituindo o Brasil uma exceção, conforme síntese em Huszar *et al.* (2005). Mais escassos ainda são trabalhos experimentais que utilizaram como técnica substratos difusores de nutrientes (SDN). No Brasil há oito trabalhos experimentais de manipulação de nutrientes com perifíton: dois realizados em lagoas marginais, no Estado de São Paulo (Suzuki, 1991) e no Amazonas (Engle & Melack, 1993), um em reservatório também no Estado de São Paulo (Cerrao *et al.* 1991) e apenas um em sistema lótico com SDN, situado em Minas Gerais (Mendes & Barbosa, 2002). Cinco foram realizados na área do Parque Estadual das Fontes do Ipiranga (PEFI) em São Paulo, sendo especificamente delineados para avaliar a questão da limitação de nutrientes (Ferragut, 1999, 2004 – utilizando SDN; Barcelos, 2003), comparar a estrutura específica da comunidade perifítica natural de duas represas com estados tróficos extremos (Vercellino, 2001) e, finalmente, avaliar o efeito da escala sazonal em represa mesotrófica na limitação de nutrientes utilizando substratos difusores de nutrientes (Fermino, 2006).

Metodologia dos SDN

A metodologia dos substratos difusores de nutrientes (SDN) envolve vários aspectos e depende do objetivo maior do experimento. Esses objetivos podem ser sobre o desenvolvimento da comunidade perifítica para avaliar os teores de sais e efeitos da variação limnológica ou para servir de base (primeiro nível) em uma cadeia trófica. Nestes, os principais tópicos que devem ser avaliados são: o tipo de substrato empregado (ou a unidade experimental), os sais que serão utilizados, quantidades dos sais, como, onde e por quanto tempo seu substrato ficará submerso na água e a composição de sais do local do experimento.

Em Fermino *et al.* (2004) há uma descrição detalhada da difusão de nitrogênio e fósforo em unidades experimentais em condições controladas de laboratório durante 30 dias consecutivos, para posterior aplicação em campo.

Descrevem-se a seguir os passos e detalhes da metodologia.

1. Substrato para o perifíton: o principal substrato utilizado para o desenvolvimento da comunidade perifítica é a malha de plâncton (malha de monofilamento), com abertura de 20 μm de diâmetro de poro. Essa malha é inerte do ponto de vista químico, permite difusão dos nutrientes, bem como adesão de organismos diminutos pela baixa porosidade da rede. Ainda se trata de um produto nacional de fácil aquisição e manuseio.

2. Solução de agar 2%: é o meio onde são dissolvidos os sais. Importante considerar que o produto a ser utilizado (a marca escolhida) garanta uma pureza de 99,8% ou mais. Utilizar água bideionizada para elaborar o agar. Há muitas marcas de sais e de agar no mercado para comercialização, no entanto, poucas apresentam descrito em seu rótulo um alto grau de pureza. Cuidados necessários: fungos "adoram" sais de fósforo, portanto, lavar o local de trabalho (bancada) com hipoclorito de sódio antes de iniciar o manuseio! A concentração mais utilizada é de 2% (Fairchild & Lowe, 1984; Fairchild *et al.*, 1985; Carrick *et al.*, 1988; Rugenski *et al.*, 2008).

3. Enriquecimento com sais: definidos quais sais serão utilizados, deve-se calcular suas concentrações. A concentração destes sais deve ser calculada anteriormente ao experimento em campo, durante a preparação em laboratório, e é preciso considerar qual a razão atômica entre os sais que se pretende aplicar, sendo que já deve estar definida, para tanto, a unidade experimental que será utilizada. Os principais sais utilizados em experimentos de fertilização de substratos são nitrogênio e fósforo. Por exemplo: nitrato de sódio ($NaNO_3$ pa.) e fosfato monobásico de potássio (Na_2HPO_4 pa.) em solução de agar 2%.

Cálculo da quantidade de sais a serem utilizados em experimentos

Etapas do cálculo

O cálculo será apresentado como um exemplo, utilizando os sais $NaNO_3$ e KH_2PO_4, em uma razão atômica igual a 15:0,75M (N) e 0,05M (P).

1. Conhecer a massa atômica destes elementos (consultar a tabela periódica):

N = 14,0

P = 30,97

H = 1,007

O = 16,0 (15,99)

Na = 23,0 (22,98)

K = 39,1

2. Somar as massas atômicas:

Exemplo A: $NaNO_3 \rightarrow 23 + 14 + 48 = 85$ g

85 g _______________ 14 g   em que: 0,75 x 14 = 10,5 g N/L

  x g _______________ 10,5 g

x = 63,75 g de $NaNO_3$, que equivale a 0,75M

Obs: este valor calculado é para 1 litro. É necessário saber a quantidade do seu substrato difusor de nutrientes e fazer a proporcionalidade.

Exemplo B: $KH_2PO_4 \rightarrow 39,1 + 2,014 + 30,97 + 64 = 136,08$ g

136,08 g _______________ 30,97 g   em que: 0,05 x 30,97 = 1,548 g P/L

     x g _______________ 1,548 g

x = 6,801 g de KH_2PO_4, que equivale a 0,05M

Obs: este valor calculado é para 1 litro. É necessário saber a quantidade do seu substrato difusor de nutrientes e fazer a proporcionalidade.

4. Razão atômica dos sais: nunca confundir razão atômica com razão molar! A razão atômica tem por base a concentração do elemento dividida pelo seu peso molecular. (μN L^{-1}/μP L^{-1}). A adição combinada dos elementos nitrogênio e fósforo (NP) aponta uma boa disponibilidade de ambos os nutrientes. A razão empregada N:P do perifíton indica o estado nutricional da comunidade, tendo por base a razão ótima (16:1) de Redfield (1958), proposta para plâncton marinho.

De modo geral, os estudos sobre perifíton de águas continentais vêm utilizando a razão molar menor do que 10 para condição N-limitante, maior do que 20 para P-limitante e entre 10-20 para boa repartição de recursos (Biggs, 1995; Borchardt, 1996; Stelzer & Lamberti, 2001).

5. Unidade experimental: também denominada na literatura de SDN (Substrato Difusor de Nutrientes).

Na literatura existem várias unidades experimentais (vários tipos de SDN) diferentes já testadas e aprovadas para o objetivo que se quer atingir. Deve-se considerar a resistência térmica da unidade escolhida, a possibilidade de calcular exatamente seu volume e a área de adesão da comunidade perifítica, assim como a altura e diâmetro da unidade experimental, ou outras medidas relevantes para o cálculo quantitativo da comunidade perifitica. Também deve ser viável sua colocação e permanência submersa na água pelo período desejado.

Na Figura 1 aparece um desenho exemplificando um SDN destacado em um tablado com 25 unidades: copo de poliestireno preenchido com solução agar 2% e com adição de sais. Apresenta volume de 330 cm³, altura de 110 mm e 80 mm de diâmetro de abertura. A área disponível para colonização do perifíton é de 47,8 cm² (diâmetro da abertura do copo) (Fermino *et al.*, 2004). A Figura 2 apresenta uma fotografia de um trabalho experimental de doutorado (Fermino, 2006) realizada no lago das Ninféias, no Instituto de Botânica de São Paulo, SP.

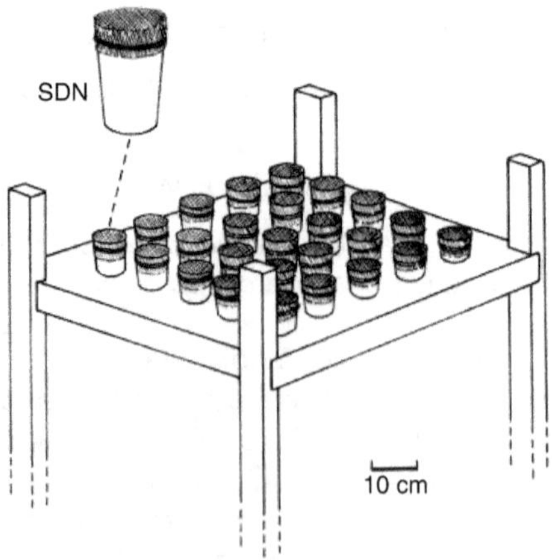

Figura 1 Desenho esquemático de um tablado com 25 SDN, destacando uma unidade experimental (SDN). Fonte: Fermino *et al.* (2004).

Figura 2   Tratamento experimental instalado no Lago das Ninféias, Instituto de Botânica de São Paulo, SP (Fermino, 2006).

Há muitos materiais utilizados como unidades experimentais na literatura que são empregados nos experimentos, tais como: tubos de PVC (Figura 3); placas de Petri (Pringle & Bowers, 1984), potes de argila (Fairchild & Lowe, 1984; Fairchild *et al.*, 1985; Grimm & Fischer, 1986; Fairchild & Sherman, 1990; Fairchild & Lowe, 1984), potes de porcelana (Gibeau & Miller, 1989; Rugenski *et al.*, 2008), potes plásticos (Winterbourn, 1990), entre outros.

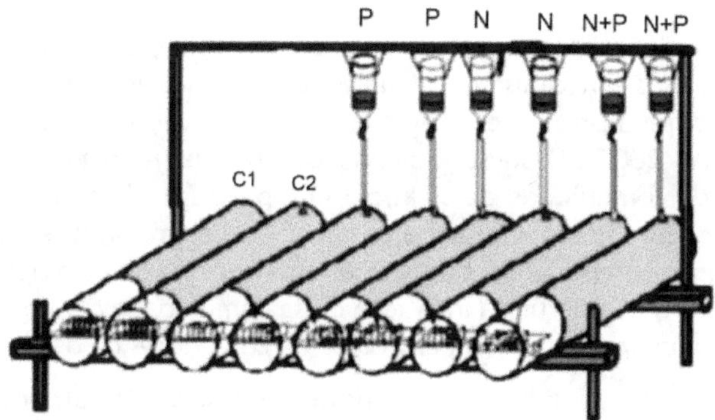

Figura 3   Esquema de conjunto experimental utilizado para avaliar o efeito da adição de nutrientes sobre a colonização algal. Fonte: Sabará (2004).

6. Remoção do material em laboratório: a comunidade perifitica deve ser imediatamente removida em laboratório por meio de delicada escovação e jatos de água destilada ou ultrapura. Em campo, o material deverá ser removido do substrato e preservado em lugol acético 0,5% (Bicudo, 1990; Villafane & Reid, 1995). A quantificação de algas recomendada é pelo método de Utermöhl (1958).

Outras análises que podem ser realizadas: a) composição química do perifíton (nitrogênio e fósforo) – o material removido deve ser mantido em "freezer" a um volume conhecido de água ultrapura, seguindo o método, para o fósforo, de Andersen (1976) modificado para perifiton (Pompêo & Moschini-Carlos, 2003) e, para o nitrogênio, o de microKjedahl, conforme Umbreit *et al.* (1964); b) clorofila *a* e massa seca – filtrado em filtro GF/F. As determinações de massa seca e massa orgânica (massa seca livre de cinzas, MSLC) seguem Schwarzbold *et al.* (1990) e para clorofila *a*, Marker *et al.* (1980) e Sartory & Grobbelaar (1984).

7. Análises de nutrientes da água: é interessante medir a quantidade de nutrientes dissolvidos na água (local de amostragem) para conhecer e monitorar o experimento. Para tanto, há necessidade de coletar a água subjacente à unidade difusora de substratos (SDN) colocada em campo. As coletas são realizadas com garrafas de polietileno, em duplicatas. Em laboratório, após filtração das amostras em filtros pré-calcinados GF/F, sob baixa pressão (< 0,5 atm), determinam-se os seguintes nutrientes dissolvidos: ortofosfato e fósforo total dissolvido (Strickland & Parsons, 1960); amônio (Solorzano, 1969); nitrato e nitrito (Mackeret *et al.*, 1978). Amostras não filtradas são utilizadas para análise de fósforo total (PT) e nitrogênio total (NT), conforme Valderrama (1981).

8. Considerações sobre aplicação de enriquecimento: o conhecimento científico de processos e mecanismos de funcionamento dos ambientes aquáticos é fundamental para promover programas de conservação e sua recuperação (Tundisi *et al.*, 2006). Destaca-se o conhecimento das mudanças estruturais e funcionais da comunidade de algas perante processos de eutrofização. Essa importante parte da biota aquática apresenta papel importante na interação entre os vários componentes do sistema, uma vez que ciclos biogeoquímicos fechados ocorrem a partir da interação dessa comunidade com outras, como macrófitas aquáticas e animais herbívoros ou comedores de detritos.

Neste sentido, a utilização de substratos difusores de nutrientes permite estarmos o mais próximos das condições naturais possível, já que não demandam o enclausuramento da comunidade. Deve-se considerar as variações limnológicas do ambiente aquático em que se está trabalhando, como, por exemplo, conhecer os teores de sais da água antes de iniciar o experimento, pois sua liberação pelo SDN, principalmente ortofosfato, pode incrementar seus teores na água sobrejacente ao experimento, ou ocorrer assimilação imediata por parte da comunidade perifítica desenvolvida sobre os SDN, bem como por outros componentes da biota na água circundante.

Importante lembrar que a composição química do perifíton engloba todos os componentes da comunidade, inclusive detritos, e pode ser empregada como indicadora da disponibilidade de nitrogênio e fósforo. Carbono, nitrogênio e fósforo do perifiton apresentam diferentes padrões de variação ao longo do ano, que são consequência das variações ambientais, como flutuação do nível da água, precipitação e modificação na quantidade de material em suspensão, e dos fatores intrínsecos às espécies, como competição e estado fisiológico (Cerrao *et al.*, 1991).

Tendo em vista o desenvolvimento da comunidade algal nos SDN, várias considerações podem ser feitas com base em experimentos já realizados, como, por exemplo, que baixas concentrações de nutrientes dissolvidos limitam o crescimento algal. Trabalhos experimentais sobre limitação de nutrientes para o perifíton vêm demonstrando, com mais frequência, co-limitação por nitrogênio e fósforo (ou limitação primária por um nutriente e limitação secundária por outro), seguida pela limitação por fósforo e, em menor número, condição N-limitante, conforme trabalhos mais abrangentes ou de síntese para sistemas lóticos (Tank & Dodds, 2003) e lênticos (Huszar *et al.*, 2005).

Essas tendências estão mais concentradas para regiões de clima temperado, uma vez que as informações para sistemas tropicais e subtropicais lênticos são bem mais escassas. Em clima tropical e subtropical existem trabalhos desenvolvidos nos Everglades, na Flórida, que comprovam a limitação pelo fósforo (Vymazal *et al.*, 1994; McCormick *et al.*, 1998; Pan *et al.*, 2000), enquanto os realizados no Lago Okeechobe indicam co-limitação ou N-limitação (Havens *et al.*, 1999). Wetzel (1996), Vadeboncoeur & Steinman (2002) e Dodds (2003) reportam a importância comprovada do perifiton na retenção e ciclagem de nutrientes para ambientes rasos.

Quanto à diversidade de espécies algais da comunidade perifítica em relação a estudos de enriquecimentos, há relatos de diminuição da diversidade com a eutrofização ou adição de nutrientes (Carrick *et al.*, 1988; Hillebrand & Sommer, 2000), como também de seu aumento (Pringle 1990; Jeppesen *et al.*, 2000; Pan *et al.*, 2000). No Brasil, especificamente em São Paulo, para a área do Parque Estadual das Fontes do Ipiranga, não foi encontrada diferenças na diversidade perifítica entre represas oligotrófica e eutrófica (Vercellino, 2001). Foi observada maior diversidade a partir da adição de fósforo em represa oligotrófica, porém, não em condição de adição crescente desse nutriente (Ferragut, 2004), em que foi utilizada a técnica dos SDN. Nessa mesma área, em estudos com SDN nas quatro estações do ano em represa mesotrófica, a riqueza de espécies foi mais sensível à sazonalidade do que às mudanças de enriquecimento (Fermino, 2006).

Conclusão

Informações resultantes de estudos experimentais com algas do perifiton são escassas em ambientes tropicais quando comparadas aos ambientes temperados, ainda mais considerando o uso de Substratos Difusores de Nutrientes (SDN). No entanto, essa técnica constitui uma ótima ferramenta pela sua praticidade no manuseio de amostras em experimentos de laboratório, principalmente quando o objetivo do estudo é verificar a herbivoria, bem como para eliminar interferências na respiração e de produtos de excreção das plantas hospedeiras em campo.

Tal metodologia deve ser criteriosamente estudada antes de sua aplicação prática. O substrato escolhido para colonização, normalmente malha de plâncton, deve ser testado e medido, com uma superfície mínina de colonização para uma boa amostragem. Também se deve considerar a homogeneidade da colonização, assim como sua posição ideal de colocação no corpo d'água (horizontal, vertical e oblíquo) e sua localização em relação à correnteza (em ambientes lóticos). Além desses procedimentos metodológicos, os custos envolvidos, o tempo total do experimento e o tempo de processamento das amostras devem ser considerados.

Finalmente, vale ressaltar a importância da utilização de SDN como substratos artificiais em locais onde haverá colonização de organismos produtores, para uso em pesquisas ecológicas experimentais em campo, em laboratório ou até mesmo em usos para fins econômicos como aquacultura.

Agradecimentos – À FAPESP (Fundação de Amparo à Pesquisa do Estado de São Paulo), pela concessão de bolsa de doutorado (processo nº 00/05581-1) e suporte financeiro representado pela reserva técnica. À Profª Drª Denise de Campos Bicudo, por toda orientação e acompanhamento na execução da técnica utilizada de substratos difusores de nutrientes. À Profª Drª Ilka Schincariol Vercellino, pela revisão criteriosa dos manuscritos deste capítulo e sugestões dadas.

Chave de Identificação dos Gêneros de Algas (exceto Bacillariophyceae) mais Comumente Encontrados no Perifíton e Metafíton de Ambientes Aquáticos Continentais

14

Iara Maria Franceschini

A chave de identificação apresentada a seguir foi elaborada a fim de facilitar a determinação genérica das algas mais comumente encontradas no perifíton e no metafíton de águas continentais, excetuando-se as diatomáceas. Para tanto, utilizaram-se as características morfológicas e formas biológicas presentes na totalidade ou na maioria das espécies de cada gênero, possibilitando, assim, ao leitor encontrar o correto nome genérico das algas estudadas.

O sistema de classificação adotado foi o proposto por Reviers (2006). Nesta obra, o autor aborda os estudos de biologia molecular que têm revolucionado a classificação das algas nas últimas décadas.

Os dados ecológicos e de distribuição biogeográfica que acompanham cada gênero foram obtidos em Bourrelly (1981, 1985), Vélez (1995) e Franceschini *et al.* (2010).

 1 Algas com os pigmentos fotossintéticos não organizados em cromatóforos; organismos procariontes (CYANOBACTERIA) 2
1a Algas com os pigmentos fotossintéticos organizados em cromatóforos; organismos eucariontes, às vezes incolores por perda dos plastídios 26

 2 Formas unicelulares ou formando colônias 3
2a Formas filamentosas 5

 3 Algas unicelulares ou formando colônias não mucilaginosas; células com polaridade base-ápice, fixas ao substrato pela porção basal e formando exócitos na porção apical .... *Chamaesiphon* A. Br. *et* Grun., 1865 (fig. 1)
       Cosmopolita; epífito e epilítico.
3a Colônias mucilaginosas 4

 4 Colônias tabulares, planas ou convolutas; células esféricas, cilíndricas ou elipsoidais, hemisféricas após a divisão .... *Merismopedia* Meyen, 1839 (fig. 2)
       Cosmopolita; metafítico.
4a Colônias esféricas, achatadas ou irregulares; células esféricas, hemisféricas após a divisão .... *Aphanocapsa* Näg., 1849 (fig. 3)
       Cosmopolita; ambientes lóticos e lênticos, eutrofizados.

 5 Talos com tricomas homocitados 6
5a Talos com tricomas heterocitados 19

 6 Filamentos enrolados sobre o substrato (em geral outras algas filamentosas) ou fixos a ele pela sua parte central, ondulados ou irregularmente espiralados .... *Leibleinia* (Gom.) L. Hoffm., 1985 (fig. 4)
       Cosmopolita; epífito.
6a Filamentos de outro modo 7

 7 Filamentos fixos ao substrato por sua porção basal e com a parte apical livre 8
7a Filamentos em massas emaranhadas, formando estratos ou tufos sobre o substrato 9

 8 Tricomas atenuados em direção ao ápice, terminados por pelo longo .... *Homoeothrix* (Thur. *ex* Born. *et* Flah.) Kirchn., 1898 (fig. 5)
       Distribuição geográfica limitada; epífito ou epilítico em águas lênticas e lóticas.
8a Tricomas não atenuados em direção ao ápice, mais ou menos retos, curvos ou levemente flexuosos .... *Heteroleibleinia* (Geitl.) L. Hoffm., 1985 (fig. 6)
       Cosmopolita; epífito, epilítico, sobre madeira, etc.

 9 Mais de um tricoma por bainha 10
9a Um tricoma por bainha ou sem bainha evidente 11

10 Bainha ampla, fechada, atenuada em direção ao ápice, com poucos tricomas no interior (por exemplo, de três a 10; raro um único tricoma) .... *Schizothrix* Kütz. *ex* Gom., 1892 (fig. 7)
       Cosmopolita; cresce sobre diferentes tipos de substrato ou no metafíton.
10a Bainha aberta, com grande número de tricomas no interior (até mais de 100) .... *Microcoleus* Desmaz. *ex* Gom., 1892 (fig. 8)
    Cosmopolita; ocorre sobre solo, areia, rochas úmidas, lama ou plantas aquáticas.

11 Tricomas com bainha mucilaginosa evidente 12
11a Tricomas sem bainha mucilaginosa evidente 15

12 Bainha fina, hialina 13
12a Bainha firme ou espessa, colorida ou não 14

13 Filamentos emaranhados, formando finos estratos; tricomas delgados,
    imóveis, levemente atenuados ou não em direção ao ápice; célula apical
    arredondada ou cônica .... *Leptolyngbya* Anagn. *et* Komár., 1988 (fig. 9)
        Cosmopolita; comum em solos, sobre rochas, no perifíton e no metafíton.
13a Filamentos formando estratos finos, lisos, membranáceos até coriáceos; bainha
    facultativa; tricomas mais ou menos retos, ondulados ou espiralados, móveis,
    usualmente não atenuados em direção ao ápice, que podem ser curvos ou
    torcidos; célula apical arredondada, atenuada ou pontiaguda, às vezes
    capitada, com ou sem caliptra ...... *Phormidium* Kütz. *ex* Gom., 1892 (fig. 10)
        Cosmopolita; cresce sobre macrófitas, rochas úmidas, lodo, etc. de
        águas lênticas e lóticas.

14 Bainha lamelada, geralmente colorida; tricomas cilíndricos,
    imóveis .... *Porphyrosiphon* Kütz. *ex* Gom., 1892 (fig. 11)
        Muitas espécies são abundantes nas regiões tropicais; crescem no
        perifíton ou sobre solo, lama ou rochas úmidas.
14a Bainha homogênea, às vezes lamelada; tricomas retos ou
    flexuosos, móveis, não atenuados em direção ao ápice;
    células discóides .... *Lyngbya* C. Ag. *ex* Gom., 1892 (fig. 12)
        Cosmopolita; epífito, sobre solo úmido, areia, etc.

15 Tricomas usualmente atenuados; células apicais
    arredondadas, podendo ser em forma de gancho, às vezes com
    caliptra .... *Geitlerinema* (Anagn. *et* Komár.) Anagn., 1989 (fig. 13)
        Cosmopolita; epífito, epilítico, sobre madeira, etc. e no metafíton.
15a Tricomas não atenuados ou levemente atenuados em direção ao ápice, sem
    caliptra, às vezes com caliptra estreita 16

16 Tricomas espiralados 17
16a Tricomas retos, curvos ou ondulados 18

17 Tricomas com septos evidentes, geralmente
    granulados .... *Arthrospira* Stizenb. *ex* Gom., 1892 (fig. 14)
        Muitas espécies pantropicais; perifítico.
17a Tricomas com septos não evidentes, inconspícuos, sem
    granulações .... *Spirulina* Turp. *ex* Gom., 1892 (fig. 15)
        Muitas espécies cosmopolitas, outras de distribuição mais restrita;
        perifítico e metafítico.

18 Tricomas retos ou flexuosos; células discóides; célula apical
    arredondada, às vezes capitada, com ou sem caliptra
    estreita .... *Oscillatoria* Vauch. *ex* Gom., 1892 (fig. 16)
        Cosmopolita, pantropical ou subcosmopolita; epífito, epilítico e
        metafítico.

18a Tricomas retos, levemente curvos ou ondulados; células cilíndricas, às vezes
com aerótopos nos polos; célula apical cilíndrico-arredondada, cilíndrico-
cônica ou cônico-aguda, sem caliptra .. *Pseudanabaena* Lauterb., 1915 (fig. 17)

    Cosmopolita ou subcosmopolita; metafítico ou perifítico em águas
    oligo, meso até levemente eutróficas.

19 Filamentos com ramificações verdadeiras 20
19a Filamentos com falsas ramificações ou não ramificados 21

20 Filamentos unisseriados; heterócitos sempre intercalares ....
    .... *Hapalosiphon* Näg. *in* Kütz. *ex* Born. *et* Flah., 1888 (fig. 18)
    Cosmopolita, com algumas espécies restritas às zonas tropicais e
    temperadas; epífito, epilítico e metafítico em águas ácidas.
20a Filamentos multisseriados (exceto quando jovens); heterócitos intercalares ou
    laterais .... *Stigonema* C. Ag. *ex* Born. *et* Flah., 1888 (fig. 19)
    Cosmopolita, comum nas regiões tropicais; perifítico e metafítico.
21 Filamentos com falsas ramificações 22
21a Filamentos não ramificados 23

22 Falsas ramificações simples; heterócitos na base das
pseudorramificações .... *Tolypothrix* Kütz. *ex* Born. *et* Flah., 1888 (fig. 20)
    Cosmopolita ou restrito aos trópicos; perifítico e entre outras algas.
22a Falsas ramificações simples ou geminadas; heterócitos nunca na base das
pseudorramificações .... *Scytonema* C. Ag. *ex* Born. *et* Flah., 1888 (fig. 21)

    Pantropical; epífito e epilítico.

23 Talos formando colônias mucilaginosas com forma definida 24
23a Talos isolados ou formando pequenos emaranhados ou tufos 25

24 Colônias esféricas ou hemisféricas; tricomas heteropolares,
mais ou menos retos ou espiralados, com ápices em forma de pelos;
heterócitos basais; acinetos solitários ou em séries, próximos
aos heterócitos .... *Gloeotrichia* J. Ag. *ex* Born. *et* Flah., 1886 (fig. 22)
    Pantropical e na região nórdica; metafítico e perifítico.
24a Colônias globosas ou irregulares; tricomas isopolares, densa ou
frouxamente imersos em mucilagem amarelada ou acastanhada;
heterócitos terminais ou intercalares; acinetos em série, entre dois
heterócitos .... *Nostoc* Vauch. *ex* Born. *et* Flah., 1888 (fig. 23)
    Cosmopolita; epífito, epilítico ou epipélico.

25 Filamentos solitários ou emaranhados, fixos pela porção basal; heterócitos na
base do tricoma, isolados ou em séries curtas; acinetos raros, junto aos
heterócitos .... *Calothrix* C. Ag. *ex* Born. *et* Flah., 1888 (fig. 24)
    Cosmopolita, subcosmopolita ou paleotropical; epífito ou epilítico em
    águas não poluídas.

25a Filamentos emaranhados, formando estratos mucilaginosos finos ou
  compactos; heterócitos terminais; acinetos sempre junto aos heterócitos,
  em ambas as extremidades do tricoma, isolados ou em sequências
  de até 7 .... *Cylindrospermum* Kütz. *ex* Born. *et* Flah., 1888 (fig. 25)
  Muitas espécies com áreas de distribuição geográfica limitadas; epífito,
  epilítico ou sobre madeira submersa, em águas não poluídas e levemente
  eutrofizadas.

26 Cromatóforos verdes; amido ou paramilo como substância de reserva 27
26a Cromatóforos verde-azulados, azul-acinzentados, roxos, verde-amarelados
  ou pardos; se verdes, então sem amido ou paramilo como substância de
  reserva 71

27 Substância de reserva paramilo; colônias ramificadas fixas
  (EUGLENOPHYCEAE) .... *Colacium* Ehrenb., 1853 (fig. 26)
  Cosmopolita; epizooico, mais raramente epífito.
27a Substância de reserva amido (algas verdes: CHLOROPHYTA e
  STREPTOPHYTA) 28

28 Algas unicelulares ou coloniais 29
28a Algas filamentosas, pseudofilamentosas ou pseudoparenquimatosas 46

29 Algas unicelulares 30
29a Algas coloniais 43

30 Parede celular formada por peça única 31
30a Parede celular formada por duas semicélulas 33

31 Células fixas ao substrato pela sua porção basal; pelo longo,
  ereto, ramificado dicotomicamente, partindo da base da
  célula .... *Dicranochaete* Hieron., 1887 (fig. 27)
  Cosmopolita; epífito.
31a Células livres 32

32 Células retas, arqueadas, em forma de meia-lua, em "S" ou espiraladas,
  afilando para as extremidades; um cloroplasto parietal com ou sem pirenoide
  (s) .... *Monoraphidium* Komárk.-Legn., 1969 (fig. 28)
  Cosmopolita, subcosmopolita ou com áreas de distribuição mais
  restritas; epífito, comum em águas lênticas ou solos.
32a Células cilíndricas ou fusiformes, alongadas; cloroplasto
  (1 ou 2) axial com numerosos pirenoides em série
  longitudinal .... *Gonatozygon* De Bary, 1856 (fig. 29)
  Cosmopolita; preferencialmente em lagos e açudes de águas ácidas e
  oligotróficas ou em campos de *Sphagnum*; frequente em águas quentes.

33 Células sem constrição mediana .... *Closterium* Nitzs. *ex* Ralfs, 1848 (fig. 30)
  Cosmopolita, subcosmopolita ou com áreas de distribuição mais
  restritas; metafítico, geralmente em lagos e açudes de águas ácidas e
  oligotróficas, mais raro em meios mais alcalinos e eutróficos.
33a Células com constrição mediana 34

43 Colônias com pseudoflagelos, macroscópicas; células em grupos de 2, 4 ou
ao acaso no interior da mucilagem .... *Tetraspora* Link, 1809 (fig. 39)
Cosmopolita ou com áreas de distribuição restritas; predominantemente
fixos em ambientes lóticos frios.

44 Células reniformes, elipsoidais ou em forma de meia-lua, em grupos de 4 ou 8
no interior da parede materna .... *Nephrocytium* Näg., 1849 (fig. 40)
Cosmopolita ou subcosmopolita; metafítico.

45 Células alongadas, fusiformes, falciformes ou em forma de
meia-lua, aderidas umas às outras por sua face convexa, em
feixes mais ou menos regulares .... *Ankistrodesmus* Corda, 1838 (fig. 41)
Cosmopolita, com muitas espécies crescendo em águas de regiões
temperadas e outras restritas à zona tropical; metafítico, desenvolvendo-
se bem em ambientes eutrofizados.

45a Células irregularmente ovoides à reniformes ou cordiformes,
em grupos de 4, reunidas entre si por restos da
parede materna .... *Dimorphococcus* A. Br., 1855 (fig. 42)
Cosmopolita; metafítico em pequenos lagos rasos e viveiros de peixes;
frequente em águas quentes e ácidas, ocasionalmente abundante em
turfeiras.

47 Filamentos de células contíguas, unidas umas às outras
por finos fios .... *Chaetosphaeridium* Kleb., 1892 (fig. 43)
Cosmopolita, em geral encontrado nas zonas tropicais, temperadas,
ártica e antártica; vive sobre substratos inorgânicos submersos ou como
epífito; frequente em águas ácidas, turfeiras e campos de *Sphagnum*.

49 Cloroplastos estrelados, 2 por célula (raro 4) ... *Zygnema* C. Ag., 1824 (fig. 44)
Cosmopolita; os filamentos formam massas mucilaginosas aderidas ao
substrato em águas estagnadas e correntes, preferencialmente em meios
ácidos.

50 Cloroplastos em forma de fita, de disposição
espiralada .... *Spirogyra* Link, 1820 (fig. 45)
Cosmopolita; os filamentos formam massas mucilaginosas aderidas ao substrato em pequenos lagos, açudes, córregos, rios e canais ricos em nutrientes; frequente em águas estagnadas, bem oxigenadas, especialmente em meios ácidos.
50a Cloroplastos em forma de placa (laminares) 51

51 Cloroplastos contornando, pelo menos, metade do diâmetro da célula 52
51a Cloroplastos não contornando o diâmetro da célula 56

52 Células dispostas aos pares, ao longo
do filamento .... *Binuclearia* Wittr., 1886 (fig. 46)
Cosmopolita ou com área de distribuição limitada à América do Norte e África; metafítico, geralmente em pequenos corpos d'água ou locais pantanosos; prefere águas ácidas ou distróficas, especialmente de regiões montanhosas.
52a Células não dispostas aos pares 53

53 Filamentos fixos pela base 54
53a Filamentos livres ou fixos quando jovens 55

54 Filamentos unisseriados em toda a sua extensão; célula
apical pontiaguda .... *Uronema* Lagerh., 1887 (fig. 47)
Cosmopolita; epífito, preferencialmente em águas estagnadas ou levemente correntes; desenvolve-se bem em ambientes mesotróficos e eutróficos.
54a Filamentos unisseriados na base e multisseriados
em direção ao ápice .... *Schizomeris* Kütz., 1843 (fig. 48)
Cosmopolita; epífito, em meio a outras algas, em águas lênticas e lóticas; pode ocorrer em meios eutróficos.

55 Filamentos envoltos por bainha mucilaginosa; cloroplasto com um a vários
pirenoides .... *Ulothrix* Kütz., 1833 (fig. 49)
Cosmopolita, distribuído especialmente em regiões mais frias e temperadas; vive em águas lênticas e lóticas, na margem de lagos eutróficos, rios e canais.
55a Filamentos sem bainha mucilaginosa; cloroplasto com um único
pirenoide .... *Klebsormidium* Silva, Matt. *et* Blackw., 1972 (fig. 50)
Cosmopolita; vive principalmente sobre solo e substratos muito úmidos.

56 Cloroplasto inteiro, torcido, axial .... *Mougeotia* C. Ag., 1824 (fig. 51)
Cosmopolita; os filamentos formam massas mucilaginosas aderidas ao substrato; comum em águas estagnadas ácidas.
56a Cloroplasto reticulado, parietal 57

57 Parede celular constituída por duas peças em forma de "H", encaixando-se na
parte mediana da célula .... *Microspora* Thur., 1850, *nom. cons.* (fig. 52)
Cosmopolita; habita águas estagnadas e correntes.

57a Parede celular constituída por peça única, com estrias transversais
nos polos das células .... *Oedogonium* Link *ex* Hirn, 1900 (fig. 53)
    Cosmopolita, sendo mais abundante nas zonas temperadas e
    subtropicais; vive sobre macrófitas aquáticas, outras algas ou substrato
    inorgânico; comum em corpos de águas rasas, pequenos lagos e canais.

58 Talos imersos em mucilagem abundante 59
58a Talos não imersos em mucilagem 60

59 Filamentos dispostos radialmente no interior da mucilagem; eixos principais
semelhantes aos ramos .... *Chaetophora* Schrank, 1789 (fig. 54)
    Cosmopolita ou com áreas de distribuição mais restritas; cresce sobre
    superfícies submersas, como macrófitas aquáticas, pedras, folhas mortas, etc.
59a Filamentos não dispostos radialmente no interior da
mucilagem; eixos principais de maior diâmetro que
os ramos .... *Draparnaldia* Bory de St. Vinc., 1808 (fig. 55)
    Cosmopolita; epífito ou epilítico em águas correntes. ....

60 Talos de hábito heterótrico, com uma parte prostrada e
outra ereta; ramos terminais da parte ereta afilando-se
em pelos mais ou menos longos .... *Stigeoclonium* Kütz., 1843 (fig. 56)
    Cosmopolita ou com áreas de distribuição mais restritas; cresce sobre
    diferentes tipos de substrato: pode ser epífito, epilítico, etc., em águas
    lênticas e lóticas.
60a Talos nunca de hábito heterótrico 61

61 Filamentos prostrados 62
61a Filamentos não prostrados 63

62 Talo reduzido a um filamento pouco ramificado, com um
ou mais pelos unicelulares hialinos de base bulbosa e disposição
dorsal nas células .... *Aphanochaete* A. Br., 1849 (fig. 57)
    Cosmopolita; vive sobre macrófitas aquáticas e outras algas verdes;
    comum em águas eutróficas.
62a Talo com as ramificações dos filamentos podendo às
vezes formar um pseudoparênquima de uma única
camada de células, sem pelos .... *Epibolium* Printz, 1916 (fig. 58)
    Áreas de distribuição limitadas; epífito sobre macrófitas aquáticas,
    preferindo águas ácidas.

63 Parede celular com estrias transversais nos polos das células; pelos apicais e/ou
laterais, de base bulbosa .... *Bulbochaete* C. Ag. *ex* Hirn, 1900 (fig. 59)
    Cosmopolita, preferencialmente nas zonas temperadas e subtropicias; vive
    sobre macrófitas aquáticas ou outras algas, frequentemente encontrado em
    pequenos corpos de águas rasas, pequenos lagos e canais.
63a Parede celular sem estrias transversais nos polos das células; ausência de pelos
apicais e/ou laterais .... *Cladophora* Kütz., 1843 (fig. 60)
    Cosmopolita; epilítico, epífito ou entre macrófitas aquáticas, em vários
    tipos de hábitats: águas correntes até lagos eutróficos e estuários.

66Células com istmo acentuado; cloroplasto estrelado
em vista apical .... *Desmidium* C. Ag. *ex* Ralfs, 1848 (fig. 61)
Cosmopolita e subcosmopolita; vive em lagos e banhados de águas
ácidas e oligotróficas.
66a Células com istmo suave, pouco evidente 67

67 Pseudofilamentos longos; cloroplasto estrelado
em vista apical .... *Hyalotheca* Ehrenb. *ex* Ralfs, 1848 (fig. 62)
Cosmopolita; prefere águas quentes; comum em pequenos lagos e locais
pantanosos; ocorre em águas ácidas e oligotróficas.
67a Pseudofilamentos curtos; cloroplasto laminar, não estrelado
em vista apical .... *Groenbladia* Teil., 1952 (fig. 63)
Cosmopolita; perifítico em lagos e açudes de águas ácidas e
oligotróficas.

68 Células com estrias longitudinais paralelas nos polos e leve constrição
mediana .... *Bambusina* Kütz. *ex* Kütz., 1849, *nom. cons.* (fig. 64)
Cosmopolita, pantropical ou com áreas de distribuição mais restritas;
pouco frequente, ocorrendo entre algas filamentosas, em águas ácidas e
oligotróficas.
68a Células sem estrias e com marcada constrição mediana 69

69 Células unidas entre si por pequenas granulações ou verrugas
localizadas nos polos .... *Teilingia* Bourr., 1964 (fig. 65)
Cosmopolita; prefere águas quentes; cresce em geral em lagos e açudes
de águas ácidas e oligotróficas.
69a Células unidas entre si por projeções espiniformes
localizadas nos polos .... *Sphaerozosma* Corda *ex* Ralfs, 1848 (fig. 66)
Cosmopolita; cresce preferencialmente em ambientes lacustres ácidos e
oligotróficos.

70 Talos com uma única camada de células; cloroplasto parietal , laminar, com 1
ou 2 pirenoides; algumas células com pelos hialinos envoltos por bainha na
sua base .... *Coleochaete* Bréb., 1844 (fig. 67)
Cosmopolita, ocorrendo principalmente nas regiões tropicais,
temperadas, ártica e antártica; comum em águas ácidas, como campos
de *Sphagnum*; vive sobre substratos inorgânicos submersos ou como
epífito.
70a Talos com mais de uma camada de células na parte central; cloroplasto
parietal, reticulado, com um pirenoide; sem pelos hialinos envoltos por
bainha .... *Pseudulvella* Wille, 1909 (fig. 68)
Distribuído na América do Sul, América do Norte e Ásia; epífito.

71 Cromatóforos verde-azulados, azul-acinzentados ou
roxos (RHODOPHYTA) 72
71a Cromatóforos verdes, verde-amarelados ou pardos (TRIBOPHYCEAE
ou XANTHOPHYCEAE) 74

72 Filamentos unisseriados,
ecorticados .... *Audouinella* Bory de St. Vinc., 1823 (fig. 69)
     Cosmopolita ou pantropical; ambientes lóticos e lênticos.
72a Eixo principal unisseriado, corticado 73

73 Talo com ramificações verticiladas .... *Batrachospermum* Roth, 1797 (Fig. 70)
     Cosmopolita ou pantropical; ambientes lóticos e lênticos.
73a Talo sem ramificações verticiladas .... *Compsopogon* Montag., 1846 (fig. 71)
     Pantropical ou com áreas de distribuição mais abrangentes; ambientes
     lóticos e lênticos.

74 Formas solitárias, fixas .... *Characiopsis* Borzi, 1895 (fig. 72)
     Cosmopolita; epífito.
74a Formas não solitárias, livres ou fixas apenas quando jovens 75

75 Algas filamentosas, com a parede celular formada por
peças em forma de "H" .... *Tribonema* Derb. *et* Sol., 1856 (fig. 73)
     Cosmopolita; epífito quando jovem ou entremeado com
     outras algas filamentosas.
75a Algas cenocíticas .... *Vaucheria* De Cand., 1801 (fig. 74)
     Cosmopolita; frequente em solos úmidos ou inundados.

Glossário

As principais obras utilizadas na elaboração deste glossário são as que seguem: Hoek *et al.* (1995), Graham & Wilcox (2000), Reviers (2006) e Franceschini *et al.* (2010).

Acineto: esporo de resistência, repleto de substâncias de reserva e de parede espessada, originado da diferenciação de uma célula vegetativa. Responsável pela reprodução de muitas cianobactérias e presente em algumas algas verdes, como as Zygnematophyceae.

Amido: substância de reserva dos vegetais e das algas verdes, constituída de moléculas de glicanos mais ou menos ramificadas (α-1, 4 glicano com cadeias laterais de α- 1, 6 glicano).

Axial: diz-se do cloroplasto que está localizado na parte central da célula.

Bainha mucilaginosa: envoltório externo polissacarídico, excretado pelas células, que envolve o tricoma das cianobactérias filamentosas. Pode ser homogênea ou lamelada (= estratificada). Sin.: bainha gelatinosa. Ver **mucilagem**.

Caliptra: espessamento da parede da célula terminal do tricoma presente em certas cianobactérias filamentosas.

Capitado: diz-se de uma estrutura ou de um órgão que tem a forma de uma pequena cabeça.

Cloroplasto: plastídio verde cujo pigmento dominante é a clorofila, que lhe confere esta cor. Sede da fotossíntese.

Colônia: reunião, por diversos meios (em uma mucilagem comum, por exemplo), de organismos unicelulares, flagelados ou não, em geral característica de um táxon.

Córtex: Camada externa de uma estrutura anatômica ou de um órgão, como, por exemplo, as células corticais que recobrem o eixo principal do talo de *Batrachospermum*.

Corticado: diz-se de uma estrutura anatômica ou de um órgão provido de córtex.

Cosmopolita: diz-se de um táxon com ampla distribuição, que habita praticamente todas as regiões do globo, por apresentar grande tolerância às variações dos fatores ambientais.

Cromatóforo: plastídio pigmentado.

Distrófico: diz-se de um meio, em geral de água parada, que apresenta uma composição química desequilibrada, ou pela ausência de um elemento essencial (por exemplo, cálcio), ou pelo excesso de uma substância mineral ou orgânica (por exemplo, material húmico).

Ecorticado: diz-se de uma estrutura anatômica ou de um órgão desprovido de córtex.

Epífito: diz-se de um organismo que vive sobre um vegetal ou uma alga, sem lhe causar dano. Sin.: epifítico.

Epilítico: diz-se de um organismo que se desenvolve sobre substrato rochoso, como rochas, cascalhos ou seixos.

Epipélico: diz-se de um organismo que vive sobre sedimento argiloso.

Epizóico: diz-se de um organismo que vive sobre um animal, sem lhe causar dano.

Eucarionte: organismo ou célula que possui núcleo verdadeiro delimitado por uma dupla membrana, mitocôndrias, retículo endoplasmático, aparelho de Golgi e flagelos, quando presentes, com estrutura interna de nove pares de microtúbulos periféricos e dois microtúbulos centrais.

Eutrófico: diz-se de um ambiente enriquecido por nutrientes, principalmente fósforo e nitrogênio, tendo como conseqüência o aumento da biomassa vegetal. A eutrofização de um meio em geral acarreta a proliferação de algumas espécies e a regressão ou o desaparecimento da comunidade inicial. Caracteriza-se por uma alta produtividade primária.

Exócito: cada uma das células formadas por divisão transversal no ápice da célula-mãe de certas cianobactérias (por exemplo, *Chamaesiphon*), liberadas à medida que são produzidas e passíveis de germinação. Sin.: exósporo (denominação antiga).

Filamento: estrutura relativamente longa, formada por células de disposição linear, com os citoplasmas se comunicando entre si. Nas cianobactérias, corresponde ao tricoma envolto por sua bainha mucilaginosa.

Flagelo: nos organismos eucariontes, projeção celular em geral alongada, fina, flexível, destinada à locomoção. Internamente, é composta de um axonema (nove pares de microtúbulos periféricos e um par de microtúbulos centrais).

Heterocitado: diz-se do tricoma de certas cianobactérias filamentosas constituído de células vegetativas, acinetos e heterócitos.

Heterócito: célula de parede espessada, conteúdo interno em geral verde-amarelado, com nódulos polares na região de contato com as células vizinhas, presente em certas cianobactérias filamentosas. Origina-se da diferenciação de uma célula vegetativa e está relacionado à maior eficiência na fixação do nitrogênio atmosférico.

Heteropolar: diz-se da célula ou do tricoma das cianobactérias cujos ápices diferem em forma e/ou tamanho.

Heterótrico: diz-se do hábito de um organismo filamentoso diferenciado numa porção basal prostrada e numa parte ereta, como ocorre no gênero *Stigeoclonium*, por exemplo.

Homocitado: diz-se do tricoma de certas cianobactérias filamentosas constituído apenas de células vegetativas.

Isopolar: diz-se da célula ou tricoma das cianobactérias cujos ápices se assemelham em forma e/ou tamanho.

Lêntico: diz-se de um ambiente aquático caracterizado por águas paradas ou de pouco movimento, como lagos, banhados ou pântanos.

Lótico: diz-se de um ambiente aquático caracterizado por águas correntes, como rios, arroios e córregos.

Macrófita aquática: vegetal macroscopicamente visível, cujas partes fotossintetizantes encontram-se de modo permanente ou por vários meses, total ou parcialmente submersas ou flutuantes em água doce ou salobra.

Mesotrófico: diz-se de um ambiente cujas quantidades de nutrientes e produtividade primária são intermediárias entre o oligotrófico e o eutrófico.

Metafíton: conjunto dos organismos sem estrutura de fixação que vive frouxamente associado às macrófitas. Em habitats dulciaqícolas, esta comunidade é formada, por exemplo, por diversas espécies de desmídias; também encontrada em hábitats marinhos.

Mucilagem: substância polissacarídica, às vezes ligada a proteínas, de consistência viscosa, escorregadia, produzida por cianobactérias e certas algas verdes. Pode ser homogênea ou lamelada (= estratificada).

Multisseriado: diz-se de um filamento formado por várias fileiras de células. Sin.: plurisseriado.

Oligotrófico: diz-se de um ambiente que apresenta baixa quantidade de nutrientes (fosfatos e compostos nitrogenados, por exemplo) e, em consequência, baixa produtividade primária e biomassa.

Paleotropical: diz-se de um táxon originário ou próprio da região Paleotropical (África intertropical, norte da África austral, Madagascar e Ásia tropical).

Pantropical: diz-se de um táxon que habita as regiões tropicais, e eventualmente subtropicais, do globo.

Paramilo: substância de reserva das euglenofíceas, composta pela polimerização de moléculas de glicano β- 1, 3 com ramificação em β- 1, 6.

Parietal: diz-se do cloroplasto que está localizado próximo à parede celular.

Pelo: estrutura uni ou pluricelular, filiforme, incolor, presente em certas algas.

Perifíton: conjunto dos microrganismos, assim como de material orgânico e inorgânico, aderido a algum tipo de substrato submerso (macrófitas, algas, cascalhos, animais, entre outros), que contribui de modo importante para a produção primária de lagos, rios e arroios.

Pirenoide: corpúsculo presente no plastídio de certas algas (maioria das algas verdes e algumas euglenofíceas, por exemplo), de composição parcialmente protéica, geralmente associado à formação de produtos de reserva.

Plastídio: organela celular que ocorre no citoplasma dos vegetais e das algas eucarióticas, com capacidade de divisão. É delimitada por membrana e apresenta no sue interior um sistema de lamelas (tilacoides), imersas no estroma, que, empilhadas, formam os *grana*. Plastídios coloridos são denominados cromoplastos ou cromatóforos e, incolores, leucoplastos. Os cloroplastos são cromatóforos verdes. Segundo a teoria da endossimbiose, deriva de uma cianobactéria endossimbiótica.

Procarionte: organismo ou célula que não possui núcleo verdadeiro delimitado por uma dupla membrana, nem plastídios, mitocôndrias, retículo endoplasmático, aparelho de Golgi ou qualque sisema interno de membranas.

Pseudofilamento: em certas desmidiáceas, como *Sphaerozosma, Bambusina, Teilingia*, por exemplo, arranjo linear de células que estão unidas umas às outras pelas extremidades de suas paredes transversais, às vezes por meio de grânulos, processos, etc.

Pseudoflagelo: apêndice semelhante a um flagelo, presente em certas algas, como *Tetraspora*, por exemplo, que não possui o par de microtúbulos centrais e sem capacidade de locomoção. Função desconhecida.

Pseudoparênquima: em certas algas, como no gênero *Coleochaete*, por exemplo, estrutura vegetativa formada por filamentos unisseriados que coalescem, dando a impressão de formar um parênquima.

Pseudorramificação: estrutura que lembra uma ramificação verdadeira, mas que resulta do crescimento, da curvatura e do rompimento do tricoma no interior da bainha, com consequente liberação de uma (pseudorramificação simples) ou ambas as extremidades (pseudorramificação geminada). As divisões celulares ocorrem sempre perpendiculares ao eixo principal do tricoma, sem mudança no plano de divisão. Presente em certas cianobactérias filamentosas, como *Scytonema*, por exemplo. Sin.: ramificação falsa.

Ramificação verdadeira: ramificação que se forma quando ocorre mudança no plano de divisão celular, que passa a ser paralelo ao eixo principal do tricoma. Presente em certas cianobactérias filamentosas, como *Hapalosiphon* e *Stigonema*, por exemplo.

Semicélula: cada uma das duas metades simétricas da célula das desmidiáceas, como ocorre em *Cosmarium*, *Staurastrum*, *Micrasterias*, etc., por exemplo.

Subcosmopolita: diz-se de um táxon que ocorre em numerosas regiões do globo, mas com lacunas.

Subtropical: diz-se de um táxon cuja área de distribuição se localiza não muito longe dos dois trópicos.

Talo: aparelho vegetativo destituído de caule, folhas e raízes, presente nas bactérias, algas, fungos e briófitas.

Tricoma: conjunto das células dispostas em fileira, sem sua bainha mucilaginosa, apresentado pelas cianobactérias filamentosas.

Unicelular: diz-se de uma estrutura ou de um organismo formado por uma única célula.

Unisseriado: diz-se de um filamento formado por uma única fileira de células.

Verticilado: diz-se dos ramos laterais que estão inseridos no mesmo nível, em um único nó do ramo principal, contornando-o.

Agradecimentos – Ao Prof. Dr. João Fernando Prado, do Departamento de Botânica da Universidade Federal do Rio Grande do Sul e à Dra. Vera Regina Werner, do Museu de Ciências Naturais da Fundação Zoobotânica do Rio Grande do Sul, pela leitura crítica da chave e sugestões. À Profa. Dra. Liliana Rodrigues, da Universidade Estadual de Maringá, e seus alunos, por terem testado a chave de identificação. À Dra. Lezilda Carvalho Torgan, do Museu de Ciências Naturais da Fundação Zoobotânica do Rio Grande do Sul, pela revisão final. À Bruna Marroni, bolsista no Museu de Ciências Naturais da Fundação Zoobotânica do Rio Grande do Sul, pelo trabalho final nas pranchas de desenho.

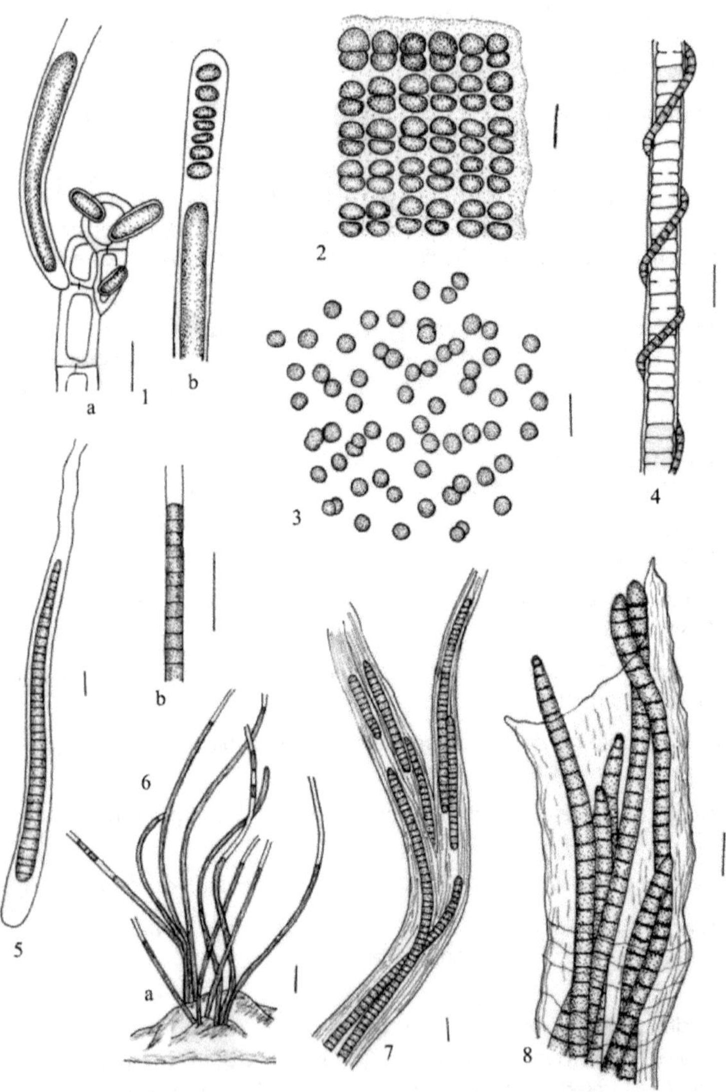

Figuras 1-8. 1 *Chamaesiphon confervicola* A. Br. (**a**, indivíduos epífitos; **b**, célula fértil, com exócitos apicais). **2.** *Merismopedia elegans* A. Br. **3.** *Aphanocapsa pulchra* (Kütz.) Rabenh. **4.** *Leibleinia epiphytica* (Hieron.) Comp. **5.** *Homoeothrix juliana* (Born. *et* Flah.) Kirchn. **6.** *Heteroleibleinia kuetzingii* (Schm.) Comp. (**a**, aspecto geral do talo; **b**, detalhe de um filamento). **7.** *Schizothrix muelleri* Näg. **8.** *Microcoleus vaginatus* (Vauch.) Gom. Escalas: 10 μm (Figuras 1-6; 8); 20 μm (Figura 7). [Segundo Franceschini, 1990 (1; 5), Bourrelly, 1985 (2; 7; 8), Franceschini, 1992 (3; 4, como *Lyngbya epiphytica* Hieron.), Werner, 2002 (6)].

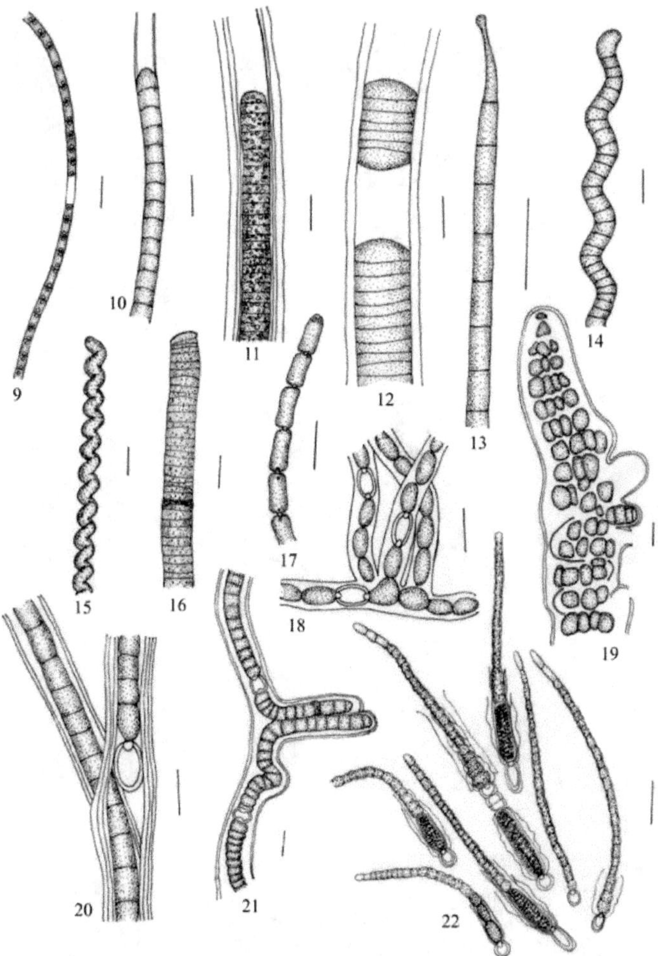

Figuras 9-22   **9.** *Leptolyngbya mucicola* (Lemm.) Anagn. *et* Komár. **10.** *Phormidium corium* Gom. **11.** *Porphyrosiphon martensianus* (Menegh. *ex* Gom.) Anagn. *et* Komár. **12.** *Lyngya majuscula* Harv. *ex* Gom. **13.** *Geitlerinema splendidum* (Grev. *ex* Gom.) Anagn. **14.** *Arthrospira jenneri* Stizenb. *ex* Gom. **15.** *Spirulina princeps* W. *et* G.S.West. **16.** *Oscillatoria limosa* C. Ag. *ex* Gom. **17.** *Pseudanabaena catenata* Lauterb. **18.** *Hapalosiphon stuhlmannii* Hieron. **19.** *Stigonema minutum* Hass. *ex* Born. *et* Flah. **20.** *Tolypothrix tenuis* Kütz. *ex* Bornet *et* Flah. **21.** *Scytonema ocellatum* Lyngb. *ex* Born. *et* Flah. **22.** *Gloeotrichia natans* Rabenh. *ex* Born. *et* Flah. Escalas: 5 µm (Figura 17); 10 µm (Figuras 1-16; 18-21); 30 µm (Figura 22). [Segundo Franceschini, 1992 (9, como *Lyngbya mucicola* Lemm.; 11, como *Lyngbya martensiana* Menegh. *ex* Gom.; 14, como *Oscillatoria jenneri* (Gom.) Comp.; 16), Franceschini, 1990 (10, como *Lyngbya corium* (C. Ag.) Cooke; 12; 13, como *Oscillatoria splendida* Grev. *ex* Gom.; 19; 21), Frémy, 1930 (15), Bourrelly, 1985 (17), Casagrande *et al.*, 2000 (18; 20), Werner & Sant'Anna, 1998 (22)].

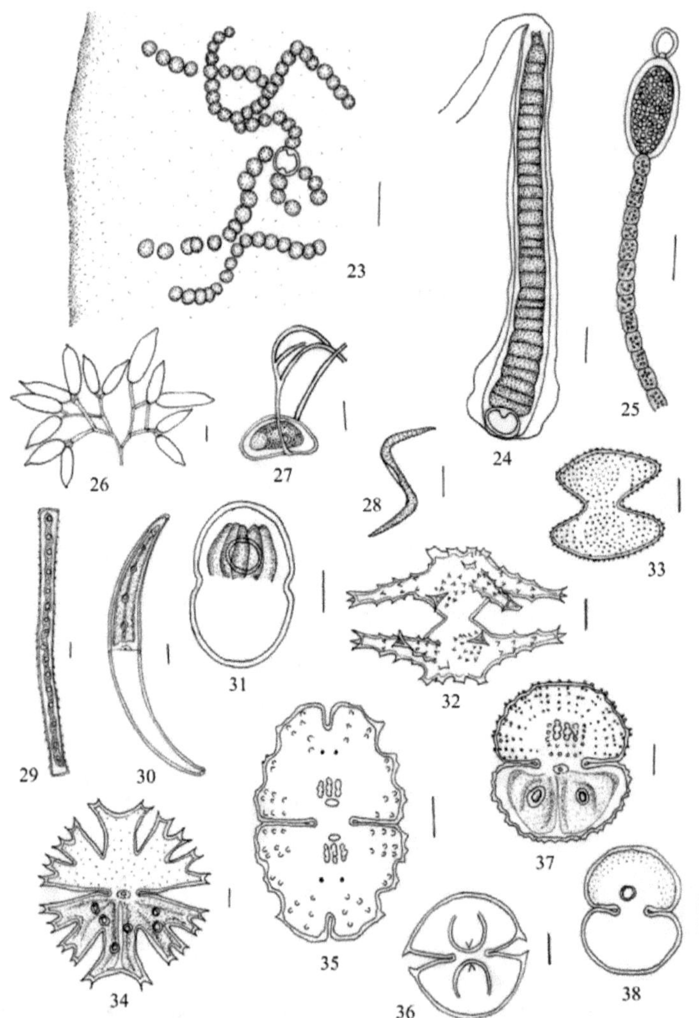

Figuras 23-38 **23.** *Nostoc* sp. **24.** *Calothrix fusca* (Kütz.) Born. *et* Flah. **25.** *Cylindrospermum liqueniforme* Kütz. *ex* Born. *et* Flah. **26.** *Colacium mucronatum* Bourr. *et* Chadef. **27.** *Dicranochaete reniformis* Hieron. **28.** *Monoraphidium contortum* (Thur. *ex* Bréb.) Komárk.-Legn. **29.** *Gonatozygon monotaenium* De Bary. **30.** *Closterium calosporum* Wittr. **31.** *Actinotaenium globosum* (Bulnh.) Först. *ex* Comp. **32.** *Staurastrum rotula* Nordst. **33.** *Staurastrum dilatatum* Ehrenb. **34.** *Micrasterias crux-melitensis* (Ehrenb.) Hass. **35.** *Euastrum bidentatum* Näg. **36.** *Staurodesmus dickiei* var. *circulare* (Turn.) Croasd. **37.** *Cosmarium formosulum* var. *nathorstii* (Boldt) W. *et* G.S.West. **38.** *Cosmarium subtumidum* Nordst. Escala: 10 μm. [Segundo Franceschini, 1990 (23), Bourrelly, 1985 (26), Franceschini, 1992 (24; 31; 38), Werner, 2002 (25), Casagrande *et al.*, 2000 (27), Goulart *et al.*, 2002 (28), Bourrelly, 1990 (29; 30;32-37)].

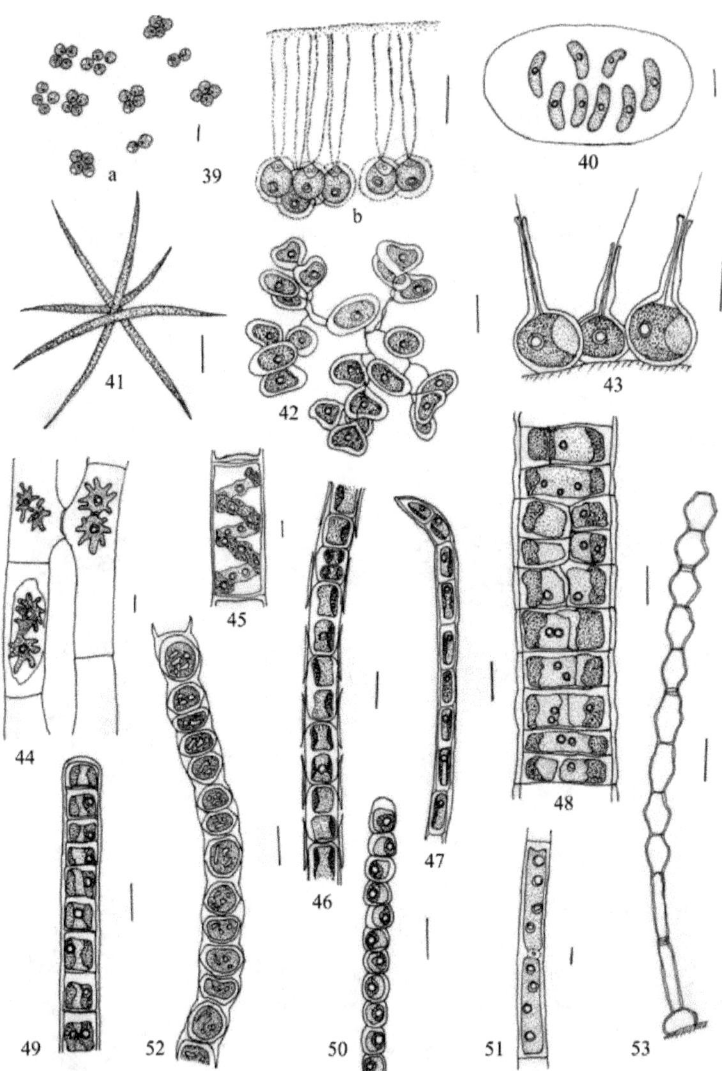

Figuras 39-53 **39.** *Tetraspora gelatinosa* (Vauch.) Desv. (**a**, aspecto do talo; **b**, corte do talo). **40.** *Nephrocytium agardhianum* Näg. **41.** *Ankistrodesmus fusiformis* Corda. **42.** *Dimorphococcus lunatus* A. Br. **43.** *Chaetosphaeridium pringsheimii* Kleb. **44.** *Zygnema stellinum* (Vauch.) C. Ag. **45.** *Spirogyra varians* (Hass.) Kütz. **46.** *Binuclearia tectorum* (Kütz.) Beger. **47.** *Uronema africanum* Borge. **48.** *Schizomeris leibleinii* Kütz. **49.** *Ulothrix aequalis* Kütz. **50.** *Klebsormidium flaccidum* (Kütz.) Silva, Matt. *et* Blackw. **51.** *Mougeotia floridana* Trans. **52.** *Microspora palustris* Wichm. **53.** *Oedogonium reinschii* Roy *ex* Hirn. Escala: 10 μm. [Segundo Bourrelly, 1990 (39; 40; 43-45; 51; 53), Franceschini, 1992 (41; 42; 46-50; 52)].

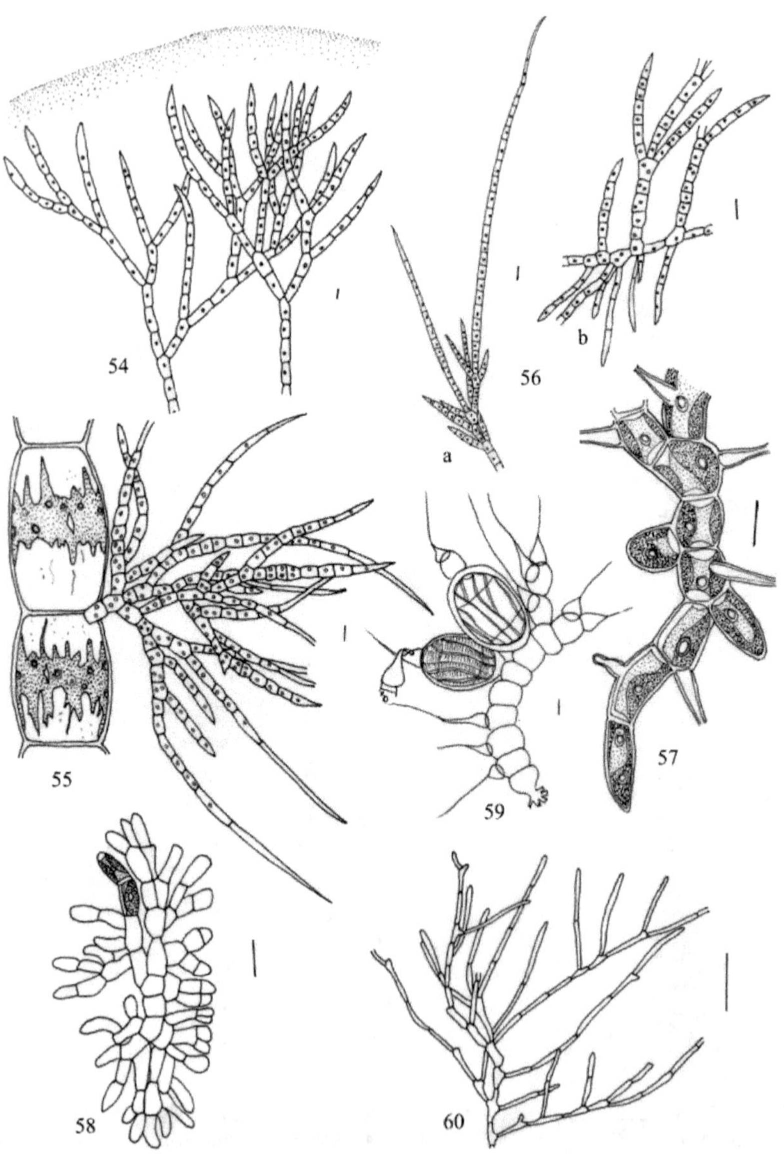

Figuras 54-60 **54.** *Chaetophora elegans* (Roth) C. Ag. **55.** *Draparnaldia glomerata* C. Ag.. **56.** *Stigeoclonium tenue* Kütz. (**a**, parte ereta; **b**, partes prostrada e ereta). **57.** *Aphanochaete repens* A. Br. **58.** *Epibolium dermaticola* Printz. **59.** *Bulbochaete pygmaea* Pringsh. **60.** *Cladophora holsatica* Kütz.. Escalas: 10 μm (Figuras 54-59); 0,5 mm (Figura 60). [Segundo Bourrelly, 1990 (54-60)].

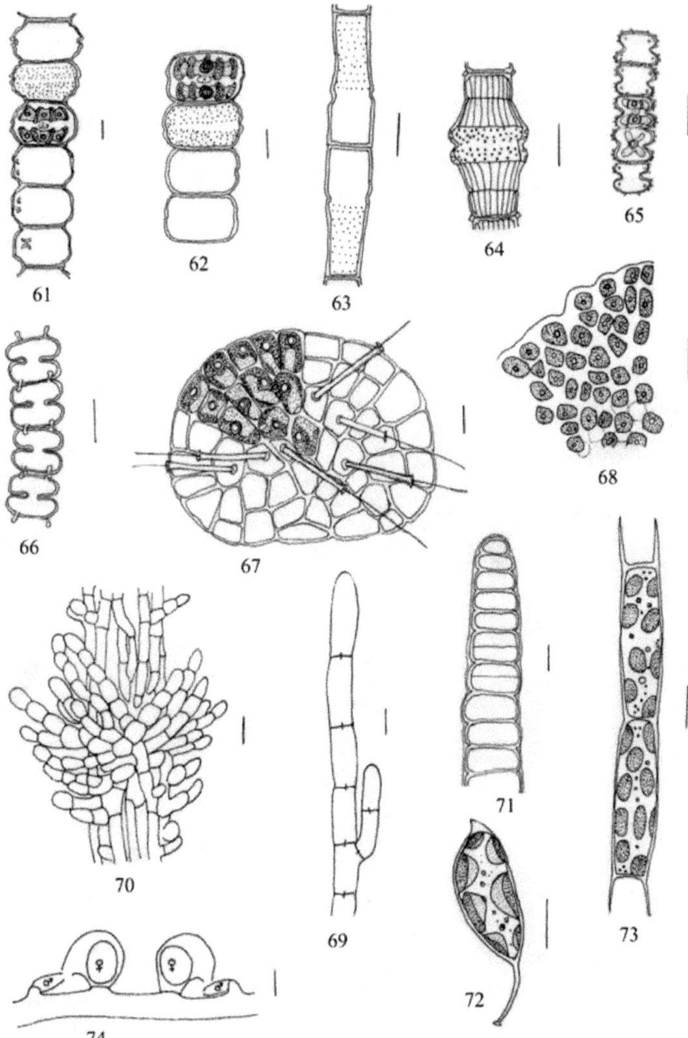

Figuras 61-74 **61.** *Desmidium grevillii* (Kütz.) De Bary. **62.** *Hyalotheca dissiliens* fo. *bidentula* Nordst. **63.** *Groenbladia neglecta* (Racib.) Teil. **64.** *Bambusina brebissonii* Kütz. **65.** *Teilingia granulata* (Roy *et* Biss.) Bourr. **66.** *Sphaerozosma filiformis* (Ehrenb.) Bourr. **67.** *Coleochaete scutata* Bréb. **68.** *Pseudulvella americana* (Snow) Wille. **69.** *Audouinella violacea* (Kütz.) Ham. **70.** *Batrachospermum dillenii* (Bory) Sirod. **71.** *Compsopogon coeruleus* (Balbis) Montag. **72.** *Characiopsis dubia* Pasch. **73.** *Tribonema vulgare* Pasch. **74.** *Vaucheria aversa* Hass. Escalas: 10 μm (Figuras 61-73); 50 μm (Figura 74). [Segundo Bourrelly, 1990 (61-68), Bourrelly, 1985 (69-71), Bourrelly, 1981 (72-74)].

Chave de Identificação dos Gêneros de Diatomáceas (Diatomeae – Ochrophyta) mais Comumente Encontrados no Perifíton e Metafíton de Ambientes Aquáticos Continentais

Thelma Alvim Veiga Ludwig &
Priscila Izabel Tremarin

DIATOMEAE Dumortier 1821 (OCHROPHYTA)

Estudos moleculares, bioquímicos e ultraestruturais realizados nas duas últimas décadas pretenderam explicar as relações filogenéticas entre os diferentes grupos de organismos eucariontes, na tentativa de definir os grupos monofiléticos e de fornecer maior estabilidade aos sistemas de classificação (i.e. Cavalier-Smith, 1998; Baldauf, 2008). Cavalier-Smith (1998), baseado nos avanços até então alcançados, propõe um sistema de classificação para os eucariontes, no qual inclui as diatomáceas no reino Chromista, no filo Ochrophyta (abangendo as feofíceas, diatomáceas, crisofíceas, xantofíceas, silicoflagelas, etc) e no subfilo Diatomeae. O filo justifica-se com base em dados moleculares associados a caracteres bioquímicos e detalhes ultraestruturais do cloroplasto e da célula flagelada (Cavalier-Smith, 2002).

Baldauf (2008) incluiu as diatomáceas na linhagem Stramenopila (anteriormente, Heterocontes) baseando-se na filogenia molecular e em dados ultraestruturais, mas não forneceu um sistema de classificação com as categorias taxonômicas formais.

Tradicionalmente, as diatomáceas foram classificadas em dois grandes grupos, as cêntricas e as penadas (rafídeas e arrafídeas). Entretanto, Medlin & Kaczmarska (2004), com o intuito de desvendar as relações filogenéticas do grupo, realizaram estudos genéticos e ultraestruturais da célula que culminaram na poposta de um sistema de classificação com duas grandes linhagens, as

Subdivisões taxonômicas: Coscinodiscophytina (com uma classe Coscinodiscophyceae) e Bacillariophytina (com duas classes Mediophyceae e Bacillariophyceae).

Apesar do considerável avanço em relação ao entendimento da filogenia das diatomáceas, ainda há lacunas a serem resolvidas. Theriot *et al.* (2010), após análise molecular de 136 espécies de diatomáceas utilizando genes não explorados até então, alertou sobre as questões filogenéticas críticas, elencando aquelas a serem resolvidas nas pesquisas futuras, no sentido de reconstruir uma árvore filogenética mais consistente das diatomáceas.

A chave emparelhada que segue incluiu gêneros que comumente são encontrados em amostras perifíticas de águas epicontinentais. Entre eles encontram-se diatomáceas epilíticas com estruturas que permitem a adesão firme aos substratos (campo de poros apicais, rafe, rimopórtula) ou apenas temporária (metafíton) sem estruturas de fixação.

Complementam este capítulo, descrições dos gêneros, em ordem alfabética, ilustrações de algumas espécies de cada gênero descrito, obtidas através de câmera digital acoplada à fotomicroscópio, e um glossário de apoio.

A chave apresentada inclui gêneros comumente encontrados no perifíton e metafíton de águas epicontinentais, sendo uma adaptação de Ludwig & Tremarin (2006).

Chave para Identificação de Gêneros Comumente Encontrados no Perifíton e Metafíton de Águas Epicontinentais

1. Diatomáceas cêntricas; rafe ausente
   (Coscinodiscophyceae ou Mediophyceae) 2
1. Diatomáceas penadas; rafe presente ou ausente (Bacillariophyceae) 9

2. Diatomáceas de contorno circular 3
2. Diatomáceas de contorno ondulado 8

3. Frústulas frequentemente em vista pleural, pela altura do manto ser maior do que o diâmetro valvar, ou pelas células permanecerem unidas em cadeias filamentosas 4
3. Frústulas frequentemente em vista valvar 5

4. Células unidas por espinhos de ligação marginais; manto valvar ornamentado com estrias areoladas retas ou oblíquas .... *Aulacoseira* (Figs 1-3, 8-9)
4. Células unidas por mucilagem ou por pequenos espinhos espalhados sobre a superfície valvar; manto valvar ornamentado por aréolas delicadas e esparsas, muitas vezes de difícil visualização .... *Melosira* (Figs 12-13)

5. Presença de carinopórtulas ou ocelos 6
5. Ausência de carinopórtulas e ocelos 7

6. Ocelos localizados de maneira oposta nas margens valvares .. ***Pleurosira*** (Fig. 20)
6. Carinopórtulas localizadas na região central valvar .... ***Orthoseira*** (Figs 4-6)

7. Superfície valvar divida em duas regiões com ornamentação distinta. Margem com estrias alveoladas e fultopórtulas localizadas nas interestrias; região central com ondulação sem ornamentação padronizada, hialina ou com fultopórtulas centrais .... ***Cyclotella*** (Fig. 7)
7. Superfície valvar dividida em duas regiões com ornamentação distinta. Margem com estrias alveoladas e fultopórtulas localizadas nas estrias; região central plana ou com ondulação, hialina ou ornamentada por alvéolos alongados com disposição radial, fultopórtulas centrais ausentes .... ***Discostella*** (Figs 10-11)

8. Valvas onduladas, hexagonais, com 3 pseudo-ocelos .. ***Hydrosera*** (Figs 14-15)
8. Valvas onduladas, bipolares, alongadas, com 2 pseudo-ocelos .... ***Terpsinoë*** (Figs 16-17)

9. Diatomáceas arrafídeas, sistema de rafe ausente em ambas valvas da frústula 10
9. Diatomáceas mono ou birrafídeas, sistema de rafe presente em pelo menos uma das valvas da frústula 20

10. Presença de costelas ou espessamentos silíceos na fáscia 11
10. Ausência de costelas ou espessamentos silíceos na fáscia 13

11. Valvas heteropolares, espessamento silíceo linear formando costelas transapicais distribuídas pela face valvar .... ***Meridion*** (Figs 36-37)
11. Valvas isopolares, espessamento silíceo na fáscia ou septos 12

12. Espessamento em forma de colchetes envolvendo a fáscia valvar, não intumescida .... ***Ctenophora*** (Fig. 30)
12. Septos longitudinais que se estendem até quase a região mediana valvar, bastante intumescida .... ***Tabellaria*** (Figs 34-35)

13. Esterno linear estreito, às vezes de difícil distinção ou ausentes; estrias delicadas, unisseriadas, aréolas poroidais 14
13. Esterno amplo, lanceolado, com estrias grosseiras, geralmente estrias mais largas do que as interestrias ou mais delicadas; quando o esterno é mais estreito, as estrias são grosseiras por serem multisseriadas ou formadas por aréolas maiores alongadas, retangulares ou circulares 17

14. Valvas heteropolares .... ***Asterionella*** (Fig. 18)
14. Valvas isopolares 15

15. Esterno presente, estrias com disposição frontalmente alternada .... ***Fragilaria*** (Figs 27-28)
15. Esterno ausente ou presente, estrias contínuas ou com disposição frontalmente oposta 16

16. Esterno de difícil distinção ou ausente; presença de
espinhos marginais .... *Fragilariforma* (Fig. 29)
16. Esterno evidente; ausência de espinhos marginais .... *Ulnaria* (Figs 31-33)

17. Esterno amplo e estrias mais delicadas e
muito curtas .. .. *Pseudostaurosira* (Figs 25-26)
17. Esterno amplo ou mais estreito e estrias grosseiras 18

18. Estrias mais estreitas do que as interestrias, estrias unisseriadas com aréolas
circulares ou elípticas em microscopia eletrônica .... *Staurosira* (Fig. 21)
18. Estrias mais largas do que as interestrias, estrias com morfologia diferente em
microscopia eletrônica 19

19, Valvas isopolares, estrias unisseriadas, aréolas alongadas em microscópia
eletrônica .... *Staurosirella* (Figs 23-24)
19. Valvas isopolares a levemente heteropolares, estrias multisseriadas, aréolas
arredondadas em microscopia eletrônica .... *Punctastriata* (Fig. 22)

20. Rafe presente em apenas uma das superfícies valvares da frústula 21
20. Rafe presente em ambas as superfícies valvares da frústula 29

21. Valvas largamente elípticas a circulares, estrias radiadas na região central e
curvo-radiadas nas extremidades valvares, interrompidas longitudinalmente
por área hialina submarginal na valva com rafe .... *Cocconeis* (Figs 74-76)
21. Valva lineares, lanceoladas, estreitamente elípticas a linear-elípticas, valva com
rafe com estrias nunca interrompidas por linha submarginal, valva sem rafe
com estrias radiadas 22

22. Valva arrafídea com área hialina semicircular central,
unilateral .... *Planothidium* (Figs 94-98)
22. Valva arrafídea sem área hialina semicircular central, unilateral 23

23. Presença de estauro de conformação assimétrica na valva com rafe, ausente na
valva sem rafe .... *Lemnicola* (Figs 82-83)
23. Ausência de estauro assimétrico na valva com rafe 24

24. Padrão de estriação diferenciado na valva rafídea (+ delicado) e na arrafídea
(+ grosseiro) .... *Karayevia* (Figs 84-85)
24. Padrão de estriação semelhante nas duas valvas 25

25. Estrias com areolação grosseira; esterno submarginal presente na valva sem
rafe .... *Achnanthes* (Figs 77-81)
25. Estrias com areolação delicada, distintas ou não; esterno central na valva sem
rafe 26

26. Estrias transapicais indistintas, área central da valva com rafe,
indistinta ou amplamente arredondada; esterno da valva arrafídea
lanceolado, frequentemente com granulações grosseiras
esparsas .... *Nupela* (em parte) (Figs 149-150)

26. Estrias transapicais distintas, mas muitas vezes de difícil contagem, área central da valva com rafe lateralmente expandida; esterno da valva arrafídea linear ou lanceolado, sem granulações esparsas 27

27. Valvas linear-lanceoladas a linear-elípticas, com extremidades arredondadas, sub-capitadas, largamente rostradas; área central da valva com rafe transversalmente expandida, alcançando a margem ou lanceolada limitada por 1-3 estrias mais espaçadas entre si do que as demais estrias da superfície valvar; área central da valva sem rafe ausente ou limitada pelo encurtamento de uma estria mediana de cada lado .... *Achnanthidium* (Figs 88-90)
27. Valvas elípticas a elíptico-lineares, com extremidades arredondadas; área central da valva com rafe transversalmente expandida, limitada por poucas ou várias estrias 28

28. Valva arrafídea com esterno linear e área central transversalmente expandida, retangular, não alcançando as margens valvares .... *Psammothidium* (Figs 91-93)
28. Valva arrafídea com esterno amplamente lanceolado e área central indistinta .... *Platessa* (Figs 86-87)

29. Rafe rudimentar ou rafe curta em pelo menos uma das valvas, cada ramo ocupando até 1/3 do comprimento valvar 30
29. Rafe desenvolvida em ambas as valvas, estendendo-se até o nódulo central 36

30. Células heterovalvares, uma das valvas da célula com ramos da rafe mais desenvolvidos, a outra valva com rafe curta 31
30. Células isovalvares, ambas as valvas com ramos da rafe pouco desenvolvidos, curtos 33

31. Presença de pseudossepto .... *Rhoicosphenia* (Figs 45-47)
31. Ausência de pseudossepto 32

32. Valvas heteropolares, rimopórtula nas duas valvas .... *Peronia* (Figs 38-39)
32. Valvas isopolares, rimopórtula ausente .... *Nupela* (parte) (Figs 149-150)

33. Valvas heteropolares .... *Actinella* (Fig. 50)
33. Valvas isopolares 34

34. Valvas penadas, simétricas em relação ao eixo apical .... *Amphipleura* (Fig. 127)
34. Valvas dosiventrais, assimétricas em relação ao eixo apical 35

35. Margens valvares curvadas, espinhos geralmente ausentes ... *Eunotia* (Figs 40-44)
35. Margens valvares retas, espinhos presentes em todo o contorno valvar .... *Desmogonium* (Fig. 49)

36. Rafe localizada em canal; fíbulas presentes 37
36. Rafe não localizada em canal; fíbulas ausentes 44

37. Presença de canais aliformes na margem valvar 38
37. Ausência de canais aliformes na margem valvar 39

38. Canais aliformes proeminentes; valvas largas, lineares, elípticas, obovadas ou panduriformes .... ***Surirella*** (Figs 184-189)

38. Canais aliformes não proeminentes; valvas estreitas, sigmoides, lineares ou lanceoladas .... ***Stenopterobia*** (Figs 190-191)

39. Presença de costelas transapicais robustas na superfície valvar 40

39. Ausência costelas transapicais na superfície valvar 42

40. Valvas não dorsiventrais .... ***Denticula*** (Fig. 168)

40. Valvas dorsiventrais 41

41. Rafe localizada na margem dorsal, não arqueada em direção ao centro da valva, frústula com simetria bilateral em vista valvar .... ***Rhopalodia*** (Figs 182-183)

41. Rafe localizada na margem ventral, arqueada em direção ao centro valvar, frústula sem simetria bilateral em vista valvar .... ***Epithemia*** (Fig. 181)

42. Canais da rafe paralelamente dispostos nas margens das epi e hipovalvas; margens assimétricas em relação ao eixo apical .... ***Hantzschia*** (Fig. 175)

42. Canais da rafe diagonalmente opostos nas margens das epi e hipovalvas; margens simétricas em relação ao eixo apical 43

43. Superfície valvar plana; valvas geralmente lanceoladas ou sigmoides .... ***Nitzschia*** (Figs 176-180)

43. Superfície valvar ondulada; valvas geralmente panduriformes .... ***Tryblionella*** (Figs 169-170)

44. Valvas dorsiventrais, com maior ou menor assimetria em relação ao eixo apical 45

44. Valvas não dorsiventrais, simétricas em relação ao eixo apical 52

45. Epiteca e hipoteca visíveis no mesmo plano valvar, lado a lado, devido à presença de bandas mais largas do lado dorsal da valva 46

45. Epiteca e hipoteca visíveis em planos valvares diferentes, uma sobre a outra, devido à presença de bandas de mesma largura em ambos os lados da valva 47

46. Conópio presente em ambos os lados da rafe; presença de fáscia na região mediana dorsal da valva; extremidades valvares atenuadas .... ***Amphora*** (Figs 171-172)

46. Conópio presente no lado dorsal da rafe; ausência de fáscia na região mediana dorsal da valva; extremidades valvares capitadas .... ***Halamphora*** (Figs 173-174)

47. Extremidades terminais da rafe voltadas para o lado ventral da valva 48

47. Extremidades terminais da rafe voltadas para o lado dorsal da valva 50

48. Rafe pouco excêntrica, dorsiventralidade valvar pouco pronunciada .... ***Encyonopsis*** (Figs 67-69)

48. Rafe fortemente excêntrica, dorsiventralidade valvar pronunciada 49

49. Estigmoide presente, estrias areoladas .... *Encyonema* (Figs 64-66)
49. Estigmoide ausente, estrias alveoladas .... *Cymbellopsis* (Fig. 62)

50. Valvas com dorsiventralidade pronunciada 51
50. Valvas com dorsiventralidade menos
pronunciada .... *Cymbopleura* (Figs 60-61)

51. Presença de um ou mais estigmas na região ventral do
nódulo central .... *Cymbella* (Figs 57-59)
51. Ausência de estigmas na região ventral do nódulo central .... *Seminavis* (Fig. 63)

52. Valvas heteropolares 53
52. Valvas isopolares 54

53. Campo de poros apicais presente, várias aréolas
apicalmente alongadas .... *Gomphonema* (Figs 51-56)
53. Campo de poros apicais ausente, uma a três aréolas transapicalmente
alongadas .... *Gomphosphenia* (Fig. 48)

54. Presença de canais longitudinais submarginais ou margeando
ambos os lados da rafe 55
54. Canais longitudinais ausentes 57

55. Presença de canal longitudinal submarginal, extremidades proximais da rafe
curvadas em sentidos opostos .... *Neidium* (Figs 117-120)
55. Presença de canal longitudinal margeando ambos os lados da rafe,
extremidades proximais da rafe retas 56

56. Canal longitudinal oco margeando a rafe e ornamentado por aréolas ; estrias
grosseiras com aréolas geralmente conspícuas .... *Diploneis* (Figs 121-122)
56. Canal longitudinal formado por uma depressão da superfície
valvar coberta por canópio; estrias delicadas com aréolas geralmente
inconspícuas .... *Fallacia* (Figs 99-101)

57. Valvas sigmoides .... *Gyrosigma* (Figs 165-167)
57. Valvas não sigmoides 58

58. Costelas longitudinais robustas envolvendo a rafe ..... *Frustulia* (Figs 123-125)
58. Ausência de costelas longitudinais robustas envolvendo a rafe 59

59. Presença de estigma 60
59. Ausência de estigma 62

60. Estigma submarginal ou marginal, área central transversalmente expandida
limitada ou não por estrias encurtadas .... *Luticola* (Figs 110-114)
60. Estigma próximo à área central, área central reduzida 61

61. Estrias levemente radiadas; estrias medianas retas, mais afastadas
das demais e mais encurtadas, um estigma presente na
extremidade dessas estrias .... *Geissleria* (Figs 156-158)

61. Estrias radiadas; região mediana caracterizada pela presença de estrias curtas e longas alternadas entre si, um a vários estigmas .... *Placoneis* (em parte) (Figs 70, 72)

62. Presença linhas longitudinais onduladas (costelas) interrompendo as estrias .... *Brachysira* (Figs 106-108)
62. Ausência de linhas longitudinais onduladas (costelas) na superfície valvar 63

63. Área central com espessamento silíceo, estendendo-se até as margens valvares ou em forma de X 64
63. Área central sem espessamento silíceo formando áreas hialinas 65

64. Estauro tigilado .... *Capartogramma* (Fig. 164)
64. Estauro transversalmente expandido, espessamento transapical de sílica alcançando as margens da valva .... *Stauroneis* (Figs 161-163)

65. Estrias da região mediana da valva interrompidas por área central hialina assimétrica ornamentada com aréolas ocluídas .... *Anomoeoneis* (Fig. 109)
65. Estrias da região mediana da valva não interrompidas por área hialina assimétrica 66

66. Estrias paralelas ou cruzadas em três direções 67
66. Estrias radiadas, às vezes de difícil resolução ao microscópio ótico 68

67. Estrias paralelas formando ângulo reto com o esterno da rafe, areolação geralmente inconspícua .... *Craticula* (Figs 159-160)
67. Estrias cruzadas em três direções, duas oblíquas formando estrias em "X" e uma transversal, areolação grosseira .... *Decussata* (Fig. 155)

68. Estrias alveoladas mostrando estruturas lineares largas, sólidas e sem ornamentação ao microscópio óptico 69
68. Estrias areoladas, aréolas pontuadas ou lineadas dispostas muito próximas umas das outras, formando estrutura linear estreita contínua com areolação inconspícua ou dispostas mais espaçadas com areolação conspícua 71

69. Estrias mais grosseiras, paralelas a radiadas, ao longo da superfície valvar, tornando-se convergentes ou fortemente radiadas nas extremidades; linhas longitudinais cruzando as estrias .... *Pinnularia* (Figs 128-130)
69. Estrias mais delicadas, paralelas a levemente radiadas em direção às extremidades valvares; linhas longitudinais presentes ou incospícuas cruzando as estrias 70

70. Valvas geralmente maiores, 1 ou 2 linhas marginais longitudinais cruzando as estrias e presença comum de fáscia alcançando as margens, estrias multisseriadass .... *Caloneis* (Fig. 141)
70. Valvas menores, linhas marginais longitudinais inconspícuas, fascia geralmente ausente, estrias unisseriadas .... *Chamaepinnularia* (Figs 142-143)

71. Nódulos polares fortemente refringentes 72
71. Nódulos polares não refringentes 73

72. Valvas elípticas; rafe levemente arqueada; nódulos polares refringentes pela helictoglossa bem desenvolvida .... *Mayamaea* (Figs 144-146)

72. Valvas lineares, lanceoladas a elíptico-lanceoladas; rafe reta; nódulos polares lateralmente expandidos .... *Sellaphora* (Figs 102-105)

73. Estrias grosseiras, mais largas do que as interestrias; presença de septo nas extremidades .... *Hippodonta* (Figs 153-154)

73. Estrias delicadas, com aproximadamente a mesma largura das interestrias; septo ausente 74

74. Nódulo central refringente; área central amplamente expandida circular ou podendo atingir as margens valvares .... *Diadesmis* (Figs 115-116)

74. Nódulo central não refringente; área central expandida ou não, sem atingir as margens da valva 75

75. Valvas elípticas a linear-elípticas com extremidades arredondadas, geralmente menores que 20 µm de comprimento .... *Eolimna* (Figs 136-137)

75. Valvas lanceoladas, lineares ou linear-lanceoladas com extremidades rostradas, capitadas ou atenuadas, geralmente maiores que 25 µm 76

76. Estrias mais grosseiras, radiadas em toda a extensão valva 77

76. Estrias mais delicadas, radiadas a abruptamente convergentes próximo as extremidades valvare 78

77. Aréolas lineoladas (ao microscópio eletrônico), interestrias mais estreitas .... *Navicula* (Figs 131-135)

77. Aréolas arredondadas (ao microscópio eletrônico), interestrias mais largas .... *Placoneis* (em parte) (Figs 71, 73)

78. Valvas lineares; área central arredondada; estrias muito delicadas, justapostas, geralmente de difícil resolução em microscopia óptica, formadas por uma 1 a 4 aréolas alongadas transversalmente .... *Kobayasiella* (Figs 151-152)

78. Valvas lineares ou lanceoladas; área central reduzida; estrias delicadas, geralmente visíveis em microscopia óptica, compostas por aréolas arredondadas .... *Adlafia* (Figs 147-148)

1. *COSCINODISCOPHYTINA*

1.1 COSCINODISCOPHYCEAE

Aulacoseira Thwaites, 1848
Figs 1-3; 8-9

Diatomáceas cêntricas com frústulas cilíndricas unidas em cadeias filamentosas retas, curvadas ou espiraladas, por meio de espinhos de ligação. A região de união entre as células forma uma cavidade denominada pseudosulco. Valvas circulares planas, ornamentadas com estrias areoladas, frequentemente marginais ou distribuídas em toda a superfície. Margem valvar com espinhos de ligação de extremidades expandidas, de maneira a conectar firmemente as células adjacentes. Espinhos de separação alongados, às vezes, presentes nas células terminais dos filamentos. Manto valvar apresentando uma porção estriada e outra não ornamentada (colo), delimitadas por uma constrição (sulco). Estrias retas ou oblíquas compostas por aréolas, geralmente, arredondadas.

O gênero *Aulacoseira* contém cerca de 60 espécies descritas, atuais e fósseis (Fourtanier & Kociolek, 2011). Torgan *et al.* (1999), Brassac *et al.* (1999), Ludwig *et al.* (2004), Morandi *et al.* (2006), Fontana & Bicudo (2009), Tremarin *et al.* (2009a; 2011a; 2012), Bertolli *et al.* (2010) e Silva *et al.* (2010) registraram as principais espécies que ocorrem no país.

Espécies comuns: *A. ambigua* (Grunow) Simonsen, *A. ambigua* var. *ambigua* f. *spiralis* (Skuja) Ludwig & Valente-Moreira, *A. brasiliensis* Tremarin, Torgan & Ludwig, *A. granulata* (Ehrenberg) Simonsen, *A. granulata* var. *angustissima* (Müller) Simonsen, *A. herzogii* (Lemmermann) Simonsen e *A. pusilla* (Meister) Tuji & Houk.

Melosira C. Agardh, 1824
Figs 12-13

Diatomáceas cêntricas com frústulas cilíndricas ou subesféricas unidas em cadeias filamentosas por mucilagem secretada por poros localizados na superfície valvar. Grânulos ou pequenos espinhos encontram-se espalhados pela superfície valvar e auxiliam na união entre as células. Aréolas podem estar dispersas ou em fileiras pela superfície e pelo manto valvares, muitas vezes de difícil visualização. Espinhos mais longos e irregulares podem estar presentes formando a corona, podendo também estar envolvidos por uma estrutura achatada ou fitácea na margem valvar, a carina. Pequenas rimopórtulas dispersas na superfície valvar e manto.

Gênero geralmente de fácil identificação, com cerca de 10 espécies. As principais espécies são apresentadas por Crawford (1978), Krammer & Lange-Bertalot (1991a). Brassac *et al.* (1999), Torgan *et al.* (1999), Torgan & Raupp (2001), Bittencourt-Oliveira (2002), Burliga *et al.* (2005) e Tremarin *et al.* (2009a) registraram algumas das seis espécies de *Melosira* que ocorrem no país.

Espécie comum: *M. varians* C. Agardh.

Orthoseira Thwaites, 1848
Figs 4-6

Diatomáceas cêntricas com frústulas cilíndricas unidas em cadeias filamentosas curtas por mucilagem liberada através das carinopórtulas. Valvas circulares com dois a cinco processos tubulares (carinopórtulas) na região central da superfície valvar. Estrias areoladas radiadas que se estendem desde a região externa das carinopórtulas em direção às margens e descem pelo manto valvar. Espinhos simples, triangulares ou piramidais, conspícuos entre as fileiras de aréolas, distribuídos regular ou irregularmente nas margens valvares e garantindo o encaixe entre as valvas.

A identificação das espécies do gênero *Orthoseira* é um tanto difícil, uma vez que apresentam diferenças sutis. Trabalhos abordando variações morfológicas e características ultra-estruturais da valva foram realizados por Houk (1993), Spaulding & Kociolek (1998) e Houk (2003). Das 12 espécies conhecidas atualmente, duas são mais frequentes. O registro destas para o Brasil foi realizado por Callegaro *et al.* (1993), Brassac *et al.* (1999), Landucci & Ludwig (2005) e Tremarin *et al.* (2009a).

Espécies comuns: *O. dendroteres* (Ehrenberg) Crawford, *O. roeseana* (Rabenhorst) O'Meara.

2. *BACILLARIOPHYTINA*

2.1 MEDIOPHYCEAE

Cyclotella (Kützing) Brébisson, 1838
Fig. 7

Diatomáceas cêntricas com frústulas cilíndricas, diâmetro maior do que o comprimento do eixo pervalvar, solitárias ou formando cadeias filamentosas unidas por cordões mucilaginosos. Valvas circulares com ondulação tangencial ou concêntrica na superfície. Estrias radiais que alcançam o centro ou limitam-se à região marginal, agrupando-se em fascículos na região mais externa da valva. Frequente presença de câmaras internas sob cada um dos feixes de estrias marginais, as quais aparecem como ornamentações lineares mais ou menos grosseiras sobre a superfície valvar, formando estrias alveoladas marginais. Área central hialina ornamentada por pequenas estruturas arredondadas ou lineares, dispersas ou com disposição específica. Ao microscópio eletrônico, tais estruturas correspondem a aréolas, fultopórtulas ou pequenos espessamentos silíceos em forma de grânulos. Algumas vezes, espinhos delicados podem ocorrer no manto valvar. Fultopórtulas dispostas em anel, próximo da margem valvar, sobre as interestrias marginais e, muitas vezes, dispersas na área central. Pequeno número de rimopórtulas (uma a cinco) localizadas entre os fascículos de estrias ou na margem da área central, em geral melhor observadas em microscopia eletrônica.

Cerca de 80 espécies foram descritas para o gênero, sendo as principais apresentadas por Hustedt (1927-1966), Krammer & Lange-Bertalot (1991a), Tanaka (2007) e Houk *et al.* (2010). Em estudos nacionais, Torgan *et al.* (1999), Brassac *et al.* (1999), Cavalcante *et al.* (2013) Landucci & Ludwig (2005), Tremarin *et al.* (2009a) e Silva *et al.* (2010) registraram cerca de quinze espécies.

Espécies comuns: *C. cryptica* Reimann, Lewin & Guillard, *C. meneghiniana* Kützing, *C. distinguenda* Hustedt, *C. striata* (Kützing) Grunow.

Discostella Houk & Klee, 2004
Figs 10-11

Diatomáceas cêntricas com frústulas cilíndricas, diâmetro maior do que o comprimento do eixo pervalvar, solitárias ou formando cadeias unidas por meio de mucilagem. Valvas circulares ou ovais, planas ou com ondulação central concêntrica. Estrias marginais radiais que se agrupam em fascículos na região mais externa da valva. Área central hialina ou ornamentada por alvéolos com disposição radial em forma de roseta, circundando um poro central, ou por cristas externas, ou ainda por grânulos. Fultopórtulas presentes em anel próximo da margem valvar, entre duas costelas, ou seja, na estria. Uma rimopórtula localizada entre duas costelas marginais, levemente mais próximas da margem valvar do que as fultopórtulas, visível apenas em microscopia eletrônica.

O gênero compreende cerca de 15 espécies, algumas transferidas de *Cyclotella* e outras propostas recentemente. Descrições de espécies e detalhes da ultra-estrutura da frústula estão presentes em Houk & Klee (2004), Guerrero *et al.* (2006), Tuji & Williams (2006a), Houk *et al.* (2010). Registros de espécies no Brasil foram realizados por Torgan *et al.* (1999), Morandi *et al.* (2006), Fontana & Bicudo (2009), Tremarin *et al.* (2009a), Bertolli *et al.* (2010) e Silva *et al.* (2010).

Espécies comuns: *D. pseudostelligera* (Hustedt) Houk & Klee, *D. stelligera* (Cleve & Grunow) Houk & Klee.

Hydrosera Wallich, 1858
Figs 14-15

Diatomáceas com frústulas retangulares em vista pleural formando cadeias curtas ou longas, unidas por mucilagem secretada através dos pseudo-ocelos. Valvas hexagonais, onduladas. Face valvar com ângulos arredondados em número de seis, sendo três deles com pseudo-ocelos delimitados por pseudoseptos. Aréolas mais grosseiras e irregulares ornamentam a superfície valvar e as mais delicadas, o manto. Uma rimopórtula sobre a valva próxima a um dos ângulos, visível em microscopia óptica.

Gênero com poucas espécies, em torno de três, geralmente de fácil identificação. Detalhes morfológicos da frústula de *H. whampoensis* (Schwartz) Deby e *H. triquetra* Wallich são apresentados e discutidos por Li & Ching (1977) e Qi *et al.* (1982). *Hydrosera* foi registrada por Ludwig & Flôres (1995), Brassac *et al.* (1999), Torgan *et al.* (1999), Burliga *et al.* (2005), Landucci & Ludwig (2005), Ferrari & Ludwig (2007) e Tremarin *et al.* (2009a).

Espécie comum: *H. whampoensis* (Schwartz) Deby.

Pleurosira (Meneghini) Trevison, 1848
Fig. 20

Diatomáceas cêntricas com frústulas cilíndricas unidas em cadeias filamentosas retas ou em zigue-zagues, por mucilagem secretada através dos ocelos. Valvas circulares a subcirculares com superfície valvar reta e manto longo. Estrias unisseriadas e radiadas irradiando-se do centro valvar em direção às margens e descem pelo manto valvar. Grânulos podem estar dispersos pela superfície valvar. Dois ocelos marginais localizados em lados opostos da valva. Rimopórtulas podem ser visualizadas em pequenas áreas hialinas na superfície valvar. Ocorre em águas continentais e estuarinas de regiões tropicais e subtropicais.

O gênero apresenta apenas seis espécies (Compère, 1982; Krammer & Lange-Bertalot, 1991a; El-Awamri, 2008; Fourtanier & Kociolek, 2011; Karthick & Kociolek, 2011). Poucos registros de *Pleurosira* foram realizados no país, destacando-se os de Brassac *et al.* (1999), Torgan *et al.* (1999), Ludwig *et al.* (2004), Burliga *et al.* (2005), Ferrari & Ludwig (2007), Tremarin *et al.* (2009a).

Espécie comum: *P. laevis* (Ehrenberg) Compère.

Terpsinoë Ehrenberg, 1843
Figs 16-17

Diatomáceas com frústulas tabulares, formando cadeias em zigue-zague por mucilagem secretada através dos pseudo-ocelos. Valvas bipolares, alongadas, trionduladas, com extremidades sub-capitadas, cada uma ornamentada por um pseudo-ocelo delicadamente areolado. Superfície valvar com aréolas de tamanho e disposição irregulares que se estendem até o manto valvar. Pseudosseptos transapicais podem ser visualizados através da superfície valvar, nas constrições das ondulações, sob microscopia óptica. Rimopórtula pode ser observada próximo ao centro valvar. Ocorre em águas continentais e estuarinas como epífitas, frequente em rochas úmidas de regiões tropicais.

T. musica Ehrenberg é a espécie encontrada em águas continentais (Hustedt, 1927-1966). Registros desta para o Brasil foram realizados por Brassac *et al.* (1999), Rosa *et al.* (1994) e Tremarin *et al.* (2009a).

Espécie comum: *T. musica* Ehrenberg.

2.2 BACILLARIOPHYCEAE

2.2.1 Arrafídeas

Asterionella Hassall, 1850
Fig. 18

Frústulas unidas em cadeias estreladas por meio de mucilagem secretada através da rimopórtula apical. Valvas alongadas, heteropolares. Extremidades capitadas, sendo uma mais larga do que a outra. Esterno linear e estreito. Rafe ausente. Estrias transapicais unisseriadas, delicadas, que se estendem pelo manto valvar, com disposição alterna. Aréolas pequenas, circulares, poroidais. Campo de poros apicais presente em ambas as extremidades. Espinhos ocorrem na junção da superfície valvar com o manto e acima e abaixo dos campos de poros apicais. Uma rimopórtula presente em cada extremidade valvar.

O gênero possui aproximadamente 20 espécies (Fourtanier & Kociolek, 2011), encontradas predominantemente em amostras de plâncton (Krammer & Lange-Bertalot, 1991a). No Brasil, são comuns os casos de florações de *Asterionella formosa*, espécie encontrada principalmente em lagos e reservatórios ricos em nutrientes e degradados por ação antropogência (Dorgelo *et al.*, 1981; Krivtsov *et al.*, 2000). Torgan *et al.* (1999), Raupp *et al.* (2006), Tremarin *et al.* (2009a), Bertolli *et al.* (2010) e Silva *et al.* (2010) constituem alguns dos registros do gênero para o país.

Espécie comum: *A. formosa* Hassal.

Ctenophora (Grunow) **Williams & Round, 1986**
Fig. 30

Frústulas retangulares em vista pleural, aderidas ao substrato por meio de mucilagem formando tufos. Valvas isopolares, lineares a linear-lanceoladas. Extremidades arredondadas a sub-capitadas. Esterno linear estreito. Rafe ausente. Estrias transapicais areoladas e unisseriadas que se estendem pelo manto valvar com disposição oposta. Aréolas arredondadas a retangulares. Fáscia central com espessamento silíceo, formando área marginal em forma de colchete quando observada ao microscópio óptico (MO). Campo de poros apicais (ocelolimbo) e uma rimopórtula em cada extremidade.

Atualmente o gênero *Ctenophora* apresenta uma única espécie (Krammer & Lange-Bertalot, 1991a), que foi encontrada por Moro *et al.* (1994), Flôres *et al.* (1999b), Torgan *et al.* (1999), Tremarin *et al.* (2009a), Bertolli *et al.* (2010) em material nacional.

Espécie: *C. pulchella* (Ralfs) Williams & Round.

Fragilaria Lyngbye, 1819
Figs 27-28

Frústulas formando cadeias lineares. Valvas isopolares, lineares, linear-lanceoladas, elípticas, às vezes com suave intumescência central. Extremidades arredondadas, rostradas ou capitadas. Esterno linear ou linear-lanceolado, geralmente expandido na região central. Rafe ausente. Estrias transapicais unisseriadas, delicadas, que se estendem pelo manto valvar com disposição alterna. Aréolas pequenas, circulares, poroidais. Espinhos podem ocorrer na junção da superfície valvar com o manto. Campos de poros apicais presentes em uma leve depressão. Uma rimopórtula situada próxima a uma das extremidades valvares.

O gênero *Fragilaria* abrange inúmeras espécies (Hustedt, 1927-1966; Patrick & Reimer, 1966; Krammer & Lange-Bertalot, 1991a), parte das mesmas, alvo de revisões recentes (Tuji & Williams, 2006b, c; 2008; Tuji, 2007). Algumas destas foram registradas por Ludwig & Flôres (1997), Flôres *et al.* (1999b), Torgan *et al.* (1999), Brassac & Ludwig (2003), Fontana & Bicudo (2009), Tremarin *et al.* (2009a), Bertolli *et al.* (2010), Faria *et al.* (2010), Silva *et al.* (2010) e Moresco *et al.* (2011).

Espécies comuns: *F. capucina* var. *capucina* Desmazières, *F. capucina* var. *fragilarioides* (Grunow) Ludwig & Flôres, *F. gracilis* Oestrup, *Fragilaria rumpens* (Kütz.) Carlson e *F. vaucheriae* (Kützing) Petersen.

Fragilariforma Williams & Round, 1988
Figs 29

Frústulas formando colônias lineares ou em zigue-zague. Valvas isopolares, elíptico-lanceoladas, lanceoladas ou lineares, constritas ou não centralmente. Extremidades rostradas a capitadas. Esterno ausente ou, quando presente, linear e estreito de difícil distinção. Rafe ausente. Espinhos marginais de ocorrência comum entre as estrias. Estrias transapicais unisseriadas e delicadas, que se estendem pelo manto valvar com disposição oposta. Estrias unisseriadas secundárias são usualmente intercaladas entre as longas. Aréolas pequenas, circulares, poroidais. Campo de poros apical bem desenvolvido nas extremidades. Algumas aréolas isoladas ocorrem entre o campo de poros e a margem. Uma rimopórtula situada próximo a uma das extremidades.

Gênero com aproximadamente 17 espécies, parte delas anteriormente pertencentes à *Fragilaria*. Características morfológicas da valva e algumas transferências para *Fragilariforma* foram apresentadas por Williams & Round (1987, 1988) e Hamilton *et al.* (1992).Espécies novas foram propostas por Kilroy *et al.* (2003) e Metzeltin & Lange-Bertalot (2007). Torgan *et al.* (1999),

Brassac & Ludwig (2003), Tremarin *et al.* (2009a), Silva *et al.* (2010), Canani *et al.* (2011) realizaram alguns dos registros das espécies do gênero para o país.

Espécie comum: *F. virescens* (Ralfs) Williams & Round, *F. strangulata* (Zanon) Williams & Round.

Meridion C. Agardh, 1824
Figs 36-37

Frústulas unidas em cadeias flabeliformes ou fitáceas pela superfície valvar. Valvas heteropolares e cuneadas ou, às vezes, isopolares e lineares. Pequenos espinhos presentes na região entre a superfície valvar e o manto. Extremidades apical e basal capitada ou sub-capitada. Esterno linear e estreito. Rafe ausente. Estrias transapicais retas, paralelas, unisseriadas. Campo de poros apical presente em uma das extremidades. Espessamento silíceo linear formando costelas transapicais que se originam em uma das margens valvares e atingem ou não a outra margem. Uma rimopórtula presente no ápice da valva, transversalmente orientada.

Meridion circulare (Greville) Agardh pode ser abundante em ambientes lóticos calcáreos de águas frias, principalmente na primavera, onde vive preso a rochas ou plantas através da base valvar.

Aproximadamente 10 espécies são descritas para o gênero *Meridion* (Krammer & Lange-Bertalot, 1991a; Brant, 2003; Fourtanier & Kociolek, 2011). Ludwig & Flôres (1995), Torgan & Aguiar (1978), Torgan *et al.* (1999), Schneck *et al.* (2008), Tremarin *et al.* (2009a) e Santos *et al.* (2011) constituem alguns dos poucos registros deste gênero para o país.

Espécies comuns: *M. circulare* (Greville) Agardh var. *circulare*, *Meridion circulare* var. *constrictum* (Ralfs) Van Heurck.

Pseudostaurosira Williams & Round, 1987
Figs 25-26

Frústulas unidas firmemente em cadeias filamentosas. Valvas isopolares, lineares a elípticas, algumas vezes onduladas, com constrição ou intumescência central. Esterno amplamente lanceolado. Rafe ausente. Estrias transapicais areoladas, unisseriadas, curtas, formadas por uma a quatro aréolas circulares marginais esparsas. Espinhos alongados, espatulados ou espatulado-ramificados, localizados na junção da superfície com o manto valvar. Pequenos campos de poros apicais, às vezes, presentes nas extremidades valvares. Rimopórtula ausente.

O gênero *Pseudostaurosira* apresenta cerca de 25 espécies e abrange alguns exemplares anteriormente enquadrados em *Fragilaria*. A distinção entre este gênero e outros próximos, como *Staurosira* Ehrenberg, *Staurosirella* Williams & Round e *Punctastriata* Morales, baseia-se em características visualizadas em microscopia eletrônica de varredura. Publicações como as de Williams & Round (1987), Morales (2001, 2002), Morales & Edlund (2003), Morales *et al.* (2010) e Witkowski *et al.* (2010) são importantes ferramentas na determinação das espécies do gênero. Poucos registros foram realizados com base em floras nacionais, ressaltando-se os de Contin (1990), Torgan *et al.* (1999), Brassac & Ludwig (2003) e Tremarin *et al.* (2009a).

Espécies comuns: *P. brevistriata* (Grunow) Williams & Round, *P. parasitica* (W. Smith) Morales.

Punctastriata Williams & Round, 1987
Fig. 22

Frústulas unidas formando cadeias filamentosas ou ramificadas. Valvas isopolares a levemente heteropolares, lineares a elípticas, com leve constrição na superfície de uma das extremidades. Esterno linear, estreito. Rafe ausente. Estrias transapicais areoladas, multisseriadas, contínuas com o manto. Espinhos piramidais curtos, às vezes bifurcados, localizados sobre ou entre as estrias na junção da superfície com o manto valvar. Campo de poros apical reduzido, presente em uma das extremidades valvares. Rimopórtula ausente.

O gênero compreende cerca de 6 espécies que podem ser encontradas nas obras de Williams & Round (1987), Williams *et al.* (2009), Hamilton & Siver (2008). Os raros registros de *Punctastriata* para o Brasil foram realizados por Tremarin *et al.* (2009a) e Bertolli *et al.* (2010). Entretanto, algumas ocorrências podem ter sido despercebidas devido à dificuldade de reconhecimento das espécies em MO, ocasionando determinações equivocadas.

Espécie comum: *P. lancetulla* (Schumann) Hamilton & Siver.

Staurosira Ehrenberg, 1843
Fig. 21

Frústulas solitárias ou formando cadeias curtas ou mais longas, retas ou em zigue-zagues. Valvas isopolares, ovais, elípticas ou amplamente intumescidas na região central, raramente triangulares. Esterno variável, mas não muito estreito. Rafe ausente. Estrias transapicais areoladas, grosseiras, unisseriadas, que se estendem pelo manto valvar, com disposição alterna. A largura das estrias é maior do que a das interestrias. Aréolas circulares ou elípticas, às vezes transapicalmente estendidas visíveis em microscopia eletrônica. Espinhos marginais conspícuos, simples ou em pares entre as estrias, espatulados ou dicotomicamente ramificados. Campo de poros apicais variável, contendo poucos poros isolados ou várias fileiras destes. Rimopórtula ausente.

O gênero, composto por quase 20 espécies, foi detalhado por Williams & Round (1987) e Round *et al.* (1990). Algumas espécies foram registradas por Flôres *et al.* (1999b), Torgan *et al.* (1999), Fürstenberger & Valente-Moreira (2000a), Landucci & Ludwig (2005), Tremarin *et al.* (2009a) e Silva *et al.* (2010).

Espécie comum: *S. construens* Ehrenberg.

Staurosirella Williams & Round, 1987
Figs 23-24

Frústulas formando cadeias filamentosas ou em zigue-zague aderidas ao substrato (em geral grãos de areia). Valvas isopolares, lineares, elípticas ou amplamente intumescidas na região central. Esterno lanceolado. Rafe ausente. Estrias transapicais areoladas, grosseiras, unisseriadas, que se estendem pelo manto valvar com disposição alterna. A largura das estrias é maior do que a das interestrias. Aréolas alongadas orientadas paralelamente ao eixo apical. Espinhos ramificados ocorrem na junção do manto com a superfície valvar, entre as estrias. Campo de poros apicais em apenas um dos ápices da valva. Rimopórtula ausente.

As características morfológicas da valva de *Staurosirella* são descritas e detalhadas em Williams & Round (1987) e Round *et al.* (1990). Gênero com cerca de 22 espécies, sendo algumas registradas em trabalhos nacionais por Flôres *et al.* (1999b), Torgan *et al.* (1999), Fürstenberger & Valente-Moreira (2000a), Ribeiro *et al.* (2008), Tremarin *et al.* (2009a), Bertolli *et al.* (2010) e Faria *et al.* (2010).

Espécies comuns: *S. dubia* (Grunow) Morales & Manoylov, *S. leptostauron* (Ehrenberg) Williams & Round, *S. pinnata* (Ehrenberg) Williams & Round.

Tabellaria Ehrenberg, 1844
Figs 34-35

Frústulas unidas formando cadeias em zigue-zague, parcialmente lineares ou estreladas, livres ou aderidas ao substrato por meio de mucilagem. Células retangulares em vista pleural, com septos longitudinais, interrompidos na região mediana. Valvas isopolares, alongadas, bastante intumescidas na região central, com extremidades capitadas. Septos longitudinais originados na cópula estendem-se até quase a região central valvar, distintos em vista valvar. Esterno linear, estreito, lanceolado na região mediana. Rafe ausente.

Estrias unisseriadas irregularmente espaçadas. Pequenos espinhos marginais podem ocorrer. Campos de poros apicais localizados nas extremidades valvares. Uma rimopórtula por valva, visível como um pequeno poro na área central.

Aproximadamente cinco espécies são descritas para o gênero *Tabellaria* (Krammer & Lange-Bertalot, 1991a), sendo duas citadas em trabalhos nacionais, como os de Contin (1990), Torgan *et al.* (1999) e Tremarin *et al.* (2009a).

Espécie comum: *T. fenestrata* (Lyngbye) Kützing.

Ulnaria Kutzing, 1844 (*Synedra* Ehrenberg, 1830)
Figs 31-33

Frústulas retangulares em vista pleural, solitárias, livres ou epífitas, podendo formar cadeias radiadas graças à mucilagem, raramente unidas pela superfície valvar. Valvas isopolares, lineares, às vezes com intumescência ou constrição central. Esterno linear, estreito. Rafe ausente. Estrias transapicais areoladas, delicadas, unisseriadas, que se estendem pelo manto valvar com disposição oposta na maior parte da valva. Aréolas circulares, poroidais. Espinhos marginais ausentes. Campos de poros apicais (ocelolimbo). Uma rimopórtula em cada extremidade.

O gênero vem sendo revisado e as espécies renomeadas ou transferidas para outros gêneros, principalmente as marinhas (Round *et al.*, 1990). Por problemas nomenclaturais, Compère (2001) propôs a transferência de algumas espécies semelhantes à *Synedra ulna* para *Ulnaria*. Entretanto, nem todas as espécies foram formalmente transferidas e continuam sendo incluídas em *Synedra* (Krammer & Lange-Bertalot, 1991a). Acredita-se que o gênero comporte cerca de 12 espécies. Algumas delas apresentam amplo registro no país, sendo os mais recentes: Ludwig & Flôres (1997), Flôres *et al.* (1999a), Torgan *et al.* (1999), Fontana & Bicudo (2009), Tremarin *et al.* (2009a), Bertolli *et al.* (2010), Faria *et al.* (2010) e Silva *et al.* (2010).

Espécies comuns: *U. acus* (Kützing) M. Aboal, *U. ulna* (Nitzsch) Compère, *Synedra goulardii* Brébisson.

2.2.2 Monorrafídeas

Achnanthes Bory, 1822
Figs 77-81

Frústulas solitárias ou formando cadeias curtas que se aderem ao substrato por pedúnculos mucilaginosos secretados por uma das extremidades da valva com rafe; heterovalvares. Células curvadas em vista pleural. Valva com rafe convexa, encaixando-se com a valva sem rafe, côncava. Valvas lineares a lanceoladas. Estrias grosseiramente areoladas, unisseriadas, bi ou trisseriadas; paralelas a radiadas em direção às extremidades. Aréolas arredondadas, conspícuas. Valva rafídea: esterno da rafe linear; área central transversalmente expandida, alcançando as margens valvares; rafe central. Valva arrafídea: esterno linear a lanceolado, deslocado do centro valvar, submarginal; área central ausente. Poucas espécies de águas continentais, geralmente subaéreas.

A microscopia eletrônica permitiu um maior detalhamento da frústula proporcionando um avanço nos estudos morfológicos da frústula. Com isso, dentro do complexo *Achnanthes*, muitos gêneros novos foram propostos e muitas espécies foram transferidas. Várias espécies foram transferidas para gêneros próximos ou novos, como *Achnanthidium* Kützing, *Karayevia* Round & Bukhtiyarova, *Lemnicola* Round & Basson, *Planothidium* Round & Bukhtiyarova, *Platessa* Lange-Bertalot e *Psammothidium* Bukhtiyarova & Round.

As poucas espécies do gênero que ocorrem em águas continentais são apresentadas por Krammer & Lange-Bertalot (1991b), Lange-Bertalot & Genkal (1999) e Metzeltin *et al.* (2005). Registros em amostras brasileiras foram realizados por Torgan *et al.* (1999), Tremarin *et al.* (2009a), Bertolli *et al.* (2010) e Faria *et al.* (2010).

Espécies comuns: *A. inflata* (Kützing) Grunow, *A. coarctata* (Brébisson) Grunow.

Achnanthidium Kützing, 1844
Figs 88-90

Frústulas solitárias ou formando cadeias curtas que se aderem ao substrato por pedúnculos mucilaginosos secretados por uma das extremidades da valva com rafe; heterovalvares. Células dobradas na região do plano transapical. Valvas linear-lanceoladas a linear-elípticas com extremidades arredondadas, sub-capitadas ou largamente rostradas. Valva com rafe convexa, encaixando-se com a valva sem rafe, côncava. Estrias unisseriadas, radiadas a quase paralelas, levemente mais espaçadas no centro, algumas vezes ausentes ou muito reduzidas e mais unidas próximo aos ápices da valva. Aréolas inconspícuas. Valva rafídea: esterno da rafe linear, estreito; rafe central; área central transversalmente expandida, alcançando as margens valvares, ou lanceolada e limitada por 1-3 estrias mais espaçadas entre si do que as demais. Valva arrafídea: esterno linear, estreito; estrias frequentemente mais espaçadas entre si do que na valva com rafe; área central ausente ou limitada pelo encurtamento de uma estria mediana de cada lado. Espécies de águas continentais, haptobênticas.

Gênero com inúmeras espécies, com células pequenas (geralmente, comprimento menor do que 30 μm e largura menor do que 5 μm), muitas dessas anteriormente enquadradas em *Achnanthes* (Round & Bukhtiyarova, 1996; Krammer & Lange-Bertalot, 1991b; Morales *et al.*, 2011). Em trabalhos realizados com material brasileiro foram citadas nove espécies: Torgan *et al.* (1999), Raupp *et al.* (2006), Tremarin *et al.* (2009a), Bertolli *et al.* (2010), Faria *et al.* (2010) e Silva *et al.* (2010).

Espécies comuns: *A. minutissimum* (Kützing) Czarnecki, *A. exiguum* (Kützing) Czarnecki.

Cocconeis Ehrenberg, 1838
Figs 74-76

Frústulas solitárias, heterovalvares. Células unidas ao substrato por secreção de mucilagem através da superfície da valva com rafe. Valvas largamente elípticas a circulares com extremidades amplamente arredondadas. Estrias geralmente unisseriadas, radiadas na região central e curvo-radiadas nas extremidades. Valva rafídea: esterno da rafe central linear; área central circular, diminuta; estriação delicada, interrompida longitudinalmente por área hialina submarginal; rafe reta com extremidades distais sobre a superfície valvar. Valva arrafídea: esterno central, linear a lanceolado; área central reduzida; estriação grosseira; aréolas puntiformes, alongadas ou quadrangulares, geralmente conspícuas; área hialina submarginal ausente.

Gênero melhor representado em ambientes marinhos com relação ao número de espécies. Em águas continentais, ocorrem cerca de 10 espécies (Patrick & Reimer, 1966; Krammer & Lange-Bertalot, 1991b) sendo a maior parte destas registradas para o país por Torgan *et al.* (1999), Tremarin *et al.* (2009a), Bertolli *et al.* (2010), Faria *et al.* (2010) e Silva *et al.* (2010).

Espécies comuns: *C. placentula* Ehrenberg var. *placentula*, *C. placentula* var. *lineata* (Ehrenberg) Van Heurck, *C. placentula* var. *euglypta* (Ehrenberg) Grunow.

Karayevia Round & Bukhtiyarova, 1998
Figs 84-85

Frústulas solitárias, heterovalvares. Células unidas ao substrato por secreção de mucilagem através da superfície da valva com rafe. Valvas elípticas a lanceoladas com extremidades capitadas ou rostradas. Valva rafídea: esterno da rafe linear, estreito. Área central transversalmente expandida, quadrangular, limitada por estrias encurtadas. Estrias radiadas, delicadas, compostas por aréolas arredondadas. Rafe reta com extremidades proximais dilatadas em poro e distais voltadas para um lado. Valva arrafídea: esterno lanceolado.

Estrias radiadas, grosseiras, umas mais curtas do que as outras, compostas por aréolas alongadas transversalmente. Ocorrem frequentemente unidas a grãos de areia, geralmente em águas alcalinas.

A descrição original do gênero como *Kolbesia* Round & Bukhtiyarova foi invalidada porque o tipo não foi designado. Round (1998), posteriormente, validou o gênero e o tipo de *Kolbesia* e seus membros foram transferidos para *Karayevia*.

Gênero com aproximadamente 14 espécies (Round & Bukhtiyarova, 1996; Li *et al.*, 2010; Fourtanier & Kociolek, 2011). Registro de espécie foi realizado por Tremarin *et al.* (2009a).

Espécies comuns: *K. oblongella* (Østrup) Aboal.

Lemnicola Round & Basson, 1997
Figs 82-83

Frústulas solitárias, heterovalvares. Células unidas ao substrato por secreção de mucilagem através da superfície da valva com rafe. Valvas lineares a linear-elípticas, comextremidades arredondadas. Estrias delicadamente areoladas, bisseriadas, paralelas a radiadas em direção às extremidades valvares. Valva rafídea: esterno da rafe linear, estreito. Área central transversalmente expandida formando um estauro assimétrico e largo. Rafe reta com extremidades proximais levemente dilatadas. Valva arrafídea: esterno linear, central, muito reduzido ou ausente. Área central transversalmente expandida, estreita, alcançando as margens valvares ou limitada pelo encurtamento de uma estria mediana.

Gênero mono-específico (Krammer & Lange-Bertalot, 1991b; Round & Basson, 1997; Buczkó, 2007b). Espécie registrada para o Brasil por Torgan *et al.* (1999), Garcia & Fonseca de Souza (2006), Carneiro & Bicudo (2007), Schneck *et al.* (2008), Tremarin *et al.* (2009a), Bertolli *et al.* (2010) e Faria *et al.* (2010).

Espécie comum: *L. hungarica* (Grunow) Round & Basson.

Planothidium Round & Bukhtiyarova, 1996
Figs 94-98

Frústulas solitárias, heterovalvares. Células geralmente pequenas (comprimento menor do que 20 μm e largura menor do que 10 μm), aderidas ao substrato através da valva rafidea. Valvas elípticas, elíptico-lanceoladas, lanceoladas, linear-lanceoladas, com extremidades sub-rostradas, rostradas, sub-capitadas ou capitadas. Estrias areoladas, paralelas a radiadas, bi- a multisseriadas, refletindo-se na aparência grosseira da estriação. Valva rafídea: esterno da rafe central, linear. Área central lateralmente expandida, não alcançando as margens valvares. Rafe reta com extremidades proximais retas e expandidas. Extremidades distais curvadas na mesma direção. Valva arrafídea: estriação usualmente interrompida unilateralmente na região central da valva por uma área hialina semicircular. Esterno linear a lanceolado. Gênero principalmente de águas continentais, de hábito adnato.

Gênero com aproximadamente 80 espécies, muitas das quais pertenciam anteriormente a *Achnanthes* (Krammer & Lange-Bertalot, 1991b; Round & Bukhtiyarova, 1996; Lange-Bertalot & Genkal, 1999; Fourtanier & Kociolek, 2011). Registros de cerca de 12 espécies para o país foram realizados por Torgan *et al.* (1999), Lobo *et al.* (2004), Schneck *et al.* (2008), Tremarin *et al.* (2009a), Bertolli *et al.* (2010), Faria *et al.* (2010) e Silva *et al.* (2010).

Espécies comuns: *P. dubium* (Grunow) Round & Bukhtiyarova, *P. lanceolatum* (Brébisson ex Kützing) Lange-Bertalot, *P. salvadorianum* (Hustedt) Lange-Bertalot.

Platessa Lange-Bertalot, 2004
Figs 86-87

Frústulas solitárias, heterovalvares, pequenas. Valvas elípticas a linear-elípticas com extremidades arredondadas. Estrias uni a bisseriadas, paralelas a radiadas. Valva rafídea: levemente côncava, com esterno da rafe linear e estreito. Área central lateralmente expandida alcançando ou não as margens da valva. Rafe reta com extremidades proximais e distais retas e expandidas em poro. Valva arrafídea: levemente convexa, com esterno geralmente amplamente lanceolado. Gênero de águas continentais.

O gênero possui 11 espécies (Fourtanier & Kociolek, 2011). No Brasil apenas uma espécie foi registrada por Oliveira *et al.* (2002), Tremarin *et al.* (2009a) e Moresco *et al.* (2011).

Espécie comum: *P. hustedtii* (Krasske) Lange-Bertalot (= *Achnanthes rupestoides* Hohn)

Psammothidium Round & Bukhtiyarova, 1996
Figs 91-93

Frústulas solitárias, heterovalvares. Células geralmente pequenas, unidas ao substrato (grãos de areia) pela superfície da valva rafídea. Valva com rafe convexa, encaixando-se com a valva sem rafe, côncava. Valvas elípticas ou elíptico-lineares com extremidades arredondadas. Estrias delicadamente areoladas, unisseriadas, radiadas em direção às extremidades. Aréolas arredondadas, inconspícuas. Valva rafídea: esterno da rafe linear, estreito. Área central transversalmente expandida, elíptica, não alcançando as margens valvares. Rafe central com extremidades proximais dilatadas em poro, e distais pouco a fortemente curvadas em direções opostas. Valva arrafídea: esterno linear ou lanceolado. Área central transversalmente expandida, não alcançando as margens. Gênero predominantemente de água doce.

Aproximadamente 40 espécies estão incluídas no gênero *Psammothidium* (Round & Bukhtiyarova, 1996; Krammer & Lange-Bertalot, 1991b; Wotjal, 2004; Fourtanier & Kociolek, 2011). Destas, apenas duas foram registradas em material brasileiro por Schneck *et al.* (2008) e Tremarin *et al.* (2009a).

Espécie comum: *P. subatomoides* (Hustedt) Bukhtiyarova & Round.

2.2.3 Birrafídeas

Actinella Lewis, 1864
Fig. 50

Frústulas solitárias ou unidas em forma de cacho, aderidas ao substrato por pedúnculo mucilaginoso secretado pela extremidade basal da valva. Valvas alongadas sutilmente curvadas, assimétricas e heteropolares, extremidade apical dilatada, apiculada, extremidade basal arredondada. Presença de espinhos grosseiros na junção da superfície valvar com o manto. Estrias unisseriadas, paralelas em quase toda extensão valvar. Aréolas arredondadas, inconspícuas. Rafe curta localizada próxima aos pólos do lado ventral da valva. Uma área hialina linear estreita está presente próximo à margem ventral, percorrendo toda a valva. Uma rimopórtula presente em cada extremidade valvar. Espécies encontradas principalmente em águas ácidas de regiões tropicais.

Gênero com cerca de 64 espécies (Kociolek *et al.*, 2001; Sabbe *et al.*, 2001; Metzeltin & Lange-Bertalot, 2007, Siver *et al.*, 2010; Fourtanier & Kociolek, 2011). Foram registradas 10 espécies em amostras brasileiras por Souza-Mosimann *et al.* (1997), Metzeltin & Lange-Bertalot (1998, 2007), Torgan *et al.* (1999), Díaz-Castro *et al.* (2003), Ferrari *et al.* (2007), Raupp *et al.* (2009), Tremarin *et al.* (2009a) e Melo *et al.* (2010).

Espécies comuns: *A. brasiliensis* Grunow, *A. punctata* Lewis.

Adlafia Moser, Lange-Bertalot & Metzeltin, 1998
Figs 147-148

Frústulas isoladas. Valvas de contorno linear a linear-lanceolado com extremidades rostradas ou sub-capitadas. Esterno da rafe linear e estreito. Área central reduzida. Estrias delicadas, radiadas, unisseriadas, compostas por aréolas arredondadas, delicadas. Rafe reta com extremidades proximais retas, pouco expandidas. Nódulos terminais da rafe unilateralmente fletidos e fortemente angulares.

Adlafia é composta por espécies anteriormente perterncentes a *Navicula*, cacterísticas de habitats aerófilos, especialmente próximos de musgos de locais úmidos.

O gênero é caracterizado por células pequenas (geralmente menor do que 25 μm de comprimento), sendo representado por aproximadamente 13 espécies (Moser *et al.*, 1998; Morales & Le, 2005; Fourtanier & Kociolek, 2011). Poucas espécies são citadas em Torgan *et al.* (1999), Schneck *et al.* (2008), Tremarin *et al.* (2009a) e Moresco *et al.* (2011).

Espécies comuns: *A. bryophila* (Petersen) Moser, *A. drouetiana* (Patrick) Metzeltin & Lange-Bertalot.

Amphipleura Kützing, 1844
Fig. 127

Frústulas solitárias. Valvas rombo-lanceoladas ou linear-lanceoladas com extremidades arredondadas ou agudas. Superfície valvar plana com margens espessadas. Esterno longo. Estrias muito delicadas, unisseriadas, em ângulo reto com a rafe. Aréolas alongadas regularmente espaçadas, inconspícuas. Rafe curta, geralmente, restrita às extremidades, ocupando cerca de 1/3 do comprimento valvar. Presença de costela longitudinal percorrendo toda a valva, bifurcando-se próximo à rafe e unindo-se perto das extremidades. Gênero com representantes de hábito epipélico em águas continentais.

Aproximadamente 10 espécies compõem o gênero *Amphipleura* (Krammer & Lange-Bertalot, 1986; Rumrich *et al.*, 2000; Metzeltin & Lange-Bertalot, 1998) e destas, três foram registradas em trabalhos nacionais: Torgan *et al.* (1999), Brassac & Ludwig (2005), Tremarin *et al.* (2009a) e Soares *et al.* (2011).

Espécies comuns: *A. lindheimerii* Grunow e *A. chiapasensis* Metzeltin & Lange-Bertalot

Amphora Ehrenberg, 1844
Figs 171-172

Frústulas solitárias, de forma elíptica ou lanceolada. Valvas assimétricas em relação ao eixo apical, algumas vezes constritas na região mediana ou próximo das extremidades, dorsiventrais. Epiteca e hipoteca da frústula visíveis no mesmo plano valvar, lado a lado, devido à presença de bandas mais largas do lado dorsal da valva. Extremidades capitadas a sub-capitadas. Esterno da rafe estreito. Área central, geralmente, expandida. Estrias uni ou bisseriadas, contendo aréolas arredondadas ou estruturas loculadas complexas. Fáscia dorsal geralmente presente. Rafe excêntrica localizada próximo da margem valvar ventral, geralmente biarqueada aproximando-se da margem dorsal próximo das extremidades. Conópio presente em ambos os lados da rafe, visível em MEV. Extremidades proximais da rafe retas ou voltadas para o lado dorsal da valva, geralmente expandidas. Gênero com várias espécies marinhas, mas com representantes em água doce.

Gênero com cerca de 40 espécies descritas (Hustedt, 1930; Krammer & Lange-Bertalot, 1986; Metzeltin *et al.*, 2005), algumas das quais detalhadas morfologicamente por Krammer (1980). Espécies continentais foram registradas para o país por Torgan *et al.* (1999), Tremarin *et al.* (2009a) e Moresco *et al.* (2011).

Espécies comuns: *A. copulata* (Kütz.) Schoeman & Archibald, *A. pediculus* (Kützing) Grunow.

Anomoeoneis Pfitzer, 1871
Fig. 109

Frústulas solitárias. Valvas lanceoladas, geralmente com extremidades rostradas a capitadas. Superfície valvar plana curvando levemente em direção ao manto. Esterno da rafe linear, estreito. Área central lateralmente expandida, assimétrica. Estrias unisseriadas, radiadas a paralelas nas extremidades valvares, compostas por aréolas elípticas. Aréolas não ocluídas presentes em uma fileira longitudinal paralela a rafe e em grande parte da valva. Aréolas ocluídas dispostas assimetricamente na região central. Rafe central, extremidades proximais curvadas para o mesmo lado. As espécies ocorrem sobre sedimentos de ambientes de água doce.

Muitas espécies de *Anomoeoneis* foram transferidas para o gênero *Brachysira* (Krammer & Lange-Bertalot, 1986; Fourtanier & Kociolek, 2011). Os poucos registros para o país estão contidos em Torgan *et al.* (1999).

Espécie comum: *A. sphaerophora* (Kützing) Pfitzer.

Brachysira Kützing, 1836
Figs 106-108

Frústulas solitárias. Valvas lineares, lanceoladas ou rômbicas com extremidades arredondadas ou capitadas. Superfície valvar plana geralmente ornamentada com espinhos ou costelas longitudinais onduladas. Uma proeminente costela ou borda ocorre ao redor de toda a valva. Esterno da rafe estreito, mas algumas vezes expandido na região central, possuindo costelas longitudinais externas. Área central arredondada a elíptica, pouco expandida. Estrias unisseriadas com aréolas alongadas transapicalmente. Rafe central reta com extremidades proximais retas. Gênero principalmente de água doce.

De acordo com Lange-Bertalot & Moser (1994) e Metzeltin & Lange-Bertalot (1998, 2007) o gênero *Brachysira* apresenta perto de 80 espécies, mas nem a metade deste número foi encontrada em material brasileiro. Trabalhos como os de Torgan *et al.* (1999), Raupp *et al.* (2006), Tremarin *et al.* (2009a), Bertolli *et al.* (2010) e Silva *et al.* (2010) registraram oito espécies de *Brachysira*.

Espécies comuns: *B. brebissonii* Ross, *B. serians* (Brébisson) Round & Mann, *B. vitrea* (Grunow) Ross.

Caloneis Cleve, 1891
Fig. 141

Frústulas solitárias. Valvas lineares ou lanceoladas, com extremidades arredondadas ou rostradas, às vezes possuindo uma constrição mediana. Esterno da rafe linear e estreito. Área central formando uma fáscia lateralmente expandida até as margens valvares. Estrias alveoladas, delicadas, multisseriadas, paralelas a levemente radiadas em direção às extremidades valvares, interrompidas por uma ou duas linhas longitudinais. Linhas longitudinais comumente próximas às margens da valva tornando-se de difícil visualização. Rafe filiforme com extremidades proximais levemente curvadas. Gênero com representantes marinhos e continentais.

As principais espécies do gênero são apresentadas por Patrick & Reimer (1966) e Krammer & Lange-Bertalot (1986). Quase 20 espécies foram citadas em trabalhos brasileiros, tais como: Torgan *et al.* (1999), Brassac & Ludwig (2006), Delgado & Souza (2007), Rocha & Bicudo (2008), Souza & Senna (2009), Tremarin *et al.* (2009a, 2010) e Silva *et al.* (2010).

Espécies comuns: *C. bacillum* (Grunow) Cleve, *C. hyalina* Hustedt, *C. silicula* (Ehrenberg) Cleve.

Capartogramma Kufferath, 1956
Fig. 164

Frústulas isoladas. Valvas lanceoladas com extremidades frequentemente rostradas. Pseudosepto presente em cada extremidade valvar. Esterno da rafe linear e estreito. Área central expandida lateralmente até as margens da valva formando um estauro tigilado em forma de "X", cujos espessamentos estreitos e oblíquos de sílica cruzam-se no centro da valva. A configuração peculiar desta estrutura central é referida como um estauro tigilado. Estrias radiadas a paralelas ou levemente convergentes próximo às extremidades da valva.

Rafe reta com extermidades proximais retas, pouco expandidas. Gênero ocorre desde água doce à salobra.

Apenas 8 espécies compõem atualmente o gênero (Ross 1963; Metzeltin & Lange-Bertalot, 1998, 2007; Novelo *et al.*, 2007; Montoya-Moreno *et al.*, 2011). Torgan *et al.* (1999), Raupp *et al.* (2006) e Tremarin *et al.* (2009a) constituem alguns dos registros da única espécie do gênero citada para o país.

Espécie comum: *C. crucicola* (Grunow) Ross.

Chamaepinnularia Lange-Bertalot & Krammer, 1996
Figs 142-143

Frústulas isoladas. Valvas com contorno linear ou ondulado, com extremidades arredondadas, rostradas a sub-capitadas. Esterno da rafe e área central variavelmente expandidos. Fáscia geralmente ausente. Estrias alveoladas, unisseriadas, transversalmente alongadas, retas a levemente radiadas. Linhas marginais longitudinais inconspícuas. Rafe reta com extremidades proximais delicadas, pouco expandidas e voltadas para o mesmo lado da valva. Muitas das espécies descritas são aerófilas, crescendo na região de influência do aerossol de córregos ou habitando musgos e líquens.

O gênero inclui formas pequenas (menor do que 25 μm de comprimento e cerca de 4 μm de largura) anteriormente incluídas em *Navicula*. Cerca de 50 espécies são descritas para o gênero (Lange-Bertalot & Metzeltin, 1996; Metzeltin & Lange-Bertalot, 2007; Kulikovskiy *et al.*, 2010; Fourtanier & Kocioloek, 2011). Cerca de seis espécies foram registradas para o país por Metzeltin & Lange-Bertalot (1998), Torgan *et al.*(1999), Tremarin *et al.* (2009a) e Silva *et al.* (2010).

Espécies comuns: *C. brasilianopsis* Metzeltin & Lange-Bertalot, *C. bremensis* (Hustedt) Lange-Bertalot.

Craticula Grunow, 1868
Figs 159-160

Frústulas solitárias. Valvas lanceoladas a linear-lanceoladas, com extremidades estreitas, rostradas ou capitadas. Esterno da rafe linear, estreito, espessado. Área central ausente ou diminuta. Estrias paralelas, formando um ângulo de 90º com a rafe, unisseriadas, delicadamente areoladas. Areolação muitas vezes inconspícua. Rafe reta com extremidades proximais retas. Valvas com cratícula ornamentadas por um sistema de barras transversais irregularmente espaçadas. Gênero de hábito epipélico em água doce e salobra.

O gênero apresebta cerca de 50 espécies, sendo a que a maior parte das espécies pertencentes a este gênero é descrita e ilustrada por Krammer &

Lange-Bertalot (1986), Lange-Bertalot (1993; 2001), Lange-Bertalot *et al.* (2003). Cerca de 8 espécies foram encontradas em amostras brasileiras e registradas por Torgan *et al.* (1999), Tremarin *et al.* (2009a).

Espécies comuns: *C. ambigua* (Ehrenberg) Mann, *C. cuspidata* (Kützing) Mann, *C. halophila* (Grunow) Mann.

Cymbella C. Agardh, 1830
Figs 57-59

Frústulas solitárias ou coloniais, unidas ao substrato por um cordão de mucilagem secretado por uma das extremidades da valva. Valvas com dorsiventralidade moderadamente pronunciada, extremidades arredondadas, rostradas ou capitadas. Epiteca e hipoteca visíveis em planos valvares diferentes, uma sobre a outra, devido à presença de bandas de mesma largura em ambos os lados da valva. Extremidades rostradas, apiculadas ou arredondadas. Esterno da rafe estreito. Área central arredondada, pouco expandida. Estrias unisseriadas com aréolas alongadas. Rafe geralmente sinuosa, localizada ao longo da linha mediana da valva, curvada nas formas fortemente dorsiventrais. Extremidades distais da rafe voltadas para o lado dorsal da valva. Um ou mais estigmas ocorrem na região mediana ventral da valva. Presença de campo de poros apical em uma das extremidades da valva. Espécies de água doce a levemente salobras, ocorrendo em ambientes oligotróficos a moderadamente eutrofizados.

O gênero conta com aproximadamente 130 espécies (Krammer, 2002). Para o Brasil, aproximadamente 20 espécies foram registradas por Torgan *et al.* (1999), Tremarin *et al.* (2009a), Bertolli *et al.* (2010) e Silva *et al.* (2010).

Espécies comuns: *C. affinis* Kützing, *C. tumida* (Brébisson) Van Heuck e *C. excisa* Krammer.

Cymbellopsis Krammer, 1997
Fig. 62

Frústulas solitárias. Valvas com dorsiventralidade pronunciada, extremidades atenuadas a rostradas. Epiteca e hipoteca visíveis em planos valvares diferentes, uma sobre a outra, devido à presença de bandas de mesma largura em ambos os lados da valva. Extremidades rostradas, sub-capitadas a capitadas. Esterno da rafe estreito. Área central pouco expandida longitudinalmente. Estrias alveoladas. Alvéolo irregularmente ocluído por uma camada de sílica de maneira que a as estrias apresentam-se interrompidas por pequenas áreas hialinas. Aréolas alongadas longitudinalmente. Rafe fortemente excêntrica, situado próximo a margem ventral da valva. Extremidades distais da rafe voltadas para o lado ventral da valva. Estigma, estigmóide e campo de poros apicais ausentes. O gênero inclui espécies de água doce de ocorrência em ambientes tropicais.

Atualmente, o gênero é composto por 12 espécies (Krammer, 1997b; Metzeltin & Lange-Bertalot, 1998; Krammer, 2003; Fourtanier & Kociolek, 2011), entre as quais três foram encontradas em ambientes brasileiros por Metzeltin & Lange-Bertalot (1998) e Krammer (2003).

Espécies comuns: *C. mirabilis* Krammer, *C. persantosana* Metzeltin & Krammer, *C. santosana* Metzeltin & Krammer.

Cymbopleura (Krammer) Krammer, 1999
Figs 60-61

Frústulas solitárias. Valvas com dorsiventralidade pouco pronunciada, extremidades rostradas ou capitadas. Epiteca e hipoteca visíveis em planos valvares diferentes, uma sobre a outra, devido à presença de bandas de mesma largura em ambos os lados da valva. Extremidades rostradas, apiculadas ou capitadas. Esterno da rafe estreito. Área central elíptica, expandida lateralmente. Estrias unisseriadas com aréolas alongadas. Rafe central com extremidades distais curvadas para o lado dorsal da valva. Extremidades proximais retas ou sutilmente voltadas para o mesmo lado. Estigma, estigmoide e campo de poros apicais ausentes. Gênero que ocorre em ambientes continentais.

Muito semelhante aos representantes de *Cymbella*, o gênero *Cymbopleura* apresenta mais de 150 espécies (Krammer, 2003; Kulikovskiy *et al.*, 2009; Fourtanier & Kociolek, 2011). Registros de quatro espécies para o país foram realizados por Torgan *et al.* (1999), Tremarin *et al.* (2009a), Bertolli *et al.* (2010), Silva *et al.* (2010) e Bere & Tundisi (2011).

Espécies comuns: *C. amphicephala* (Nägeli) Krammer, *C. naviculiformis* (Auerswald) Krammer.

Decussata (Patrick) Lange-Bertalot & Metzeltin, 2000
Fig. 155

Frústulas solitárias. Valvas lineares a linear-lanceoladas com extremidades levemente rostradas. Esterno da rafe linear, estreito. Área central longitudinalmente expandida. Estrias pouco radiadas, unisseriadas, que se cruzam em três direções, duas em ângulo oblíquo de maneira a formar um padrão em "X" e uma transversal. Aréolas arredondadas, conspícuas. Rafe reta com extremidades proximais expandidas em forma de gota. Gênero que ocorre em águas com pouco nutrientes, levemente ácidas, podendo também habitar musgos e ambientes subaéreos.

Genero excluído de *Navicula* pelo padrão de estriação diferenciado. Com apenas duas espécies documentadas (Stancheva & Temniskova, 2006; Metzeltin & Lange-Bertalot, 2007). Poucos registros foram feitos para o país (Tremarin *et al.*, 2009a).

Espécie comum: *D. placenta* (Ehrenberg) Lange-Bertalot & Metzeltin.

Denticula Kützing, 1844
Fig. 168

Frústulas pequenas, solitárias ou formando cadeias curtas. Valvas lineares ou lanceoladas com extremidades obtusas ou levemente rostradas. Estrias uni ou bisseriadas, contendo aréolas arredondadas delicadas. Costelas transapicais visíveis na face valvar. Rafe próximo ao centro da valva a moderadamente excêntrica, fibulada, estendendo-se ao longo do eixo apical, contendo dois ramos ou apenas um. Sistema de rafe localizado em quilha baixa, diagonalmente oposta nas duas valvas da frústula. Extremidades distais da rafe voltados para um dos lados. Gênero marinho e de água doce.

Aproximadamente 10 espécies de *Denticula* ocorrem em água doce (Hustedt, 1930; Krammer & Lange-Bertalot, 1988). Apenas cinco foram constatadas em estudo de material brasileiro: Torgan *et al.* (1999) e Tremarin *et al.* (2009a).

Espécies comuns: *D. elegans* Kützing, *D. subtilis* Grunow.

Desmogonium Ehrenberg, 1848
Fig. 49

Frústulas retangulares em vista pleural, geralmente formando cadeias em zigue-zague. Valvas lineares, longas, dorsiventralidade quase ausente, levemente assimétricas em relação ao eixo apical. Extremidades largamente arredondadas a cuneado-arredondadas com nódulos terminais na margem ventral. Estrias paralelas, finamente areoladas. Pequenos espinhos percorrendo toda a margem valvar. Gênero bastante próximo de *Eunotia*, encontrado em águas ácidas de ambientes tropicais.

Atualmente, o gênero conta com 10 espécies (Metzeltin & Lange-Bertalot, 1998, 2007; Fourtanier & Kociolek, 2011), sendo algumas destas registradas no país por Diaz-Castro *et al.* (2003), Tremarin *et al.* (2008, 2009a) e Faria *et al.* (2010), como *Eunotia*.

Espécies comuns: *D. rabenhorstianum* var. *elongatum* Patrick, *D. transfugum* (Metzeltin & Lange-Bertalot) Metzeltin & Lange-Bertalot.

Diadesmis Kützing, 1844
Figs 115-116

Frústulas solitárias ou formando cadeias pela união das células através da superfície valvar. Valvas lineares a lanceoladas; frequentemente bacilares, não ultrapassando 25 mm. Extremidades sub-rostradas ou amplamente arredondadas. Na junção entre a superfície valvar e manto ocorre uma saliência de sílica ou uma fileira de curtos espinhos. Esterno da rafe central, relativamente largo. Área central amplamente expandida, circular ou atingindo as margens valvares. Estrias unisseriadas com aréolas arredondadas ou transapicalmente alongadas. Rafe reta com extremidades proximais e distais simples ou em forma de "T". Nódulo central espessado fortemente refringente quando observado em microscopia óptica.

Gênero de água doce com cerca de 58 espécies (Krammer & Lange-Bertalot, 1986; Moser *et al.*, 1998; Rumrich *et al.*, 2000; Metzeltin *et al.*, 2005; Fourtanier & Kociolek, 2011). A literatura anterior a 1998 considerava os exemplares de *Diadesmis* como pertencentes ao gênero *Navicula*. Registros de espécies em trabalhos nacionais foram realizados por Torgan *et al.* (1999), Oliveira *et al.* (2002), Torgan & Santos (2008), Tremarin *et al.* (2009a), Bertolli *et al.* (2010), Silva *et al.* (2010) e Santos *et al.* (2011).

Espécies comuns: *D. contenta* (Grunow) Mann, *D. confervacea* Kützing.

Diploneis Ehrenberg, 1894
Figs 121-122

Frústulas solitárias. Valvas lineares a elípticas, ou panduriformes, com extremidades arredondadas. Esterno da rafe linear e estreito. Área central pouco expandida. Estrias grosseiras, uni ou bisseriadas, contendo aréolas loculadas, geralmente conspícuas em MO. Em cada lado da rafe há um canal longitudinal oco, de tal forma que a rafe encontra-se envolvida por uma área hialina em forma de "H". Este canal abre-se para o exterior por uma ou poucas fileiras de poros. Rafe central com extremidades distais curvadas ou em forma de gancho. Extremidades proximais da rafe simples ou expandidas; retas ou voltadas para um dos lados da valva em forma de gancho. Gênero principalmente marinho, mas com alguns representantes epicontinentais.

Aproximadamente 20 espécies dulcícolas registradas para o gênero (Hustedt, 1930; Krammer & Lange-Bertalot, 1986; Rumrich *et al.*, 2000). Em águas continentais nacionais foram encontradas em torno de 15 espécies, registradas em trabalhos como o de Torgan *et al.* (1999), Brassac & Ludwig (2005), Delgado & Souza (2007), Tremarin *et al.* (2009a), Silva *et al.* (2010) e Moresco *et al.* (2011).

Espécies comuns: *D. ovalis* (Hilse) Cleve, *D. pseudovalis* Hustedt, *D. subovalis* Cleve.

Encyonema Kützing, 1833
Figs 64-66

Frústulas solitárias ou coloniais formando tubos de mucilagem. Valvas com dorsiventralidade pronunciada, margem ventral quase reta e margem dorsal convexa. Manto dorsal mais largo que o ventral, superfície valvar plana. Valvas da frústula visíveis em planos diferentes devido à presença de bandas de mesma largura em ambos os lados da valva. Extremidades afiladas, abruptamente arredondadas ou rostradas. Esterno da rafe linear e estreito. Área central geralmente reduzida. Estrias geralmente unisseriadas contendo aréolas arredondadas a alongadas longitudinalmente, mais encurtadas do lado ventral da valva. Ausência de campo de poros apicais. Rafe paralela à margem ventral, levemente sinuosa, com extremidades expandidas e curvadas para o lado dorsal. Extremidades distais em forma de gancho curvadas em direção à margem ventral. Presença de estigmoide próximo à estria mediana dorsal. Gênero predominantemente de ocorrência continental.

Gênero composto por mais de 100 espécies, anteriormente consideradas no gênero *Cymbella* (Krammer, 1997a; Spaulding *et al.*, 2010a; Vouilloud *et al.*, 2010; Fourtanier & Kociolek, 2011). Cerca de 26 espécies foram registradas em trabalhos nacionais por Bicudo *et al.* (1993), Torgan *et al.* (1999), Tremarin *et al.* (2009a, 2011b).

Espécies comuns: *E. silesiacum* (Bleisch) Mann, *E. neogracile* Krammer, *E. perpusillum* (Cleve) Mann, *E. minutum* (Hilse) Mann e *E. neomesianum* Krammer, *E. exuberans* Tremarin, Wetzel & Ludwig.

Encyonopsis Krammer, 1997
Figs 67-69

Frústulas solitárias ou coloniais incluídas em tubos de mucilagem. Valvas com dorsiventralidade pouco pronunciada, lanceoladas a linear-elípticas a elípticas. Manto dorsal mais largo que o ventral. Valvas da frústula visíveis em planos diferentes devido à presença de bandas de mesma largura em ambos os lados da valva. Extremidades geralmente capitadas ou rostradas. Esterno da rafe linear e estreita. Área central reduzida, Estrias unisseriadas compostas por aréolas alongadas longitudinalmente. Ausência de campo de poros apicais. Rafe pouco excêntrica, deslocada para o lado ventral da valva, levemente sinuosa, com extremidaes proximais voltadas para o lado dorsal e distais voltadas para o lado ventral da valva. Estigmoide, quando presente, próximo às estrias medianas. Gênero principalmente continental.

Cerca de 100 espécies foram propostas (Krammer, 1997b), sendo que em torno de 10 espécies foram encontradas até o momento em trabalhos realizados material brasileiro por Torgan *et al.*(1999), Tremarin *et al.* (2009a), Bertolli *et al.*(2010), Silva *et al.* (2010) e Santos *et al.* (2011).

Espécies comuns: *E. aequalis* (W. Smith) Krammer, *E. difficilis* (Krasske) Krammer, *E. frequentis* Krammer, *E. microcephala* (Grunow) Krammer.

Eolimna Lange-Bertalot & Schiller, 1997
Figs 136-137

Frústulas pequenas, geralmente menor do que 20 μm de comprimento. Valvas elípticas a linear-elípticas com extremidades arredondadas. Esterno da rafe linear e estreito. Área central geralmente expandida, não alcançando as margens valvares. Estrias unisseriadas, radiadas, mais encurtadas na região mediana da valva. Aréolas delicadas, arredondadas. Rafe reta com extremidades proximais levemente expandidas em forma de poro. Gênero de águas continentais.

O gênero possui cerca de 30 espécies, entre as quais, muitas pertencentes ao gênero *Navicula* e transferidas (Rumrich *et al.*, 2000; Metzeltin & Lange-Bertalot, 2007; Fourtanier & Kociolek, 2011). Poucas espécies foram registradas por Torgan *et al.* (1999), Salomoni *et al.* (2006), Tremarin *et al.* (2009a), Silva *et al.* (2010) e Moresco *et al.* (2011).

Espécies comuns: *E. minima* (Grunow) Lange-Bertalot, *E. subminuscula* (Manguin) Moser, Lange-Bertalot & Metzeltin.

Epithemia Kützing, 1844
Fig 181

Frústulas solitárias. Valvas fortemente dorsiventrais, frequentemente arqueadas e com extremidades abruptamente a amplamente capitadas. Superfície valvar geralmente plana, às vezes portando protuberâncias externas. Esterno da rafe estreito e curvado. Área central reduzida. Estrias unisseriadas com aréolas complexas. Costelas transapicais robustas desenvolvendo-se de margem a margem. Rafe excêntrica, arqueada, com extremidades proximais simples ou levemente expandidas. Gênero exclusivamente de água doce, podendo ser epifítico ou epipélico.

Cerca de 15 espécies são conhecidas (Patrick & Reimer, 1975; Krammer & Lange-Bertalot, 1988; Moser *et al.*, 1998; You *et al.*, 2009), entre as quais oito foram registradas para o Brasil por Flôres *et al.* (1999a), Torgan *et al.* (1999) e Tremarin *et al.* (2009a).

Espécies comuns: *E. adnata* (Kützing) Rabenhorst, *E. sorex* Kützing.

Eunotia Ehrenberg, 1837
Figs 40-44

Frústulas solitárias ou ocorrendo em colônias filamentosas ou em almofadas. Valvas isopolares, mas assimétricas em relação ao eixo apical, dorsiventrais. Margem dorsal convexa, podendo apresentar ondulações, e margem ventral reta a côncava. Extremidades rostradas, truncadas, subcapitadas ou arredondadas. Esterno da rafe estreito, reduzido, próximo à margem ventral da valva. Estrias regular ou irregularmente espaçadas, unisseriadas, formadas por aréolas arredondadas. Rafe curta, prolongando-se da face em direção ao manto do lado ventral da valva. Nódulos terminais e centrais evidentes. Geralmente, uma rimopórtula localizada próximo a um dos ápices da valva. Gênero predominantemente continental.

Cerca de 200 espécies de *Eunotia* são citadas na literatura (Hustedt, 1930; Krammer & Lange-Bertalot, 1991a; Metzeltin & Lange-Bertalot, 1998, 2007; Metzeltin *et al.*, 2005; Fourtanier & Kociolek, 2011), sendo quase 80 registradas em trabalhos nacionais como os de Bicudo *et al.* (1999), Souza & Moreira-Filho (1999a), Torgan *et al.* (1999), Alencar *et al.* (2001), Diaz-Castro *et al.* (2003), Ferrari *et al.* (2007), Bicca & Torgan (2009), Raupp *et al.* (2009),Talgatii *et al.* (2009), Tremarin *et al.* (2009a), Bertolli *et al.* (2010), Faria *et al.* (2010), Silva *et al.* (2010) e Bicca *et al.* (2011).

Espécies comuns: *E. camelus* Ehrenberg, *E. curvata* (Kützing) Lagersted, *E. monodon* Ehrenberg, *E. praerupta* var. *bidens* (Ehrenberg) Grunow, *E. rabenhorstii* Cleve & Grunow, *E. zygodon* Ehrenberg.

Fallacia Stickle & Mann, 1990
Figs 99-101

Frústulas solitárias. Valvas naviculoides, lineares, lanceoladas a elípticas, usualmente com extremidades cuneadas a arredondadas. Esterno da rafe linear e estreito. Área central reduzida ou lateralmente expandida, não alcançando as margens valvares. Estrias delicadas, unisseriadas, raramente bisseriadas, formadas por aréolas arredondadas geralmente inconspícuas em MO. Estrias parcial ou completamente cobertas por uma membrana externa finamente pontuada, o canópio. Estrias interrompidas por uma estrutura em forma de "H", formada por uma depressão da superfície valvar e pelo canópio, e que margeia a rafe. Rafe reta a levemente arqueada com extremidades proximais retas dilatadas em poro. Gênero de hábito epipélico encontrados em águas continentais e marinhas.

O gênero *Fallacia* inclui muitas espécies diminutas anteriormente incluídas em *Navicula.* Cerca de 70 espécies constam na literatura, principalmente nas recentes (Krammer & Lange-Bertalot, 1986; Round *et al.*, 1990; Rumrich *et al.*, 2000; Metzeltin *et al.*, 2005), e destas oito foram registradas em trabalhos nacionais por Torgan *et al.* (1999), Delgado & Souza (2007), Souza & Senna (2009), Tremarin *et al.*(2009a), Bertolli *et al.* (2010) e Moresco *et al.* (2011).

Espécies comuns: *F. insociabilis* (Krasske) Mann, *F. monoculata* (Hustedt) Mann.

Frustulia Rabenhorst, 1853
Figs 123-126

Frústulas solitárias ou incluídas em tubos de mucilagem. Valvas linear-lanceoladas a lanceoladas, às vezes com extremidades capitadas ou rostradas. Esterno da rafe linear e estreito. Área central reduzida. Estrias justapostas, paralelas e unisseriadas contendo aréolas arredondadas ou em forma de fenda. Rafe reta ou ligeiramente arqueada localizada entre costelas longitudinais que se fusionam com a helictoglossa apical. Extremidades distais e proximais da rafe em forma de "T" ou "Y". Este gênero compreende espécies de água doce ou salobra, de hábito epipélico ou associado a macrófitas.

Cerca de 250 espécies foram citadas em literatura recente (Metzeltin & Lange-Bertalot, 1998; 2007; Lange-Bertalot & Jahn, 2000; Rumrich *et al.*, 2000; Lange-Bertalot, 2001; Siver & Baskette, 2004). Aproximadamente 20 espécies foram encontradas em amostras brasileiras e a maior parte destas foram registradas por Costa & Torgan (1991), Torgan *et al.* (1999), Tremarin *et al.* (2009a), Bertolli *et al.* (2010), Silva *et al.* (2010) e Soares *et al.* (2011).

Espécies comuns: *F. crassinervia* (Brébisson) Lange-Bertalot & Krammer, *F. krammeri* Lange-Bertalot & Metzeltin, *F. neomundana* Lange-Bertalot & Rumrich, *F. saxonica* Rabenhorst, *F. vulgaris* (Thwaites) De Toni.

Geissleria Lange-Bertalot & Metzeltin, 1996
Figs 156-158

Frústulas solitárias. Valvas geralmente elípticas a linear-elípticas com extremidades largamente arredondadas a rostradas. Esterno da rafe linear e estreito. Área central reduzida, arredondada. Estrias lineoladas, levemente radiadas ao longo da valva. Estrias centrais retas, mais afastadas das demais e mais encurtadas. Estigma unilateral, presente na extremidade da estria mediana. Presença de 1-4 estrias subpolares delimitadas por uma estrutura anelar (*annulae*), que podem ser visíveis ou não em microscopia óptica. Rafe reta com extremidades proximais retas, inconspícuas ou pouco inclinadas, e extremidades distais curvadas. Um ou mais estigmas podem estar presentes na área central da valva. Gênero com representantes de água doce.

Cerca de 40 espécies foram propostas para o gênero, muitas das quais transferidas do gênero *Navicula* (Metzeltin & Lange-Bertalot, 1998; Lange-

Bertalot, 2001; Torgan & Oliveira, 2001; Metzeltin *et al.*, 2005; Potapova & Winter, 2006; Fourtanier & Kociolek, 2011). *Geissleria aikenensis* é comumente encontrada em amostras brasileiras. Além desta, outras espécies foram registradas por Tremarin *et al.* (2009a).

Espécies comuns: *G. aikenensis* (Patrick) Torgan & Oliveira, *G. decussis* (Østrup) Lange-Bertalot & Metzeltin, *G. lateropunctata* (Wallace) Potapova & Winter.

Gomphonema Ehrenberg, 1832.
Figs 51-56

Frústulas coloniais, aderidas ao substrato por um filamento de mucilagem secretado através da extremidade basal da valva. Valvas heteropolares, lineares a lanceoladas, com extremidades apicais rostradas a capitadas e extremidades basais atenuadas a arredondadas. Esterno da rafe linear a lanceolado, estreito ou amplo, às vezes ornamentado com grânulos ou depressões. Área central reduzida ou lateralmente expandida podendo alcançar as margens valvares. Estrias uni ou bisseriadas, paralelas a radiadas, com aréolas de formas variadas. Rafe reta ou levemente sinuosa com extremidades proximais expandidas, retas; e extremidades distais curvadas. Estigma às vezes presente próximo à área central da valva. Campo de poros presente na extremidade basal da valva. Gênero de águas continentais.

A literatura recente registra mais de 200 espécies (Fourtanier & Kociolek, 2011). As principais obras que podem ser utilizadas para a identificação das espécies do gênero são: A. Schmidt (1874-1959), Patrick & Reimer (1975), Krammer & Lange-Bertalot (1986), Reichardt (1997, 1999, 2001, 2005, 2007, 2008, 2009), Metzeltin & Lange-Bertalot (1998, 2007), Rumrich *et al.* (2000), Metzeltin *et al.* (2005). Aproximadamente 40 espécies foram citadas em trabalhos brasileiros, como os de Torgan *et al.* (1999), Silva *et al.* (2007, 2010), Schneck *et al.* (2008), Tremarin *et al.* (2009a,b), Bertolli *et al.* (2010), Faria *et al.* (2010) e Moresco *et al.* (2011).

Espécies comuns: *G. augur* Ehrenberg, *G. gracile* Ehrenberg, *G. lagenula* Kützing, *G. parvulum* (Kützing) Kützing, *G. truncatum* Ehrenberg, *G. turris* Ehrenberg.

Gomphosphenia Lange-Bertalot, 1995
Fig. 48

Frústulas solitárias, retangulares a cuneiformes em vista pleural. Valvas pouco ou fortemente heteropolares, claviformes, com extremidades arredondadas a sub-capitadas. Esterno da rafe linear ou lanceolado, estreito ou amplo. Área central reduzida. Estrias unisseriadas, paralelas a radiadas, com uma a duas aréolas transapicalmente alongadas. Rafe reta com extremidades proximais dilatadas em poro. Estigma e campo de poros basal ausentes. Gênero exclusivo de ambientes dulcícolas.

O gênero inclui 11 espécies (Fourtanier & Kociolek, 2011), entre as quais cinco foram encontradas na América do Sul (Metzeltin & Lange-Bertalot, 1998, 2007; Rumrich *et al.*, 2000). Para o Brasil, há apenas o registro de Tremarin *et al.* (2009b).

Espécie comum: *G. grovei* var. *lingulata* (Hustedt) Lange-Bertalot, *G. lingulatiformis* (Lange-Bertalot & Reichardt) Lange-Bertalot.

Gyrosigma Hassall, 1845
Figs 165-167

Frútulas solitárias ou localizadas dentro de tubos de mucilagem. Valvas sigmoides, lineares ou lanceoladas geralmente com extremidades arredondadas. Esterno da rafe sigmoide e estreito. Área central arredondada ou expandida obliquamente. Estrias unisseriadas compostas por fileiras transversais e longitudinais de aréolas arredondadas. Rafe sigmoide com extremidades distais acompanhando a direção da extremidade valvar e extremidades proximais retas ou em forma de "T". Gênero com representantes em águas salobras, marinhas e continentais.

Gênero composto por cerca de 20 espécies continentais (Hustedt, 1930; Patrick & Reimer, 1966; Krammer & Lange-Bertalot, 1986). Cerca de 15 espécies foram registradas para o Brasil, algumas delas citadas por Torgan *et al.* (1999), Tremarin *et al.* (2009a) e Bertolli *et al.* (2010).

Espécies comuns: *G. acuminatum* (Kützing) Rabenhorst, *G. nodiferum* (Grunow) Reimer, *G. scalproides* (Rabenhorst) Cleve.

Halamphora (Cleve) Levkov, 2009
Figs 173-174

Frústulas solitárias, de forma elíptica ou lanceolada. Valvas assimétricas em relação ao eixo apical, dorsiventrais. Epiteca e hipoteca da frústula visíveis no mesmo plano valvar, lado a lado, devido à presença de bandas mais largas do lado dorsal da valva. Esterno da rafe estreito e arqueado. Área central geralmente ausente do lado dorsal da valva. Estrias uni ou bisseriadas contendo aréolas arredondadas ou estruturas loculadas complexas. Rafe excêntrica localizada próximo da margem valvar ventral, geralmente arqueada. Extremidades proximais da rafe retas ou voltadas para o lado dorsal da valva, geralmente expandidas. Canópio presente apenas do lado dorsal da valva, visível em MEV. A maioria das espécies do gênero é marinha ou salobra, com poucos representantes em água doce.

O gênero *Halamphora* foi originalmente descrito por Cleve (1895) como um subgênero de *Amphora* e recentemente elevado a nível genérico por Levkov (2009). *Amphora* apresenta canópio em ambos os lados da rafe e apresenta o forâmen externo das aréolas descoberto ou coberto com estruturas chamadas de "lábios do forâmen", enquanto que em *Halamphora* o canópio está restrito apenas ao lado dorsal da rafe e o forâmen das aréolas é coberto por placas perfuradas, pontuadas (Levkov, 2009; Spaulding *et al.*, 2010b).

Gênero com cerca de 75 espécies descritas (Levkov, 2009). Espécies comuns foram registradas para o país por Torgan *et al.* (1999), Tremarin *et al.* (2009a) e Moresco *et al.* (2011).

Espécies comuns: *H. montana* (Krasske) Levkov, *H. normanii* (Rabenhorst) Levkov.

Hantzschia Grunow, 1877
Fig. 175

Frústulas solitárias. Valvas levemente dorsiventrais, assimétricas em relação ao plano apical, lineares ou sigmoides, com extremidades rostradas a capitadas. Estrias uni ou bisseriadas, com aréolas arredondadas ou riniformes. Canais da rafe paralelamente dispostos nas margens das epi e hipovalvas; margens assimétricas em relação ao eixo apical. Rafe excêntrica, ocorrendo no lado ventral menos convexo da célula, contínua ou interrompida centralmente, frequentemente arqueada. Extremidades proximais da rafe simples ou cercadas por abas de sílica; extremidades distais simples ou curvadas em direção ao lado dorsal. Fíbulas compactas, delgadas ou em forma de costelas suportando a rafe. Gênero bem distribuído em locais marinhos e dulcícolas, estendendo-se a ambientes subaéreos.

Aproximadamente 20 espécies continentais descritas para o gênero (Hustedt, 1930; Krammer & Lange-Bertalot, 1986; Lange-Bertalot, 1993; Metzeltin *et al.*, 2005). Cerca de 8 espécies registradas em amostras brasileiras, sendo algumas delas realizadas por Torgan *et al.* (1999), Tremarin *et al.* (2009a), Bertolli *et al.*(2010), Bes & Torgan (2010a) e Silva *et al.* (2010).

Espécies comuns: *H. amphioxys* (Ehrenberg) Grunow e variedades da espécie.

Hippodonta Lange-Bertalot, Metzeltin & Witkowski, 1996
Figs 153-154

Frústulas solitárias. Valvas levemente lanceoladas ou elípticas com extremidades atenuadas, rostradas a sub-capitadas. Esterno da rafe linear e estreito. Área central assimétrica não alcançando as margens valvares. Estrias grosseiras, uni ou bisseriadas, compostas por aréolas subcirculares. Presença de aréolas em série simples ou dupla nos polos da valva, apenas observadas em vista pleural. Rafe reta com extremidades proximais dilatadas em poro, e extremidades distais simples. Nódulos terminais espessos e transversalmente dilatados até as margens da valva, em forma de "T". Nódulo central da rafe assimétrico. Gênero predominantemente continental.

Gênero com aproximadamente 30 espécies (Krammer & Lange-Bertalot, 1986; Lange-Bertalot, 2001; Metzeltin *et al.*, 2005; Fourtanier & Kociolek, 2011), sendo 5 registradas para o Brasil por Torgan *et al.* (1999), Tremarin *et al.* (2009a) e Silva *et al.* (2010).

Espécies comuns: *H. capitata* (Ehrenberg) Lange-Bertalot, Metzeltin & Witkowski, *H. hungarica* (Grunow) Lange-Bertalot, Metzeltin & Witkowski.

Kobayasiella Lange Bertalot, 1999
Figs 151-152

Frústulas solitárias. Valvas linear-lanceoladas a lanceoladas, estreitas, com extremidades capitadas a rostradas. Esterno da rafe linear, estreito. Área central circular ou reduzida. Estrias muito delicadas, geralmente de difícil resolução ao MO, radiadas na região central a abruptamente convergentes em direção às extremidades, formadas por uma única aréola ou por poucas (geralmente 4) aréolas alongadas. Rafe filiforme com extremidades proximais levemente dilatadas e distais fortemente curvadas na mesma direção. Gênero continental podendo ocorrer em ambientes oligotróficos (Lange-Bertalot, 1999) e em ambientes ácidos (Buczkó *et al.*, 2009).

Cerca de 30 espécies são conhecidas (Fourtanier & Kociolek, 2011) tendo sua morfologia descrita por Lange-Bertalot (1996), Lange-Bertalot & Genkal (1998), Metzeltin & Lange-Bertalot (1998, 2007), Vanhoutte *et al.* (2004), Buczkó (2007a), Buczkó & Wotjal (2007), Buczkó *et al.* (2009), Burliga & Kociolek (2010), Le Cohu & Azémar (2010). Para o Brasil, novas espécies foram propostas por Souza & Compère (1999) para o Distrito Federal e por Burliga & Kociolek (2010) em amostras perifíticas de ambientes lênticos da Amazônia, estado do Pará. Demais registros encontram-se em Torgan *et al.*(1999) e Tremarin *et al.* (2009a).

Espécies comuns: *K. micropunctata* (Germain) Lange-Bertalot, *K. parasubtilissima* (Kobayasi & Nagumo) Lange-Bertalot, *K. subtilissima* (Cleve) Lange-Bertalot.

Luticola Mann, 1990
Figs 110-114

Frústulas solitárias, raramente formando colônias. Valvas lineares, lanceoladas ou elípticas, extremidades arredondadas, capitadas ou rostradas.

Esterno da rafe linear, estreito. Área central expandida e espessada, geralmente limitada por estrias mais curtas. Estrias unisseriadas, radiadas ao longo da valva, contendo aréolas arredondadas conspícuas. Rafe central com extremidades proximais curvadas para o lado do estigma; extremidades distais curvadas em direções opostas. Estigma marginal ou submarginal presente na área central. Gênero continental podendo ocorrer em ambientes salobros, principalmente em solos e ambientes subaéreos.

Gênero composto por cerca de 80 espécies (Hustedt, 1961-1966; Krammer & Lange-Bertalot, 1986; Metzeltin & Lange-Bertalot, 1998, 2007; Metzeltin *et al.*, 2005; Fourtanier & Kociolek, 2011). Em torno de 30 espécies foram registradas em trabalhos nacionais como os de Torgan *et al.* (1999), Raupp *et al.* (2006), Schneck *et al.* (2008), Tremarin *et al.* (2009a), Bertolli *et al.* (2010), Silva *et al.* (2010) e Wetzel *et al.* (2010).

Espécies comuns: *L. goeppertiana* (Bleisch) Mann, *L. mutica* (Kützing) Mann, *L. muticoides* (Hustedt) Mann, *L. nivalis* (Ehrenberg) Mann, *L. saxophila* (Bock) Mann.

Mayamaea Lange-Bertalot, 1997
Figs 144-146

Frústulas solitárias, pequenas. Valvas geralmente elípticas com extremidades arredondadas. Esterno da rafe espesso, reto ou arqueado. Área central reduzida. Estrias radiadas delicadas, unisseriadas, contínuas com o manto. Aréolas arredondadas. Rafe levemente curvada, com extremidades proximais curvadas ou angulares. Extremidades distais voltadas para o mesmo lado. Nódulos polares bem desenvolvidos e refringentes nas extremidades da valva. Gênero encontrado em solos úmidos, tendo preferência por ambientes com alta concentração de matéria orgânica, podendo atingir alta abundância em alguns habitats poluídos.

Mayamaea possui por volta de 20 espécies (Lange-Bertalot, 1997, 2001; Lange-Bertalot *et al.*, 2003; Kulikovskiy, 2006; Morales & Manoylov, 2009; Fourtanier & Kociolek, 2011). No Brasil foram registradas três espécies por Torgan *et al.* (1999), Lobo *et al.* (2004) e Tremarin *et al.* (2009a).

Espécies comuns: *M. atomus* (Kützing) Lange-Bertalot, *M. permitis* (Hustedt) Bruder & Medlin.

Navicula Bory, 1822
Figs 131-135

Frústulas solitárias. Valvas lanceoladas, lineares a elípticas com extremidades atenuadas, rostradas, capitadas ou arredondadas. Esterno da rafe linear, espessado, às vezes assimétrico. Área central expandida lateralmente, não alcançando as margens valvares. Estrias unisseriadas ou bisseriadas, retas a geralmente radiadas, com aréolas lineoladas alongadas. Rafe central com extremidades proximais simples, expandidas em poros ou em ganchos, em direção a um dos lados da valva. Extremidades distais externas da rafe simples ou em forma de gancho. Gênero muito comum de ambientes continentais e marinhos.

Gênero bastante amplo em número de espécies. Revisões taxonômicas vêm originando vários outros gêneros. Difícil estimar o número de espécies do gênero, certamente superior a 200 espécies (Hustedt, 1966; Krammer & Lange-Bertalot, 1986; Metzeltin & Lange-Bertalot, 1998, 2007; Rumrich *et al.*, 2000; Lange-Bertalot, 2001; Metzeltin *et al.*, 2005). Estudos nacionais, como Souza & Moreira-Filho (1999b), Torgan *et al.* (1999), Tremarin *et al.* (2009a), Bertolli *et al.* (2010), Silva *et al.* (2010) e Moresco *et al.* (2011) registraram espécies de *Navicula*.

Espécies comuns: *N. cryptocephala* Kützing, *N. cryptotenella* Lange-Bertalot, *N. rostellata* Kützing, *N. schroeterii* Meister, *N. veneta* Kützing.

Neidium Pfitzer, 1871
Figs 117-120

Frústulas solitárias. Valvas lineares, linear-elípticas a lanceoladas às vezes com margens onduladas. Extremidades arredondadas, rostradas ou capitadas. Esterno da rafe linear e estreito. Área central geralmente expandida, não alcançando as margens valvares. Estrias unisseriadas com aréolas arredondadas ou alongadas transapicalmente. Presença de um grande canal longitudinal na margem da valva, formando uma linha submarginal na valva quando vista em MO. Rafe reta com extremidades distais furcadas e proximais fortemente curvadas em sentidos opostos. Gênero exclusivo de água doce, com preferência por ambientes levemente ácidos.

Gênero com cerca de 150 espécies, com muitas variedades e formas (Fourtanier & Kociolek, 2011). A morfologia de alguns táxons foi documentada por Patrick & Reimer (1966), Krammer & Lange-Bertalot (1986), Metzeltin & Lange-Bertalot (1998, 2007), Siver & Hamilton (2005) e Metzeltin *et al.* (2005). Aproximadamente 20 espécies foram encontradas em estudos realizados no país, como o de Torgan *et al.* (1999), Tremarin *et al.* (2009a), Bertolli *et al.* (2010), Silva *et al.* (2010) e Torgan & Carvalho (2011).

Espécies comuns: *N. affine* (Ehrenberg) Pfitzer, *N. ampliatum* (Ehrenberg) Krammer, *N. amphigomphus* (Ehrenberg) Pfizer, *N. bisulcatum* (Lagerstedt) Cleve, *N. iridis* (Ehrenberg) Cleve, *N. productum* (W. Smith) Cleve.

Nitzschia Hassall, 1845
Figs 176-180

Frústulas solitárias ou formando colônias estreladas ou semelhantes a cadeias, ou vivendo em tubos de mucilagem. Valvas retas ou sigmoides, estreitas, lineares, lanceoladas ou elípticas, às vezes constritas centralmente. Valvas mais ou menos simétricas em relação ao plano apical, mas geralmente assimétricas. Extremidades rostradas, capitadas ou atenuadas. Estrias geralmente unisseriadas contendo aréolas arredondadas. Canais da rafe opostamente dispostos nas margens das duas valvas. Rafe marginal ou submarginal, fibulada, com extremidades proximais retas ou fortemente curvadas para o mesmo lado. Extremidades distais da rafe simples ou curvadas. Canópio ou costelas às vezes presentes. Gênero marinho ou de água doce, geralmente epipélico ou planctônico.

Gênero amplo com mais de 300 espécies (Lange-Bertalot & Simonsen, 1978; Krammer & Lange-Bertalot, 1988; Metzeltin *et al.*, 2005), sendo que quase 70 já foram registradas para o Brasil em trabalhos como o de Torgan *et al.* (1999), Tremarin *et al.* (2009a), Bertolli *et al.* (2010), Bes & Torgan (2010b) e Silva *et al.* (2010).

Espécies comuns: *N. amphibia* Grunow, *N. clausii* Hantzsch, *N. dissipata* (Kützing) Grunow, *N. linearis* (Agarth) W. Smith, *N. palea* (Kützing) W. Smith.

Nupela Vyverman & Compère, 1991
Figs 149-150

Frústulas solitárias, heterovalvares, pequenas, não ultrapassando 25 mm de comprimento. Valvas lanceoladas a elíptico-lanceoladas com extremidades sub-rostradas a capitadas. Valvas levemente assimétricas em relação ao plano apical. Ramos da rafe encurtados ou ausentes em uma das valvas e bem desenvolvidos na outra caracterizam a heterovalvaridade. Valva arrafídea: esterno laceolado frequentemente com granulações grosseiras esparsas. Valva rafídea: esterno da rafe linear a lanceolado, rafe reta com extremidades proximais levemente expandidas. Área central indiferenciada ou alargando-se muitas vezes de forma assimétrica até as margens valvares. Estrias geralmente inconspícuas, paralelas a radiadas. Aréolas elípticas, alongadas longitudinalmente, com abertura externa maior que a interna. Gênero característico de águas com pH neutro e baixa condutividade.

Gênero com quase 50 espécies (Vyverman & Compère, 1991; Lange-Bertalot, 1993; Lange-Bertalot & Moser, 1994; Metzeltin & Lange-Bertalot, 1998; Potapova *et al.*, 2003; Siver *et al.*, 2007; Wotjal, 2009; Siver *et al.*, 2010; Fourtanier & Kociolek, 2011; Potapova, 2011). Cerca de seis espécies foram registradas em trabalhos nacionais, como os de Schneck *et al.* (2008), Tremarin *et al.* (2009a), Faria *et al.* (2010), Canani *et al.* (2011) e Moresco *et al.* (2011).

Espécie comum: *N. praecipua* (Reichardt) Reichardt, *N. exotica* Monnier, Lange-Bertalot & Bertrand.

Peronia Brébisson & Arnott, 1868
Figs 38-39

Frústulas solitárias, heteropolares. Valvas lineares com extremidades arredondadas a delicadamente sub-capitadas. Margem valvar com espinhos proeminentes. Esterno da rafe linear, estreito, central. Estrias unisseriadas, às vezes irregularmente espaçadas, compostas por aréolas arredondadas. Rafe desenvolvida em uma das valvas, ocupando cerca de dois terços do comprimento valvar. Rimopórtulas presentes em ambas às extremidades. Na outra valva, a rafe é encurtada e limitada à extremidade basal, assim como a rimopórtula. As extremidades proximais da rafe são voltadas para uma das margens valvares. Gênero que ocorre mais frequentemente em águas continentais ácidas.

Poucas espécies de *Peronia* são descritas (Patrick & Reimer, 1975; Foged, 1977; Krammer & Lange-Bertalot, 1991a; Williams & Reid, 2008; Fourtanier & Kociolek, 2011), sendo registradas três delas em trabalhos nacionais (Alencar *et al.*, 2001; Tremarin *et al.*, 2009a).

Espécies comuns: *P. brasiliensis* Hustedt, *P. fibula* (Brébisson) Ross.

Pinnularia Ehrenberg, 1843
Figs 128-130

Frústulas solitárias, raramente formando colônias. Valvas lineares, lanceoladas ou elípticas, com extremidades rostradas, capitadas ou arredondadas, às vezes com margens onduladas. Esterno da rafe linear e estreito ou amplo, às vezes ornamentado por grânulo ou depressões. Área central formando uma fáscia lateralmente expandida podendo alcançar as margens valvares. Estrias alveoladas, grosseiras, multisseriadas, radiadas a paralelas tornando-se convergentes ou fortemente radiadas nas extremidades valvares, interrompidas por uma ou duas linhas longitudinais hialinas. Rafe filiforme com extremidades proximais expandidas, extremidades distais longas e curvadas em forma de gancho. Gênero predominantemente continental, mas podendo ocorrer raramente em ambientes marinhos.

Gênero amplo, com mais de 400 espécies (Krammer, 1992, 2000; Rumrich *et al.*, 2000; Metzeltin & Lange-Bertalot, 1998, 2007; Metzeltin *et al.*, 2005; Fourtanier & Kociolek, 2011; Van de Vijver & Zidarova, 2011). Cerca de 80 espécies de *Pinnularia* foram encontradas em trabalhos realizados no país, como os de Costa & Torgan (1991), Souza & Moreira-Filho (1999b),Torgan *et al.* (1999), Souza & Moreira-Filho (1999), Alencar *et al.* (2001), Díaz-Castro *et al.* (2003), Brassac & Ludwig (2006), Delgado & Souza (2007), Rocha & Bicudo (2008), Schneck *et al.* (2008), Raupp *et al.* (2009), Souza & Senna (2009), Tremarin *et al.* (2009a, 2010), Bertolli *et al.* (2010) e Silva *et al.* (2010).

Espécies comuns: *P. acrosphaeria* Rabenhorst, *P. divergens* W. Smith, *P. gibba* Ehrenberg, *P. maior* (Kützing) Cleve, *P. microstauron* (Ehrenberg) Cleve, *P. viridis* (Niztsch) Ehrenberg.

Placoneis Mereschkowsky, 1903
Figs 70-73

Frústulas solitárias. Valvas lanceoladas, linear-lanceoladas ou lanceolado-elípticas com extremidades sub-rostradas, rostradas a capitadas. Esterno da rafe linear e estreito. Área central transversalmente expandida, circular, formada pelo encurtamento irregular das estrias medianas. Estrias unisseriadas, radiadas, compostas por aréolas arredondadas, delicadas, às vezes conspícuas. Rafe central, com extremidades proximais retas e pouco expandidas, e distais curvadas em direções opostas. Estigma ausente ou um a vários estigmas presentes na área central da valva. Gênero principalmente de ambientes continentais.

O gênero *Placoneis* compreende mais de 100 espécies (Metzeltin & Lange-Bertalot, 1998; Rumrich *et al.*, 2000; Cox, 2003; Metzeltin *et al.*, 2005; Miho & Lange-Bertalot, 2006; Fourtanier & Kociolek, 2011). Aproximadamente 20 espécies foram registradas em trabalhos nacionais, como os de Callegaro *et al.* (1993), Torgan *et al.* (1999), Oliveira *et al.* (2002), Burliga *et al.* (2005), Raupp *et al.* (2006), Tremarin *et al.* (2009a), Bertolli *et al.* (2010) e Silva *et al.* (2010).

Espécies comuns: *P. clementis* (Grunow) Cox, *P. disparilis* (Hustedt) Metzeltin & Lange-Bertalot, *P. elginensis* (Gregory) Cox.

Rhoicosphenia Grunow, 1860
Figs 45-47

Frústulas coloniais, heterovalvares, curvadas. Valvas lineares a linear-lanceoladas, hetero ou isopolares. Extremidades arredondadas com pseudosepto. Estrias uni a bisseriadas, paralelas a levemente radiadas próximo as extremidades, compostas por aréolas alongadas longitudinalmente. Rafe central, desenvolvida de maneira desigual em cada uma das valvas. A valva côncava possui rafe bem desenvolvida com extremidades distais alongadas. A valva convexa possui rafe muito encurtada, restrita às extremidades da valva. Gênero com poucas espécies que ocorrem em ambientes marinhos ou continentais.

Gênero com menos de 30 espécies (Hustedt, 1930; Krammer & Lange-Bertalot, 1986; Levkov *et al.*, 2010; Fourtanier & Kociolek, 2011). Souza (1970), Torgan *et al.* (1999) e Tremarin *et al.* (2009a) apresentam registros de espécies para o Brasil.

Espécie comum: *R. abbreviata* (C. Agardh) Lange-Bertalot [= *R. curvata* (Kützing) Grunow].

Rhopalodia O. Müller, 1895
Figs 182-183

Frústulas solitárias, dorsiventrais, lineares, lanceoladas ou elípticas em vista do cíngulo. Valvas lineares ou arqueadas, assimétricas no plano apical. Epiteca e hipoteca visíveis no mesmo plano valvar, lado a lado, devido à presença de maior número de bandas do lado dorsal da valva. Estrias uni a multisseriadas. Costelas transapicais robustas, alcançando as margens valvares. Rafe reta a arqueada, excêntrica, próximo à margem dorsal, frequentemente elevada em quilha. Extremidades proximais da rafe expandidas ou levemente curvadas para o lado ventral, e distais simples. Gênero marinho ou de água doce, epipélico ou epifítico.

Gênero com aproximadamente 70 espécies (Patrick & Reimer, 1975; Krammer, 1988; Krammer & Lange-Bertalot, 1988; Fourtanier & Kociolek, 2011). Apenas cinco foram registradas em trabalhos nacionais: Flôres *et al.* (1999a), Torgan *et al.* (1999), Graça *et al.* (2007), Tremarin *et al.* (2009a), Bertolli *et al.* (2010) e Silva *et al.* (2010).

Espécies comuns: *R. brebissonii* Krammer, *R. gibba* (Ehrenberg) O. Müller, *R. gibberula* (Ehrenberg) O. Müller.

Sellaphora Mereschkowsky, 1902
Figs 102-105

Frústulas solitárias. Valvas lineares, lanceoladas ou elípticas com extremidades amplamente arredondadas ou capitadas. Esterno da rafe linear e estreito. Área central lateralmente expandida, limitada por estrias irregularmente encurtadas. Estrias unisseriadas, justapostas, paralelas a radiadas, com aréolas arredondadas. Um canópio não poroso pode estar presente. Rafe central, reta com extremidades distais curvadas ou em forma de gancho. Extremidades proximais expandidas em poro, levemente curvadas para um dos lados da valva. Nódulos terminais lateralmente expandidos fomando uma área refringente nos ápices da valva. Gênero principalmente continental podendo ocorrer em ambientes salobros e marinhos.

Gênero com cerca de 100 espécies (Krammer & Lange-Bertalot, 1986; Metzeltin & Lange-Bertalot, 1998, 2007; Mann, 2001; Metzeltin *et al.*, 2005; Mann *et al.*, 2004, 2008, 2009; Jahn *et al.*, 2008; Potapova & Ponader, 2008; Falasco *et al.*, 2009; Fourtanier & Kociolek, 2011). Menos de 20 espécies foram registradas para o país em trabalhos como os de Torgan *et al.* (1999), Oliveira *et al.* (2002), Delgado & Souza (2007), Souza & Senna (2009), Tremarin *et al.* (2009a), Bertolli *et al.* (2010), Silva *et al.* (2010), Canani *et al.* (2011) e Moresco *et al.* (2011).

Espécies comuns: *S. pupula* (Kützing) Mereschkowsky, *S. rectangularis* (Gregory) Lange-Bertalot & Metzeltin, *S. seminulum* (Grunow) Mann.

Seminavis Mann, 1990
Fig. 63

Frústulas solitárias. Valvas com dorsiventralidade pronunciada, margem dorsal convexa e ventral quase reta. Valvas da frústula visíveis em planos diferentes devido à presença de bandas de mesma largura em ambos os lados da valva. Extremidades arredondadas a atenuado-arredondadas. Esterno da rafe linear e estreito. Área central reduzida. Estrias unisseriadas, radiadas a pouco convergentes em direção às extremidades, contendo aréolas lineoladas. Comumente há uma ou várias estrias mais encurtadas e curvadas na região mediana da valva. Rafe reta, excêntrica, localizada próximo a margem ventral da valva. Extremidades proximais e distais da rafe pouco expandidas e curvadas para o lado dorsal da valva. Estigma ausente. A maioria das espécies do gênero é marinha ou salobra, com apenas um representante de água doce anteriormente descrito para os gêneros *Cymbella*, *Navicella* Krammer e *Navicymbula* Krammer.

Gênero com 14 espécies (Krammer, 2003; Cox & Reid, 2004; Fourtanier & Kociolek, 2011). Sua ocorrência no Brasil foi documentada apenas por Ludwig (1996).

Espécie comum: *S. pusilla* (Grunow) Cox & Reid.

Stauroneis Ehrenberg, 1843
Figs 161-163

Frústulas solitárias raramente coloniais. Valvas lineares, lanceoladas a elípticas com extremidades capitadas a rostradas. Pseudosepto às vezes presente nos ápices valvares. Esterno da rafe linear e estreito. Área central espessada e expandida até as margens valvares, formando um estauro linear ou oblíquo. Estrias unisseriadas formadas por aréolas arredondadas grosseiras. Rafe central, reta, com extremidades proximais dilatadas em poro e curvadas para um dos lados. Gênero continental podendo ocorrer em ambientes subaéreos como solo úmido ou sobre musgos.

Mais de 200 espécies foram descritas para o gênero *Stauroneis* (Hustedt, 1927-1966; Krammer & Lange-Bertalot, 1986; Lange-Bertalot & Metzeltin, 1996; Metzeltin & Lange-Bertalot, 1998, 2007; Metzeltin *et al.*, 2005; Fourtanier & Kociolek, 2011). Aproximadamente 15 espécies foram encontradas em estudos brasileiros como os de Torgan *et al.* (1999), Tremarin *et al.* (2009a), Bertolli *et al.* (2010) e Silva *et al.* (2010).

Espécies comuns: *S. anceps* Ehrenberg, *S. borrichii* (Petersen) Lun, *S. gracilior* Reichardt, *S. gracilis* Ehrenberg, *S. phoenicenteron* (Nizsch) Ehrenberg, *S. smithii* Grunow.

Stenopterobia Brébisson, 1877-1894
Figs 190-191

Frústulas solitárias, isopolares. Valvas sigmoides ou retas, lineares com extremidades atenuadas ou arredondadas. Superfície valvar delicadamente ondulada. Um esterno estreito é formado na região mediana da valva, às vezes perfurado por pequenos poroides dispersos. Estrias multisseriadas contendo aréolas arredondadas pequenas, inconspícuas em MO. Rafe elevada em quilha rasa, localizada ao redor de toda a circunferência valvar com extremidades proximais e distais simples ou delicadamente curvadas. Canais aliformes delicados, não proeminentes. Costelas transapicais geralmente com projeções externas semelhantes a verrugas. Gênero de água doce, epipélico, aparentemente restrito a lagos oligotróficos ácidos.

Gênero composto por menos de 40 espécies (Huber-Pestalozzi, 1942; Krammer & Lange-Bertalot, 1988; Krammer, 1989; Metzeltin & Lange-Bertalot, 1998, 2007; Moser *et al.*, 1998; Siver & Camfield, 2007; Fourtanier & Kociolek, 2011). Cerca de seis espécies já foram registradas para o país em trabalhos como os de Torgan *et al.* (1999), Brassac *et al.* (2003), Díaz-Castro *et al.* (2003), Raupp *et al.* (2009), Tremarin *et al.* (2009a) e Silva *et al.* (2010).

Espécies comuns: *S. delicatissima* (Lewis) Van Heurck, *S. schweickerdtii* (Cholnoky) Brassac, Ludwig & Torgan.

Surirella Turpin, 1828
Figs 184-189

Frústulas solitárias, isopolares ou heteropolares. Valvas geralmente largas, fortemente silicificadas, lineares, elípticas, obovadas, algumas vezes panduriformes, com extremidades arredondadas, sub-rostradas ou sub-capitadas. Superfície valvar plana ou côncava, transapicalmente ondulada, às vezes ornamentada por espinhos e pequenos grânulos. Um esterno é formado na região mediana da valva. Estrias multisseriadas, contendo aréolas pequenas e arredondadas, inconspícuas em MO. Rafe elevada em quilha rasa ou profunda cujas paredes são onduladas e às vezes fusionadas. A rafe está localizada ao redor de toda a circunferência valvar, com extremidades proximais e distais simples ou delicadamente curvadas. Canais alares proeminentes. Amplo gênero de ocorrência marinha e continental, epipélico.

O gênero apresenta aproximadamente 300 espécies (Huber-Pestalozzi, 1942; Krammer & Lange-Bertalot, 1988; Metzeltin & Lange-Bertalot, 1998, 2007; Rumrich *et al.*, 2000; Metzeltin *et al.*, 2005, 2009; Bramburger *et al.*, 2006; Fourtanier & Kociolek, 2011). Torgan *et al.* (1999), Díaz-Castro *et al.* (2003), Burliga *et al.* (2005), Torgan & Weber (2008), Tremarin *et al.* (2009a), Silva *et al.* (2010) e Salomoni & Torgan (2010) registraram algumas das quase 40 espécies que ocorrem no país.

Espécies comuns: *S. angusta* Kützing, *S. guatimalensis* Ehrenberg, *S. linearis* W. Smith, *S. splendida* (Ehrenberg) Kützing, *S. tenera* Gregory, *S. tenuissima* Hustedt.

Tryblionella W. Smith, 1853
Figs 169-170

Frústulas solitárias, diagonalmente simétricas no plano apical. Valvas robustas, geralmente panduriformes, elípticas ou lineares, com ápices arredondados, apiculados a sub-rostrados. Superfície valvar, com frequência, ondulada longitudinalmente, apresentando costelas ou protuberâncias. Estrias uni a multisseriadas, geralmente interrompidas por um esterno, contendo aréolas arredondadas pequenas. Rafe fortemente excêntrica, elevada em quilha, fibulada, presente em um dos lados da valva. Do lado oposto, uma costela marginal geralmente está presente. Rafe marginal com extremidades proximais externas delicadamente expandidas e curvadas, ocasionalmente ausentes. Gênero epipélico, comum em ambientes salobros e marinhos, mas podendo ocorrer em água doce com alta condutividade.

Muitas das quase 90 espécies de *Tryblionella* pertenciam anteriormente ao gênero *Nitzschia* (Round *et al.*, 1990; Krammer & Lange-Bertalot, 1988). Menos de 10 espécies foram citadas em trabalhos nacionais, tais como os de Torgan *et al.* (1999), Burliga *et al.* (2005), Bes & Torgan (2008) e Tremarin *et al.* (2009a).

Espécies comuns: *T. coarctata* (Grunow) Mann, *T. debilis* Arnott, *T. victoriae* Grunow.

Glossário

Este glossário é um guia para a terminologia utilizada nas descrições dos gêneros e na chave de identificação apresentada. Obras de apoio principais: ROSS *et al.* (1979), BARBER & HAWORTH (1981), ROUND et al. (1990) e RUCK & KOCIOLEK (2004).

Annulae: estrutura composta por 1 a 4 estrias transapicais, localizadas nas extremidades valvares, que interrompe as demais estrias, distintas ou não ao microscópio óptico (MO). Presente apenas em *Geissleria*.

Alvéolo: câmara linear transapical, cuja superfície externa é areolada (aréolas inconspícuas ao MO) e a interna possui uma larga abertura, que pode ser visível como linha longitudinal, principalmente nas formas maiores de *Pinnularia* e *Caloneis*. Estrias podem ser formadas por alvéolos (ex. *Caloneis, Cyclotella, Pinnularia*).

Área axial: área hialina que se estende ao longo do eixo apical. Ver **esterno**.

Área central: área hialina transapicalmente expandida ou distinta, localizada na região mediana da valva.

Área hialina: área onde a frústula não é ornamentada por aréolas.

Área hialina semicircular: área hialina localizada na área central, constituída pelo espessamento silíceo da parte interna da valva (ex. *Planothidium*).

Aréola: perfuração ou poro que ocorre na frústula (ex.: na superfície valvar, no manto, nas bandas intercalares), normalmente ocluídas por delicada camada de sílica (velum). Aréola é geralmente arredondada, mas pode ser lineada, dispostas transapical ou longitudinalmente.

Aréola loculada: aréola marcadamente constrita em uma das superfícies da valva e ocluída por um velum na outra; a passagem através da constrição na superfície oposta ao velum é o forâmen.

Aréola poroidal: aréola não marcadamente constrita em uma das superfícies da valva.

Arrafídea: diatomácea sem sistema de rafe na superfície valvar da frústula.

Bandas do cíngulo: segmentos do cíngulo, geralmente anelares, completos ou incompletos, em número variável, localizados após o manto (= bandas de conexão, bandas intercalares). Ver **cópula**.

Birafídea: diatomácea com sistema de rafe em ambas as valvas da frústula.

Campo de poros apicais: área com pequenos poros (aréolas menores) localizada em uma ou nas duas extremidades de alguns gêneros de diatomáceas, através dos quais ocorre a secreção de mucopolissacarídeos em forma de pedúnculos ou almofadas.

Canal aliforme: passagem alongada entre o interior da célula e o canal da rafe em uma quilha elevada.

Canal da rafe: espaço em forma de tubo que percorre o lado interno da rafe; este tubo é delimitado pela parede interna da valva e estruturas semelhantes a barras (fíbulas). Ver rafe em canal.

Canal longitudinal: espaço tubular interno, localizado entre as camadas primária e secundária de sílica da valva, que se estende ao longo da rafe ou próximo às margens na superfície valvar (ex. *Diploneis, Neidium*).

Carina: projeção silícea achatada, delicada, tipo "colarinho", que pode estar presente circundando a corona, na altura do manto (ex.: *Melosira*).

Carinopórtula: processo tubular que atravessa a região central da superfície valvar, podendo variar de 2 a 5, geralmente 3. Provavelmente há passagem de mucilagem através desta estrutura (ex. *Orthoseira*).

Célula heterovalvar: frústula em que o padrão de ornamentação da epiteca é diferente daquele observado na hipoteca.

Cíngulo: conjunto de elementos situados entre as duas valvas. O cíngulo é formado por bandas delicadas de sílica, as quais unem as duas valvas. Presente na maioria das diatomáceas.

Colo: uma área estreita e hialina no manto valvar. Uma pequena depressão, o sulco, separa o colo da porção areolada do manto valvar (ex. *Aulacoseira*).

Concêntrica: diz-se de curvas, círculos ou superfícies que têm o mesmo centro.

Conópio (Conopeum): delicada membrana de sílica que se projeta da área axial em direção à margem, sobre as estrias, podendo cobri-las parcial ou completamente. Descobriu-se que pode conter cianobactérias fixadoras de nitrogênio.

Cópulas: elementos do cíngulo, bandas intercalares. Ver **bandas do cíngulo**.

Corona: pequenos espinhos ou grânulos que se dispõem de maneira circular na superfície valvar de *Melosira*.

Costela: espessamento silício sólido da valva, não ornamentado, orientado apical ou transapicalmente (ex. *Frustulia, Rhopalodia*). A costela longitudinal ocorre ao longo do eixo apical, paralelo aos ramos da rafe.

Cratícula: valva que se forma internamente à valva normal no gênero *Craticula*. O estágio craticular ocorre em elevadas concentrações de soluto. A valva craticular apresenta o esterno da rafe e barras silíceas transversais robustas.

Cribra: membrana delicada de sílica com poros, localizada na porção interna da aréola; tipo de velum perfurado por poros regularmente dispostos.

Dorsal: em diatomáceas dorsiventrais, assimétricas em relação ao eixo apical, o lado mais convexo da valva.

Dorsiventral: célula com duas margens de diferentes curvaturas (ex. *Encyonema*).

Eixo apical: linha imaginária que passa pelas extremidades valvares.

Eixo pervalvar: linha imaginária que atravessa a frústula pelo centro da epivalva até a hipovalva.

Eixo transapical: linha imaginária que passa pelo centro da valva, perpendicular ao eixo apical.

Epiteca: a maior teca da frústula, a mais externa, formada pela valva e pelos correspondentes elementos do cíngulo (epivalva + epicíngulo).

Espinho: projeção externa cônica ou furcada, sólida ou ocluída, curta ou longa.

Espinhos de ligação: espinhos que se interdigitam e promovem a conexão de frústulas em cadeia (ex. *Aulacoseira*).

Espinhos de separação: espinhos que ornamentam a célula terminal dos filamentos de *Aulacoseira*, facilitando a separação das frústulas.

Estauro: área central transapicalmente expandida com maior espessamento silíceo que se estende desde o nódulo central até o manto da valva, sendo característica diagnóstica do gênero *Stauroneis*. O padrão de desenvolvimento do estauro é diferente do padrão que origina a fáscia.

Estauro tigilado: nódulo central transapicalmente expandido, alcançando as margens valvares, composto de extensões estreitas e profundas que se cruzam centralmente em forma de 'X' (ex. *Capartograma*).

Esterno: estrutura espessada que se estende, geralmente, ao longo do eixo apical da superfície valvar de diatomáceas penadas, envolvendo ou não, a rafe. Pode estar localizado centralmente, ou na margem valvar (ex.: *Eunotia*).

Estigma: perfuração através da parede celular, localizada próximo ao nódulo central, cuja abertura externa é arredondada e a interna é altamente modificada. Portanto, a morfologia do estigma é distinta das demais aréolas que formam as estrias (ex. *Cymbella*).

Estigmoide: perfuração através da parede celular, localizada próximo ao nódulo central, cuja abertura externa é idêntica à das aéolas da estria e a interna é levemente modificada (ex. *Encyonema*).

Estria: fileira de aréolas, alvéolos, ou um único alvéolo isolado. As estrias são, geralmente orientadas transapicalmente, separadas uma das outras por costelas (interestrias) não ornamentadas. Podem apresentar padrão radiado (estrias dispostas em direção ao nódulo central da valva), paralelo e convergente (estrias dispostas em direção ao nódulo terminal da valva). Padrão de estriação é importante na taxonomia e filogenia de diatomáceas, em relação à densidade (número de estrias que ocorrem em 10 μm), orientação (paralela, radiada ou convergente), forma da aréola (lineada, puntiformes, em forma de C).

Estria unisseriada: formada por uma única fileira de aréolas.

Estrias multisseriada: formada por várias fileiras de aréolas.

Extremidade proximal (central) da rafe: terminação da fissura da rafe localizada próximo ao nódulo central valvar.

Extremidade terminal (distal) da rafe: terminação da fissura da rafe localizada próximo às extremidades valvares.

Fáscia: área com espessamento silíceo transversal, localizado na porção central da valva de diatomáceas penadas. Algumas referências podem considerar fáscia e estauro como termos equivalentes.

Fíbula: barras internas de sílica que se estendem, transapicalmente, do canal da rafe até o manto valvar, fornecendo suporte estrutural e reforço deste canal; ponte de sílica entre porções da valva em ambos os lados da rafe. Em alguns casos estende-se pela superfície valvar, consistindo de um prolongamento da própria estria, abrangendo duas ou mais interestrias. Densidade de fíbulas é um caráter taxonômico (ex.: *Denticula, Hantzschia, Nitzschia* e *Surirella*).

Frústula: porção silícia da célula das diatomáceas composta por duas valvas e uma série de bandas associadas, o cíngulo. A frústula é formada pelas epi e hipoteca.

Fultopórtula: processo tubular que atravessa a parede silícea de algumas diatomáceas cêntricas. Esta estrutura pode apresentar-se externamente como uma abertura simples ou como um tubo alongado que se projeta da superfície valvar. Internamente, além da abertura do tubo, existem dois ou mais poros satélites, os quais se abrem em passagens conectadas no interior da valva com um tubo central.

Helictoglossa: projeção silícea presente na porção interna da fissura terminal da rafe de muitas diatomáceas rafídeas, em forma de lábios ou liguliforme. São diferenciadas ao MO pela refringência mais acentuada.

Heteropolar: valvas assimétricas em relação ao eixo transapical, com extremidades diferentes em forma ou tamanho.

Heterovalvar: frústulas nas quais uma valva difere morfologicamente da outra, pela ornamentação da superfície valvar e/ou presença ou ausência de rafe.

Hipoteca: a menor teca da frústula, a mais interna, formada pela valva e pelos correspondentes elementos do cíngulo (hipovalva + hipocíngulo).

Interestria: faixa silícia não perfurada localizada entre duas estrias ou alvéolos.

Isopolar: valvas simétricas em relação ao eixo transapical, com extremidades similares em forma ou tamanho.

Linha longitudinal: linha hialina ao longo do eixo apical.

Manto: parte da valva que se prolonga da superfície, formando uma borda, diferenciada pela inclinação ou pela estrutura. Visível em vista lateral.

Monorrafídea: diatomáceas com sistema de rafe em apenas uma das superfícies valvares da frústula. (ex.: *Cocconeis, Achnanthidium, Achnanthes, Platessa, Psamothidium*).

Nódulo: espessamento silíceo interno da frústula, ocorrendo na região central e nas extremidades valvares.

Nódulo central: região mais silicificada no interior da frústula, localizada entre as extremidades proximais dos ramos rafe. Este é o local onde ocorre o primeiro depósito de sílica durante a formação da valva.

Nódulo terminal: região mais silicificada no interior da frústula, localizada nas extremidades dos ramos da rafe.

Ocelolimbo: campo de poros apicais localizado em uma pequena depressão (ex. Ulnaria, Fragilaria)

Ocelo: grupo de aréolas ou poros formando áreas circulares, fisicamente isoladas por uma delicada borda não ornamentada, frequentemente presente nas extremidades das diatomáceas bi ou multipolares (ex.: *Pleurosira*).

Panduriforme: formas elípticas ou lanceoladas com constrição mediana, de maneira dividí-las em dois segmentos iguais.

Penada: valvas com padrão estrutural simetricamente disposto em ambos os lados de uma linha central; diatomácea com simetria bilateral, incluindo táxons arrafídeos, monorrafídeos e birrafídeos.

Poro: pequena perfuração que atravessa a parede da frústula.

Projeção aliforme: passagem entre o interior da frústula e o canal da rafe.

Pseudo-ocelo: grupo de aréolas ou poros formando áreas circulares não delimitadas por borda silícea delicada (ex. *Hydrosera, Terpsinoë*).

Pseudossepto: expansão silícea laminar que se projeta da porção apical no lado interno da valva, é parte da valva (ex.: *Gomphonema, Stauroneis*).

Pseudosulco: cavidade que se forma na região de união entre duas células de *Aulacoseira*

Quilha: crista, elevação que contém a rafe, formada a partir de uma dobra da superfície valvar.

Radial: ornamentações que se irradiam de um ponto central.

Rafe: fenda ou par de fendas alongadas que atravessam a parede, dispostas em uma ou ambas as superfícies valvares. Estrutura que permite o deslocamento das diatomáceas sobre um substrato.

Rafe curta: ramos da rafe limitados às extremidades valvares.

Rafe desenvolvida: ramos da rafe desenvolvidos, ocupando desde a extremidade até o nódulo central da valva.

Rafe em canal: diz-se quando a fissura da rafe possui uma abertura interna para um ducto, ao invés de diretamente para o interior da frústula. Ver canal da rafe.

Rafe excêntrica: rafe que não está localizada no centro valvar.

Rafe rudimentar: rafe cuja fissura é geralmente vista nos nódulos terminais da valva e estende-se por uma variável, mas curta distância sobre o manto valvar.

Ramos da rafe: fissura que se estende da extremidade proximal à distal da valva.

Rimopórtula: estrutura tubular que atravessa a parede celular e se abre para o interior da frústula por uma ou raramente duas fendas, geralmente de aparência reniforme, e para o exterior por uma simples abertura ou por uma estrutura tubular aberta no ápice. Estrutura relacionada com liberação de polissacarídeos = processo labiado.

Septo: expansão silícea laminar que se projeta de uma cópula, para o interior da frústula. O septo está unido a uma banda intercalar (ex.: *Tabellaria*).

Simetria bilateral: quando um plano longitudinal divide a superfície valvar em duas metades simétricas.

Simetria radial: quando vários planos longitudinais passam pelo centro da superfície valvar e a dividem em partes iguais.

Sulco: vista em m   icroscopia óptica da borda silícea que se projeta para o interior da célula partindo do colo (*ringleist*), em *Aulacoseira*.

Superfície valvar: parte da valva rodeada pelo manto, porção da frústula, visível na vista valvar.

Valva: uma das duas partes que compõem a frústula, podendo ser mais ou menos achatada ou convexa e variavelmente ornamentada, formada pela superfície (face) e manto valvares.

Valva dorsiventral: em diatomáceas assimétricas em relação ao eixo apical, o lado dorsal é o considerado mais convexo e o ventral o mais reto ou menos convexo.

Valva sigmoide: valvas rômbicas, elípticas ou lanceoladas, mas com extremidades direcionadas para lados opostos; em forma de 'S'.

Valvocópula: elemento do cíngulo diretamente adjacente à valva; frequentemente com estrutura ou forma diferente das demais bandas intercalares.

Velum: camada delicada de sílica que recobre uma aréola loculada; pode ser perfurado por pequenas aberturas.

Vista pleural: vista na qual se observa o cíngulo da frústula, vista lateral da frústula.

Vista valvar: vista na qual se observa a superfície valvar da frústula, vista superficial.

Agradecimentos – Lucielle Merlym Bertolli e Letícia Donadel pela leitura crítica do manuscrito, alunas orientadas pela Dra. Lezilda de Carvalho Torgan no curso de doutorado do Programa de Pós-Graduação em Botânica da Universidade Federal do Rio Grande do Sul.

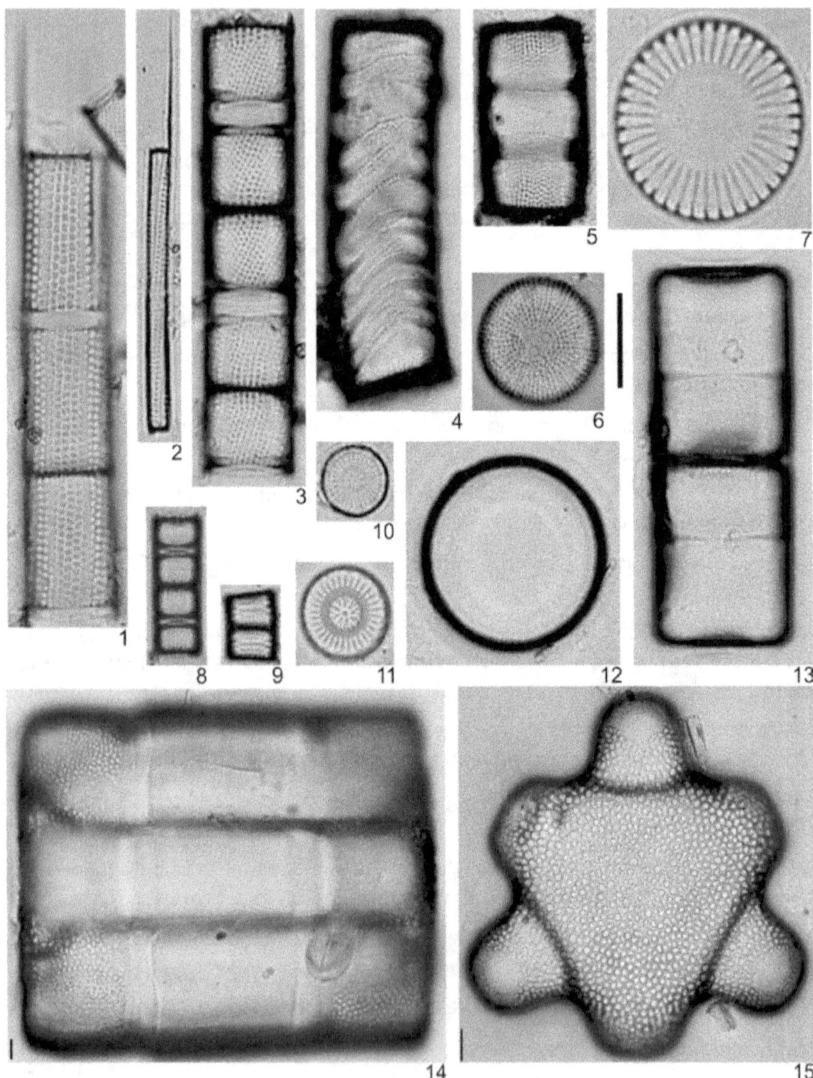

Figura 1. *Aulacoseira granulata* (Ehr.) Simonsen. **Figura 2.** *Aulacoseira granulata* var. *angustissima* (O. Müll.) Simonsen. **Figura 3.** *Aulacoseira ambigua* (Grun.) Simonsen. **Figura 4.** *Orthoseira roeseana* (Rabenh.) O'Meara. **Figuras 5-6.** *Orthoseira dendroteres* (Ehr.) Crawford. **Figura 7.** *Cyclotella meneghiniana* Kützing. **Figura 8.** *Aulacoseira pusilla* (Meister) Tuji & Houk. **Figura 9.** *Aulacoseira tenella* (Nygaard) Simonsen. **Figura 10.** *Discostella pseudostelligera* (Hust.) Houk & Klee. **Figura 11.** *Discostella stelligera* (Cl. & Grun.) Houk & Klee. **Figuras 12-13.** *Melosira varians* C. Agardh. **Figuras 14-15.** *Hydrosera whampoensis* (Schw.) Deby.

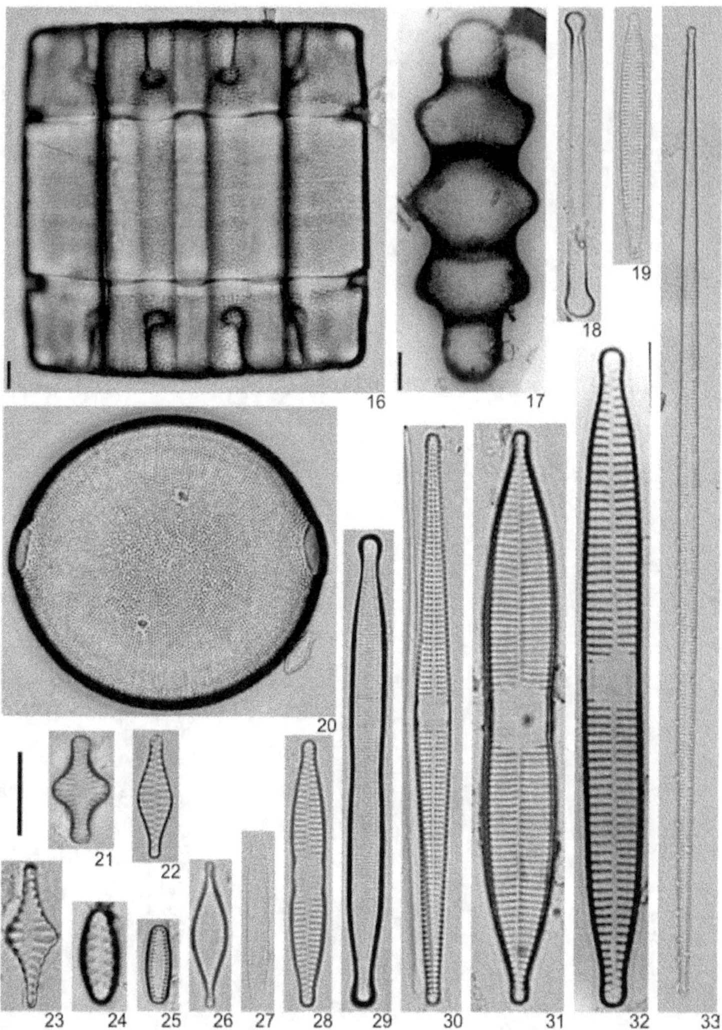

Figuras 16-17. *Terpsinoë musica* Ehrenberg. **Figura 18.** *Asterionella formosa* Hassal. **Figura 19.** *Tabularia fasciculata* (C. Ag.) Williams & Round. **Figura 20.** *Pleurosira laevis* (Ehr.) Compère. **Figura 21.** *Staurosira construens* Ehrenberg. **Figura 22.** *Punctastriata lancettula* (Shum.) Hamilton & Siver. **Figura 23.** *Staurosirella leptostauron* (Ehr.) Williams & Round. **Figura 24.** *Staurosirella pinnata* (Ehr.) Williams & Round. **Figura 25.** *Pseudostaurosira brevistriata* (Grun.) Williams & Round. **Figura 26.** *Pseudostaurosira parasitica* (W. Smith) Morales. **Figura 27.** *Fragilaria rumpens* (Kütz.) Carlson. **Figura 28.** *Fragilaria capucina* var. *fragilarioides* (Grun.) Ludwig & Flôres. **Figura 29.** *Fragilariforma strangulata* (Zanon) Williams & Round. **Figura 30.** *Ctenophora pulchella* (Ralfs) Williams & Round. **Figura 31.** *Synedra goulardii* Brébisson. **Figura 32.** *Ulnaria ulna* (Nitzsch) Compère. **Figura 33.** *Ulnaria acus* (Kütz.) Aboal.

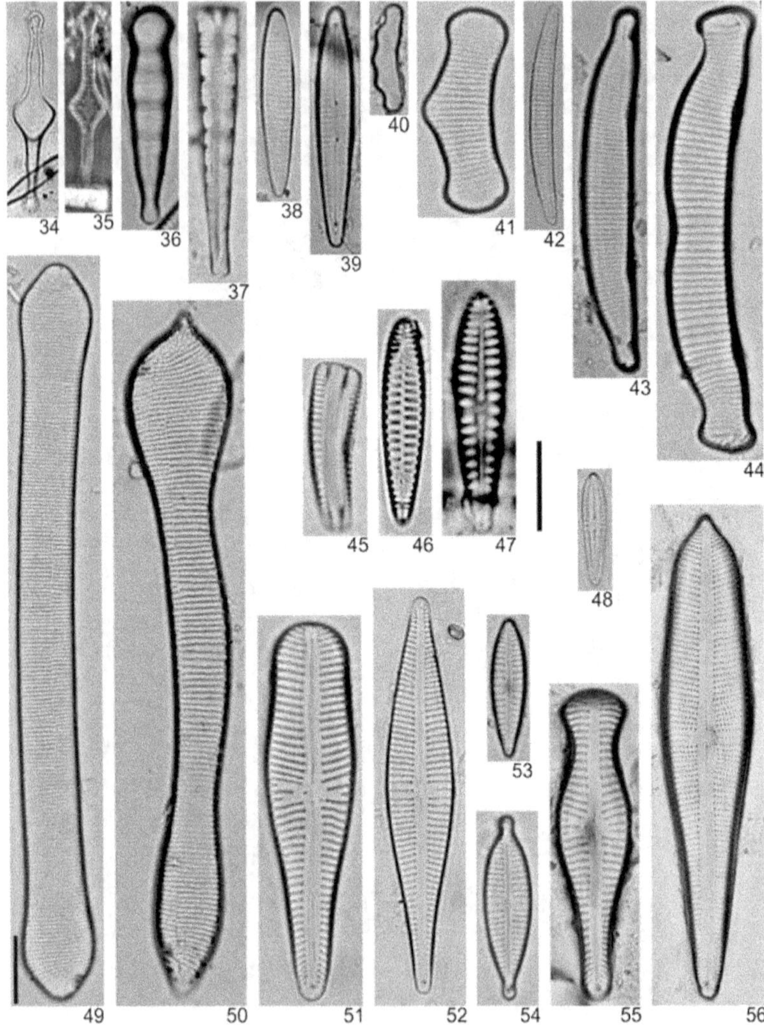

Figuras 34-35. *Tabellaria fenestrata* (Lyngb.) Kützing. **Figuras 36-37.** *Meridion constrictum* Ralfs. **Figuras 38-39.** *Peronia fibula* (Bréb.) Ross. **Figura 40.** *Eunotia muscicola* var. *tridentula* Nörpel & Lange-Bertalot. **Figura 41.** *Eunotia rabenhorstii* Cleve & Grunow. **Figura 42.** *Eunotia bilunaris* (Ehr.) Mills. **Figura 43.** *Eunotia veneris* (Kütz.) De Toni. **Figura 44.** *Eunotia bidens* Ehrenberg. **Figuras 45-47.** *Rhoicosphenia curvata* (Kütz.) Grunow. **Figura 48.** *Gomphosphenia grovei* var. *lingulata* (Hust.) Lange-Bertalot. **Figura 49.** *Desmogonium ossiculum* Metzeltin & Lange-Bertalot. **Figura 50.** *Actinella guianensis* Grunow. **Figura 51.** *Gomphonema laticollum* Reichardt. **Figura 52.** *Gomphonema gracile* Ehrenberg. **Figura 53.** *Gomphonema parvulum* (Kütz.) Kützing. **Figura 54.** *Gomphonema lagenula* Kützing. **Figura 55.** *Gomphonema truncatum* Ehrenberg. **Figura 56.** *Gomphonema turris* Ehrenberg.

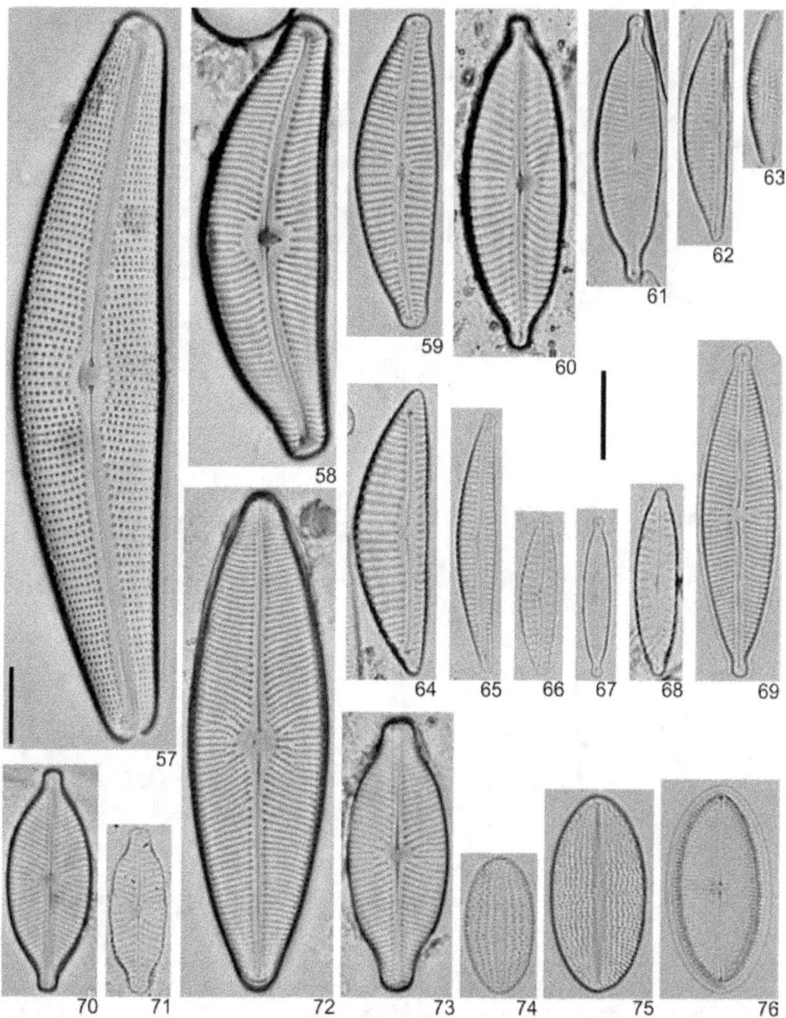

Figura 57. *Cymbella aspera* (Ehr.) Cleve. Figura 58. *Cymbella tumida* (Bréb.) van Heurck. Figura 59. *Cymbella excisa* var. *procera* Krammer. Figura 60. *Cymbopleura cuspidata* (Kütz.) Krammer. Figura 61. *Cymbopleura naviculiformis* (Auersw.) Krammer. Figura 62. *Cymbellopsis metzeltinii* Krammer. Figura 63. *Seminavis pusilla* (Grun.) Cox & Reid. Figura 64. *Encyonema silesiacum* (Bleisch) Mann. Figura 65. *Encyonema neogracile* Krammer. Figura 66. *Encyonema perpusillum* (A. Cl.) Mann. Figura 67. *Encyonopsis subminuta* Krammer & Reichardt. Figura 68. *Encyonopsis difficilis* (Krass.) Krammer. Figura 69. *Encyonopsis frequentis* Krammer. Figura 70. *Placoneis clementis* (Grun.) Cox. Figura 71. *Placoneis undulata* (Østr.) Lange-Bertalot. Figura 72. *Placoneis disparilis* (Hust.) Metzeltin & Lange-Bertalot. Figura 73. *Placoneis symmetrica* (Hust.) Lange-Bertalot. Figura 74. *Cocconeis placentula* var. *euglypta* (Ehr.) Grunow. Figuras 75-76. *Cocconeis placentula* var. *lineata* (Ehr.) van Heurck (valva sem e com rafe).

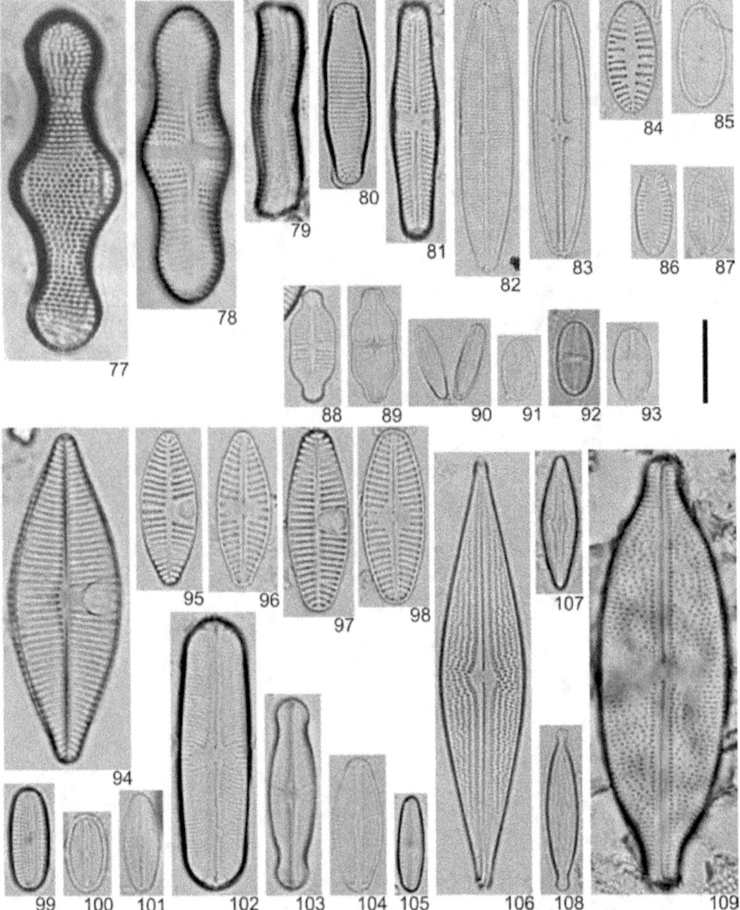

Figuras 77-78. *Achnanthes inflata* (Kütz.) Grunow (valvas sem e com rafe). **Figuras 79-81.** *Achnanthes coarctata* (Bréb.) Grunow (vista pleural e valvas sem e com rafe). **Figura 82-83.** *Lemnicola hungarica* (Grun.) Round & Basson (valvas sem e com rafe). **Figuras 84-85.** *Karayevia oblongella* (Østr.) Aboal (valvas sem e com rafe). **Figuras 86-87.** *Platessa hustedtii* (Krass.) Lange-Bertalot (valvas sem e com rafe). **Figuras 88-89.** *Achnanthidium exiguum* (Grun.) Czarnecki (valvas sem e com rafe). **Figura 90.** *Achnanthidium minutissimum* (Kütz.) Czarnecki (valvas sem e com rafe). **Figuras 91-93.** *Psammothidium subatomoides* (Hust.) Bukhtiyarova & Round (valvas sem e com rafe). **Figura 94.** *Planothidium heteromorphum* (Grun.) Lange-Bertalot (valva sem rafe). **Figuras 95-96.** *Planothidium dubium* (Grun.) Round & Bukhtiyarova (valvas sem e com rafe). **Figuras 97-98.** *Planothidium lanceolatum* (Bréb.) Round & Bukhtiyarova (valvas sem e com rafe). **Figura 99.** *Fallacia tenera* (Hust.) Mann. **Figura 100.** *Fallacia insociabilis* (Krass.) Mann. **Figura 101.** *Fallacia monoculata* (Hust.) Mann. **Figura 102.** *Sellaphora rectangularis* (Greg.) Lange-Bertalot & Metzeltin. **Figura 103.** *Sellaphora ventraloconfusa* (Lange-Bert.) Metzeltin & Lange-Bertalot. **Figura 104.** *Sellaphora pupula* (Kütz.) Mereschkowsky. **Figura 105.** *Sellaphora seminulum* (Grun.) Mann. **Figura 106.** *Brachysira sub-rostrata* Lange-Bertalot. **Figura 107.** *Brachysira brebissonii* Ross. **Figura 108.** *Brachysira vitrea* (Grun.) Ross. **Figura 109.** *Anomoeoneis sphaerophora* (Ehr.) Pfitzer.

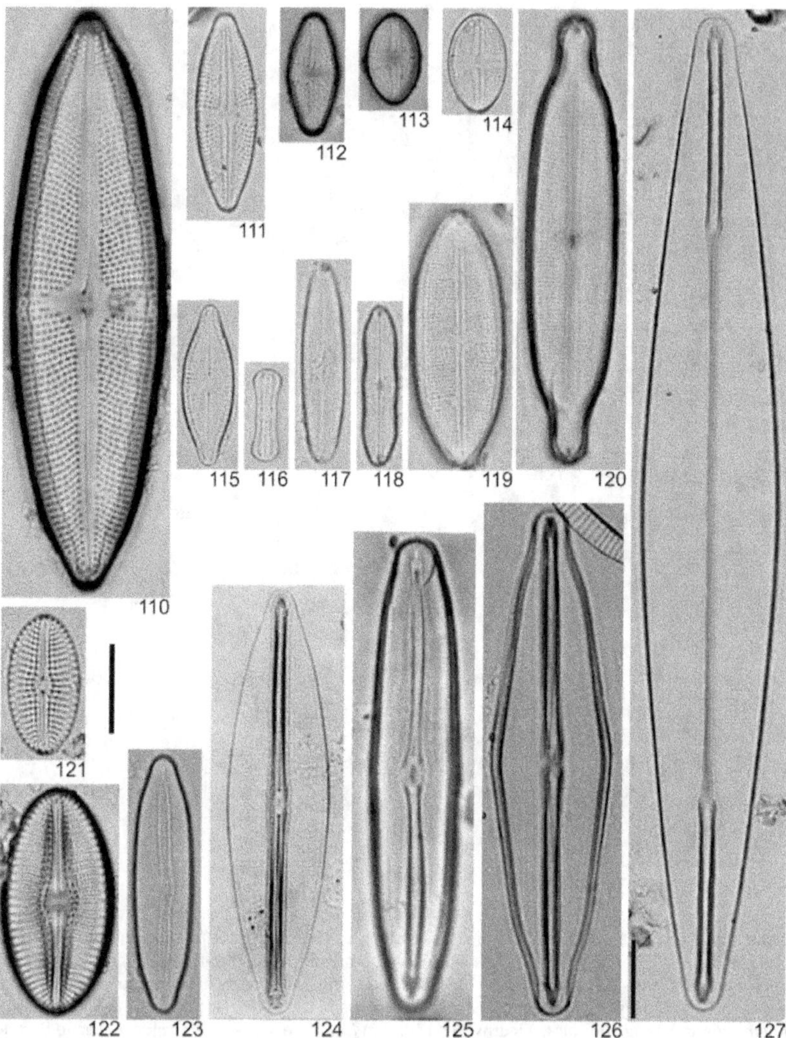

Figura 110. *Luticola uruguayensis* Metzeltin, Lange-Bertalot & García-Rodríguez. **Figura 111.** *Luticola goeppertiana* (Bleis.) Mann. **Figura 112.** *Luticola mutica* (Kütz.) Mann. **Figura 113.** *Luticola saxophila* (Bock) Mann. **Figura 114.** *Luticola muticoides* (Hust.) Mann. **Figura 115.** *Diadesmis confervacea* Kützing. **Figura 116.** *Diadesmis contenta* (Grun.) Mann. **Figura 117.** *Neidium alpinum* Hustedt. **Figura 118.** *Neidium catarinense* (Krass.) Lange-Bertalot. **Figura 119.** *Neidium ampliatum* (Ehr.) Krammer. **Figura 120.** *Neidium affine* (Ehr.) Pfitzer. **Figura 121.** *Diploneis ovalis* (Hil.) Cleve. **Figura 122.** *Diploneis subovalis* Cleve. **Figura 123.** *Frustulia neomundana* Lange-Bertalot & U. Rumrich. **Figura 124.** *Frustulia saxonica* Rabenhorst. **Figura 125.** *Frustulia vulgaris* (Thw.) De Toni. **Figura 126.** *Frustulia crassinervia* (Bréb.) Costa. **Figura 127.** *Amphipleura chiapasensis* Metzeltin & Lange-Bertalot. Escala: 10 μm.

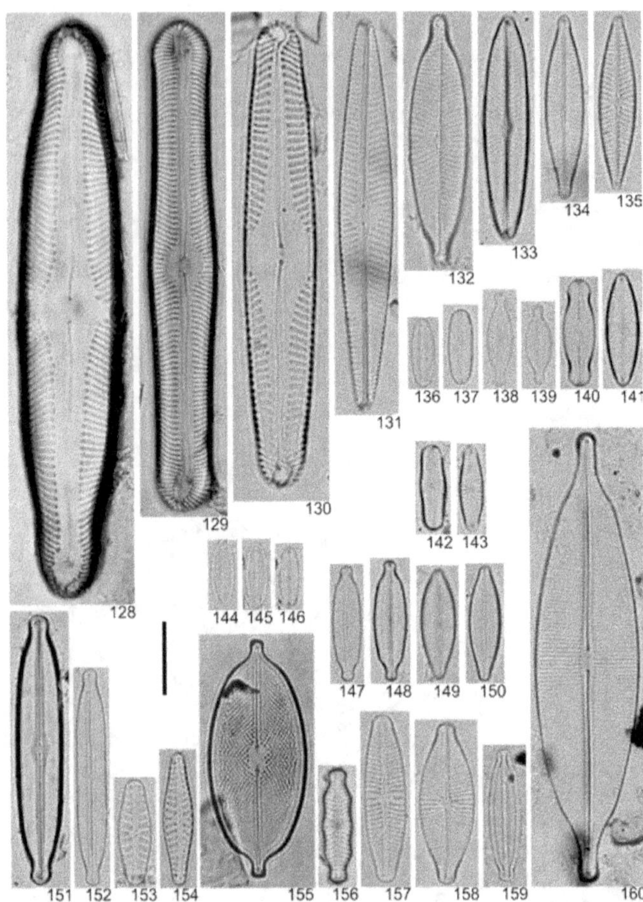

Figura 128. *Pinnularia divergens* Wm. Smith. **Figura 129.** *Pinnularia tabellaria* Ehrenberg. **Figura 130.** *Pinnularia gibba* Ehrenberg. **Figura 131.** *Navicula lohmannii* Lange-Bertalot & Rumrich. **Figura 132.** *Navicula rostellata* Kützing. **Figura 133.** *Navicula simulata* Manguin. **Figura 134.** *Navicula cryptocephala* Kützing. **Figura 135.** *Navicula cryptotenella* Lange-Bertalot. **Figuras 136-137.** *Eolimna minima* (Grun.) Lange-Bertalot. **Figuras 138-139.** *Naviculadicta sassiana* Metzeltin & Lange-Bertalot. **Figura 140.** *Naviculadicta ventraloconfusa* var. *chilensis* (Krass.) Lange-Bertalot. **Figura 141.** *Caloneis hyalina* Hustedt. **Figura 142.** *Chamaepinnularia brasilianopsis* Metzeltin & Lange-Bertalot. **Figura 143.** *Chamaepinnularia bremensis* (Hust.) Lange-Bertalot. **Figuras 144-146.** *Mayamaea atomus* var. *permitis* (Hust.) Lange-Bertalot. **Figuras 147-148.** *Adlafia drouetiana* (Patr.) Metzeltin & Lange-Bertalot. **Figuras 149-150.** *Nupela praecipua* (Reich.) Reichardt. **Figura 151.** *Kobayasiella* sp. **Figura152.** *Kobayasiella subtilissima* (Cl.) Lange-Bertalot. **Figura 153.** *Hippodonta hungarica* (Grun.) Lange-Bertalot, Metzeltin & Witkowski. **Figura 154.** *Hippodonta avittata* (Choln.) Lange-Bertalot, Metzeltin & Witkowski. **Figura 155.** *Decussata placentula* (Ehr.) Lange-Bertalot & Metzeltin. **Figura 156.** *Geissleria ignota* (Krass.) Lange-Bertalot & Metzeltin. **Figura 157.** *Geissleria aikenensis* (Patr.) Torgan & Oliveira. **Figura 158.** *Geissleria lateropunctata* (Wall.) Potapova & Winter. **Figura 159.** *Craticula submolesta* (Hust.) Lange-Bertalot. **Figura 160.** *Craticula ambigua* (Ehr.) Mann. Escala: 10 μm.

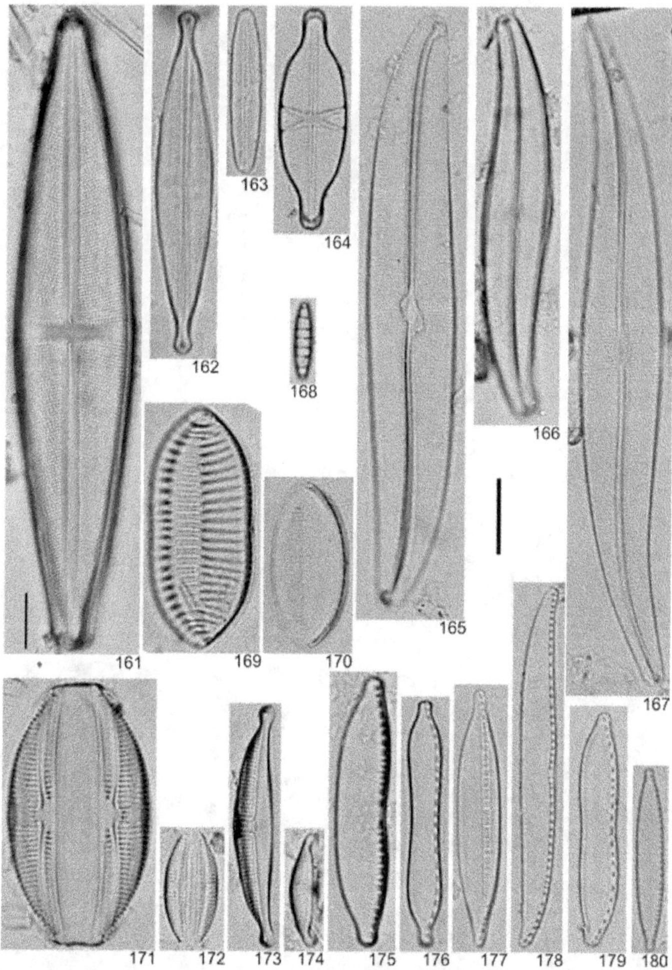

Figura 161. *Stauroneis phoenicenteron* (Nitz.) Ehrenberg. **Figura 162.** *Stauroneis gracilior* Reichardt. **Figura 163.** *Stauroneis lapponica* A. Cleve. **Figura 164.** *Capartogramma crucicola* (Grun.) Ross. **Figura 165.** *Gyrosigma nodiferum* (Grun.) Reimer. **Figura 166.** *Gyrosigma scalproides* (Rabenh.) Cleve. **Figura 167.** *Gyrosigma acuminatum* (Kütz.) Rebenhorst. **Figura 168.** *Denticula subtilis* Grunow. **Figura 169.** *Tryblionella victoriae* Grunow. **Figura 170.** *Tryblionella debilis* Arnott. **Figura 171.** *Amphora copulata* (Kütz.) Schoeman & Archibald. **Figura 172.** *Amphora pediculus* (Kütz.) Grunow. **Figura 173.** *Halamphora normanii* (Rabenh.) Levkov. **Figura 174.** *Halamphora montana* (Krass.) Levkov. **Figura 175.** *Hantzschia amphioxys* (Ehr.) Grunow. **Figura 176.** *Nitzschia terrestris* (Peters.) Hustedt. **Figura 177.** *Nitzschia dissipata* (Kütz.) Grunow. **Figura 178.** *Nitzschia clausii* Hantzsch. **Figura 179.** *Nitzschia brevissima* Grunow. **Figura 180.** *Nitzschia palea* (Kütz.) W. Smith. Escala: 10 μm.

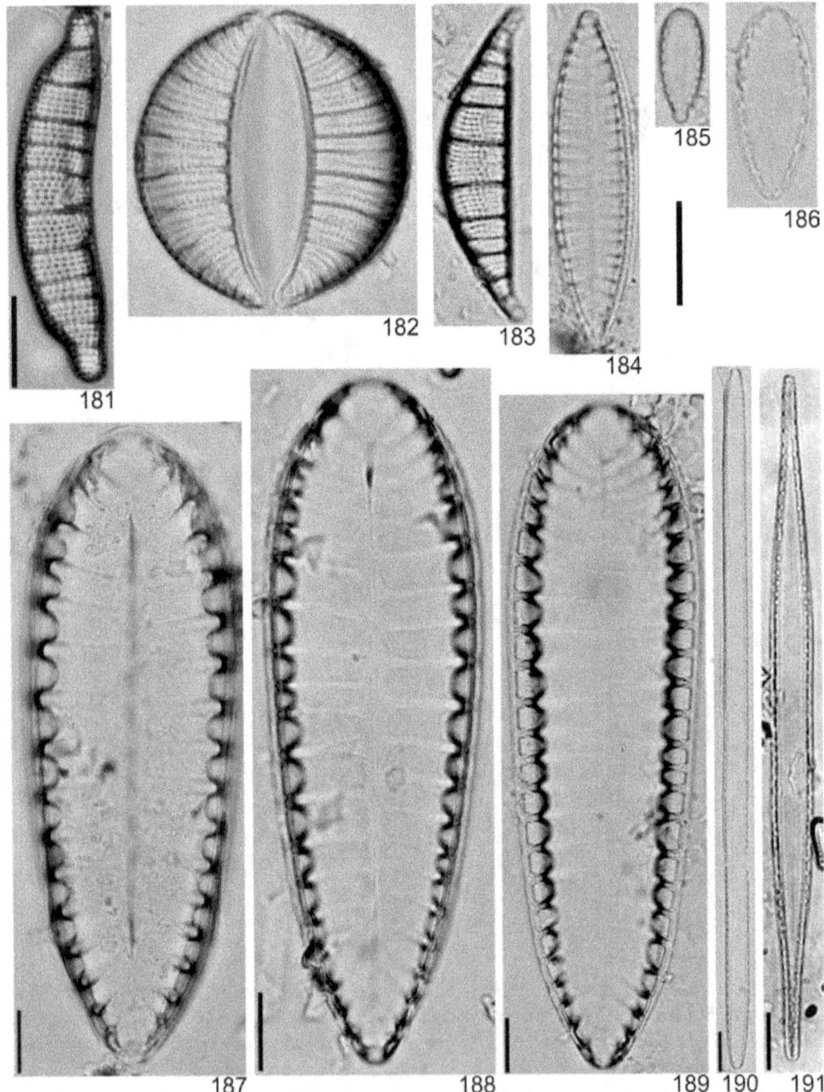

Figura 181. *Epithemia adnata* (Kütz.) Rabenhorst. **Figura 182.** *Rhopalodia gibberula* (Ehr.) O. Müller. **Figura 183.** *Rhopalodia brebissonii* Krammer. **Figura 184.** *Surirella angusta* Kützing. **Figura 185.** *Surirella stalagma* Hohn & Hellerman. **Figura 186.** *Surirella tenuissima* Hustedt. **Figura 187.** *Surirella robusta* Ehrenberg. **Figura 188.** *Surirella splendida* (Ehr.) Kützing. **Figura 189.** *Surirella tenera* Gregory. **Figura 190.** *Stenopterobia schweickerdtii* (Chol.) Brassac, Ludwig & Torgan. **Figura 191.** *Stenopterobia delicatissima* (Lew.) Brébisson. Escala: 10 μm.

Referências

AB'SABER, A. N. et al. (Eds.) **Glossário de Ecologia**. 2. ed. São Paulo: ACIESP, 1997. 352 p.

ABAE, S. et al. Alterations in the biomass-specific productivity of periphyton assemblages mediate by fish grazing. **Fresh water biology**. Oxford, v. 52, n. 8, p.1486-1493, Ago. 2007.

ABEL, P. D. **Water pollution biology**. New York: John Wiley & Sons, 1989. 231p.

ÁCS, E.; KISS, K. Colonization processes of diatoms on artificial substrates in the River Danube near Budapest (Hungary). **Hydrobiologia**, v. 69/270, p.307-315, 1993.

ÁCS, E.; KISS, K. T.; SZABÓ, K. ; MARK, J. Short-term colonization sequence of perifíton on glass slides in a larger river (River Danube, near Budapest). **Algological Studies**, v. 100, p.135-156, 2000.

ADEY, W.; LUCKETT, C.; JENSEN, K. Phosphorus removal from natural waters using controlled algal production. **Restoration ecology**, Malden, v. 1, n. 1, p. 29-39, Mar. 1993.

AFNOR. Norme Française NF T 90-354. **Détermination de l'Indice Biologique Diatomées** (IBD). Paris: Association Française de Normalisation, 2000. 63p.

AGOSTINHO, A. A. et al. Biodiversity in the high Paraná river floodplain. In: GOPAL, B.; JUNK, W. J.; DAVIS, J. A. (Eds.). **Biodiversity in wetlands**: Assessment, function and conservation. The Netherlands: Brackhuys publishers, p. 89-118, 2000.

AINSWORTH, A. M.; GOULDER, R. Downstream change in leucine aminopeptidase activity and leucine assimilation by epilithic microbiota along the River Swale, Northern England. **The Science of the Total Environment**, Amsterdam, v. 251/252, n. 5, p.191-202, May 2000.

AINSWORTH, A. M.; GOULDER, R. Epilithic and planktonic leucine aminopeptidase activity and leucine assimilation along the River Tweed, Scottish Borders. **The Science of the Total Environment**, Amsterdam v. 251/252, p. 83-93, May 2000.

AINSWORTH, A. M.; GOULDER, R. The effects of sewage-works effluent on riverine extracellular aminopeptidase activity and microbial leucine assimilation. **Water Research**, Amsterdam, v. 34, n. 9, p.2551-2557, Jun. 2000.

AINSWORTH, A.; GOULDER, R. Microbial organic-nitrogen transformations along the Swale-Ouse river system, Northern England. **The Science of the Total Environment**, Amsterdam, v. 210/211, p.329-355, Mar. 1998.

ALBAY, M.; AKÇAALAN, R. Comparative study of periphyton colonisation on common reed (*Phragmites australis*) and artificial substrate in shallow lake, Manyas, Turkey. **Hydrobiologia**, v. 506-509, p.531-540, 2003.

ALENCAR, Y. B.; LUDWIG, T. A. V.; SOARES, C. C.; HAMADA, N. Stomach content analyses of *Symulium perflavum* Roubaud 1906 (Diptera: Simuliidae) larvae from streams in central Amazônia, Brasil. **Mem. Inst. Osw. Cruz**, v. 96, n. 4, p.561-576, 2001.

ALGARTE, V. M. **Avaliação dos efeitos do dessecamento sobre a comunidade de algas perifíticas na planície de inundação do alto rio Paraná**. Maringá: Universidade Estadual de Maringá, 2009.

ALGARTE, V. M. et al. Effects of hydrological regime and connectivity on the interannual variation in taxonomic similarity of periphytic algae. **Brazilian Journal of Biology**, São Carlos, v. 69, n. 2, p.609-616, s.0, Jun. 2009.

ALGARTE, V. M.; MORESCO, C.; RODRIGUES, L. Algas do perifíton de distintos ambientes na planície de inundação do alto rio Paraná. **Acta Scientiarum Biological Sciences**, Maringa, v. 28, n. 3, p.243-251, 2006.

ALI, M. M.; MAGEED, A. A.; HEIKAL, M. Importance of aquatic macrophyte for invertebrate diversity in large subtropical reservoir. **Limnologica**, Berlim, v. 37, n. 2, p.155-169, May 2007.

ALLAN J. D.; CASTILLO, M. M. **Stream ecology: structure and function of running waters**. 2.ed. Dordrecht: Springer, 2007. 436p.

ALLAN, J.D. Landscapes and riverscapes: The influence of land use on stream ecosystems. **Annu Rev Ecol Evol Syst.**, v. 35, p.257-84, 2004.

ALLEN, N. S.; HERSHEY, A. E. Seasonal changes in chlorophyll a response to nutrient amendments in a North Shore tributary of lake Superior. **Journal of the North American Benthological Society**, v. 15, p.170-178, 1996.

ALMEIDA, S. Z. **Estrutura e dinâmica da comunidade ficoperifítica**: influência da herbivoria em tanques de piscicultura em curto intervalo de tempo. 2010. Vitória: Universidade Federal do Espírito Santo, 2010. [Thesis in Biology Sciences].

ALVERSON, A. J.; MANOYLOV, K. M.; STEVENSON, R. J. Laboratory sources of error for algal community attributes during sample preparation and counting. **Journal of Applied Phycology**, p.1-13, 2003.

ALVES, L. F. **The fate of streamwater nitrate entering littoral areas of an Amazonian floodplain lake**: the role of plankton, periphyton, inundtedsoils, and sediments. 1993. Maryland: University of Maryland, 1993. [Master thesis in Ecology].

AMANN, R. I.; LUDWIG, W.; SCHLEIFER, K. H. Phylogenetic identification and in situ detection of individual microbial cells without cultivation. **Microbiological Reviews**, Washington, v. 59, n. 1, p.143-169, Mar. 1995.

AMERICAN PUBLIC HEALTH ASSOCIATION. **Standard methods for the examination of water and wastewater**. Washington: APHA, 2005. 1027p.

ANDERSEN, J. M. An ignition method for determination of total phosphorus in lake sediments. **Water Resources**, v. 10, p.329-331, 1976.

ANTONIETTE, R. A rapid extraction technique for photosynthetic pigments and ATP periphyton communities. In: WETZEL, R. G. (Ed.). **Periphyton of freshwater ecosystems**. The Hague, Dr. W. Junk, p. 287-89. (Developments in Hydrobiology, 17), 1983.

ARAGÓN, Y. A. A.; MURILLO, S. A. Incidencia de la variación físico-química del agua sobre la colonización del fitoperifiton en un sustrato artificial Quibdo-Chocó. **Investigación, biodiversidad y desarrollo**, v. 23, p.26-33, 2005.

ARMITAGE, P. D. Behavior and ecology of adults. In: ARMITAGE, P. D.; CRANSTON, P.S., PINDER, L. C. V. (Eds.). The performance of a new biological water quality score based on macroinvertebrates over a wide range of unpolluted running-water sites. **Water Research**, v. 17, p.333-347, 1995.

ARNDT, H. et al. Protozoans and biofilms. In: KRUMBEIN, W. E.; PATERSON, D. M.; ZVARZIN, G. A. (Eds.). **Fossil and recent biofilms, mats and networks**. Dordrecht: Kluwer Academic Publishers, 2003. p. 173-189.

ARORA, J.; MEHRA, N. K. Species diversity of planktonic and epiphytic rotifers in the backwaters of the Delhi segment of the Yamuna river, with remarks on new records from India. Taiwan, **Zoological studies,** v. 42, n. 2, p.239-247, 2003.

ASAEDA, T.; SON, D. H. Spatial structure and populations of a periphyton community: a model and verification. **Ecol. Model.,** v. 133, p.195-107, 2000.

ATKIM, D.; BIRCH, P. The applications of biological monitoring to urban streams: a system designed for environmental health professionals. In: YASUNO, M., FUKUSAMA, S., SUGAYA, Y. (Eds.). **Monitoring of benthic flora and fauna in channels draining a sewage plant**. San Diego: Academic Press, London, 1991. p.127-134.

AVELAR, S.; ZAH, R.; TAVARES-CORREA, C. Linking socioeconomic classes and land cover data in Lima, Peru: assessment through the application of remote sensing and GIS. **Int. J. Appl. Earth. Obs.,** v. 11, p.27-37, 2009.

AZAM, F. et al. The ecological role of water-column microbes in the sea. Oldendorf, **Marine Ecology Progress Series,** v. 10, p. 257-263, Jan. 1983.

AZIM, M. E.; ASAEDA, T. Periphyton structure, diversity and colonization. In: AZIM, M. E. et al. (Eds.). **Periphyton**: ecology, exploitation and management. Wallingford: CABI Publishing, 2005. p.15-33.

AZIM M. E. et al. Periphyton and aquatic production: an introduction. In: AZIM M. E. et. al. (Eds.). **Periphyton**: ecology, exploitation and management. Cambridge: CABI Publishing, 2005. p.1-13.

AZIM, M. E. et. al, (Eds.). **Periphyton: ecology, exploitation and management**. Cambridge: CABI Publishing, 2005. 319p.

BARBER, H. G.; HAWORTH, E. Y. A guide to the morphology of the diatom frustule. Ambleside, **Freshwater Biol. Assoc. Sci.,** 112p., 1981.

BARBIERO, R. P. A multi-lake comparison of epilithic diatom communities on natural and artificial substrates. **Hydrobiologia,** v. 438, p.157-170, 2000.

BARCELOS, E. M. **Avaliação do perifíton como sensor da oligotrofização experimental em reservatório eutrófico (Lago das Garças, São Paulo)**. 2003. 118 p. Dissertação (Mestrado) – Universidade Estadual Paulista, Rio Claro, SP, 2003.

BATISTA, T. C. A. et al. Freshwater sponges as indicators of floodplain lake environments and of river rocky bottoms in Central Amazonia. **Amazoniana.,** Kiel, v. 17, n. 3/4, p. 525-549, 2003.

BATTARBEE, R. W. Diatoms analysis. In: Berglund, B. E. (ed.). **Handbook of holocene palaeohydrology**. New York: John Wiley & Sons, 1986. p.527-570

BATTARBEE, R. W. et al. Diatoms. In: SMOL, J. P; BIRKS, H. J. B.; LAST, W. M. (Eds.). **Tracking environmental change using lake sediments**. London: Kluwer Academic Publishers, 2001. v. 3, p.155-203.

BATTIN, T. J. et al. Microbial landscapes: new paths to biofilm research. **Nature Reviews Microbiology,** London, v. 5, n. 1, p. 76-81, Jan. 2007.

BECARES, E. et al. Funcionamiento de lagos someros mediterráneos. **Ecosistemas,** v. 13, n. 2, p. 2-12, 2004.

BEHNING, A. Das Leben der Wolga. Zugleicheine Einfuhrung in die Flussbiologie. In: THIENEMANN, A. (Ed.). **Die Binnengewasser.** V. Stuttgard, 1928. 162p.

BEHNING, A. L. Zur Erforschung der am Flussboden der Wolga lebenden organismen. Monog. Biol. **Wolga. Statt.**, v. 1, p. 59-71, 1924.

BEKLIOGLU, M.; MOSS, B. Mesocosm experiments on the interaction of sediment influence, fish predation and aquatic plants with the structure of phytoplankton and zooplankton communities. **Freshwater Biol.**, v. 36, n. 2, p. 315-325, 1996.

BELL, S. S.; MCCOY, E. D.; MUSHINSKY, H. R. **Hábitat structure:** the physical arrangement of objects in space. London: Chapman & Hall, 1991. 438p.

BELLINGER, B. J.; COCQUYT, C.; REILLY, C. M. Benthic diatoms as indicators of eutrophication in tropical streams. **Hydrobiologia**, Den Haag, v. 573, n. 1, p.75-87, Dec. 2006.

BELLINGER, E. G.; SIGEE, D. C. **Freshwater algae:** identification and use as bioindicators. Oxford: A John Wiley & Sons, Ltd, Publication, 2010. 271p.

BENEDITO-CECILIO, E. et al. Estrutura trófica das assembléias de peixes da planície de inundação do Alto Rio Paraná: uso de isótopos estáveis. **Relatório Técnico PELD**, 2002. p. 131-135.

BERE, T.; TUNDISI, J. G. Biological monitoring of lotic ecosystems: the role of diatoms. **Brazilian Journal of Biology**, São Carlos, v. 70, n. 3, p.493-502, Ago. 2010.

BERE, T.; TUNDISI, J. G. Influence of land-use patterns on benthic diatom communities and water quality in the tropical Monjolinho hydrological basin, São Carlos-SP, Brazil. **Water**, v. 37, n. 1, p. 93-102, 2011.

BEREZINA, N. A. Influence of ambient pH on freshwater invertebrates under experimental conditions. **Russian Journal of Ecology**, New York, v.32, n.5, p. 343-351, 2001.

BERGEY, E. A. Does rock chemistry affect periphyton accrual in streams? **Hydrobiologia**, v. 614, n. 1, p. 141-150, 2008.

BERGEY, E. A. How protective are refuges? Quantifying algal protection in rock crevices. **Freshwater Biology**, v. 50, n. 7, p. 1163-1177, 2005.

BERGEY, E. A., BOETTIGER, C. A., RESH, V. H. Effects of water velocity on the architecture and epiphytes of *Cladophora glomerata* (Chlorophyta). **J. Phycol.**, v. 31, p.264-271, 1995.

BERGEY, E. A; WEAVER, J. The influence of crevice size on the protection of epilithic algae from grazers. **Freshwater Biol.**, v. 49, n. 8, p. 1014-25, 2004.

BERTOLLI, L.; TREMARIN, P. I.; LUDWIG, T. A. V. Diatomáceas perifíticas em Polygonum hydropiperoides Michaux, reservatório do Passaúna, Região Metropolitana de Curitiba, Paraná, Brasil. **Acta Bot. Bras.**, v. 24 n. 4, p. 1065-1081, 2010.

BERTOLLI, L. M. **Diatomáceas perifíticas em substratos natural e artificial, reservatório do Rio Passaúna, Região Metropolitana de Curitiba, Paraná**. 2010. [Dissertação de Mestrado em Botânica].

BES, D.; TORGAN, L. C. O gênero *Hantzschia* Grunow (Nitzschiaceae, Bacillariophyta) em ambientes lacustres na planície costeira do Rio Grande do Sul, Brasil. **Acta Bot. Bras.**, v. 24, n. 1, p. 146-152, 2010a.

BES, D.; TORGAN, L. C. O gênero *Nitzschia* (Bacillariaceae) em ambientes lacustres na planície costeira do Rio Grande do Sul, Brasil. **Rodriguésia**, v. 61, n. 3, p. 359-382, 2010b.

BES, D.; TORGAN, LC. O gênero *Tryblionella* (Bacillariophyta, Bacillariaceae) em ambientes lacustres da planície costeira do RS, Brasil. In: XI Congresso Brasileiro de Ficologia, 2008,

Itajaí. **Anais...** XI Congresso Brasileiro de Ficologia. Rio de Janeiro: Museu Nacional, 2008. p. 27-34.

BESEMER, K. et al. Biophysical controls on community succession in stream biofilms. **Applied and Environmental Microbiology**, Washington, v. 73, n. 15, p. 4966–4974, Aug. 2007.

BESEMER, K. et al. Unraveling assembly of stream biofilm communities. **The ISME Journal**, London, v. 6, n. 8, p. 1459-1468, Aug. 2012.

BESZTERI, B.; JOHN, U.; MEDLIN, L. An assessment of cryptic genetic diversity within the Cyclotella meneghiniana species complex (Bacillariophyta) based on nuclear and plastid genes, and amplified fragment length polymorphisms. **European Journal of Phycology**, Cambridge, v. 42, n. 1, p. 47-60, 2007.

BEYRUTH, Z.; CALEFFI, S; FERRAGUT, C. Fases da reabilitação natural de lagos originados por extração de areia: macrófitas e organismos associados. **Acta Limnol. Bras.**, v. 10, n. 1, p. 49-65, 1998.

BICCA, A. B.; TORGAN, L. C. Novos registros de *Eunotia* Eherenberg (Eunotiaceae-Bacillariophyta) para o Estado do Rio Grande do Sul e Brasil. **Acta Bot. Bras.**, v. 23, n. 2, p. 427-435, 2009.

BICCA, A. B., TORGAN, L. C.; SANTOS, C. B. Eunotiaceae (Eunotiales, Bacillariophyta) em ambientes lacustres na planície costeira do Sul do Brasil. **Rev. Bras. Bot.**, v. 34, n. 1, p. 1-19, 2011.

BICUDO, C. E.; MENEZES, N. A. (Eds.). **Biodiverstiy in Brazil**: a first approach. São Paulo: CNPq, 1996. 326p.

BICUDO, C. E. M.; BICUDO, R. M. T. **Algas de águas continentais brasileiras**: chave ilustrada para identificação de gêneros. São Paulo: FUNBEC, 1970. 228p.

BICUDO, C. E. M.; MENEZES, M. (Orgs.). **Gêneros de algas de águas continentais do Brasil**: chave para identificação e descrições. São Carlos: RiMa Editora, 2005. 489p.

BICUDO, C. E. M.; SKVORTZOV, B. V. Contribution to the knowledge of Brazilian Dinophyceae: immobile genera. **Anais...** Soc. Bot. Brasil: 19° Congresso Nacional de Botânica, 1968. p.31-39.

BICUDO, C. E. M. Metodologia para o estudo qualitativo das algas do perifíton. **Acta Limnol. Bras.**, v. 3, n. 1, p. 477-491, 1990.

BICUDO, C. E. M., MORANDI, L. L.; LUDWIG, T. A. V. Criptógamos do Parque Estadual das Fontes do Ipiranga, São Paulo, SP. Algas, 13: Bacillariophyceae (Eunotiales). **Hoehnea**, v. 26, n. 2, p. 173-184, 1999.

BICUDO, D. C.; NECCHI-JÚNIOR, O.; CHAMIXAES, C. B. C. B. Periphyton studies in Brazil: present status and perspectives. In: TUNDISI, J. G.; BICUDO, C. E. M.; MATSUMURA-TUNDISI, T. (Eds.). **Limnology in Brazil**. Rio de Janeiro: ABC/SBL, 1995. p. 37-58.

BICUDO, D. C., FONSECA, B. M., BICUDO, C. M., BINI, L. M., JESUS, T. A. Impact of the water hyacinth (*Eichhornia crassipes*) removal on the trophic condition of a shallow tropical reservoir in Brazil: a long-term study. In: TUNDISI, J. G., TUNDISI, T. M.; GALLI, C. S. **Eutrofização na América do Sul**: causas, consequências e tecnologias de gerenciamento e controle. São Carlos: Instituto Internacional de Ecologia, Academia Brasileira de Ciências, 2006. p.413-438.

BICUDO, D. C., BICUDO, C. E. M., CASTRO, A. A. J.; PICELLI-VICENTIM, M. M. Diatomáceas (Bacillariophyceae) do trecho a represar do rio Paranapanema (usina hidrelétrica de Rosana), Estado de São Paulo, Brasil. **Hoehnea**, v. 20, n. 1-2, p. 47-68, 1993.

BIGGS, B. J. F.; THOMSEN, H. A. Disturbance of stream periphyton by perturbations in shear stress: time to strutural failure and diferences in community resistance. **Journal of Phycology**, v. 31, p. 233-241, 1995.

BIGGS, B. J. F. Patterns in benthic algae of streams. In: STEVENSON, R. J.; BOTHWELL, M. L.; LOWE, R. L. (Eds.). **Algal ecology**: freshwater bentic ecosystems. San Diego: Academic Press, 1996. p. 31-56.

BIGGS, B. J. F. Biomonitoring of organic pollution using periphyton Soth Branch, Canterbury, New Zealand. **J. Mar. Hreshawater Res.**, v. 23, p. 263-274, 1989.

BIGGS, B. J. F.. The contribution of flood disturbance, catchment geology and land use to the habitat template of periphyton in stream ecosystems. **Freshwater Biology**, v. 33, p. 419-448, 1995.

BIGGS, B. J. F.; KILROY, C. **Stream periphyton monitoring manual**. Christchurch: NIWA, 2000. 246p.

BIGGS, B. J; F., STEVENSON, R. J.; LOWE, R. L. A habitat matrix conceptual model for stream periphyton. **Arch. Hydrobiol.**, v. 143, p. 21-56, 1998.

BINI, L. M. et al. Challenging Wallacean and Linnean shortfalls: knowledge gradients and conservation planning in a biodiversity hotspot. **Divers. Distrib.**, v. 12, p. 475-482, 2006.

BINI, L. M. et al. Zooplankton assemblage concordance patterns in Brazilian reservoirs. **Hydrobiologia**, v. 598, p. 247-255, 2008.

BINI, L. M.; THOMAZ, S. M. Prediction of Egeria najas and Egeria densa occurrence in a large subtropical reservoir (Itaipu Reservoir, Brazil-Paraguay). **Aquatic Botany**, v. 83, p. 227-238, 2005.

BIOLO, S. **Estrutura da comunidade de algas perifíticas em distintos substratos naturais da planície de inundação do alto rio Paraná, Brasil**. Maringá: Universidade Estadual de Maringá, 2010. [Master thesis in Environmental Sciences].

BIOLO, S.; RODRIGUES, L. New records of Xanthophyceae and Euglenophyceae in the periphytic algal community from a Neotropical river floodplain, Brazil. **Algological Studies**, Stuttgart, v. 135, p. 61-81, 2010.

BITTENCOURT-OLIVEIRA, M. C. A comunidade fitoplanctônica do rio Tibagi: uma abordagem preliminar de sua diversidade. In: MEDRI, M. E., BIANCHINI, E., SHIBATTA, A. O.; PIMENTA, J. A. (Orgs.). **A bacia do rio Tibagi**, Londrina: FUEL, 2002. p.373-402.

BJÖRK, S. Opening spreech. In: WETZEL, R. G. (Ed.). **Periphyton of freshwater ecosystems**. The Hague, Dr. W. Junk, 1983b. p. 337-338. (Developments in Hidrobiology, 17), 1983.

BLAKEY, T. J.; HARDING, J. Longitudinal patterns in benthic communities in an urban stream under restoration. **N. Z. J. Mar. Freshw .Res.**, v.39, p.17-28, 2005.

BLANDIN, P.; MOLLON, A.; NATAF, L. Bioindicateurs et diagnostic des systèmes écologiques. **Bulletin of Ecology**, Paris: Société d'écologie, n. 17., p. 215-307, 1986.

BLINN, D. W., FREDERIKSEN, A. L.; KORTE, V. Colonization rates and community structure of diatoms on three different rock substrata in a lotic system. **Br. Phycol. J.**, v. 15, p. 303-310, 1980.

BODO, B. A. Statistical analyses of regional surface water quality in southeastern Ontario. **Environ. Monit. Assess.**, v. 23, p. 165-187, 1992.

BÖHME, A.; RISSE-BUHL, U.; KÜSEL, K. Protists with different feeding modes change biofilm morphology. **FEMS Microbiology Ecology**, Amsterdam, v. 69, n. 2, p. 158-169, Aug. 2009.

BOLES, B. R.; HORSWILL, A. R. Agr-mediated dispersal of Staphylococcus aureus biofilms. **PLoS Pathogens**, San Francisco, v. 4, n. 4, e1000052, Apr. 2008.

BOLHUIS, H.; STAL, L. J. Analysis of bacterial and archaeal diversity in coastal microbial mats using massive parallel 16S rRNA gene tag sequencing. **The ISME Journal**, London, v. 5, n. 11, p. 1701-1712, Nov. 2011.

BOON, N.; WINDT, W.; VERSTRAETE, W.; TOP, E. M. Evaluation of nested PCR-DGGE (denaturing gradient gel electrophoresis) with group-specific 16S rRNA primers for the analysis of bacterial communities from different wastewater treatment plants. **FEMS Microbiology Ecology**, Amsterdam, v. 39, n. 2, p. 101-112, Feb. 2002.

BORCHARDT, M. A. Nutrients. In: STEVENSON, R. J.; BOTHWELL, M. L.; LOWE, R. L. (Eds.). **Algal ecology**: freshwater benthic ecosystems. San Diego: Academic Press, 1996. p. 184-227.

BORDUQUI, M.; FERRAGUT, C. Factors determining periphytic algae succession in a tropical hypereutrophic reservoir. **Hydrobiologia**, v. 683, p. 109-122, 2012.

BORDUQUI, M.; FERRAGUT, C.; BICUDO, C. E. M. Chemical composition and taxonomic structure vertical and seasonal variation of periphyton community in a shallow hypereutrophic reservoir (Garças Reservoir, São Paulo, Brazil). **Acta Limnologica Brasiliensia**, São Paulo, v. 20, n. 4, p. 381-392, 2008.

BOSSERMAN, R. W. Elemental composition Utricularia-periphyton ecosystems from Okefenokee swamp. **Ecology**, v. 64, p. 1637-1645, 1983.

BOURRELLY, P. **Les algues d'eau douce**: initiation à la systématique. Tome II: Les algues jaunes et brunes. Chrysophycées, Phéophycées, Xanthophycées et Diatomées. Réimpression revue et augmentée. Paris: Boubée, 1981. 517p. (Collection faunes et flores actuelles).

BOURRELLY, P. **Les algues d'eau douce**: initiation à la systématique. Tome III: Les algues bleues et rouges. Les Eugléniens, Péridiniens et Cryptomonadines. Réimpression revue et augmentée. Paris: Boubée, 1985. 606p. (Collection faunes et flores actuelles).

BOURRELLY, P. **Les algues d'eau douce**: initiation à la systématique. Tome I: Les algues vertes. Paris: Boubée, 1990. 572p. (Collection faunes et flores actuelles).

BOURRELLY, P. Quelques algues fixées sur des animaux torrenticoles. **Travaux Lab. Hydrobiol.**, v. 64-65, p. 259-261, 1974.

BRAMBURGER, A. J.; HAFFNER, G. D.; HAMILTON, P. B.; HINZ, F.; HEHANUSSA, P. E. An Examination of Species within the Genus *Surirella* from the Malili Lakes, Sulawesi Island, Indonesia, with descriptions of 11 new taxa. **Diatom Res.**, v. 21, n. 1, p. 1-56., 2006.

BRANCO, S. M.; AZEVEDO, M. F. O.; TUNDISI, J. G.. Água e Saúde Humana. In: REBOUÇAS, A. C.,; BRAGA, B.; TUNDISI, J. G. (Orgs.) **Águas doces no Brasil**: capital ecológico, uso e conservação. São Paulo: Escrituras Editora, 2006. p. 241-267.

BRANT, L. A. A new species of *Meridion* (Bacillariophyceae) from Western North Carolina. **South. Natur.**, v. 2, n. 3, p. 409-418, 2003.

BRASSAC, N. M.; LUDWIG, T. A. V. Amphipleuraceae e Diploneidaceae (Bacillariophyceae) da bacia do rio Iguaçu, PR, Brasil. **Acta Bot. Bras.**, v. 19, n. 2, p. 359-368, 2005.

BRASSAC, N. M.; LUDWIG, T. A. V. Diatomáceas da Bacia do rio Iguaçu, Paraná, Brasil: *Pinnularia* e *Caloneis*. **Hoehnea**, v. 33, n. 2, p. 127-142, 2006.

BRASSAC, N. M.; ATAB, D. R.; LANDUCCI, M.; VISINONI, N. D.; LUDWIG, T. A.V. Diatomáceas cêntricas de rios da região de abrangência da usina hidrelétrica de Salto Caxias, PR (Bacia do Iguaçu). **Acta Bot. Bras.**, v. 13, n. 3, p. 277-289, 1999.

BRASSAC, N. M.; TORGAN, L. C.; LUDWIG, T. A. V. Transfer of *Surirella schweickerdtii* to the genus *Stenopterobia*. **Diatom Res.**, v. 18, n. 1, p. 185-190, 2003.

BRÖNMARK, C.; KLOSIEWSKI, S. P.; STEIN, R. A. Indirect effects of predation in a freshwater, benthic food chain. **Ecology**, New York, v. 73, n. 5, p. 1662-1674, Oct. 1992.

BROWN, H. B. Algal periodicity in certain ponds and streams. **B. Torrey Bot. Club**, v. 35, n. 5, p. 223-248, 1908.

BROWN, R. J.; RUNDLE, S. D.; HUTCHINSON; T. H.; WILLIANS, T. D.; JONES, M. B. Small-scale detritus-invertebrate interactions: influence of detrital biofilm composition on development and reproduction in a meiofaunal copepod. **Archiv für hydrobiologie**, Stuttgart, v. 157, n. 1, p. 117-129, May 2003.

BRUCKNER, C. G.; REHM, C.; GROSSART, H. P.; KROTH, P. G. Growth and release of extracellular organic compounds by benthic diatoms depend on interactions with bacteria. **Environmental Microbiology**, Oxford, v. 13, n. 4, p. 1052-1063, Apr. 2011.

BRUM, P. R.; ESTEVES, F. A. Changes in abundance and biomass of the attached bacterial community throughout the decomposition of three species of aquatic macrophytes. In: FARIA, B. M.; FARJALLA, V. F.; ESTEVES, F. A. (Eds.). **Aquatic Microbial Ecology in Brazil**. Rio de Janeiro: PPGE-UFRJ. 2001. p. 77-96. Series Oecologia Brasiliensis, v. 9.

BRUNO, E.; MART´INEZ DE FABRICIUS, A.; LUQUE, M. E. Fitoplancton en un tramo del Río Cuarto con inflencia antrópica. **Boletín de la SAB**, Córdoba, v. 38, n. 3-4, p. 1-13, Dic. 2003.

BUCZKÓ, K. The morphological variability of *Kobayasiella parasubtilissima* and *K. micropunctata* in the Carpathian basin. In: KUSBER, W. H.; Jahn, R. (Eds.). **Proc. 1ˢᵗ Central Eur. Diat. Meet.**, Berlin: Botanic Garden and Botanical Museum, 2007a. p. 19-23.

BUCZKÓ, K. The occurrence of the epiphytic diatom *Lemnicola hungarica* on different European Lemnaceae species. **Fottea**, v. 7, n. 1, p. 77-85, 2007b.

BUCZKÓ, K.; WOTJAL, A. Z. A new *Kobayasiella* species (Bacillariophyceae) from Lake Saint Anna's sub-recent deposits in the Eastern Carpathian Mountains, Europe. **Nova Hedwigia**, v. 84, n. 1-2, p. 155-166, 2007.

BUCZKÓ, K.; WOJTAL, A. Z.; JAHN, R. *Kobayasiella* species of the Carpathian region: morphology, taxonomy and description of *K. tintinnus* spec. nov. **Diatom Res.**, v. 24, n. 1, p. 1-21, 2009.

BURKHOLDER, J. M. Interactions of Benthic Algae with Their Substrata. In: STEVENSON, R. J.; BOTHWELL, M. L. ; LOWE, R. L. (Eds.). **Algal ecology**: freshwater benthic ecosystems. San Diego: Academic Press, 1996. p.253-296.

BURKHOLDER, J. M.; WETZEL, R. G. Epiphytic alkaline phosphatase on natural and artificial plants in an oligotrophic lake: Re-evaluation of the role of macrophytes as a phosphorus source for epiphytes. **Limnological Oceanography**, Waco, v. 35, n. 3, p. 736-747, 1990.

BURKHOLDER, J. M.; WETZEL, R. G.; KLOMPARENS, K. L. Direct comparison of phosphate uptake by adnate and loosely attached microalgae within an intact biofilm matrix. **Applied and Environmental Microbiology**, Washington, v. 56, n. 9, p. 2882-2890, Sep. 1990.

BURKHOLDER, J. M.; WETZEL, R. G. Microbial colonization on natural and artificial macrophytes in a phosphorous-limited, hardwater lake. **J. Phycol.**, v. 25, p. 55-65, 1989,

BURLIGA, A. L.; KOCIOLEK, J. P. *Kobayasiella* species from Carajás National Forest, Amazonia, Brazil. **Diatom Res.**, v. 25, n. 2, p. 235-250, 2010.

BURLIGA, A. L.; TORGAN, L. C.; BEAUMORD, A. C. *Eunotia ariengae* sp. nov., an epilithic diatom from Brazilian Amazon. **Diatom Res.**, v. 22, n. 2, p. 247-253, 2007.

BURLIGA, A. L.; TORGAN, L. C.; NOBREGA, E. A.; BEAUMORD, A. C.; COSTA, C. O.; YAMAUTI, D. V. Diatomáceas epilíticas do rio Itajaí-Mirim, Santa Catarina, Brasil. **Acta Sci., Biol. Sci.**, v. 27, p. 415-421, 2005.

BUSSCHER, H. J.; MEI, H. C. V. Initial microbial adhesion events: mechanisms and implications. In: ALLISON, D. G.; GILBERT, P.; LAPPIN-SCOTT, H. M.; WILSON, M. (Eds.). **Community structure and co-operation in biofilms.** Cambridge: Society for General Microbiology, Cambridge University Press, 2000. p.24-36.

BUTCHER, R. W. Studies in the ecology of rivers. VII. The algae of organically enriched waters. **Journal of Ecology**, New York, v. 35, p. 186-191, 1947.

BUTTERWICK, C.; HEANEY, S. I.; TALLING, J. F. Diversity in the influence of temperature on the growth rates of freshwater algae, and its ecological relevance. **Freshwater Biological**, Oxford, v. 50, n. 2, p. 291-300, Feb. 2005.

CADIMA FUENTES, M. M., FERNÁNDEZ TERRAZAS, E.; LÓPEZ ZAMBRANA, L. F. **Algas de Bolivia con énfasis en el fitoplancton**: importancia, ecología, aplicaciones y distribución de géneros. Santa Cruz: Centro de Ecología Difusión Simon I. Patiño, 2005. 396p.

CAIRNS J.; PRATT, J. R. A history of biological monitoring using benthic macroinvertebrates. In: ROSENBERG, D. M., RESH V. H. (Eds.). **Freshwater biomonitoring and benthic macroinvertebrates.** London: Chapman & Hall, 1993. p.10-27.

CAIRNS J.; PRATT, J. R. Restoring ecosystem health and integrity during a human population increase to ten billions. **Journal of Aquatic Ecosystems Health**, Dordrecht, v. 1, n. 1, p. 59-68, 1992.

CAIRNS, J. Jr.; KUHN, D. L.; PLAFKIN, J. L. Protozoan colonization of artificial substrates. In: WEITZEL, R. L. (Ed.). **Methods and measurements of periphyton communities**: a review. Philadelphia: Hazleton Environmental Sciences Corporation, 1979. p. 34-57.

CALLEGARO, V. L. M., SILVA, K. R. L. M.; SALOMONI, S. E. Flórula diatomológica de ambientes lênticos e lóticos do Parque Florestal Estadual do Turvo, Rio Grande do Sul, Brasil. **Iheringia, Série Botânica**, n. 43, p. 89-134, 1993.

CALOW, P. On the nature and possible utility of epilithic detritus. **Hydrobiologia**, v. 46, n. 18, p. 1-189, 1975.

CAMPEAU, S.; MURKIN, H. R.; TITMAN, R. D. Relative importance of algae and emergent plant litter to freshwater marsh invertebrates. **Canadian Journal of Fisheries and Aquatic Sciences**, Ottawa, v. 52, n. 3, p. 681-692, Mar. 1994.

CANANI, L. G. C.; MENEZES, M.; TORGAN, L. C. Diatomáceas epilíticas de águas oligotróficas e ácidas do Sudeste do Brasil. **Acta Bot. Bras.**, v. 25, n. 1, p. 130-140, 2011.

CANANI, L. G. C.; TORGAN, L. C.; MENEZES, M. Gadget for epilithic microalgal sampling (GEMS). **Braz. J. Biol.**, v. 70, n. 2, p. 289-291, 2010.

CARAMUJO, M. J.; BOAVIDA, M. J. The practical identification of harpacticoids (Copepoda, Harpacticoida) in inland waters of central Portugal (for applied studies). **Crustaceana**, Leiden, v. 82, n. 4, p. 385-409, Apr. 2009.

CARAMUJO, M. J.; MENDES, C. R. B.; CARTAXANA, P.; BROTAS, V. ; BOAVIDA, M. J. Influence of drought on algal biofilms and meiofaunal assemblages of temperate reservoir sand rivers. **Hydrobiologia**, Den Haag, v. 598, n. 1, p. 77-94, 1998.

CARIGNAN, R.; PLANAS, D. Recognition of nutrient and light limitation in turbid mixed layers: three approaches compared in the Paraná floodplain (Argentina). **Limnol. Oceanogr.**, v. 39, n. 3, p. 580-596, 1994.

CARLSSON, N. O. L.; BRÖNMARK, C. Size-dependent effects of an invasive herbivorous snail (Pomaceacanaliculata) on macrophytes and periphyton in Asian wetlands. **Freshwater Biology**, Oxford, v. 51, n. 4, p. 695-704, Apr. 2006.

CARNEIRO, F. M., NABOUT, J. C.; BINI, L. M. Trends in the scientific literature on phytoplankton. **Limnology**, v. 9, p. 153-158, 2008.

CARNEIRO, L. A.; BICUDO, D. C. O gênero *Lemnicola* (Bacillariophyceae) no Estado de São Paulo, Brasil. **Hoehnea**, v. 34, n. 2, p. 253-259, 2007.

CARPENTER, S. R.; KITCHELL, J. F. **The trophic cascade in lakes**. Cambridge: Cambridge University Press, 1993.

CARPENTER, S. R.; KITCHELL, J. F.; HODGSON, J. R. Cascading trophic interactions and lake productivity. **BioScience**, Washington, v. 35, n. 10, p. 634-639, Nov. 1985.

CARPENTER, S. R.; KITCHELL, J. F.; HODGSON, J. R.; COCHRAN, P. A.; ELSER, J. J.; ELSER, M. M.; LODGE, D. M.; KRETCHMER, D.; VONENDE, C. N. Regulation of lake primary productivity by food web structure. **Ecology**, New York, v. 68, n. 6, p. 1863-1876, Dec. 1987.

CARRIAS, J. F.; SERRE, J. P.; NGANDO, T. S.; AMBLARD, C. Distribution size and bacterial colonization of pico- and nano-detrital organic particles (DOP) in two lakes of different trophic status. **Limnol. Oceanogr.**, v. 47, p. 1202-1209, 2002.

CARRICK, H. J.; LOWE, R. L.; ROTENBERRY, J. T. Guilds of benthic algae along nutrient gradients: relationship to algal community diversity. **J. N. American Journal of Benthological Society**, v. 7, p. 117-128, 1988.

CARRICK, H. J.; LOWE, R. L. Response of Michigan Lake benthic algae to in situ enrichment with Si, N and P. **Can. J. Fish. Aquat. Sci.**, v. 45, p. 271-279, 1988.

CARVALHO, G. R. Molecular ecology: origins and approach. In: CARVALHO, G. R. (Ed.). **Advances in molecular ecology**. Amsterdam: Nato Science Series, IOS Press, 1998. p. 1-23.

CASAGRANDE, A. A.; FERMON, Y.; BAILLY, N.; FRANCESCHINI, I. M. Euepiphytic algae of some lentic waters from Santa Catarina Island, Southern Brazil. **Hoehnea**, v. 27, n. 2, p. 99-116, 2000.

CASTENHOLTZ, R. W. Seasonal changes in the attached algal of freshwater and saline lakes in the lower grand coules. **Limnol. Oceanogr.** v. 5, n. 1, p. 1-28, 1960.

CASTENHOLTZ, R. W. An evaluation of a submerged glass method of estimating production of attached algas. **Verh. Int. Verein. Limnol.**, v. 14, p. 155-59, 1961.

CASTILLO LEÓN, C. T. Productividad y biomasa fitoperifítica en los lagos Yahuarcaca y Tarapoto (Amazonas-Colombia). **Revista Ambiental Agua, Aire y Suelo**, v. 1, p. 59-68, 2006.

CASTRO, J. G. D. Fatores controladores da biomassa do ficoperifíton no Rio Jaú – Parque Nacional do Jaú (Amazônia Central). **Revista de Biologia e Ciências da Terra**, João Pessoa, v. 8, n. 2, p. 93-104, 2008.

CATTANEO, A. Periphyton in lakes of different trophy. **Canadian Journal of Fisheries and Aquatic Sciences**, v. 44, p. 296-303, 1987.

CATTANEO, A.; AMIREAULT, M. C. How artificial are artificial substrate for periphyton? **J. North Am.Benthol. Soc.**, v. 11, p. 244-256, 1992.

CATTANEO, A.; GALANTI, G.; GENTINETTA, S.; ROMO, S. Epiphytic algae and macroinvertebrates on submerged and floating-leaved macrophytes in an Italian lake. **Freshwater Biol.**, v. 39, p. 725-740, 1998.

CATTANEO, A.; GHITTORI, S.; VENDEGNA, V. The development of benthonic phytocenosis on artificial substrates in Ticino River. **Oecologia**, v.19, p. 315-327, 1975.

CATTANEO, A.; KALFF, J. Primary production of algae growing on natural and artificial aquatic plants: a study of interactions between epiphytes and their substrate. **Limnological Oceanography**, Waco, v. 24, n. 6, p. 1031-1037, 1979.

CAVALCANTE, K. P.; TREMARIN, P. I.; LUDWIG, T. A. V. Taxonomic studies of centric diatoms (Diatomeae): unusual nanoplanktonic forms and new records for Brazil. **Acta Botanica Brasilica**, v. 27, n. 2, p. 237-251, 2013.

CAVALIER-SMITH, T. A revised six-kingdom system of life. **Biol. Rev.**, v. 73, p. 203-266, 1998.

CAVALIER-SMITH, T. Membrane heredity and early chloroplast evolution. **Trends Plant Sci.**, v. 5, n. 4, p. 173-182, 2002.

CAZAUBON, A.; LOUDIKI, M. Microrépartition des algues épilithiques sur caillous d'un torrent Corse, le Rizzanèse. **Ann. Limnol.**, v. 22, p. 3-16, 1986.

CEMAGREF. **Etude dês méthodes biologiques d'apreciation quantitative de la qualité des aux.** CEMAGREF rapport Q.E. Lyon: A. F. Basin Rhône-Méditérannée-Corse, 1982. 218p.

CERRAO, G. C.; MOSCHINI-CARLOS, V.; SANTOS, M. J.; RIGOLIN, O. Efeito do enriquecimento artificial sobre a biomassa do perifíton em tanques artificiais na Represa do Lobo ("Broa"). **Revista Brasileira de Biologia**, São Carlos, v. 51, p. 71-78, 1991.

CETESB. Companhia de Tecnologia de Saneamento Ambiental. Norma técnica. **Fitoplâncton de água doce**: métodos qualitativo e quantitativo. 2011. Disponível em: http://www.cetesb.sp.gov. br/userfile/file/sericos/normas/L5.303. Acesso em: 12/6/2013.

CETESB. Companhia de Tecnologia de Saneamento Ambiental. Guia Nacional de coleta e preservação de amostras. **Água, sedimento, comunidades aquáticas e efluentes líquidos.** Org. Brandão et al. São Paulo: CETESB, 2011. 325p.

CHAPPELL, K. R.; GOULDER, R. Enzymes as river pollutants and the response of native epilithic extracellular-enzyme activity. **Environmental Pollution**, Barking, v. 86, n. 2, p. 161-169, 1994.

CHESMAN, B. C.; WESTHORPE, D. P.; MITROVIC, S. M. HARDWICK, L. Trophic linkages between periphyton and grazing macroinvertebrates in rivers with different levels of catchement development. **Hydrobiologia**, Den Haag, v. 625, p. 135-150, Jun. 2009.

CHORUS, I.; BARTRAM, J. (Eds.). **Toxic cyanobacteria in water**: A guide to their public health consequences, monitoring and management. London: E & FN Spon, 1999. 416 p.

CHRÓST, R. J.; MUNSTER, U.; RAI, H.; ALBRECHT, D.; WITZEL, P. K.; OVERBECK, J. Photosynthetic production and exoenzymatic degradation of organic matter in the euphotic zone of a eutrophic lake. **Journal of Plankton Research**, New York, v. 11, n. 2, p. 223-242, 1989.

CLARK, J. R.: MESSENGER, D. I.; DICKSON, K. L.; CAIRNS Jr. Extraction of ATP from aufwuchs communities. **Limnol. Oceanogr.**, v. 23, n. 5, p. 1055-59, 1978.

CLEVE, P. T. Synopsis of the naviculoid diatoms. Kungl. Sven. **Vet. Akad. Handl.**, v. 27, p. 1-120, 1895-1896.

CLOETE, T. E.; WESTAARD, D.; VAN VUUREN S. J. Dynamic response of biofilm to pipe surface and fluid velocity. **Water Science and Technology**, Oxford, v. 47, n. 5, p. 57-59, 2003.

COBBAERT, D.; BAYLEY, S. E.; GRETER, J. L. Effect of a top invertebrate predator (Dytiscusalaskanus; Coleoptera: Dytiscidae) on fishless pond ecossystem. **Hydrobiologia**, Den Haag, v. 644, n. 1, p. 103-114, May 2010.

COCQUYT, C. Biogeography and species diversity of diatoms in the Northern Basin of Lake Tanganyika. In: ROSSITER, A.; KAWANABE, H. (Eds.). **Advances in Ecological Research**. [s.l.], Elsevier, 2000. v. 31, p.125-150.

COESEL, P. F. M.; WARDENAAR, K.Growth responses of planktonic desmid species in a temperature – light gradient. **Freshwater Biology**, Oxford, v. 23, n. 3, p. 551-560, Jun. 1990.

COHAN, F. M. What are bacterial species? **Annual Review Microbiology**, Palo Alto, v. 56, p. 457-487, 2002.

COLEMAN II J. C..; MILLER, M. C.; MINK, F. L. Hydrologic disturbance reduces biological integrity in urban streams. **Environ Monit Assess**, v. 172, p .663-687, 2011.

COMPERE, P. Algues de la région du lac Tchad. V – Chlorophycophytes (1re. partie). **Cah. O.R.S.T.O.M., sér. Hydrobiol.**, v. 10, n. 2, p. 77-118, 1976.

COMPERE, P. Algues de la région du lac Tchad. VII – Chlorophycophytes (3e. partie: Desmidiées). **Cah. O.R.S.T.O.M., sér. Hydrobiol.**, v. 11, n. 2, p. 77-177, 1977.

COMPÈRE, P. Taxonomic revision of the diatom genus *Pleurosira* (Eupodiscaceae). **Bacil.**, vol. 5, p. 165-190, 1982.

COMPÈRE, P. *Ulnaria* (Kützing) Compère, a new genus name for *Fragilaria* subgen. *Alterasynedra* Lange-Bertalot with comments on the typification of *Synedra* Ehrenberg. In: JAHN, R.; KOCIOLEK, J. P.; WITKOWSKI, A.; COMPÈRE, P. (Eds.). **Lange-Bertalot Festschrift**. Studies on diatoms dedicated to Prof. Dr. Dr. h.c. Horst Lange-Bertalot on the occasion of his 65th birthday. Ruggell: A.R.G. Gantner Verlag K.G., 2001. p. 97-101.

CONAMA. Resolução CONAMA n. 357 de 2005. **Diário Oficial [da] República Federativa do Brasil**, Poder Executivo, Brasília, DF, 17 mar. 2005.

CONTIN, L. F. Contribuição ao estudo das diatomáceas (Crysophyta, Bacillariophyceae) na região da barragem de captação d'água do rio Iguaçu (SANEPAR), em Curitiba, Estado do Paraná, Brasil. **Est. Biol.**, n. 24, p. 5-95, 1990.

COOKE, W. M. B. Colonization of artificial bare areas by microorganisms. **The Botanical Review**: v. 22, n. 9, p. 613-638, 1956.

COSTA, J. C. F.; TORGAN, L. C. Análise taxonômica das diatomáceas (Bacillariophyceae) do lago da Universidade Federal de Juiz de Fora, Minas Gerais, Brasil. **Iheringia, Série Botânica**, v. 41, p. 47-81, 1991.

COSTE, M.; ECTOR, L. Diatomées invasives exotiques ou rares en France: principales observations effectuées au cours des dernières décennies. **Systematic and Geography of Plants**, Meise, v. 70, n. 2, p. 373-400, 2000.

COSTE, M.; BOSCA, C.; DAUTA, A. Use of algae for monitoring rivers in France In: WHITTON, B. A.; ROTT E.; FRIEDRICH G. (Eds.). **Use of algae for monitoring rivers.** p. 75-88. Dusseldorf: Institut fur Botanik, Universität Innsbruck, 1991.

COSTERTON, J. W.; LAPPIN-SCOTT, H. M. Introduction to microbial biofilms. In: COSTERTON, J. W.; LAPPIN-SCOTT, H. M. (Eds.). **Microbial biofilms.** Cambridge University Press, Cambridge, 1995. p. 1-14.

COSTERTON, J, W.; LEWANDOWSKI, Z.; CALDWELL, D. E.; KORBER, D. R.; LAPPIN-SCOTT, H. M. Microbial biofilms. **Annual Review Microbiology.** 1995, v. 49, p. 711-745.

COX, E. J.; REID, G. Generic relationships within the Naviculineae: a preliminary cladistic analysis. In: POULIN, M. (Ed.). **Proc. 7th Intern. Diat. Symp. Ottawa** – Canada, 2002. Bristol: Biopress Limited, 2004. p. 49-62.

COX, E. J. *Placoneis* Mereschkowsky (Bacillariophyta) revised: resolution of several typification and nomenclatural problems, including the generitype. **Bot. J. Linn. Soc.,** n. 141, p. 53-83, 2003.

CRAWFORD, R. M. The taxonomy and classification of the diatom genus *Melosira* C. A. Agardh. III. *Melosira lineata* (Dillw.) C. A. Ag. and *M. varians* C. A. Ag. **Phycol.,** v. 17, n. 3, p. 237-250, 1978.

CREUTZBERG, B. R.; HAWKINS, C. P. What do J-NABS papers tell us about the state of knowledge in freshwater benthic science? **J. N. Am. Benthol. Soc.,** v. 27, n. 3, p. 593-604, 2008.

CROLL, D. A.; HOLMES, R. W. A note on the occurrence of diatoms on the feathers of diving seabirds. **Quart. J. Ornithol.,** v. 99, p.765-766, 1982.

CRONK, J. K.; FENNESSY, M. S. **Wetland plants:** biology and ecology. USA: Lewis Publishers, 2001. 483p.

CUNHA, S. B. Canais fluviais e a questão ambiental. In: CUNHA S. B.; GUERRA A. J. T. (Eds.). **A questão ambiental:** diferentes abordagens. Bertrand Brasil, Rio de Janeiro, 2003. p. 218-238.

CUNICO, A. M. **Efeitos da urbanização sobre a estrutura das assembleias de peixes em córregos urbanos Neotropicais.** Tese, Universidade Estadual de Maringá. 2010.

DANGER, M.; LACROIX, G.; OUMAROU, C.; BENEST, D.; MÉRIGUET, J. Effects of food-web structure on periphyton stoichiometry in eutrophic lakes: a mesocosm study. **Freshwater Biology,** Oxford,v. 53, n. 10, p. 2089-2100, Oct. 2008.

DANILOV, R. A.; EKELUND, N. G. A. Comparison of usefulness of three types of artificial substrata (glass wood and plastic) when studying settlement patterns of periphyton in lakes of different trophic status. **J. Microbiol. Methods,** v. 45, p. 167-170, 2001.

DAS, M.; ROYER, T. V.; LEFF, L. G. Diversity of fungi, bacteria, and actinomycetes on leaves decomposing in a stream. **Applied and Environmental Microbiology,** Washington, v. 73, n. 3, p. 756–767, Feb. 2007.

DAVEY, M. E.; O'TOOLE, G. A. Microbial biofilms: from ecology to molecular genetics. **Microbiology and Molecular Biology Reviews,** Washington, v. 64, n. 4, p. 847-867, Dec. 2000.

DAVIES, D. G.; Biofilm Dispersion. In: FLEMMING, H.; WINGENDER, J.; SZEWZYK, J. (eds). **Biofilm highlights.** Berlin: Springer-Verlag, 2011. p. 1-28.

DE OLIVERIA, D. E.; FERRAGUT, C.; BICUDO, D. C. Relationships between environmental factors, periphyton biomass and nutrient content in Garças Reservoir, a hypereutrophic tropical reservoir in southeastern Brazil. **Lakes & Reservoirs: Research & Management**, v. 15, p. 29–137, 2010.

DECHO, A. W.; NORMAN, R. S.; VISSCHER, P. T. Quorum sensing in natural environments: emerging views from microbial mats. **Trends in Microbiology**, Cambridge, v. 18, n. 2, p. 73-80, Feb. 2010.

DELA-CRUZ, J.; PRITCHARD, T.; GORDON, G.; AJANI, P. The use of periphytic diatoms as a means of assessing impacts of point source inorganic nutrient pollution in southeastern Australia. **Freshwater Biology**, v. 51, p. 951-972, 2006.

DELGADO, S. M.; SOUZA, M. G. M. Diatomoflórula perifítica do rio Descoberto-DF e GO, Brasil, Naviculales (Bacillariophyceae): Diploneidineae e Sellaphorineae. **Acta Bot. Bras.**, v. 21, n. 4, p. 767-776, 2007.

DELL'UOMO, A. **L'Indice diatomico di eutrofizzazione/polluzione (EPI-D) nel monitoraggio delle acque correnti**. Roma: Agenzia per la protezione dell'ambiente e per I servizi tecnici, Linee guida, 2004. 101p.

DeNICOLA, D. M. Periphyton responses to temperature. In: STEVENSON, R. J.; BOTHWELL, M. L.; LOWE, R. L. (Eds.). **Algal ecology**: freshwater benthic ecosystems. San Diego: Academic Press, 1996. p.149-181.

DeNICOLA, D. M. Periphyton resposes to temperature at different ecological levels. In: STEVENSON, R. J.; BOTHWELL, M. L.; LOWE, R. L. (Eds.). **Algal ecology**: freshwater bentic ecosystems. San Diego: Academic Press, 1996. p.150-176.

DESCY, J. P.; COSTE, M. Utilisation des diatomées benthique pour l'évolution de la qualité des eaux courant. **Rapport Final Contract CEE B-71**, v. 23, 64p., 1990.

DESCY, J. P. A new approach to water quality estimation using diatoms. **Nova Hedwigia**, v. 64, p. 305-323, 1979.

DIAZ-CASTRO, J. G.; SOUZA-MOSIMANN, R. M.; LAUDARES-SILVA, R.; FORSBERG, B. R. Composição da comunidade de diatomáceas periféricas do rio Jaú, Amazonas, Brasil. **Acta Amaz.**, v. 33, n. 4, p. 583-606, 2003.

DÍAZ-OLARTE, J.; DUQUE, S. R. Ensamblages algales en un microecosistema natural de la planta carnívora tropical Utricularia foliosa L. **Caldasia**, v. 31, n. 2, p. 319-337, 2009.

DOBRESTOV, S. V.; RAILKIN, A. I. The effect of surface characteristics on settling and attachment of *Mytilis edulis* larvae (Molluska, Filibranchia). **Zoologichesky Zhurnal**, n. 4, p. 499, 1996.1996, no.4, p. 499.

DODDS, W. The role of periphyton in phosphorus retention in shallow freshwater aquatic systems. **Journal of Phycology**, New York, v. 39, n. 5, p. 830-849, Oct. 2003.

DORGELO, J.; DONK, E.; BIERBRAUWER, I. G. The late winter/spring bloom and sucession of diatoms during four years in lake Maarsseven (the Netherlands). **Verh. Internat. Verein. Limnol.**, v. 21, p. 938-947, 1981.

DOUGLAS, B. The ecology of the attached diatoms and other algae in a small stonystream. **J. Ecol.**, v. 46, p. 295-322, 1958.

DOYLE, R. D. **Primary production and nitrogen cycling within the periphyton community associated with emergent aquatic macrophytes in an Amazon floodplain lake**. Maryland: University of Maryland, 1991. [Master thesis in Philosophy].

DOYLE, R. D.; FISHER, R. T. Nitrogen fixation by periphyton and plankton on the Amazon floodplain at Lake Calado. **Biogeochemistry**, Dordrecht, v. 26, n. 1, p. 41-66, 1994.

DUBÉ, M. G.; CULP, J. M. Growth responses of periphyton and chironomids exposed to biologically trated bleached kraft pulp mill effluent. **Water Sci. Technol.**, v. 35, p. 339-345, 1996.

DUDLEY, J. L.; ARTHURS, W.; HALL, T. J. A comparison of methods used to estimate river rock surface areas. **J. Freshwater Ecol.**, v. 16, n. 2, p. 257-261, 2001.

DUFFER, W. R.; DORRIS, T.C. Primary productivity in a southern great plain stream. **Limnol. and Oceanogr.**, v. 11, p. 143-151, 1966.

DUGAN, I. C. The ecology of periphytic rotifers. **Hydrobiologia**, Den Haag, v. 446-447, n. 1, p. 139-148, Mar. 2001.

DUGGAN, I. C.; GREEN, J. D.; THOMPSON, K.; SHIEL, R. J. Rotifers in relation to littoral ecotone structure in lake Rotomanuka North Island, New Zealand. **Hydrobiologia**, Den Haag, v. 387-388, p. 179-197, 1998.

DUGGAN, I. C.; GREEN, J. D.; THOMPSON, K.; SHIEL, R. J. The influence of macrophytes on the spatial distribution of littoral rotifers. **Freshwater biology**, Oxford, v. 46, n. 6, p. 777-786, Jun. 2001.

DÜPONT, A.; LOBO, E. A.; COSTA, A.B.; SCHUCH, M. Avaliação da qualidade da água do Arroio do Couto, Santa Cruz do Sul, RS, Brasil. **Caderno de Pesquisa. Série Biologia (UNISC)**, v. 19, p. 20-31, 2007.

DUPONT, A.; LOBO, E. A.; COSTA, A. B.; SCHUCH. M. Avaliação da qualidade da água do Arroio do Couto, Santa Cruz do Sul, RS, Brasil. **Caderno de Pesquisa Série Biologia**, Santa Cruz do Sul, v. 19, n. 1, p. 56-74, 2007.

EARL, S. R.; BLINN, D. W. Effects of wildfire ash on water chemistry and biota in southwestern USA. streams. **Freshw. Biol.**, v. 48, p. 1015-1030, 2003.

EATON, A. D.; CLESCERI, L. S.; GREENBERG, A. F. **Standard methods for the examination of water and wastewater.** Washington: American Public Health Association, 1995.

EBERHARD, A. Inhibition and activation of bacterial luciferase synthesis. **Journal of Bacteriology**, New York, v. 109, n. 3, p. 1101-1105, Mar. 1972.

ECTOR, L.; RIMET, F. Using bioindicators to assess rivers in Europe: an overview. In: LEK, S.; CARDI, M.; VERDONSCHOT, P. F.; DESCY, J. P.; PARK, Y. S. (Eds.). **Modelling community structure in freshwater ecosystems.** Berlim: Springer, 2005. p. 9-19.

EDMONDSON, W. T. Ecological studies of sessile Rotatoria. Part I. Factors affecting distribution. **Ecological monographs**, Tempe, v. 14, p. 31-66, 1944.

EDWARDS, R. T.; MEYER, J. L; FINDLAY, S. E. G. The relative contribution of benthic and suspended bacteria to system biomass, production and metabolism in a low-gradient blackwater river. **Journal of the North American Benthological Society**, Schaumburg, v. 9, n. 3, p. 216-228, Sep. 1990.

ELAKOVICH, S. D.; WOOTEN, J. W. Allelopathic, herbaceous, vascular hydrophytes. In: INDERJIT, K.M.; DAKSHINI, M.; EINHELLIG, F. A. (Eds.). **Allelopathy:** organisms, processes, and applications. Washington: Amer. Chem. Soc., 1995. p. 58-73.

EL-AWAMRI, A. A. Studies on the morphology of different valve types of the centric diatom species *Pleurosira laevis* (Ehr.) Compère. Aust. **J. Basic & Appl. Sci.**, v. 2, n 1, p. 22-29, 2008.

ENGLE, D. L.; MELACK J. M. Floating meadow epiphyton: biological and chemical features of epiphytic material in an Amazon floodplain lake. **Freshwater Biology**, Oxford, v. 22, n. 3, p. 479-494, Dec. 1989.

ENGLE, D. L.; MELACK, J. M. Consequences of riverine flooding for seston and the periphyton of floating meadowns in a Amazon floodplain lake. **Limnology and Oceanography**, Waco, v. 38, n. 7, p. 1500-1520, 1993.

ENGLE, D. L.; SARNELLE, O. Algal use of sedimentary phosphorus from an Amazon floodplain lake: Implications for phosphorus analysis in turbid waters. **LimnologicalOceanography**, Waco, v. 35, n. 2, p. 483-490, 1990.

ERHARD, D.; GROSS, E. M. Allelopathic activity of *Elodea canadensis* and *Elodea nuttallii* against epiphytes and phytoplankton. **Aquat. Bot.**, v. 85, p. 203-211, 2006.

ESTEVES, F. A. **Fundamentos de Limnologia**. Rio de Janeiro: Interciência-FINEP, 1988. 545 p.

ESTEVES, F. A. **Fundamentos de limnologia**. 2.ed. Rio de Janeiro: Interciência, 1998. 602p.

Esteves, F. A. **Fundamentos de Limnologia**. 3.ed. Rio de Janeiro: Interciência, 2011. 886 p.

ESTEVES, F. A. Considerações históricas sobre a ciência Limnologia. In: ESTEVES, F. A. (Org.). **Fundamentos de Limnologia**. 3. ed. Rio de Janeiro: Interciência, 2011. p 1-23.

EUROPEAN COMMISSION. **Council Directive 92/43/EEC of 21 May 1992 on the conservation of natural habitats and wild fauna and flora.** [s.l.]: European Commission, 1992.

EUROPEAN COMMUNITY. Council directive of 21 May 1991 concerning urban waste water treatment (91/271/EEC). **Official Journal of the European Community**, [s.l.], Series L, v. 135, p. 40-52, 1991.

EUROPEAN UNION. Diretive 2000/60/EC of the European Parlament and of the Council of 23 October 2000 establishing a framework for Community action in the field of water policy. **Official Journal of the European Community**, [s.l.], Series L, v. 327, p. 1-73, 2000.

FAIRCHILD, G. W.; SHERMAN, J. W. Effects of liming on nutrient limitation of epilithic algae in an acid lake. **Water Air Soil Pollution**, v. 52, n. 1-2, p. 133-147, 1990.

FAIRCHILD, G. W.; LOWE, R.L. Artificial substrates which release nutrients: effects on periphyton and invertebrate sucession. **Hydrobiologia**, v. 114, p. 29-37, 1984.

FAIRCHILD, G. W.; LOWE, R. L.; RICHARDSON, W. B. Algal periphyton growth on nutrient-diffusing substrates: an in situ bioassay. **Ecology**, v. 71, n. 2083-2094, 1985.

FALASCO, E. et al. Taxonomy, morphology and distribution of the *Sellaphora stroemii* complex (Bacillariophyceae). **Fottea**, v. 9, n. 2, p. 243-256, 2009.

FARIA, D. M., TREMARIN, P. I.; LUDWIG, T. A. V. Diatomáceas perifíticas da represa Itaqui, São José dos Pinhais, Paraná: Fragilariales, Eunotiales, Achnanthales e *Gomphonema* Ehrenberg. **Biota Neotrop.**, v. 10, n. 3, p. 415-427, 2010.

FELISBERTO S. A.; RODRIGUES, L. Dinâmica sucessional de comunidade de algas perifíticas em um ecossistema lótico subtropical. **Rodriguésia**, v. 63, n. 2, p. 463-473, 2012.

FELISBERTO, A. S.; LEANDRINI, J. A.; RODRIGUES, L. Effects of nutrients enrichment on algal communities: an experimental in mesocosms approach. **Acta Limnologica Brasiliensia**, Rio Claro, v. 23, n. 2, p. 128-137, Apr.-Jun. 2011.

FENCHEL, T. The ecology of micro-and meiobenthos. **Annual review of ecology and systematic**, Palo Alto, v. 9, p. 99-121, 1978.

FERMINO, F. S. **Avaliação sazonal dos efeitos do enriquecimento por N e P sobre o perifíton em represa tropical rasa mesotrófica (Lago das Ninféias, São Paulo)**. Tese de doutorado, Universidade Estadual Paulista, Rio Claro, SP. 121 p. 2006.

FERMINO, F. S.; BICUDO, D. C.; MERCANTE, T. J. Substrato difusor de nutrientes (SDN): avaliação do método em laboratório para experimentos *in situ* com perifíton. **Acta Scientiarum**, v. 26, p. 273-280, 2004.

FERNANDES, V. O. **Estudos sucessionais da comunidade perifítica em folhas de Typha dominguensis Pers, relacionados às variações limnológicas na Lagoa de Jacarepaguá, RJ**. São Carlos: UFSCAR, 1993. (Dissertação de Mestrado em Ecologia e Recursos Naturais).

FERNANDES, V. O. **Variação temporal da estrutura e dinâmica da comunidade perifítica, em dois tipos de substratos, na Lagoa de Imboacica, Macaé, RJ**. São Carlos: UFSCAR, 1997. (Tese de Doutorado em Ecologia e Recursos Naturais).

FERNANDES, V. O. Perifíton: conceitos e aplicações da limnologia à engenharia, In: ROLAND, F.; CESAR, D.; MARINHO, M. (Eds.). **Lições de limnologia**. São Carlos: RiMa Editora, 2005. p. 351-370.

FERNANDES, V. O.; ESTEVES, F. A. Comunidade perifítica. In: ESTEVES, F. A. (Coord.). **Fundamentos de limnologia**. 3.ed. Rio de Janeiro: Interciência, 2011. p. 447-458.

FERRAGUT, C.; BICUDO, D. C. Effect of N and P enrichment on periphytic algal community succession in a tropical oligotrophic reservoir. **Limnology**, v. 13, p. 131-141., 2012.

FERRAGUT, C.; BICUDO, D. C. Periphytic algal community adaptive strategies in N and P enriched experiments in tropical oligotrophic reservoir. **Hydrobiologia**, v. 646, p. 295-309, 2010.

FERRAGUT, C. **Efeito do enriquecimento por nitrogênio e fósforo sobre a colonização e sucessão da comunidade de algas perifíticas**: biomanipulação em reservatório raso oligotrófico em São Paulo. Rio Claro: UNESP, 1999. (Dissertação de Mestrado em Ciências Biológicas).

FERRAGUT, C. **Respostas das algas perifíticas e planctônicas à manipulação de nutrientes (N e P) em reservatório urbano (Lago do IAG, São Paulo)**. Tese de doutorado, Universidade Estadual Paulista, Rio Claro, SP. 184 p. 2004.

FERRAGUT, C.; BICUDO, D. C. Efeito de diferentes níveis de enriquecimento por fósforo sobre a estrutura da comunidade perifítica em represa oligotró?ca tropical (São Paulo, Brasil). **Revista Brasileira de Botânica**, São Paulo, v. 32, n. 3, p. 569-583, jul./set. 2009.

FERRAGUT, C.; BICUDO, D. C. Periphytic algal community adaptive strategies in N and P enriched experiments in a tropical oligotrophic reservoir. **Hydrobiologia**, Den Haag, v. 646, n. 1, p. 295-309, Jun. 2010.

FERRAGUT, C.; LOPES, M. R. M.; BICUDO, D. C.; BICUDO, C. E. M.; VERCELLINO, S. Ficoflórula perifítica e planctônica (exceto Bacillariophyceae) de um reservatório oligotrófico raso (Lago do IAG, São Paulo). **Hoehnea**, v. 32, p. 137-184, 2005.

FERRARI, F.; LUDWIG, T. A. V. Coscinodiscophyceae, Fragilariophyceae e Bacillariophyceae (Achnanthales) dos rios Ivaí, São João e dos Patos, bacia hidrográfico do rio Ivaí, município de Prudentópolis, PR, Brasil. **Acta Bot. Bras.**, v. 21, n. 2, p. 421-441, 2007.

FERRARI, F.; PROCOPIAK, L. K.; ALENCAR, Y. B.; LUDWIG, T. A. V. Eunotiaceae (Bacillariophyceae) em igarapés da Amazônia Central, Manaus e Presidente Figueiredo, Brasil. **Acta Amaz.**, v. 37, n. 1, p. 1-16, 2007.

FERREIRA, R. M.; BARROS, N. O.; DUQUE-ESTRADA, C. H.; ROLAND, F. Caminhos do fósforo em ecossistemas aquáticos continentais. In: ROLAND, F.; CÉSAR, D.; MARINHO, M. **Lições de limnologia**. São Carlos: RiMa Editora, 2005. p. 229-242.

FERREIRA, S.; SEELIGER, U. The colonization process of algal epiphytes on *Ruppia maritima* L. **Botanica Marina**, v. 28, p. 245-249, 1985.

FINDLAY, S. Stream microbial ecology. **Journal of the North American Benthological Society**, Schaumburg, v. 29, n. 1, p. 170-181, 2010.

FINDLAY, S. et al. A cross-system comparison of bacterial and fungal biomass in detritus pools of headwater streams. **Microbial Ecology**, New York, v. 43, n. 1, p. 55-66, Jan. 2002.

FINDLAY, S.; HOWE, K.; FONTVIEILLE, D. Bacterial-algal relationships in autotrophic and heterotrophic streams in the Hubbard Brook Experimental Forest. **Ecology**, New York, v. 74, p. 2326-2336, 1993.

FINLAY, B. J.; FENCHEL, T. Divergent perspectives on protist species richness. **Protist**, v. 150, p. 229-233, 1999.

FINLAY, B. J. Global dispersal of free-living microbial eukaryote species. **Science**, v. 296, p. 1061-1063, 2002.

FJERDINGSTAD, E. Pollution of stream estimated by benthal phytomicroorganisms. A saprobic system based on communities of organisms and ecological factors. **Internationale revue der gesamten Hydrobiologie**, Leipzig, v. 49, p. 63-131, 1964.

FLEMMING, H. C. Sorption sites in biofilms. **Water Sci. Technol.**, v. 32, p. 27-33, 1995.

FLEMMING, H. C.; WINGENDER, J. The biofilm matrix. **Nature Reviews Microbiology**, London, v. 8, p. 623-633, Sep. 2010.

FLÔRES, T. L.; MOREIRA-FILHO, H.; LUDWIG, T. A. V. Contribuição ao inventário florístico das diatomáceas (Bacillariophyta) do banhado do Taim, Rio Grande do Sul, Brasil: I. *Epithemia* Brébisson *ex* Kützing, *Rhopalodia* O. Muller e *Surirella* Turpin. **Insula**, n. 28, p. 149-166, 1999a.

FLÔRES, T. L., MOREIRA-FILHO, H.; LUDWIG, T. A. V. Contribuição ao inventário florístico das diatomáceas (Bacillariophyta) do banhado do Taim, Rio Grande do Sul, Brasil: II. Fragilariaceae. **Insula**, n. 28, p. 167-187, 1999b.

FOGED, N. Freshwater diatoms in Ireland. Biblioth. **Phycol.**, v. 34, p. 1-221, 1977.

FONSECA, B. M. et al. Biovolume das algas do Parque Estadual das Fontes do Ipiranga, São Paulo, SP. **Hoehnea**, 2013 (in press).

FONSECA, I. A. **Comunidade perifítica, com ênfase para cianobactérias, em distintos ambientes da planície de inundação do rio Paraná**. Maringá: Universidade Estadual de Maringá, 2004. [Master thesis in Environmental Sciences].

FONSECA, I. A.; RODRIGUES, L. Cianobactérias perifíticas em dois ambientes lênticos da planície de inundação do alto Rio Paraná, PR. **Revista Brasileira de Botânica**, São Paulo, v. 28, n. 4, p. 821-834, 2005.

FONSECA, I. A.; RODRIGUES, L. Comunidade de algas perifíticas em distintos ambientes da planície de inundação do alto rio Paraná. **Acta Scientiarum Biological Science**, Maringá, v. 27, n. 1, p. 21-28, 2005.

FONSECA, I. A.; RODRIGUES, L. Periphytic cyanobacteria in different environments from the upper Paraná river floodplain, Brazil. **Acta Limnologica Brasiliencia**, Rio Claro, v. 19, n. 1, p. 53-65, 2007.

FORE, L. S.; GRAFE, C. Using diatoms to assess the biological condition of large rivers in Idaho (U.S.A.). **Freshwater Biology**, v. 47, p. 2015-2037, 2002.

FOURTANIER, E.; KOCIOLEK, J. P. **Catalogue of diatom names, California Academy of Sciences**, on-line version updated 16 May 2011. Available online at http://research.calacademy.org/research/diatoms/names/index.asp

FRANÇA, R. C. S.; LOPES, M. R. M.; FERRAGUT, C. Structural and successional variability of periphytic algal community in a Amazonian lake during the dry and rainy season (Rio Branco, Acre). **Acta Amazonica**, Manaus, v. 41, n. 2, p 257-266, 2011.

FRANÇA, R. C. S.; LOPES, M. R. M.; FERRAGUT, C. Temporal variation of biomass and status nutrient of periphyton in shallow Amazonian Lake (Rio Branco, Brazil). **Acta Limnologica Brasiliensia**, Rio Claro, v. 21, n. 2, p. 175-183, 2009.

FRANÇA, R. C. S., LOPES, M. R. M.; FERRAGUT, C. Structural and successional variability of periphytic algal community in a Amazonian lake during the dry and rainy season (Rio Branco, Acre). **Acta Amaz.**, v. 41, n. 2, p. 257-266, 2011.

FRANCESCHINI, I. Considerações finais. In: FRANCESCHINI, I; BURLIGA, A. L; REVIERS, B.; PRADO, J. F.; RÉZIG, S. H. (Eds.). **Algas, uma abordagem filogenética, taxonômica e ecológica**. Porto Alegre: Artmed, 2010. p.285-293.

FRANCESCHINI, I; BURLIGA, A. L; REVIERS, B.; PRADO, J. F.; RÉZIG, S. H. **Algas, uma abordagem filogenética, taxonômica e ecológica**. Porto Alegre: Artmed, 2010. 332p.

FRANCESCHINI, I. M. Algues d'eau douce de Porto Alegre, Brésil (les Diatomophycées exclues). **Bibliotheca Phycologica**. v. 92, p. 1-81, 1992.

FRANCESCHINI, I. M. Flora de Cyanophyceae do Rio Seco, Torres, Rio Grande do Sul, Brasil. **Napaea**, v. 7, p. 1-39, 1990.

FRANCOEUR, S. N.; BIGGS, B. J. F.; SMITH, R. A.; LOWE, R. L. Nutrient limitation of algal biomass accrual in streams: seasonal patterns and a comparison of methods. **Journal of the North American Benthological Society**, v. 18, n. 2, p. 242-260, 1999.

FRANCOEUR, S. N. Meta-analysis of lotic nutrient amendment experiments: detecting and quantifying subtle responses. **J. N. Am. Benthol. Soc.**, v. 20, p. 358-368, 2001.

FREMY, P. Les Myxophycées de l'Afrique équatoriale française. **Archives de Botanique**, v. 3, n. 2, p. 1-508, 1930.

FRIEDRICH, G. Eine Revision des Saprobiensystems. **Zeitschrift fur Wasser und Abwasser Forschung**, Weinheim, v. 23, p. 41-152, 1990.

FRITHSEN, J. B.; HOLLAND, A. F. Benthic communities as indicators of ecosystem condition. In: MACKENZIE, D. H.; HYATT, D. E.; McDONALD, V. J. (Eds.). **Ecological indicators**. London: Chapman & Hall, 1990. cap. 27, p. 459-460.

FRITSCH, F. A. Problems in aquatic biology, with special reference to the study of algal periodicity. **New Phytol.**, v. 5, p. 149-169, 1906.

GAISER, E. E.; BACHMANN, R. W. The ecology and taxonomy of epizoic diatoms on Cladocera. **Limnol. Oceanog.**, v. 38, p. 628-637, 1993.

GAISER, E. E.; BACHMANN, R. W. Seasonality substrate preference and attachments it esof epizoic diatoms on cladoceran zooplankton. **J. Plankton Res.**, v.16, p.53-68, 1994.

GALLI, C. S.; ABE, D. S. Disponibilidade, poluição e eutrofização das águas. In: BICUDO, C. E. M.; TUNDISI, J. G.; SCHEUENSTUHL, M. C. B. **Águas do Brasil**, análises estratégicas. São Paulo: Instituto de Botânica, 2010.

GARCIA, M.; FONSECA DE SOUSA, V. *Lemnicola hungarica* (Grunow) Round & Basson from Southern Brazil: ultrastructure, plastid morphology, and ecology. **Diatom Research,** v. 21, n. 2, p. 465-471, 2006.

GARRAFFONI, A. R. S.; ARAÚJO, T. Q. Chave de identificação de Gastrotricha do Brasil. **Papéis avulsos de zoologia,** São Paulo, v. 50, n. 33, p. 535-552, 2010.

GAWNE, B.; WANG, Y.; HOAGLAND, K. D.; GRETZ, M. R. Role of bacteria and bacterial exopolymer in the attachment of Achnanthes longipes (Bacillariophyceae). **Biofouling,** New York, v. 13, n. 2, p. 137-156, 1998.

GEDDES, P.; TREXLER, J. C. Uncoupling of omnivore- mediated positive and negative effects on periphyton mats. **Oecologia,** Berlim,v. 136, n. 4, p 585-595, Aug. 2003.

GEE, J. M.; WARWICK, R. M. Metazoan community structure in relation to the fractal dimensions of marine macroalgae. **Marine ecology progress series,** Oldendorf, v. 103, p. 141-150, 1994.

GIBEAU, G. G.; MILLER, M. C. A micro-bioassay for epilithon using nutrient-diffusing artificial substrata. **J. Freshwater Ecol.,** v. 5, n. 2, p. 171-176, 1989.

GIERE, O. **Meiobenthology.** Berlin: Springer Verlag. 1993. 328 p.

GODINHO-ORLANDI, M. J. L.; BARBIERI, S. M. Observação de micro-organismos perifíticos (bactérias, protozoários e algas) na região marginal de um ecossistema aquático. **An. Sem. Reg. Ecol.,** v. 3, p. 135-155, 1983.

GODMAIRE, M.; PLANAS, D. Potential effect of Myriophyllum spicatum on the primary production of phytoplankton. In: WETZEL, R. G. (Ed.). **Periphyton of freshwater ecosystems.** The Hague: Dr. W, Junk Publishers, 1983. p. 227-233.

GODWARD, M. B. An investigation of the causal distribution of algal epiphytes. **Beib. Bot. Zbl.,** v. 52, p. 506-539, 1934.

GOLDSBOROUGH, L. G.; DOUGAL, R. L.; NORTH, A. K. Periphyton in freshwater lakes and wetlands. In: AZIM, M. E., BEVERIDGE, M. C. M.; VAN DAM, A. A.; VERDEGEM, M. C. J. (Eds). **Periphyton:** Ecology, exploitation and management., Cambridge: CABI Publishing, 2005. p. 71-89.

GOLDSBOROUGH, L. G.; ROBINSON, G. G. C. Pattern in wetlands. In: STEVENSON, R. J.; BOTHWELL, M. L.; LOWE, R. L. (eds.). **Algal ecology:** freshwater bentic ecosystems. San Diego: Academic Press, 1996, p. 78-117.

GOLTERMAN, H. L.; CLYMO, R. S.; OHNSTAD, M. A. M. **Methods for physical and chemical analysis of freshwater.** Oxford: Blackwell, 1978. 215 p. (IBP Handbook, 8).

GOMES, N. A. **Estrutura da Comunidade de algas perifíticas no igarapé Água Boa e no Rio Cauamé, Município de Boa Vista, Estado de Roraima, Brasil, ao longo de um ciclo sazonal completo.** Manaus: Instituto Nacional de Pesquisas da Amazônia, Fundação Universidade da Amazônia, 2000. [Master thesis in Freshwater ecology and inland fisheries].

GOMEZ, N.; LICURSI, M. The Pampean Diatom Index (IDP) for assessment of rivers and streams in Argentina. **Aquatic Ecol.,** Amsterdam, v. 35, n. 2, p. 173-181, Jun. 2001.

GOPAL, B.; GOEL, U. Competition and allelopathyc in aquatic plant communities. **Bot. Rev.,** v. 59, p. 155-210, 1993.

GORDEN, R. W. R.; BEYERS, R. J.; ODUM, E. P.; EAGON, R. G. Studies of a simple laboratory microecosystem: bacterial activities in a heterotrophic succession. **Ecology,** vl. 50, p. 86-100, 1969.

GOTTLIEB, A. D.; RICHARDS, J. H.; GAISER, E. Comparative study of periphyton structure community in long and short-hydroperiod Everglades marshes. **Hydrobiologia**, Den Haag, v. 569, p. 195-207, 2006.

GOTTLIEB, A. D.; RICHARDS, J. H.; GAISER, E. Effects of desiccation duration on thecommunity structure and nutrient retentionof short and long-hydroperiod Everglades periphyton mats. **Aquatic Botany**, Amsterdam, v. 82, n. 2, p. 99-112, Jun. 2005.

GOULART, E.; COUTE, A.; THEREZIEN, Y.; FRANCESCHINI, I. M. Phytoplankton of lentic waters from the *Campus* of Santa Catarina University (Florianópolis, SC, Southern Brazil). **Ciência&Natura**, v. 24, p. 21-48, 2002.

GOULDER, R. Epilithic bacteria in an acid and a calcareous headstream. **Freshwater Biology**, Oxford, v. 19, n. 3, p. 405-416, Jun. 1988.

GOULDER, R. Glucose-mineralization potential of epilithic bacteria in diverse upland acid headstreams following a winter spate. **Archives fur Hydrobiology**, Stuttgart, v. 116, n. 3, p. 283-297, 1989.

GOULDER, R. Metabolic activity of freshwater bacteria. **Science Progress**, London, v. 75, p. 73-91, 1991.

GRAÇA, S.; GARCIA, M. J.; DE OLIVEIRA, P. E. Flora diatomácea moderna do lago Estância das Águas Claras, Guarulhos (SP), resultados qualitativos. **Revista UnG, Geociências**, v. 6, n. 1, p. 63-79, 2007.

GRAHAM, J.; UNERWOOD, C.; THOMAS, J. D. Grazing interations between pulmonate snails and epiphytic algae and bacteria. **Freshwater Biology**, Oxford, v. 23, n. 3, p. 505-522, Jun. 1990.

GRAHAM, L. E.; GRAHAM, J. M.; WILCOX, L. W. **Algae**. 2. ed. San Francisco: Benjamin Cummings. 2009. 616p.

GRAHAM, L. E.; WILCOX, L. W. **Algae**. Upper Saddle River: Prentice-Hall, Inc., 2000. 700p.

GRAHAM, L. E.; WILCOX, L. W. Algae. USA: Prentice Hall, 2000. 640 p.

GREEN, J. Associations of planktonic and periphytic rotifers in a tropical swamp, the Okavango Delta, Southern Africa. **Hydrobiologia**, Den Haag, v. 490, n. 1/3, p. 197-209, Jan. 2003.

GREEN, R. H. **Sampling design and statistical methods for environmental biologists.** New York: John Wiley & Sons, 1979, 257p.

GRIME, J. P. **Plant strategies and vegetation processes**. New York: Wiley and Sons, 1979; 456 p.

GRIMM, N. B.; FAETH, S. H.; GOLUBIEWSKI, N. E.; REDMAN, C. L.; WU, J.; BAI, X.; BIGGS, J. M. Global change and the ecology of cities. **Science**, v. 319, p. 756–760, 2008.

GRIMM, N. B.; FISHER, S. G. Nitrogen limitation in a Sonoran Desert stream. **Journal of the North American Benthological Society**, Schaumburg, v. 5, p. 2-15, 1986.

GROSS E. M. Allelopathy of aquatic autotrophs. **Critical Reviews in Plant Science**, v. 22, p.313-339, 2003.

GROSS, E. M. Allelopathy in benthic and littoral areas: Case studies on allelochemicals from benthic Cyanobacteria and submerged macrophytes. In: DAKSHINI, K. M. M.; FOY, C. L. (Eds.). **Principles and practices in plant ecology**: allelochemical interactions. Boca Raton, FL: CRC Press, 1999. p. 179-199.

GRZENDA, A. R.; BREHMER, M. L. A quantitative method for the collection and measurement of stream periphyton. **Limnol. Oceanogr.**, v. 5, n. 2, p. 190-94, 1960.

GUARIENTO, R. D.; CALIMAN, A.; ESTEVES, F. A.; ENRICH-PRAST, A.; BOZELLI, R. L.; FARJALLA, V. F. Substrate-mediated direct and indirect effects on periphytic biomass and nutrient content in a tropical coastal lagoon, Rio de Janeiro, Brazil. **Acta Limnol.Bras.**, v. 19, p. 331-340, 2007.

GUERRERO, J. M.; ECHENIQUE, R. O. *Discostella* taxa (Bacillariophyta) from the rio Limay basin (northwestern Patagonia, Argentina). **Eur. J. Phycol.**, v. 41, p. 83-96, 2006.

GUEVARA-CARDONA, G.; REINOSO-FLÓREZ, G.; VILLA-NAVARRO, F. Comunidad de invertebrados del perifiton del río Combeima (Tolima, Colombia). **Revista Tumbaga**, Tolima, v. 1, n. 1, p. 43-54, 2006.

HAACK, T. K.; MCFETERS, G. A. Microbial dynamics of an epilithic mat community in a high alpine stream. **Applied and Environmental Microbiology**, Washington, v. 243, n. 3, p. 702-707, Mar. 1982.

HAASE, J; COBALCHINI, M. S.; LEITE, E. H.; PINEDA, M. D.; SILVA, M. L. C. Questionamento da aplicabilidade da resolução CONAMA 20/86. In: FEPAM. **Relatório final**. Porto Alegre: Fundação Estadual de Proteção Ambiental Henrique Luís Roessler, RS, 1997.

HAGLUND, A. L.; HILLEBRAND, H. The effect of grazing and nutrient supply on periphyton associated bacteria. **FEMS Microbiology Ecology**, v. 52, n. 1, p. 31-41, Mar. 2005.

HÅKANSSON, H. A compilation and evaluation of species in the genera Stephanodiscus, Cyclostephanos and Cyclotella with a new genus in the family Stephanodiscaceae. **Diatom Research**, Bristol, v. 17, n. 1, p. 1-139, 2002.

HALL-STOODLEY, L.; COSTERTON, J. W.; STOODLEY, P. Bacterial Biofilms: from the Natural Environment to Infectious Diseases. **Nature Reviews Microbiology**, London, v. 2, p. 95-108, Feb. 2004.

HAMILTON, P. B.; SIVER, P. A. The type for *Fragilaria lancettula* Schumann 1867 and transfer to the genus *Punctastriata* as *P. lancettula* (Schum.) Hamilton & Siver comb. nov. **Diatom Res.**, v. 23, n. 2, p. 355–365, 2008.

HAMILTON, P. B.; POULIN, M.; CHARLES, D. F.; ANGELL, M. Americanarum Diatomarum Exsiccata: CANA, Voucher Slides from Eight Acidic Lakes in Northeastern North America. **Diatom Res.**, v. 7, n. 1, p. 25-36, 1992.

HANN, B. J. Invertebrate grazer-periphyton interations in a eutrophic marsh pond. **Freshwater Biology**, Oxford, v. 26, n. 1, p. 87-96, Aug. 1991.

HANN, B. J.; MUNDY, C. J.; GOLDSBOROUGH, L. G. Snail-periphyton interation in a prairie lacustrine wetland. **Hydrobiologia**, Den Haag, v. 457, n. 1-3, p. 167-175, Aug. 2001.

HANSSON, L. A. Effects of competitive interactions on the biomass development of planktonic and periphytic algae in lakes. **Limnol. Oceanogr.**, v. 33, n. 1, p. 121-128, 1988.

HANSSON, L. A. The role of food chain composition and nutrient avalability in shaping algal biomas development. **Ecology**, v. 73, p. 241-247, 1992.

HARPER, J. L. **Population biology of plants**. London: Academic Press, 1977. 892 p.

HAVENS, K. E. H.; EAST, T. L.; RODUSKY, A.; SHARFSTEIN, B. Littoral periphyton responses to nitrogen and phosphorus: na experimental study in a subtropical lake. **Aquatic Botany**, Amsterdam, v. 63, n. 3/4, p. 267-290, Apr. 1999.

HAVENS, K. E.; EAST, T. L. E.; MEEKER, R. H.; DAVIS, W. P.; STEINMAN, A. D. Phytoplankton and periphyton responses to in situ experimental nutrient enrichment in a shallow subtropical lake. **Journal of Plankton Research**, New York, v. 18, n. 4, p. 551-566, 1996.

HAVENS, K. E.; EAST, T. L.; RODUSKY, A. J.; SHARFSTEIN, B. Littoral periphyton responses to nitrogen and phosphorus: an experimental study in a subtropical lake. **Aquatic Botany**, Amsterdam, v. 63, n. 3-4, p. 267-290, Apr. 1999.

HEAD, I. M.; SAUNDER, J. R.; PICKUP, R. W. Microbial evolution, diversity and ecology: a decade of ribosomal RNA analysis of uncultivated micro-organisms. **Microbial Ecology**, New York, v. 35, n. 1, p. 1-21, Jan. 1998.

HECKMAN, C. W. Ecosystem dynamics in the Pantanal of Mato Grosso, Brazil. **Verh. Internat. Verein Limnol.**, v. 26, p. 1343-1347, 1998.

HEINO, J. Are indicator groups and cross-taxon congruence useful for predicting biodiversity in aquatic ecosystems? **Ecol. Indic.**, 2010, v. 10, p. 112-117.

HELLAWELL, J. M. **Biological indicators of freshwater pollution and environmental management**. New York: Elsevier, 1986.

HENGGE, R. Principles of c-di-GMP signalling in bacteria. **Nature Reviews Microbiology**, London, v. 7, n. 4, p. 263-273, Apr. 2009.

HERMANY, G.; LOBO, E. A.; SCHWARZBOLD, A.; OLIVEIRA, M. A. Ecology of the epilithic diatom community in a low-order stream system of the Guaíba hidrographical region: subsidies to the environmental monitoring of southern brazilian aquatic systems. **Acta Limnologica Brasiliensia**, v.18, p. 9-27, 2006.

HERMANY, G.; SCHWARZBOLD, A.; LOBO, E. A.; OLIVEIRA, M. A. Ecology of the epilithic diatom community in a low-order stream system of the Guaíba hydrographical region: subsidies to the environmental monitoring of southern Brazilian aquatic systems. **Acta Limnologica Brasiliensia**, São Paulo, v. 18, n. 1, p. 25-40, 2006.

HILL, B. H.; HERLHY, A. T.; KAUFMANN, P. R, STEVENSON, R. J., McCORMICK, F. H.; JOHNSON, C. B. Use of periphyton assemblage data as an index of biotic integrity. **Journal of the North American Benthological Society**, v. 19, p. 50-67, 2000.

HILL, W. Effects of light. In: STEVENSON, R. J., BOTHWELL, M. L.; LOWE, R. L. (Eds.) **Algal Ecology**: Freshwater Benthic Ecosystems. San Diego: Academic Press.1996, p 121-148.

HILLEBRAND, H.; SOMMER, U. Diversity of benthic microalgae in response to colonization time and eutrophication. **Aquatic Botanic**, v. 67, p. 221-223, 2000.

HILLEBRAND, H. Meta-analysis of grazer control of periphytonbiomassa across aquatic ecosystems. **Journal of Phycology**, New York, v. 45, n. 4, p. 798-806, Aug. 2009.

HILLEBRAND, H.; DÜRSELEN, C. D.; KIRSCHTEL, D.; POLLINGHER, U.; ZOHARY, T. Biovolume calculation for pelagic and benthic microalgae. **J.Phycol.**, v. 35, p. 403-424, 1999.

HILLEBRAND, H.; KAHLERT, M. Effect of grazing and nutrient supply on periphyton biomass and nutrient stoichiometry in habitats of different productivity. **Limnology and Oceanography**, Waco, v. 46, n. 8, p. 1881-1898, Nov. 2001.

HILTON, J; O'HARE, M.; BOWES, M. J.; JONES, J. I. How green is my river? A new paradigm of eutrophication in rivers. **Science of the Total Environment**, v. 365, p. 66-83, 2006.

HIRSCH, P.; PANKRATZ, S. H. Study of bacterial populations in natural environments by use of submerged electron microscope grids. **Z. Allg. Mikrobiol.**, v. 10, p. 589-605, 1970.

HO, S. C. Periphyton production in a tropical low land stream polluted by inorganic sediments and organic wastes. **Archic. Hydrobiol.**, v. 77, n. 4, p. 458-74, 1976.

HO, S. C. **Structure, species diversity and primary production of epiphytic algal communities in the Schiihsee (Holstein) West-Germany.** Universidade de Kiel. 1979. [Tese de Doutorado].

HOAGLAND, K. D.; ROEMER, S. C.; ROSOWSKI, J. R. Colonization and community structure of two periphyton assemblages, with emphasis on the diatoms (Bacillariophyceae). **Am. J. Bot.**, v. 69, p. 188-213, 1982.

HOAGLAND, K. D.; ZLOTSKI, A.; PETERSON, C. G. The source of algal colonizer on rock substrates in a freshwater impoudment. In: EVANS, L. V.; HOAGLAND, K. D. (Eds.). **Algal biofouling**. Amsterdan: Elsevier Science, 1986. p. 21-39.

HODOKI, Y. Effects of solar ultraviolet radiation on the periphyton community in lotic systems: comparison of attached algae and bacteria during their development. **Hydrobiologia**, Den Haag, v. 534, n. 1-3, p. 193-204, Feb. 2005.

HOEK, C. van den; MANN, D. G.; JAHNS, H. M. Algae. **An introduction to phycology**. Cambridge: Cambridge University Press, 1995; 623 p.

HOLMES, R. W.; NAGASAWA, S.; TAKANO, H. Themorphology and geographic distribution of epidermal diatoms of the Dall's porpoise (Phocoenoides dalli True) in the Northern Pacific Ocean. **Bull. Nat. Sci. Mus.**, v. 19, p.1-18, 1993.

HOLMES,R. W.; NAGASAWA, S. Bennettella constricta (Nemoto) Holmes and Bennettella berardii sp. nov. (Bacillariophyceae; Chrysophyta) as observed on the skin of several cetacean species. **Bull. Nat. Sci. Mus.**, Series B, v. 21, n.1, p. 29-43, 1995.

HOLM-HANSEN, O.; PAERL, H. H. The applicability of ATP determination for estimation of microbial biomass and metabolic activity. **Mem. Ist. Ital. Idrobiol.**, 29 Suppl., p. 149-68, 1972.

HOOTSMANS, M. J. M.; BLINDOW, I. Allelopathic limitation of algal growth by macrophytes. In: VAN VIERSSEN, W.; HOOTSMANS, M. J. M.; VERMAAT, J. (Eds.). **Lake Veluwe a macrophyte dominated system under eutrophication stress.** Dordrecht: Kluwer Academic Publishers, 1994. p. 175-192.

HORNER, R. R.; WELCH, E. B.; VEENSTRA, R. B. Development of nuisance periphytic algae in laboratory streams in relation to enrichment and velocity. In: WETZEL, R. G. (Ed.). **Periphyton of freshwater Ecosystems**. Dordrecht: Dr. W. Junk Publishers, 1983. p. 121-134. (Developments in Hidrobiology, 17).

HOUK, V.; KLEE, R. Atlas of freshwater centric diatoms with a brief key and descriptions II. Melosiraceae and Aulacoseiraceae. **Fottea, Supplement**, v. 7, n. 2 p. 85-255, 2007.

HOUK, V.; KLEE, R. The stelligeroid taxa of the genus *Cyclotella* (Kützing) Brébisson (Bacillariophyceae) and their transfer into the new genus *Discostella* gen. nov. **Diatom Res.**, v. 19, n. 2, p. 203-228, 2004.

HOUK, V. Atlas of freshwater centric diatoms with a brief key and descriptions. Part I. Melosiraceae, Orthoseiraceae, Paraliaceae and Aulacoseiraceae. In: POULÍCKOVÁ, A. (Ed.). **Czech Phycology, Supplement**, v. 1, p. 1-111, 2003.

HOUK, V. Some morphotypes in the "*Orthoseira roeseana*" complex. **Diatom Res.**, v. 8, n. 2, p. 385-402, 1993.

HOUK, V.; KLEE, R.; TANAKA, H. Atlas of freshwater centric diatoms III. *Cyclotella, Tertiarius, Discostella*. **Fottea, Supplement**, v. 10, p. 1-498, 2010.

HUBER-PESTALOZII, G. Das phytoplankton des süßwasser systematik und biologie (Diatomeen). In: THIENEMANN, A. (Ed.). **Die Binnengewässer**. Stuttgart: E Schweizerbart'sche Verlag, 1942. v. 16, n. 2, p. 367-549.

HUCHETTE, S. M. H.; BEVERIDGE, M. C. M.; BAIRD, D. J.; IRELAND, M. The impacts of grazing by tilápias Oreochromisniloticus L. on periphyton communities growing on artificial substrates in cages. **Aquaculture**, Amsterdam, v. 186, n. 1-2, p. 45-60, Jun. 2000.

HUNTER, D. R.; RUSSELL-HUNTER, W. D. Bioenergetic and community changes in intertidal aufwuchs grazed by Littorinalittorea. **Ecology**, New York, v. 64, n. 4, p. 761-769, 1983.

HUNTER, P. The mob response. **EMBO Reports**, London, v. 9, n. 4. p. 314-317, 2008.

HURLBERT, S. H. Pseudoreplication and the design of ecological field experiments. **Ecological Monographs**, v. 54, p. 187-211, 1984.

HUSTEDT, F. Bacillariophyta (Diatomeae). In: PASCHER, A. (Ed.). **Die Süßwasser-Flora Mitteleuropa**. Jena: G. Fischer, 1930. v. 10, p. 1-468.

HUSTEDT, F. Die Kieselalgen. In: RABENHORST, L. (Ed.). **Kryptogamen-Flora**. Leipzig: Akademische Verlagsgesellschaft, v. 7, pt. 1-3, p.1-816, 1927-1966.

HUSZAR, V. L. M.; BICUDO, D. C.; GIANI, A.; FERRAGUT, C.; MARTINELLI, L. A.; HENRY, R. Subsídios para compreensão sobre a limitação de nutrientes ao crescimento do fitoplâncton e perifíton em ecossistemas continentais lênticos no Brasil. In: ROLAND, F.; CÉSAR, D.; MARINHO, M. **Lições de limnologia**. São Carlos: RiMa Editora, 2005. p. 243-260.

HUTCHINSON, G. E. **A treatise on limnology, volume 4**: the zoobenthos. New York: John Wiley & Sons, 1993. 944 p.

HUTCHINSON, G. E. **A treatise on limnology**. Vol. III. Limnological botany. New York: John Wiley & Sons, Interscience, 1975. 660 p.

JACKSON, C. R.; CHURCHILL, P. F.; RODEN, E. E. Successional changes in bacterial assemblage structure during epilithic biofilm development. **Ecology**, New York, v. 82, n. 2, p. 555-566, Feb. 2001.

JACOBY, J. M. Alterations in periphyton characteristics due to grazing in a Cascade foothill stream. **Freshwater Biology**, Oxford, v. 18, n. 3, p. 495-508, Dec. 1987.

JAHN, R.; MANN, D. G.; EVANS, K. M.; POULICKOVÁ, A. The identity of *Sellaphora bacillum* (Ehrenberg) D. G. Mann. **Fottea**, v. 8, n. 2, p. 121-124, 2008.

JASSER, I. The influence of macrofites on a phytoplankton community experimental conditions. **Hydrobiol.**, v. 306, p. 21-32, 1995.

JAX, K. Investigations on succession and long-term dynamics of Testacea Assemblages (Protozoa: Rhizopoda) in the *Aufwuchs* of small bodies of water. **Limnologica**, Berlim, v. 22, n. 4, p. 299-328, 1992.

JAX, K. The influence of substratum age on patterns of protozoan assemblages in freshwater Aufwuchs - a case study. **Hydrobiologia**, Den Haag, v. 317, n. 3, p. 201-208, jan. 1996.

JAX, K. On functional attributes of testate amoebae in the succession of freshwater Aufwuchs. **European journal of protistolology**, Jena, v. 33, n. 2, p. 219-226, Jun. 1997.

JEPPESEN, E.; JENSEN, J. P.; SONDERGAARD, M.; LAURIDSEN, T.; LANDKILDEHUS, F. Trophic structure, species richness and biodiversity in Danish lakes: changes along a phosphorus gradient. **Freshwater Biology**, v. 45, p. 201-218, 2000.

JESPERSEN, A.; CHRISTOFFERSEN, K. Measurements of chlorophyll-a from phytoplankton using ethanol as extraction solvent. **Archievesfut Hydrobiologie**, v. 109, p. 445-454, 1987.

JOHNSON, R. K.; WIEDERHOLM, T.; ROSEMBERG, D. M. Freshwater biomonitoring using individual organisms, populations, and species assemblages of benthic macroinvertebrates. In: ROSEMBERG, D. M.; RESH, V. H. (Eds.). **Freshwater biomonitoring and benthic macroinvertebrates**. New York: Chapman & Hall, 1993. cap. 4, p. 40-158.

JONES, S.E.; LOCK, M. A. Seasonal determinations of extracellular hydrolytic activities in heterotrophic and mixed heterotrophic/autotrophic biofilms from two contrasting rivers. **Hydrobiologia**, Den Haag, v. 257, n. 1, p. 1-16, Apr. 1993.

JOSÉ DE PAGGI, S. B. Diversidad de rotíferos Monogononta del litoral fluvial argentino. **INSUGEO**, v. 12, p. 185-194, 2004.

JULIO-JUNIOR, H. F.; THOMAZ, S. M.; AGOSTINHO, A. A.; LATINI, J. D. Distribuição e caracterização dos reservatórios. In: RODRIGUES,L.; THOMAZ S. M,; AGOSTINHO A. A.; GOMES L. C. (Eds.). **Biocenoses em reservatórios**: padrões espaciais e temporais. São Carlos: RiMa Editora, 2005. p. 1-16.

JÜTTNER, I.; SHARMA, S.; DAHAL, B. M.; ORMEROD, S. J.; CHIMONIDES, P. J.; COX, A. E. J. Diatoms as indicators of streams quality in the Kathmandu Valley an Middle Hills of Nepal and India. **Freshwater Biology**, v. 48, p. 2065-2084, 2003.

KARTHICK, B; KOCIOLEK, J. P. Four new centric diatoms (Bacillariphyceae) from the Western Ghats, South India. **Phytotaxa,** v. 22, p. 25-40, 2011.

KATOH, K. A comparative study on some ecological methods of evaluation of water pollution. **Environmental Science**, Tokyo, 1992, v. 5, n. 2, p. 91-98.

KATOH, K. Spatial and seasonal variation of diatom assemblages composition in a partly polluted river. **Japanese Journal of Limnology,** Tokyo, 1991, v. 52, p. 229-239.

KELLY M. G.; JUGGINS, S.; GUTHRIE, R.; PRITCHARD, S.; JAMIESON, J.; RIPPEY, B.; HIRST, H.; YALLOP, M. Assessment of ecological status in U.K. rivers using diatoms. **Freshwater Biology**, Oxford, v. 53, n. 2, p. 403-422, 2008.

KELLY M. G.; WHITTON B. A. Comparative performance of benthic diatom indices used to assess river water quality. **Hydrobiologia**, Den Haag, v. 302, n. 3, p. 79-188, Apr. 1995.

KELLY, M. G. **Identification of common benthic diatoms in rivers.** Shrewsbury: Field Studies, 2000, v. 9, p. 583-700.

KELLY, M. G. Use of diatom to monitor eutrophication in UK rivers. **Algas, Boletín de la Sociedad Española de Ficología**, [Madrid], n. especial Bioindicadores y monitorización, p. 19-28, Sep. 2005.

KELLY, M. G. Use of the trophic diatom index to monitor eutrophication in rivers. **Water Research**, Amsterdam, v. 32, p. 236-242, Jan. 1998.

KELLY, M. G. et al. Recommendations for the routine sampling of diatoms for water quality assessment in Europe. **J. App. Phycol.**, v. 10, p. 215-224,1998.

KEMPNER, E. S.; HANSON, F. E. Aspects of light production by Photobacterium fischeri. **Journal of Bacteriology**, Washington, v. 95, n. 3, p. 975-979, Mar. 1968.

KEWERN, N. R.; WILHM, J. L.; VAN DYNE, G. M. Use of artificial substrata to estimate the productivity of periphyton. **Limnol. Oceanogr**. v. 11, p. 499-502, 1966.

KIEL, E. Effects of *Aufwuchs* on colonization by simuliids (Simuliidae, Diptera). **International Review of hydrobiology**, Berlim, v. 81, n. 4, p. 565-576, 1996.

KILROY, C.; SABBE, K.; BERGEY, EA.; VYVERMAN, W.; LOWE, R. New species of *Fragilariforma* (Bacillariophyceae) from New Zealand and Australia. **New Zeal. J. Bot.**, v. 41, p. 535-554, 2003.

KIM, J. H.; CHOI, C. M.; KIM, S. B.; KWUN, S. K. Water quality monitoring and multivariate statistical analysis for rural streams in South Korea. **Paddy Water Environ.** v. 7, p.197–208, 2009.

KIRCHMAN, D. L.; DITTEL, A. I.; FINDLAY, S.; FISCHER D. T. Changes in bacterial activity and community structure in response to dissolved organic matter in the Hudson River, New York. **Aquatic Microbial Ecology**, Paris, v. 35, n. 3, p. 243–257, 2004.

KIRCHMAN, D.; KNEES, E.; HODSON, R. Leucine incorporation and its potential as a measure of protein synthesis by bacteria in natural aquatic systems. **Applied and Environmental Microbiology**, Washington, v. 49, n. 3, p. 599-607, Mar. 1985.

KIRKPATRICK, C. L.; VIOLLIER, P. H. Reflections on a sticky situation: how surface contact pulls the trigger for bacterial adhesion. **Molecular Microbiology**, Oxford, v. 83, n. 1, p. 7-9, Jan. 2012.

KOBAYASI, H.; MAYAMA, S. Evaluation of river water quality by diatoms. **The Korean Journal of Phycology**, Tokyo, 1989, v. 4, p.121-133.

KOBAYASI, H.; MAYAMA, S. Most pollution tolerant diatoms of severely polluted rivers in the vicinity of Tokyo. **Japanese Journal of Phycology**, Tokyo, v. 30, p. 188-196, 1982.

KOBAYASI, H.; MAYAMA, S.; ASAI, K.; NAKAMURA, S. Occurrence of diatom collected from variously polluted rivers in Tokyo and its vicinity, with special reference to the correlation between relative frequency and BOD_5. **Bulletin of the Tokyo Gakugei**. Tokyo, University Section 4, v. 37, p. 21-46. 1985. [em Japônes].

KOCIOLEK, J. P.; SPAULDING. S. A. Freshwater diatom biogeography. **Nova Hedwigia**, Weinheim, v. 71, p. 223-241, 2000.

KOCIOLEK, J. P.; LYON, D.; SPAULDING, S. Revision of the South American species of *Actinella*. In: JANH, R.; KOCIOLEK, J. P.; WITKOWSKI, A.; COMPÈRE, P. (Eds.). **Lange-Bertalot-Festschrift**, Studies on Diatoms dedicated to Dr. Dr. h.c. Horst Lange-Bertalot on the occasion of his 65th birthday. Ruggell: A.R.G. Gantner Verlag K.G., 2001. p. 131-186.

KOLKWITZ, R. **Ökologie der saprobien**: schriftenreihe des vereins fur wasser- boden- und lufthygiene, 1950, v. 4, 64p.

KOLKWITZ, R.; MARSSON, M. **Ökologie der tierischen saprobien**: beiträge zur lehre von des biologischen gewasserbeurteilung. Leipzig: Internationale Revue der gesamten **Hydrobiologie**, v. 2, p. 126-152, 1908.

KOSTE, W.; SHIEL, R. J. Rotifera drom Australian Inland waters. VII. Notommatidae (Rotifera: Monogononta). **Transactions of the Royal Society of South Australia.**, Adelaide, v. 115, p. 111-159, 1991.

KRAMMER, K.; LANGE-BERTALOT, H. Bacillariophyceae: Achnanthaceae. Kritische Ergänzungen zu *Navicula* (Lineolatae) und *Gomphonema*. In: ETTL, H.; GERLOFF, J.; HEYNIG, H.; MOLLENHAUER, D. (Eds.). **Süßwasserflora von Mitteleuropa**. Sttugart & Jena: G. Fischer, v. 2, pt. 4, p. 1-437, 1991b.

KRAMMER, K.; LANGE-BERTALOT, H. Bacillariophyceae: Bacillariaceae, Epithemiaceae, Surirellaceae. In: ETTL, H.; GERLOFF, J.; HEYNIG, H.; MOLLENHAUER, D. (Eds.).

Süßwasserflora von Mitteleuropa. Sttugart & New York: G. Fischer, v. 2, pt. 2, p. 1-596, 1988.

KRAMMER, K.; LANGE-BERTALOT, H. Bacillariophyceae: Centrales, Fragilariaceae, Eunotiaceae. In: ETTL, H.; GERLOFF, J.; HEYNIG, H.; MOLLENHAUER, D. (Eds.). **Süßwasserflora von Mitteleuropa**. Sttugart & Jena: G. Fischer, v. 2, pt. 3, p.1-576, 1991a.

KRAMMER, K.; LANGE-BERTALOT, H. Bacillariophyceae: Naviculaceae. In: In: ETTL, H.; GERLOFF, J.; HEYNIG, H.; MOLLENHAUER, D. (Eds.) **Süßwasserflora von Mitteleuropa**. Sttugart & New York: G. Fischer, v. 2, pt. 1, p. 1-876, 1986.

KRAMMER, K. *Cymbella*. In: LANGE-BERTALOT, H. (Ed.). **Diatoms of Europe**: Diatoms of the European Inland Waters and Comparable Habitats. Ruggell: A.R.G. Gantner Verlag K.G., 2002. v. 3, p.1-584.

KRAMMER, K. Diatoms of the European inland waters and comparable habitats. *Cymbopleura, Delicata, Navicymbula, Gomphocymbellopsis, Afrocymbella*. In: LANGE-BERTALOT, H. (ed). **Diatoms of Europe**: Diatoms of the European Inland Waters and Comparable Habitats. Königstein: A.R.G. Gantner Verlag K.G., 2003. v. 4, p. 1-584.

KRAMMER, K. Die cymbelloiden Diatomeen: eine monographie der weltweit bekannten taxa. I. Allgemeines und *Encyonema* Part. **Biblioth. Diatomol.**, v. 36, p. 1-382, 1997a.

KRAMMER, K. Die cymbelloiden Diatomeen: eine monographie der weltweit bekannten taxa. II. *Encyonema* Part., *Encyonopsis* und *Cymbellopsis*. **Biblioth. Diatomol.**, v. 37, p. 1-469, 1997b.

KRAMMER, K. Gibberula-group in the genus *Rhopalodia* O. Müller (Bacillariophyceae). II. Revision of the group and new taxa. **Nova Hedwigia**, v. 47, n. 1-2, p. 159-206, 1988.

KRAMMER, K. Morphologic and taxonomic investigations of some freschwaters species of the diatom genus *Amphora* Her. **Bacil.**, v. 3, p. 197-226, 1980.

KRAMMER, K. *Pinnularia* eine monographie der europäischen taxa. **Biblioth. Diatomol.**, v. 26, p. 1-353, 1992.

KRAMMER, K. The genus *Pinnularia*. In: LANGE-BERTALOT, H. (Ed.). **Diatoms of Europe**: Diatoms of the European Inland Waters and Comparable Habitats. Ruggell: A.R.G. Gantner Verlag K.G., 2000. v. 1, p. 1-703.

KRAMMER, K. Valve morphology and taxonomy in the genus *Stenopterobia* (Bacillariophyceae). **Diatom Res.**, v. 24, n. 3, p. 237-243, 1989.

KRAMMER, K.; LANGE-BERTALOT, H. **Bacillariophyceae 2. Bacillariaceae, Epithemiaceae, Surirellaceae. Sußwasserflora von Mitteleuropa.2a** 2. ed. Stuttgart: Fischer Verlag, 1988. 610p.

KRAMMER, K.; LANGE-BERTALOT, H. Bacillariophyceae 3. Centrales, Fragilariaceae, Eunotiaceae. In: ETTL, J; GERLOFF; HEYNING, H.; MOLLENHAUER, D. (Eds.). **Sußwasserflora von Mitteleuropa**. Stuttgart: Gustav Fisher Verlag, 1991a. 576 p.

KRAMMER, K.; LANGE-BERTALOT, H. Bacillariophyceae 4. Achnanthaceae. Kritische Ergänzungen zu Navicula (Linolatae) und Gomphonema. In: ETTL, J; GERLOFF; HEYNING, H.; MOLLENHAUER, D. (Eds.). **Sußwasserflora von Mitteleuropa**. Stuttgart: Gustav Fisher Verlag, 1991b. 437 p.

KREBS, C. J. **Ecological methodology**. Menlo Park: Addisson Wesley Longman, 1999. 620p.

KRIVTSOV, V.; BELLINGER, E. G.; SIGEE, D. C. Changes in the elemental composition of *Asterionella formosa* during the diatom spring bloom. **J. Plank. Res.**, v. 22, n. 1, p. 169-184, 2000.

KUCZYNSKA-KIPPEN, N. M.; NAGENGAST, B. The influence of the spatial structure of hydromacrophytes and differentiating hábitat on the structure of rotifer and cladoceran communities. **Hydrobiologia**, Den Haag, v. 559, n. 1, p. 203-212, Apr. 2006.

KULIKOVSKIY, M.; LANGE-BERTALOT, H.; WITKOWSKI, A.; DOROFEYUK, N. I. Morphology and taxonomy of selected cymbelloid diatoms from a Mongolian *Sphagnum* ecosystem with a description of three species new to science. **Fottea**, v. 9, n. 1, p. 223-232, 2009.

KULIKOVSKIY, M.; LANGE-BERTALOT, H.; WITKOWSKI, A.; DOROFEYUK, N. I.; GENKAL, S. I. Diatom assemblages from *Sphagnum* bogs of the World. I. Nur bog in northern Mongolia. **Biblioth. Diatomol.**, v. 55, p. 1-326, 2010.

KULIKOVSKIY, M. S. Distribution and morphology of certain species from genera *Mayamaea* Lange-Bertalot and *Fistulifera* Lange-Bertalot (Bacillariophyta). **Intern. J. Algae**, v. 8, n. 4, p. 323-337, 2006.

LACOSTE DE DÍAZ, E. N. Desmidiaceae en Utricularia foliosa L. **Lilloa**, v. 35, n. 31, p. 67-83, 1981.

LAKATOS, G. Comparative analysis of biotecton (Periphyton) samples collected from natural substrate in waters of different trophic state. **Acta Bot. Acad. Scientiarum Hungaricae**, v. 24, p. 285-299, 1978.

LALONDE, S.; DOWNING, J. A.Epiphyton biomass is related to lake trophic status, depth and macrophyte architecture. **Canadian Journal of Fisheries and Aquatic Sciences**,Ottawa, v. 48, n. 11, p. 2285-2291, Nov. 1991.

LAM, P. K.; LEI, A. Colonization of periphytic algae on artificial substrates in a tropical stream. **Diatom Res.**, v. 14, n. 2, p. 307-322, 1999.

LAMBERTI, G. A. The role of periphyton in benthic food webs. In: STEVENSON, R. J.; BOTHWELL, M. L.; LOWE, R. L. (Eds.). **Algal ecology**: freshwater benthic ecosystems. San Diego: Academic Press, 1996. p. 533-572.

LAMBERTI, G. A. The role of periphyton in benthic food webs. In: STEVENSON, R. J.; BOTHWELL, M. L.; LOWE, R. L. (Orgs.). **Algal ecology**: freshwater benthic ecosystems. Aquatic ecology series. San Diego: Academic Press, 1996. p. 533-564.

LAMBERTI, G. A.; RESH, V. H. Stream periphyton and insect herbivores: an experimental study of grazing by a caddisfly population. **Ecology,** New York, v. 64, n. 5, p. 1124-1135, Oct. 1983.

LAMBERTI, G. A.; RESH, V. H. Comparability of introduced tiles and natural substrates for sampling lotic bacteria, algae and macroinvertebrates. **Freshwater Biol.**, v. 15, p. 21-30, 1985.

LAMPERT, W.; SOMMER, U. 2. ed. **Limnoecology**. New York: Oxford University Press, 2007. 324 p.

LANCELLE, H. R.; LONGONI, C.; RAMOS, A. O.; CÁCERES, J. R. Caracterización físico-química de ambientes acuáticos permanentes y temporarios del Chaco Oriental. **Ambiente Subtropical**, v. 1, p. 73-91, 1986.

LANDRY, D.; DOUSSET, S; ANDREUX, F. Laboratory leaching studies of oryzalin and diuron through three undisturbed vineyard soil columns. **Chemosphere**, v. 54, p. 734-742, 2004.

LANDUCCI, M.; LUDWIG, T. A. V. Diatomaceas de rios da bacia hidrografica Litoranea, PR, Brasil: Coscinodiscophyceae e Fragilariophyceae. **Acta Bot. Bras.**, v. 19, n. 2, p. 345-357, 2005.

LANE, C. M., TAFFS, K. H.; CORFIELD, J. L. A comparison of diatom community structure on natural and artificial substrata. **Hydrobiologia**, v. 493, p. 65-79, 2003.

LANGE-BERTALOT, H. New species, combinations and synonyms in the genus Nitzschia. **Bacillaria**, Bristol, v. 3, p.41-77, 1980.

LANGE-BERTALOT, H.; GENKAL, S. I. Diatoms from Siberia I. Islands in the Artic Ocean (Yugorsky-Shar-Strait). In: LANGE-BERTALOT, H. (Ed.). **Iconogr. Diatomol.**, Vaduz: A.R.G. Gantner Verlag K.G., 1998. v. 6, p. 1-271.

LANGE-BERTALOT, H.; JAHN, R. On the identity of *Navicula* (*Frustulia*) *rhomboides* and *Frustulia saxonica* (Bacillariophyceae). **Syst. Geogr. Pl.**, n. 70, p. 255-261, 2000.

LANGE-BERTALOT, H.; METZELTIN, D. Oligotrophie-Indikatoren. 800 Taxa repräsentativ für drei diverse Seen-Typen, kalkreich - oligodystroph - schwach gepuffertes Weichwasser. In: LANGE-BERTALOT, H. (Ed.). **Iconogr. Diatomol.**, Königstein: Koeltz Scientific Books, 1996. v. 2, p. 1-390.

LANGE-BERTALOT, H.; MOSER, G. *Brachysira*, monographie der gattung. **Biblioth. Diatomol.**, v. 29, p. 1-212, 1994.

LANGE-BERTALOT, H.; SIMONSEN, R. A taxonomic revision of the *Nitzschiae lanceolatae* Grunow. **Bacil.**, v. 1, p. 11-111, 1978.

LANGE-BERTALOT, H. 85 new taxa and much more than 100 taxonomic clarifications supplementary to Süßwasserflora von Mitteleuropa. **Biblioth. Diatomol.**, v. 27, n. 2, p. 1-454, 1993.

LANGE-BERTALOT, H. **Diatoms of Europe, Volume 2**: Navicula Sensu Stricto, 10 genera separated from Navicula Sensu Lato, Frustulia. Königstein: Koeltz Scientific Books, 2001. 526 p.

LANGE-BERTALOT, H. *Frankophila*, *Mayamaea* und *Fistlufera*: drei neue Gattungen der Klasse Bacillariophyceae. **Arch. Protist.**, v. 148, p. 65-76, 1997.

LANGE-BERTALOT, H. *Kobayasia bicuneus* gen. et spec. nov. In: LANGE-BERTALOT, H. (Ed.). **Iconogr. Diatomol.**, Koenigstein: Koeltz, v. 4, p. 277-287, 1996.

LANGE-BERTALOT, H. *Navicula* sensu stricto. 10 genera separated from *Navicula* sensu lato *Frustulia*. In: LANGE-BERTALOT, H. (Ed.). **Diatoms of Europe**: Diatoms of the European Inland Waters and Comparable Habitats. Ruggell: A.R.G. Gantner Verlag K.G., 2001. v. 2, p. 1-526.

LANGE-BERTALOT, H. Pollution tolerance of diatoms as a criterion for water quality estimation. **Nova Hedwigia**, Weinheim, v. 64, p. 285-304, 1979.

LANGE-BERTALOT, H.; CAVACINI, P.; TAGLIAVENTI, N.; ALFINITO, S. Diatoms of Sardinia: Rare and 76 new species in rock pools and other ephemeral waters. In: LANGE-BERTALOT, H. (Ed.). **Iconogr. Diatomol.**, Ruggell: A.R.G. Gantner Verlag K.G., 2003, v. 12, p. 1-438.

LANGE-BERTALOT, H.; STEINDORF, A. Rote Liste der limnischen Kieselalgen (Bacillariophyceae) Deutschlands. **Schriftenreihe Vegetationsk.**, [s.l.], v. 28, p. 633-677, 1996.

LANSAC-TÔHA, F.; MACHADO VELHO, L. F.; COSTA BONECKER, C. Influencia de macrófitas aquáticas sobre a estructura da comunidade zooplanctónica. In: THOMAZ, S. M.; BINI L. M. (eds.). **Ecología e manejo de macrófitas aquáticas**. Maringá: EDUEM, 2003. p. 231-242.

LARNED, S. T. A prospectus for periphyton: recent and future ecological research. **Journal of the North American Benthological Society**. Schaumburg, v. 29, n. 1, p. 182-206, Mar. 2010.

LAUGASTE, R.; REUNANEN, M. The composition and density of epiphyton on some macrophyte species in the partly meromictic Lake Verevi. **Hydrobiol.**, v. 547, p. 137-150, 2005.

LAVOIE, I.; VINCENT, W. F.; PIENITZ, R.; PAINCHAUD, J. Benthic algae as bioindicators of agricultural pollution in the streams and rivers of southern Québec (Canada). **Aquatic Ecosyst. Health Manag.**, v. 7, p. 43-58, 2004.

LE COHU, R.; AZÉMAR, F. Les genres *Adlafia, Kobayasiella, Fallacia, Microstatus* et *Naviculadicta* (Bacillariophycées) recensés dans quelques lacs des Pyrénées françaises. **Bull. Soc. Hist. Nat.**, v. 146, p. 5-13, 2010.

LEANDRINI, J. A. **Perifíton – diatomáceas e biomassa – em sistemas semilóticos da planície de inundação do alto rio Paraná**. Maringá: UniversidadeEstadual de Maringá, 2006. [Master thesis in Environmental Sciences].

LEANDRINI, J. A.; RODRIGUES, L. Temporal variation of periphyton biomass in semilotic environment of the upper Paraná river floodplain. **Acta Limnologica Brasiliensia**, Rio Claro, v. 20, n. 1, p. 21-28, 2008.

LEANDRINI, J. A.; FONSECA, I. A.; RODRIGUES, L. Characterization of hábitats based on algal periphyton biomass in the upper Paraná river floodplain. **Brazilian Journal of Biology**, São Carlos, v. 68, n. 4, p. 503-509, Aug. 2008.

LECLERCQ, L. Utilisation de trois indices, chimique, diatomique et biocénotique pour l'évaluation de la qualité de l'eau de la Joncquière, rivière calcaire polluée par le village de Douche (Belgique, Prov. Namur). **Mémoires de la Societée Royale Botanique de Belgique**, Bruxelles, v. 10, p. 26-34, 1988.

LECLERCQ, L.; MAQUET, B. **Deux nouveaux indices chimique et diatomique de qualité d'eau courante**: application au samson et à ses affluents (Bassin de la Meuse Belge); comparison avec d'autres indices chimiques, biocenotiques et diatomiques. Bruxelles: Brussels, Institue Royale de Sciences Naturelles de Belgique, 1987. 113 p. (Documents de travail, 38).

LEDGER, M. E.; HILDREW, A. G. Recolonisation by the benthos of an acid stream following a drought. **Archives fur Hydrobiology**, Stuttgart, v. 152, n. 1, p. 1-17, 2001.

LEFF, L. G.; LEMKE, M. J. Ecology of aquatic bacterial populations: lessons from applied microbiology. **Journal of the North American Benthological Society**, Schaumburg, v. 17, n. 2, p. 261-271, Jun. 1998.

LEITE, E. H.; HAASE, J.; PINEDA, M. D.; SILVA, M. L. C.; COBALCHINI, M. S. Qualidade das águas do Rio Gravataí, período 1992-1994. In: FEPAM. **Relatório Final**. Porto Alegre: FEPAM, 1994.

LEVKOV, Z. *Amphora* sensu lato. In: LANGE-BERTALOT, H. (Ed.). **Diatoms of Europe**: Diatoms of the European Inland Waters and Comparable Habitats. Ruggell: A.R.G. Gantner Verlag K.G., 2009. v. 5, p. 1-916.

LEVKOV, Z.; MIHALIĆ, K. C.; ECTOR, L. A taxonomical study of *Rhoicosphenia* Grunow (Bacillariophyceae) with a key for identification of selected taxa. **Fottea**, v. 10, n. 2, p. 145-200, 2010.

LEWIS, M. A.; WEBER, D. L.; MOORE, J. C. An Evaluation of the Use of Colonized Periphyton as an Indicator of Wasterwater Impact in Near-Coastal Areas of the Gulf of Mexico. **Arch. Environ. Contam. Toxicol**, v. 43, p. 11-18, 2002.

LEWIS, W. M. Primary production in the Orinoco River. **Ecology**, v. 69, n. 3, p. 679-692, 1988.

LI, C. W.; CHING, T. M. The fine structure of the frustule of a centric diatom *Hydrosera triquetra* Wallich. **Brit. Phycol. J.**, v. 12, n. 3, p. 203-213, 1977.

LI, Y. L.; GONG, Z. J., WANG, C. C.; SHEN, J. New species and new records of diatoms from Lake Fuxian, China. **J. Syst. Evol.**, v. 48, n. 1, p. 65-72, 2010.

LIBORIUSSEN, L. **Production, regulation and ecophysiology of periphyton in shallow freshwater lakes**. National Environmental Research Institute. Department of Freshwater Ecology University of Aarhus. Faculty of Science, Denmark. 2003. [PhD thesis]

LIEBMANN, H. **Handbuch der Frischwasser - und Abswasserbiologie**. Michigan: R. Oldenbourg, 1951. 539p.

LINDEMAN, R. L. The trophic-dynamic aspect of ecology. **Ecology,** New York, v. 23, n. 4, p. 399-418, Oct. 1942.

LOBO, E.; BUSELATO-TONIOLLI, T. C. Tempo de exposição de um substrato artificial para o estabelecimento da comunidade do perifíton no curso inferior do Rio Caí, Rio Grande do Sul, Brasil. **Rickia**, v. 12, p. 35-57, 1985.

LOBO, E. A.; BES, D.; TUDESQUE, L.; ECTOR, L. Water quality assessment of the Pardinho River, RS, Brazil, using epilithic diatom assemblages and faecal coliforms as biological indicators. **Vie et Milieu**, v. 53, n 2/3, p. 46-53, 2004a.

LOBO, E. A.; BEN DA COSTA, A. Estudo da qualidade da água do Rio Pardinho, Município de Santa Cruz, Rio Grande do Sul, Brasil. **Tecno-Lógica**, Santa Cruz do Sul, v. 1, n. 1, p. 11-36, 1997.

LOBO, E. A.; BEN DA COSTA, A.; KIRST, A. Avaliação da qualidade da água dos arroios Sampaio, Bonito e Grande, Município de Mato Leitão, RS, Brasil, segundo a resolução do CONAMA 20/86. **Revista Redes**, Santa Cruz do Sul, v. 4, n. 2, p. 129-146, 1999.

LOBO, E. A.; BES, D.; TUDESQUE, L.; ECTOR, L. Water quality assessment of the Pardinho River, RS, Brazil, using epilithic diatom assemblages and faecal coliforms as biological indicators. **Vie et Milieu**, Banyuls-sur-Mer, v. 54, n. 2/3, p. 115-125, 2004c.

LOBO, E. A.; CALLEGARO, V. L. Avaliação da qualidade de águas doces continentais com base em algas diatomáceas epilíticas: Enfoque metodológico. p. 277- 300. In: TUCCI, C. E. M.; MARQUES, D. M. (Eds.). **Avaliação e controle da drenagem urbana**. Ed. Universidade/UFRGS, Porto Alegre: 2000. 558 p.

LOBO, E. A.; CALLEGARO, V. L. M.; HERMANY, G.; BES, D.; WETZEL, C.; OLIVEIRA, M. A. Utilização de algas diatomáceas como indicadores de eutrofização em sistemas aquáticos sul brasileiros. In: WORKSHOP BIOINDICADORES DE QUALIDADE DA ÁGUA, 2004, Jaguariúna. **Anais** ... São Paulo: EMBRAPA, 2004e. CD-Rom.

LOBO, E. A.; CALLEGARO, V. L. M.; OLIVEIRA, M. A.; SALOMONI, S. E.; SCHULER, S.; ASAI, K. Pollution tolerant diatoms from lotic systems in the Jacui Basin, Rio Grande do Sul, Brasil. **Iheringia Série Botânica**, Porto Alegre, v. 47, n. 1, p. 45-2, 1996.

LOBO, E. A.; CALLEGARO, V. L.; BENDER, P. **Utilização de algas diatomáceas epilíticas como indicadoras da qualidade da água em rios e arroios da Região Hidrográfica do Guaíba, RS, Brasil**. Santa Cruz do Sul: EDUNISC, 2002; 127 p.

LOBO, E. A.; CALLEGARO, V. L.; HERMANY, G.; BES, D.; WETZEL, C. E.; OLIVEIRA, M. A. Use of epilithic diatoms as bioindicator from lotic systems in southern Brazil, with special emphasis on eutrophication. **Acta Limnologica Brasiliensia**, São Paulo, São Paulo, v. 16, n. 1, p. 25-40, 2004a.

LOBO, E. A.; CALLEGARO, V. L.; HERMANY, GOMEZ N.; ECTOR, L. Review of the use of microalgae in South America for monitoring rivers, with special reference to diatoms. **Vie et Milieu**, Banyuls-sur-Mer , v. 54, n. 2/3, p. 105-114, 2004b.

LOBO, E. A.; CALLEGARO, V. L.; WETZEL, C. E.; HERMANY, G.; BES, D. Water quality study of Condor and Capivara streams, Porto Alegre municipal district, RS, Brazil, using epilithic diatoms biocenoses as bioindicatos. **Oceanological and Hydrobiological Studies**, Gdanski, v. 33, n. 2, p. 77-93, 1994d.

LOBO, E. A.; KATOH, K.; ARUGA, Y. Response of epilithic diatom assemblages to water pollution in rivers in the Tokyo Metropolitan area. **Freshwater biology**, Oxford, v. 34, n. 1, p. 191-204, Aug. 1995.

LOBO, E. A.; OLIVEIRA. M. A.; DAS NEVES, M. T.; SCHULER, S. Caracterização de ambientes de terras úmidas, no Estado do Rio Grande do Sul, onde ocorrem espécies de anatídeos com valor cinegético. **Acta Biologica Leopoldensia**, São Leopoldo, v. 13, p.19-60, 1991.

LOBO, E. A.; TATSCH, D. B.; SCHULER, S.; DAS NEVES, M. T. Limnologia de áreas inundáveis da Planície Costeira do Rio Grande do Sul, Brasil, onde ocorrem espécies de anatídeos com valor cinegético. **Caderno de Pesquisa**, série Botânica, Santa Cruz do Sul, v. 6, n. 1, p. 25-73, 1994.

LOBO, E. A.; TORGAN, L. C. Análise da estrutura da comunidade de diatomáceas (Bacillariophyceae) em duas estações do sistema Guaíba, Rio Grande do Sul, Brasil. **Acta Botanica Brasilica**, Feira de Santana, v. 1, n. 2, supl. 1, p. 103-119, 1988.

LOBO, E. A.; WETZEL, C. E.; ECTOR, L.; KATOH. K.; BLANCO, S.; MAYAMA, S. Response of epilithic diatom community to environmental gradients in subtropical temperate Brazilian rivers. **Limnetica**, Madrid, v. 29, n. 2, p. 323-340, 2010.

LOBO, E. A.; CALEGARO, V. L. M.; OLIVEIRA, M. A.; SALOMONI, S. F.; SCHULE, N. S.; ASAI, K. Pollution tolerant diatoms from lotic systems in the Jacui Basin, Rio Grande do Sul, Brazil, **Iheringia: série Botânica**, v. 47, p. 45-72, 1996.

LOBO, E. A.; CALLEGARO, V. L. M.; WETZEL, C. E.; HERMANY, G.; BES, D. Water quality study of Condor and Capivara streams, Porto Alegre municipal district, RS, Brasil, using epilithic diatoms biocenoses as bioincators. **Oceanological and Hydrobiological Studies**, v. 33, n. 2, p. 77-93, 2004c.

LOBO, E. A.; SALOMONI, S. E.; ROCHA, O.; CALLEGARO, V. L. Epilithic diatoms as indicatores of water quality in the Gravataí river, Rio Grande do Sul, Brazil. **Hydrobiologia**, v. 559, p. 233-246, 2006.

LOEB, S. L. An in situ method for measuring the primary productivity and standing crop of the epilithic periphyton community in lentic systems. **Limnology and oceanography**, Waco, v. 26, n. 2, p. 394-399, 1981.

LOEB, S. L. An ecological context for biological monitoring. In: LOEB S. L.; SPACIE A. (Eds.). **Biological monitoring of aquatic systems**. Lewis Publishers, Boca Raton, 1992. p. 3-7.

LOGUE, J. B.; BURGMANN, H.; ROBINSON, C. T. Progress in the ecological genetics and biodiversity of freshwater bacteria. **BioScience**, Washington, v. 58, n. 2, p. 103–113, Feb. 2008.

LOPES, C. A.; BENEDITO-CECILIO, E. Variabilidade isotópica (δ13C e δ15N) em produtores primários de ambientes terrestres e de água doce. **Acta scientiarum. Biological sciences**, Maringá, v. 24, n. 2, p. 303-312, 2002.

LÓPEZ, C.; OCHOA, E.; PÁEZ, R.; THEIS, S. Epizoans on a tropical freshwater crustacean assemblage. **Mar. Freshwater Res.**, v. 49, p. 271-276, 1998.

LORENZEN, C. J. A method for the continuous measurement of "in vivo" chlorophyll concentration. **Deep Sea Res.**, v. 13, p. 223-27, 1966.

LOVERDE-OLIVEIRA, S.; NUNES, J. R. S.; SILVA, V. P. Perifíton associado a Eichhornia azurea na Baía do Coqueiro, pantanal mato-Grossense: produtividade e densidade. **Revista Uniciências**, Cuiabá, v. 10, p. 145-158, 2006.

LOWE, R. L. **Environmental requirements and pollution tolerance of freshwater diatoms**. Cincinatti: National Environmental Research Center, 1974. 334p.

LOWE, R. L.; PAN, Y. Benthic algal communities as biological monitors. In: STEVENSON R. J.; BOTHWELL M. L.; LOWE R. L. (Eds.). **Algal ecology**: freshwater benthic ecosystems. Academic Press, San Diego, 1996. p. 705-739.

LOWE, R. L. **Environmental requerimentes and pollution tolerance of freshwater diatoms**. USA: National Environmental Research Center, 1974. 334 p.

LOWE, W. H. Landscape-scale spatial population dynamics in human-impacted stream systems. **Environmental Managements**, New York, v. 30, p. 225-233, Aug. 2002.

LOYOLA, R. D.; DINIZ-FILHO, J. A. F.; BINI, L. M. Obsession with quantity: a view from the south. **Trends Ecol. Evol.**, v. 27, n. 11, p. 585, 2012.

LUDWIG, J. A.; REYNOLDS, J. F. **Statistical ecology**: a primer of methods and computing. Wiley Press, New York, New York, 1988. 337 p.

LUDWIG, T. A. V.; BIGUNAS, P. I. T. Bacillariophyta. p. 391-439. In: BICUDO, C. E. M.; MENEZES, M. (Orgs.). **Gêneros de algas de águas continentais do Brasil**. São Carlos: RiMa Editora, 2ed., 2006. 502 p.

LUDWIG, T. A. V.; FLÔRES, T. L. Diatomoflórula dos rios da região a ser inundada para a construção da usina hidrelétrica de Segredo, Paraná: I. Coscinodiscophyceae, Bacillariophyceae (Achnanthales e Eunotiales) e Fragilariophyceae (*Meridion* e *Asterionella*). **Arq. Biol. Tecnol.**, v. 38, n. 2, p. 631-650, 1995.

LUDWIG, T. A. V.; FLÔRES, T. L. Diatomoflórula dos rios da região a ser inundada para a construção da usina hidrelétrica de Segredo, Paraná: Fragilariophyceae (*Fragilaria* e *Synedra*). **Hoehnea**, v. 24, n. 1, p. 55-65, 1997.

LUDWIG, T. A. V.; FLORES, T. L., MOREIRA-FILHO, H.; VEIGA, L. A. S. Inventário florístico das diatomáceas (Ochrophyta) de lagoas do Sistema Hidrológico do Taim, Rio Grande do Sul, Brasil: Coscinodiscophyceae. **Iheringia, Série Botânica**, v. 59, n. 1, p. 97-106, 2004.

LUDWIG, T. A. V. **Levantamento florístico das diatomáceas (Bacillariophyceae) dos gêneros *Cymbella* e *Gomphonema* do Estado de São Paulo**. Universidade Estadual Paulista – UNESP, Rio Claro, 1997. [PhD thesis in Botany].

LUND, J. W. G.; KIPLING, C.; LE CREN, E. D. The inverted microscope method of estimating algal numbers and statistical basis of estimation by counting. **Hydrobiologia**, n. 11, p. 143-170, 1958.

LUTTENTON, M. R.; BAISDEN, C. The relationships among disturbance, substratum size and periphyton community structure. **Hydrobiologia**, v. 561, p. 111-117, 2006.

MACKERETH, F. J. H.; HERON, J.; TALLING, J. F. **Water analysis**: some revised methods for limnologists. Kendall: Titus Wilson & Son Ltd. 117p. (Freshwater Biological Association Scientific Publication no 36). 1978.

MADIGAN, M. T; MARTINKO, J. M; STAHL, D; CLARK, D. P. **Brock biology of microorganisms**. 13. ed. San Franscisco: Benjamin Cummings Publishers, 2012. 1155 p.

MAILLERET, L.; GOUZÉ, E. J.; BERNARD, E. O. Nonlinear control for algae growth models in the chemostat. **Bioprocess biosystem engineering**, New York, v. 27, n. 5, p. 319-327, Ago. 2005.

MANETTA, G I.; BENEDITO-CECÍLIO, E. Aplicação da técnica de isótopos estáveis na estimative da taxa de turnover em estudos ecológicos: uma síntese. **Acta scientiarum. Biological Sciences**, Maringá, v. 25, n. 1, p. 121-129, 2003.

MANETTA, G. I.; BENEDITO-CECILIO, E.; MARTINELLI, M. Carbon sources and trophic position of the main species of fishes of Baía River, Paraná River Floodplain, Brazil. **Brazilian Journal of Bbiology**, v. 63, n. 2, p. 283-290, 2003.

MANN, D. G. The species concept in diatoms. **Phycologia**, Odense, v. 38, n. 6, p. 437-495 Nov. 1999.

MANN, D. G. The systematics of the *Sellaphora pupula* complex: typification of *S. pupula*. In: JAHN, R.; KOCIOLEK, J. P.; WITKOWSKI, A.; COMPÈRE, P. (Eds.). Lange-Bertalot-Festchrift. **Studies on diatoms**: dedicated to Prof. Dr. Dr. h.c. Horst Lange-Bertalot on the occasion of his 65th birthday. Ruggell: A.R.G. Gantner K.G., 2001. p. 225-241.

MANN, D. G.; EVANS, K. M., CHEPURNOV, V. A.; NAGAI, S. Morphology and formal description of *Sellaphora bisexualis* sp. nov. (Bacillariophyta). **Fottea**, v. 9, n. 2, p. 199-209, 2009.

MANN, D. G. et al. Morphometric analysis, ultrastructure and mating data provide 76 Mann et al.: Revision of the diatom genus *Sellaphora* evidence for five new species of *Sellaphora* (Bacillariophyceae). **Phycol.**, v. 43, p. 459-482, 2004.

MANN, D. G.; THOMAS, S. J.; EVANS, K. M. Revision of the diatom genus *Sellaphora*: a first account of the larger species in the British Isles. **Fottea**, v. 8, n. 1, p. 15-78, 2008.

MANTEL, S. K.; SALAS, M.; DUDGEON, D. Foodweb structure in a tropical Asian forest stream. **Journal of the North American Benthological Society**, Schaumburg , v. 23, n. 4, p. 728-755, 2004.

MARGALEF, R. La imprecisa frontera entre el plâncton y otros tipos de comunidades. In: CONGRESSO LATINO-AMERICANO, 4.; REUNIÃO IBERO-AMERICANA, 2.; REUNIÃO BRASILEIRA DE FICOLOGIA, 7., 1998, Caxambu. **Anais...** São Paulo: Sociedade Ficológica da América Latina e Caribe, Sociedade Brasileira de Ficologia, 1998. p. 319-326.

MARGALEF, R. La imprecisa frontera entre el plâncton y otros tipos de comunidades. In: AZEVEDO, M. T. P.; SANTOS, D. P.; SORMUS, L.; MENEZES, M; FUJII, M.; YOKOYA, N. S.; SENNA, P. A. C.; GUIMARÃES, S. M. P. B. (Eds.). **Anais...** 4º Congresso Latino-Americano de Ficologia, 2ª Reunião Ibero-Americana e 7ª Reunião Brasileira de Ficologia, Caxambú, MG. p. 319-326. 1998.

MARGALEF, R. La vida en los charcos de agua dulce de Nueva Esparta (Venezuela). **Memoria de la Sociedad de Ciencias Naturales La Salle**, v. 21, p. 75-110, 1961.

MARGALEF, R. **Limnologia**. Barcelona: Ediciones Omega, 1983. 1009 p.

MARGALEF, R. **Los organismos indicadores en la limnología**. Madrid: Ministerio de Agricultura, 1955. 300 p.

MARGALEFF, R. A new limnological method for the investigation of thin layered epilitic communities. **Hydrobiologia**, v. 1, p. 215-16, 1984/49.

MARKER, A. F. H.; NUSCH, H.; RAI, H.; RIEMANN, B. The measurement of photosynthetic pigments in freshwaters and standardization of methods: conclusion and recommendations. **Archiv für Hydrobiologie**, v. 14,p. 91-106, 1980.

MARKER, A. F. H.; NUSCH, E. A.; RAI, H.; RIEMANN, B. The measurement of photosynthetic pigments in freshwater and standardization of methods: conclusions and recommendations. **Arch. Hydrobiol. Beih. Ergebn. Limnol.**, v. 14,p. 91-106, 1980.

MARKER, A. F. H.The use of acetone and methanol in the estimation of chlorophyll in the presence of phaeophytin. **Freshwater Biol**, v. 2, p. 361-85, 1972.

MARKER, AFH.; NUSCH, H.; RAI, H.; RIEMANN, B. The measurement of photosynthetic pigments in freshwaters and standardization of methods: conclusion and recommendations. Arch. Hydrobiol. Beih., 1980, vol. 14, p. 91-106.

MARTINY, J.B.H. et al. Microbial biogeography: putting microorganisms on the map. **Nat. Rev. Microbiol.**, v. 4, p. 102-112, 2006.

MASON, C. F. **Biology of freshwater pollution.** New York: John Wiley & Sons, 1991, p. 332.

MATZ, C. Competition, communication, cooperation: molecular crosstalk in multi-species biofilms. In: FLEMMING, HC.; WINGENDER, J.; SZEWZYK, U. (Eds.). **Biofilm highlights**. Berlin: Springer, 2011. P. 29-40. (Springer Series on Biofilms, 5).

MATZ, C.; KJELLEBERG, S. Off the hook - how bacteria survive protozoan grazing. **Trends Microbiology**, Cambridge, v. 13, n. 7, p. 302–307, Jul. 2005.

McBAIN, A. J.; ALLISON, D. G.; GILBERT, P. Population dynamics in microbial biofilms. In: ALLISON, D. G.; GILBERT, P.; LAPPIN-SCOTT, H. M.; WILSON, M. (Eds.). **Community structure and co-operation in biofilms.** Cambridge: Society for General Microbiology, Cambridge University Press, 2000. p. 267-278.

MCBRIDE, T. P. Preparing random distribution of diatoms valves on microscope slides. **Limnol. Oceanogr.**, v. 33, p. 1627-1629, 1988.

McCARTHY, J. F.; SHUGART, L. R. Biological markers of environmental contamination. In: McCARTHY J. F.; SHUGART, L. R. (Eds.). **Biomarkers of environmental contamination.** Lewis Publishers, Boca Raton, 1990. p. 3-14.

McCORMICK, P. A.; STEVENSON, R. J. Periphyton as a tool for ecological assessment and management in the Florida Everglades. **Journal of Phycology**, New York, v. 34, n. 5, p. 726-733, Oct. 1998.

McCORMICK, P. V.; LOUIE, D.; CAIRNS, J. J. Longitudinal effects of herbivory on lotic periphyton assemblages. **Freshwater Biology**, Oxford, v. 31, n. 2, p. 201-212, Apr. 1994.

McCORMICK, P. V.; O'DELL, M. B. Quantifying periphyton responses to phosphorus in the Florida Everglades: a synoptic-experimental approach. **Journal of the North American Benthological Society,** Schaumburg, v. 15, n. 4, p. 450-468, Dec. 1996.

McCORMICK, P. V.; STEVENSON, R. J. Periphyton as a tool for ecological assessment and management in the Florida Everglades. **Journal of Phycology**, v. 34, p. 726-733, 1998.

McCORMICK, P. V.; O'DELL, M. B.; SHUFORD, R. B. E.; BACKUS, J. G.; KENNEDY, W. C. Periphyton responses to experimental phosphorus enrichment in a subtropical wetland. **Aquatic Botany**, v. 71, p. 119-139, 2001.

McCORMICK, P. V.; SHUFORD, R. B. E.; BACKUS, J.G.; KENNEDY, W. Spatial and seasonal patterns of periphyton biomass and productivity in the northen Everglades, Florida, U.S.A. **Hydrobiologia**, v. 362, p. 185-208, 1998.

McCORMICK, P. V. Resource competition and species coexistence in freshwater benthic algal assemblages. In: STEVENSON, R. J.; BOTHWELL, M. L.; LOWE, R. L. (Eds.). **Algal Ecology**: Freshwater Benthic Ecosystems. San Diego: Academic Press., 1996. p 229-252.

McCORMICK, P. V.; CAIRNS, J. Jr. Algae as indicators of environmental change. J. **Appl.Phycol.**, v. 6, p. 509-526, 1994.

MEDLIN, L. K.; KACZMARSKA, I. Evolution of the diatoms: V. morphological and cytological support for the major clades and a taxonomic revision. **Phycol.**, v. 43, p. 245-270, 2004.

MELO, A. S.; BINI, L. M.; CARVALHO, P. Brazilian articles in international journals on Limnology. **Scientometrics**, v. 67, n. 2, p. 187-199, 2006.

MELO, S.; TORGAN, L. C.; RAUPP, S. V. *Actinella* species (Bacillariophyta) from an Amazon black water floodplain lake (Amazonas - Brazil). **Acta Amaz.**, v. 40, n. 2, p. 269-274, 2010.

MENDES, R. S.; BARBOSA, F. A. R. Efeito do enriquecimento *in situ* sobre a biomassa da comunidade perifítica de um córrego de altitude da Serra do Cipó (MG). **Acta Limnologica Brasiliensia**, v. 14, p. 77-86, 2002.

MENEZES, M.; DIAS, I. C. **Biodiversidade de algas de ambientes continentais do Estado do Rio de Janeiro**. Rio de Janeiro: Museu Nacional, 2001. 256 p.

MERRITT, R. W.; CUMMINS, K. W. (Eds.). **An introduction to the aquatic insects of North America**. 3ed. Dubuque, Iowa: Kendall/Hunt, 1996. 862p.

METCALFE, S. E. Modern diatom assemblages in central Mexico: the role of water chemistry and other environmental factors as indicated by TWINSPAN and DECORANA. **Freshwater biology**, Oxford, v. 19, n. 2, p. 217-233, Apr. 1988.

METZELTIN, D.; LANGE-BERTALOT, H. Tropical Diatoms of South America. II. Special remarks on biogeographic disjunction. In: LANGE-BERTALOT, H. (Ed.). **Iconogr. Diatomol**. Ruggell: A.R.G. Gantner Verlag K.G., 2007. v. 18, p. 1-877.

METZELTIN, D.; LANGE-BERTALOT, H. Tropische Diatomeen in Südamerika I. 700 überwiegend wenig bekannte oder neue Taxa repräsentativ als Elemente der neotropischen Flora. In: LANGE-BERTALOT, H. (Ed.). **Iconogr. Diamotol**. Königstein: Koeltz Scientific Books, 1998. v. 5, p. 1-695.

METZELTIN, D.; LANGE-BERTALOT, H; GARCÍA-RODRÍGUEZ, F. Diatoms of Uruguay. Compared with other taxa from South America and elsewhere. In: LANGE-BERTALOT, H. (Ed.). **Iconogr. Diatomol**. Ruggell: A.R.G. Gantner Verlag K.G., 2005. v. 15, p. 1-736.

METZELTIN, D.; LANGE-BERTALOT, H; NERGUI, S. Diatoms in Mongolia. In: LANGE-BERTALOT, H. (Ed.). **Iconogr. Diatomol**. Ruggell: A.R.G. Gantner Verlag K.G., 2009. v. 20, p. 1-703.

METZELTIN, D.; GARCÍA-RODRÍGUEZ, F. **Las diatomeas uruguayas**. Montevideo: Universidad de la República, Facultad de Ciencias, 2003. 207 p.

METZELTIN, D.; LANGE-BERTALOT, H. **Tropical Diatoms of South America I**. ARG Gantner, 1998. 695 p. (Iconographia Diatomologica, 5).

METZELTIN, D.; LANGE-BERTALOT, H. **Tropical Diatoms of South America II**. ARG Gantner, 2007. 877 p. (Iconographia Diatomologica, 18).

METZELTIN, D.; LANGE-BERTALOT, H.; GARCIA-RODRIGUEZ, F. **Diatoms of Uruguay**. ARG Gantner, 2005. 736 p. (Iconographia Diatomologica, 5).

MEULEMANS, J. T.; HEINSIS, F. Biomass and production of periphyton attached to dead reed stems in lakeMaarsseveen. In: WETZEL, R. G. (Ed.). **Periphyton of freshwater ecosystems**. The Hangue, Dr. W. Junk, 1983. p. 169-73. (Developments in Hidrobiology, 17).

MEYER J. L.; PAUL, M. J.; TAULBEE, W. K. Stream ecosystem function in urbanizing landscapes. **J North Am. Benthol. Soc.**, v. 24, p. 602-612, 2005.

MIAO, S.; EDELSTEIN, C.; CARSTENN, S.; GU, B. Inmediate ecological impacts of a prescribed fire on a cattail-dominated wetland in Florida Everglades. Fundam. **Appl. Limnol. Arch. Hydrobiol.**, v. 176, n. 1, p. 29-41, 2010.

MICHELS-ESTRADA, A. Ökologie und Verbreitung von Kiesenalgen in Fliebgewässern Costa Ricas als Grundlage fur eine biologische Gewässerguteberteilung in den Tropen. **Dissertationes Botanicae**, Stuttgart, v. 377, 244p., 2003.

MIECZAN, T. Epiphytic protozoa (Testate Amoebae and Ciliates) associated with Sphagnum in peatbogs: relationship to chemical parameters. **Polish Journal of Ecology**, Lomiank, v. 55, n. 1, p. 79-90, 2007.

MIHO, A.; LANGE-BERTALOT, H. Diversity of the genus *Placoneis* in Lake Ohrid and other freshwater habitats in Albania. In: WITKOWSKI, A. (Ed.). **18**[th] **Intern. Diatom Symp**. 2004. Bristol: Biopress Limited, 2006. p. 301-313.

MILLER, C. J.; DAVIS III, S. E.; ROELKE, D. L.; LI, H. P.; DRIFFILL, M. J. Factors influencing algal biomass in intermittently connected, subtropical coastal ponds. **Wetlands**, Wilmington, v. 29, n. 2, p. 759-771, Jun. 2009.

MINSHALL, G. W. Autotrophy in stream ecosystems. **BioScience**, Washington, v. 28, n. 12, p. 767-771, Dec. 1978.

MINSHALL, G. W. Stream ecosystem theory: A global perspective. **Journal of the North American Benthological Society**, Schamburg, v. 7, n. 4, p. 263-288, 1988.

MINSHALL, G. W.; BROCK, J.; VARLEY, J. Wildfi res and Yellowstone's stream ecosystems. **BioScience**, v. 39, p. 707-715, 1989.

MIRANDA, M. R.; GUIMARÃES, J. R. D.; COELHO-SOUZA, A. S. [3H] Leucine incorporation method as a tool to measure secondary production by periphytic bacteria associated to the roots of floating aquatic macrophyte. **Journal of Microbiological Methods**, Amsterdam, v. 71, n. 1, p. 23-31, Oct. 2007.

MITSCH, W. J.; GOSSELINK, J. G. **Wetlands**. New York: Van Nostrand Reinhold Publishers, 1993. p. 722.

MITSCH, W. J.; GOSSELINK, J. G. The value of wetlands: importance of scale and landscape setting. **Ecological Economics**, v. 35, n. 1, p. 25-33, 2000.

MØHLENBERG, F.; PETERSEN, S.; PETERSEN, A. H.; GAMEIRO, C. Longterm trends and short-term variability of water quality in Skive Fjord, Denmark – nutrient load and mussels are the primary pressures and drives that influence water quality. **Environ. Monit. Assess**, v. 127, p. 503-521, 2007.

MOLISH, H. **Der Einfluss einer Pflanze auf die andere-Allelopathie**. Gustav Fischer: Jena, 1937.

MONTOYA, J. V.; ROELKE, D. L.; WINEMILLER, K. O.; COTNER, J. B.; SNIDER, J. A. Hydrological seasonality and benthic algal biomassin a Neotropical floodplain river. **Journal of the North American Benthological Society**, Schaumburg, v. 25, n. 1, p. 157-170, 2006.

MONTOYA-MORENO, Y.; SALA, S.; VOUILLOUD, A.; AGUIRRE, N. *Capartogramma crucicula* (Grunow ex Cleve) Ross, primer registro del género para Colombia. **Univer. Scient.**, v. 16, n. 1, p. 70-76, 2011.

MONTUELLE, B.; DORIGO, U.; BÈRARD, A.; VOLAT, B.; BOUCHEZ, A.; TLILI, A.; GOUY, V.; PESCE, S. The periphyton as a multimetric bioindicator for assessing the impact of land use on rivers: an overview of the Ardie'res-Morcille experimental watershed (France). **Hydrobiologia**, v. 657, p. 123-141, 2010.

MORALES, E. A.; EDLUND, M. B. Studies in selected fragilarioid diatoms (Bacillariophyceae) from Lake Hovsgol, Mongolia. **Phycol. Res.**, v. 51, p. 225-239, 2003.

MORALES, E. A.; LE, M. A new species of the diatom genus *Adlafia* (Bacillariophyceae) from the United States. **Proc. Acad. Nat. Sci. Philad.**, v. 154, p. 149-154, 2005.

MORALES, E. A.; MANOYLOV, K. M. *Mayamaea cahabaensis* sp. nov. (Bacillariophyceae), a new freshwater diatom from streams in the Southern United States. **Proc. Acad. Nat. Sci. Philadel.**, v. 158, n. 1, p. 49-59, 2009.

MORALES, E. A. Morphological studies in selected fragilarioid diatoms (Bacillariophyceae) from Connecticut waters (U.S.A.). **Proc. Acad. Nat. Sci. Philadel.**, n. 151, p. 105-120, 2001.

MORALES, E. A. Studies on fragilarioid diatoms of potential indicator value from Florida (USA) with notes on the genus *Opephora* Petit (Bacillariophyceae). **Limnol.**, v. 32, p. 102-113, 2002.

MORALES, E. A.; ECTOR, L.; FERNÁNDEZ, E.; NOVAIS, M. H.; HLÚBIKOVÁ, D.; HAMILTON, P. B.; BLANCO, S.; VIS, M. L.; KOCIOLEK, J. P. The genus *Achnanthidium* Kutz. (Achnanthales, Bacillariophyceae) in Bolivian streams: a report of taxa found in recent investigations. **Algol. Stud.**, n. 136-137, p. 89-130, 2011.

MORALES, E. A.; MANYOLOV, K. M.; BAHLS, L. L. Three new araphid diatoms (Bacillariophyta) from rivers in North America. **Proc. Acad. Nat. Sci. Philadel.**, v. 160, n. 1, p. 29-46, 2010.

MORANDI, L. L.; RITTER, L. M. O.; MORO, R. S.; BICUDO, C. E. M. Criptógamos do Parque Estadual das Fontes do Ipiranga, São Paulo, SP. Algas, 20: Coscinodiscophyceae. **Hoehnea**, v. 33, p. 115-122, 2006.

MOREIRA-FILHO, H.; VALENTE-MOREIRA, I.; CECY, I. Diatomáceas na barragem de captaçao de água (SANEPAR) do rio Iguaçu, em Curitiba, Estado do Paraná. **Acta Biológica Paranaense**, v. 2, n. 1/4, p. 133-145, 1973.

MORENO, Y. M.; RAMIRES, N. A. Dinâmica del perifiton asociado com macrófitas em la ciénaga de Escobillitas y su relación con el pulso de inundación. **Investigación, biodiversidad y desarrollo**, v. 28, n. 2. p. 196-202, 2009.

MORESCO, C.; TREMARIN, P. I.; LUDWIG, T. A,V.; RODRIGUES, L. Diatomáceas perifíticas abundantes em três córregos com diferentes ações antrópicas em Maringá, PR, Brasil, **Revista Brasil. Bot.**, v. 34, n.3, p. 357-371, 2011.

MORESCO, C.; ALGARTE, V. M.; RODRIGUES, L. Biomonitoramento utilizando algas perifíticas. In: LANSAC-TÔHA, F. A.; BENEDITO, E.; OLIVEIRA, E. F. (ed.). **Contribuições da história da ciência e das teorias ecológicas para a limnologia**. Maringá: Eduem, 2009. p 477-495.

MORIN, J. O. Inicial colonization of periphyton on natural and artificial apices of *Myriophyllumheterophyllum*Michx. **Freshwater Biol.**, v. 16, p. 685-94, 1986.

MORMUL, R. P.; THOMAZ, S. M.; TAKEDA, A. M.; BEHREND, R. D. Structural complexity and distance from source hábitat determine invertebrate abundance and diversity. **Biotropica**, Hoboken, v. 43, n. 6, p. 738-745, Nov. 2011.

MORO, R. S.; FURSTENBERGER, C. B. **Catálogo dos principais parâmetros ecológicos de diatomáceas não marinhas.** Ponta Grossa: Editora UEPG, 1997. 282p.

MORO, R. S.; GARCIA, E.; OLIVEIRA-JÚNIOR; H. F. Diatomáceas (Bacillariophyceae) da represa Alagados, Ponta Grossa, Paraná, Brasil. **Iheringia, Série Botânica,** n. 45, p. 5-19, 1994.

MOSCHINI-CARLOS, V.; HENRY, R. Aplicação de índices para a classificação do perifíton em substratos natural e artificial, na zona de desembocadura do rio Paranapanema (represa de Jurumirim), SP. **Revista Brasileira de Biologia,** v. 57, n. 4, p. 655-663, 1997.

MOSCHINI-CARLOS, V. **Dinâmica e estrutura da comunidade perifítica (substratos artificial e natural), na zona de desembocadura do rio Paranapanema, represa de Jurumirim-SP.** São Carlos: UFSCAR, 1996. (Tese de Doutorado em Ciências).

MOSCHINI-CARLOS, V. Importância, Estrutura e Dinâmica da Comunidade Perifítica nos Ecossistemas Aquáticos Continentais. In: POMPÊO, M. I. M. (Ed.). **Perspectivas na limnologia do Brasil.** São Luís: Gráfica e Editora União, 1999. 198p.

MOSCHINI-CARLOS, V.; POMPÊO, M. L. M.; HENRY, R.; ROCHA, O. Temporal variation in structure of periphytic algal communities on an artificial substratum in the Jurumirim Reservoir, SP, Brazil. **Verh. Internat. Verein. Limnol.,** v. 26, p. 1758-1763, 1998.

MOSCHINI-CARLOS, V.; POMPÊO, M. L. M.; HENRY, R. Periphyton on Natural Substratum in Jurumirim Reservoir (São Paulo, Brazil): Communitiy Biomass and Primary Productivity. **International Journal of Ecology and Environmental Sciences,** Nova Deli, v. 27, p. 171-177, 2001.

MOSCHINI-CARLOS, V.; POMPÊO, M. L. M.; HENRY, R. Temporal variation in C, N and P of the periphyton on the tropical aquatic macrophyte Echinochloa polystachya (H.B.K.) Hitch. in Jurumirim Reservoir (São Paulo, Brazil). **Japanese Journal of Limnology,** Otsu-shi, v. 59, n. 3, p. 281-294, 1998.

MOSER, G.; LANGE-BERTALOT, H.; METZELTIN, D. Insel der Endemiten. **Biblioth. Diatomol.,** v. 38, p. 1-464, 1998.

MOULTON, T. P.; SOUZA, M. L.; SILVEIRA, R. M. L.; KRSULOVIC, F. A. M. Effects of ephemeropterans and shrimps on periphyton and sediments in a coastal stream (Atlantic forest, Rio de Janeiro, Brazil). **J. N. Am. Benthol. Soc.,** v. 23, n. 4, p. 868-881, 2004.

MULDERIJ, G.; SMOLDERS, A. J. P.; VAN DONK, E. Allelopathic effect of the aquatic macrophyte, Stratiotes aloides, on natural phytoplankton. **Freshw. Biol.,** v. 5, n. 3, p. 554-561, 2006.

MULHOLLAND, P. J. Role in Nutrient Cycling in Streams. In: STEVENSON, R. J.; BOTHWELL, M. L.; LOWE, R. L. (Eds.). **Algal ecology:** freshwater benthic ecosystems. San Diego: Academic Press, 1996. p. 609-639.

MUNDY, C. J.; HANN, B. J. Snail-periphyton interactions in a prairie wetland. **UFS (Delta Marsh) AnnualReport,** Winnipeg, v. 31, p. 40-52, 1996.

MURAKAMI, E. A. **Resposta das algas perifíticas da planície de inundação do alto rio Paraná às alterações de temperatura e ao enriquecimento artificial de nutrientes.** Maringá: UEM, 2008. (Tese de Doutorado em Ciências Ambientais).

MURAKAMI, E. A.; BICUDO, D. C.; RODRIGUES, L. Periphytic algae of the Garças Lake, Upper Paraná River floodplain: comparing the years 1994 and 2004. **Brazilian Journal of Biology,** São Carlos, v. 69, n. 2, supl. 0, p. 459-468, Jun. 2009.

MURAKAMI, E. A.; RODRIGUES, L. Resposta das algas perifíticas às alterações de temperatura e ao enriquecimento artificial de nutrientes em curto período de tempo. **Acta Scientiarum. Biological Sciences,** Maringá, v. 31, n. 3, p. 273-284, 2009.

MURDOCK, J. N.; DODDS, W. K. Linking benthic algal to stream substratum topography. **J.Phycol.**, v. 43, p. 449-460, 2007.

MURPHY, K. J.; DICKINSON, G.; THOMAZ, S. M.; BINI, L. M.; DICK, K.; GREAVES, K.; KENNEDY, M. P.; LIVINGSTONE, S.;McFERRAN, H.; MILNE, J. M.; OLDROYD, J.; WINGFIELD, R. A. Aquatic plant communities and predictors of diversity in a sub-tropical river floodplain: the Upper Rio Paraná, Brazil. **Aquatic Botany**, Amsterdam, v. 77, n. 4, p. 257-276, Dec. 2003.

MUYZER, G. DGGE/TGGE a method for identifying genes from natural ecosystems. **Current option in Microbiology**, London, v. 2, n. 3, p. 317-322, Jun. 1999.

MUYZER, G. Structure, function and dynamics of microbial communities: the molecular biological approach. In: CARVALHO, GR. (Ed.). **Advances in molecular ecology**. Amsterdam: Nato Science Series, IOS Press, 1998. p. 87-117.

MUYZER, G.; de WAAL, E. C.; UITTERLINDEN, A. G. Profiling of complex microbial populations by denaturing gradient gel elecrophoresis analysis of polymerase chain reaction-amplified genes coding for 16S rRNA. **Applied and Environmental Microbiology**, Washington, v. 59, n. 3, p. 695-700, Mar. 1993.

MUYZER, G.; SMALLA, K. Application of denaturing gradient gel electrophoresis (DGGE) and temperature gradient gel electrophoresis (TGGE) in microbial ecology. **Antonie van Leeuwnhock**, Wageningem, v. 73, n. 1, p. 127-141, Jan. 1998.

NADELL, C. D.; XAVIER, J. B.; LEVIN, S. A.; FOSTER, K. R. The evolution of quorum sensing in bacterial biofilms. **PLoS Biology**, San Francisco, v. 6, e. 14, Jan. 2008.

NADELL, C. D.; XAVIER, J. B.; FOSTER, K. R. The sociobiology of biofilms. **FEMS Microbiology Reviews**, Amsterdam, v. 33, n. 1, p. 206-224, Jan. 2009.

NEALSON, K. H.; PLATT, T.; HASTINGS, J. W. Cellular control of the synthesis and activity of the bacterial luminescence system. **Journal of Bacteriology**, Washington, v. 104, n. 1, p. 313–322, Oct. 1970.

NEIFF, J. J. Planícies de inundação são Ecótonos? In: HENRY, R. (Org.). **Ecótonos nas interfaces dos ecossistemas aquáticos**. São Carlos: RiMa Editora, 2003. p. 29-45.

NEIFF, J. J. Diversity in some tropical wetlands systems of south américa. In: GOPAL, B.; JUNK, W. J.; DAVIS, J. A. **Biodiversity in wetlands**: assessment, function and conservation, Leiden, The Netherlands: Backhuys Publishers, 2001. p. 157-186.

NEIFF, J. J. Ideas para lainterpretación ecológica del Paraná. **Interciencia**, Caracas, v. 15, n. 16, p. 424- 441, Dec.-Nov. 1990.

NEIFF, J. J. Aspects of primary productivity in the lower Paraná and Paraguay riverine system. **Acta Limnol. Bras.**, v. III, tomo I, p. 77-113, 1990.

NEIFF, J. J. Contribución al conocimiento de la distribución y biomasa de hidrófitos en el lago Mascardi, Río Negro, Argentina. **Rev. Asoc. Cienc. Nat. Litoral**, v. 4, p. 129-160, 1973.

NEIFF, J. J. Distribución de la vegetación acuática y palustre del Iberá. In: POI DE NEIFF, A. S. G. (Ed.). **Limnología del Iberá**: características físicas, químicas y biológicas de las aguas. Corrientes: Eudene, 2003b. p. 17-70.

NEIFF, J. J. Diversity in some tropical wetlands systems of South América. In: GOPAL, B.; JUNK, W. J.; DAVIS, J. A. **Biodiversity in wetlands**: assessment, function and conservation. Leiden, The Netherlands: Backhuys Publishers, 2001. p. 157-186.

NEIFF, J. J. **El Iberá ¿En peligro?**. Buenos Aires: Fundación Vida Silvestre, 2004. 89 p.

NEIFF, J. J. Los ambientes acuáticos y palustres del Iberá. In: POI DE NEIFF, A. S. G. (Ed.). **Limnología del Iberá**: Características físicas, químicas y biológicas de las aguas. Corrientes: Eudene, 2003a. p 3-16.

NEIFF, J. J. **Panorama ecológico de los cuerpos de agua del nordeste argentino**. Symposia, VI Jornadas Argentinas de Zoología, 1981, p.115-151.

NEIFF, J. J.; POI DE NEIFF, A.; PATIÑO C. A.; BASTERRA DE CHIOZZI, E. I. Prediction of colonization by macrophytes in the Yaciretá reservoir of the Paraná River. **Rev. Brasilera de Biol.**, v. 60, n. 4, p. 615-626, 2000.

NICOTRI, M. E. Grazing effects of four marine intertidal herbivores on the microflora. **Ecology,** New York, v. 58, n. 5, p. 1020-1032, Sep. 1977.

NIENHUIS, P.H.; LEUVEN, R. S. E. W.; RAGAS, A. M. J. **New concepts for sustainable management of river basins**. Blackhuys Publishers, Leiden, 1998.

NIKOLAEV, Y. A.; PLAKUNOVV, K. Biofilm - "City of Microbes" or an Analogue of Multicellular Organisms? **Microbiology**, Moscou, v. 76, n. 2, p. 125–138, Mar.-Abr. 2007.

NIKOLCHEVA, L. G.; COCKSHUTT, A. M.; BARLOCHER, F. Diversity of freshwater fungi on decaying leaves: comparing traditional and molecular approaches. **Applied and Environmental Microbiology**, Washington, v. 69, p. 2548–2554, 2003.

NOVELO, E.; TAVERA, R.; IBARRA, C. Bacillariophyceae from Karstic Wetlands in Mexico. **Biblioth. Diatomol.**, v. 54, p. 1-136, 2007.

OLIVEIRA, D. E.; FERRAGUT, C.; BICUDO, D. C. Relationships between environmental factors, periphyton biomass and nutrient content in Garças Reservoir, a hypereutrophic tropical reservoir in southeastern Brazil. **Lakes & Reservoir**, Kusatsu-shi, v. 15, n. 2, p. 129-137, Jun. 2010.

OLIVEIRA, D. E.; FERRAGUT, C.; BICUDO, D. C. Relationships between environmental factors, periphyton biomass and nutrient content in Garças Reservoir, a hypereutrophic tropical reservoir in southeastern Brazil. **Lakes & Reservoirs**, v. 15, p. 107-115, 2010.

OLIVEIRA, M. A. **Environmental impacts on epilithic microbial communities in streams of the Peak District and North Yorkshire**. Hull: University of Hull, 2002. [PhD thesis in Aquatic Biology].

OLIVEIRA, M. A.; GOULDER, R. The effects of sewage-treatment-works effluent on epilithic bacterial and algal communities of three streams in Northern England. **Hydrobiologia**, Den Haag, v. 568, n. 1, p. 29-42, sep. 2006.

OLIVEIRA, M. A.; TORGAN, L. C.; LOBO, E. A.; SCHWARZBOLD, A. Association of periphytic diatom species of artificial substrate in lotic environments in the arroio Sampaio basin, RS, Brazil: relationships with abiotic variables. **Brazilian Journal of Biology**, São Carlos, v. 61, n. 4, p. 523-540, Nov. 2001.

OLIVEIRA, M. D.; RODRIGUES, L. Impacto do sedimento sobre o desenvolvimento do Perifíton no rio Taquari, Pantanal, MS. **Boletim Técnico EMBRAPA/CNPAT**, Corumbá, v. 26, p. 7-21, 2002.

OLIVEIRA, M. A., TORGAN, L. C.; RODRIGUES, S. C. Diatomáceas perifíticas dos arroios Sampaio e Sampainho, Rio Grande do Sul, Brasil. **Acta Bot. Bras.**, v. 16, n. 2, p. 151-160, 2002.

OLRIK, K. **Phytoplakton-Ecology**. Determining factors for the distribution of phytoplankton in freshwater and the Sea. Miljøprojekt nr. 251. Denmark: Ministry of the environment, 1994. 185p.

ONU. **Urban and Rural Areas** **New York**: United Nations publications (ST/ESA/ SER.A/231), 2003, Sales N°. E.04.XIII.4. Disponível em: HTTP://www.un. org/esa/ population/publications/wup2003/2003urban_rural.htm>.

OSBORNE, L. L.; KOVACIC, D. A. Riparian vegetated buffer strips in water quality restoration and stream managements. **Freshwater biology**, Oxford, v. 29, n. 2, p.243-258, Apr. 1993.

PADIAL, A. A.; CARVALHO, P.; THOMAZ, S. M.; BOSCHILIA, S. M.; RODRIGUES, R. B.; KOBAYASHI, J. T. The role of an extreme food disturbance on macrophyte assemblages in a Neotropical food plain. **Aquatic Sciences**, Ottawa, v. 71, n. 4, p. 389-398, Dec. 2009.

PADIAL, A. A.; BINI, L. M.; THOMAZ, S. M. The study of aquatic macrophytes in Neotropics: a scientometrical view of the main trends and gaps. **Braz. J. Biol.**, v. 68, n. 4, p. 1051-1059, 2008.

PAGGI, J. C. Importancia de la fauna de "Cladoceros" (Crustacea, Brachiopoda) del Litoral Fluvial Argentino. **INSUGEO**, v. 12, p. 5-12, 2004.

PAN, Y.; STEVENSON, R. J.; VAITHIYANATHAN, P.; SLATE, J.; RICHARDSON, C. J. Changes in algal assemblages along observed and experimental phosphorus gradients in a subtropical wetland, USA. **Freshwater Biology**, v. 44, n. 339-353, 2000.

PANITZ, C. M. N. **Estudo comparativo do perifíton em diferentes substratos artificiais na Represa do Lobo ("Broa"), São Carlos, SP.** Universidade Federal de São Carlos - UFSCAR, São Carlos, 1980. [Dissertação de Mestrado em Ecologia e Recursos Naturais]

PANTLE, R.; BUCK, H. Die biologisch Oberwachung der Gewässer and die Darstellung der Ergebnisse. **Gas und Wasserfach**, p. 96:604, 1955.

PAPPAS, J. L.; STORMER, E. F. Quantitative method for determining a representative algal sample count. **J. Phycol**, v. 32, p. 693-696, 1996.

PARKER, B. C.; SAMSEL, G. L.; PRESCOTT, G. W. Comparison of microhabitats of macroscopic subalpine stream algae. **Am. Midland Nat.**, v. 90, p. 143-153, 1973.

PASSY, S. I.; PAN, Y. D.; LOWE, R. L. Ecology of the major periphytic diatom communities from the Mesta River, Bulgaria. **Int. Rev. Hydrobiol.** v. 84, p.129-174, 1999.

PATRICK, R.; REIMER, C. W. The diatoms of United States: exclusive of Alaska and Hawaii. **Acad. Nat. Sci. Philadel.**, v. 1, n. 13, p. 1-688, 1966.

PATRICK, R.; REIMER, C. W. The diatoms of United States: exclusive of Alaska and Hawaii. **Acad. Nat. Sci. Philadel.**, v. 2, n. 13, p. 1-213, 1975.

PATRICK, R. The effect of invasion rate, species pool and size of the areas on the structure of the diatom community. **Proc. Natl. Acad. Sci.**, U. S. A., v. 58, p. 1335-1342, 1967.

PATRICK, R.; HOHN, M.; WALLACE, J. H. A new method for determining the pattern of the Diatom flora. **Notulae Naturae**, v. 259, p. 1-9, 1954.

PAUL, M. J.; MEYER, J. L. Streams in the urban landscape. **Annu. Rev. Ecol. Syst.**, v. 32, p. 333-365, 2001.

PAUL, R. W.; KUHN, D. L.; PLAFKIN, J. L.; CAIRNS, J.; CROXDALE, J. G. Evaluation of natural and artificial substrate colonization by scanning electron microscopy. **Trans. Amer. Microsc. Soc.**, v. 96, p. 506-519, 1977.

PEREIRA, A. L.; BENEDITO, E. Isótopos estáveis em estudos ecológicos: métodos, aplicações e perspectivas. **Revista Biociências**, Taubaté, v. 13, n. 1-2, p. 16-27, Jan. /Jun. 2007.

PEREIRA, S. R. S. Meiofauna perifítica em ambientes lénticos da planicie de inundaçao do Alto Río Paraná. **Componente biótico,** p. 59-63, 2001.

PEREIRA, S. R. S. **Meiofauna perifítica em ambientes lênticos da planície de inundação do alto Rio Paraná – Brasil.** Universidade Estadual de Maringá – UEM, Maringá, 2001. [Master thesis]

PEREIRA, S. R. S.; BONECKER, C. C.; RODRIGUES, L. Influence of water level on periphytic meiofaunal abundance in six lagoons of the Upper Paraná River floodplain, Brazil. **Acta limnologica brasiliencia,** São Paulo, v. 19, n. 3, p. 273-283, 2007.

PEREIRA, S. R. S.; BONECKER, C. C.;RODRIGUES, L. Composition and abundance of the periphyticmeiofauna in lentic systems of the upper Paraná river floodplain. In: AGOSTINHO, A. A.; RODRIGUES, L.; GOMES, L. C.; THOMAZ, S. M.; MIRANDA, L. E. (Org.). **Structure and functioning of the Paraná river and its floodplain.** Maringá: EDUEM, 2004. p. 51-55.

PEREIRA, S. R. S.; BONECKER, C. C.; RODRIGUES, L. Influence of water level on periphytic meiofaunal abundance in six lagoons of the Upper Paraná River floodplain, Brazil. **Acta Limnol. Bras.,** vol. 19, n. 3, p. 273-283, 2007.

PERKINS, M. A.; KAPLAN, L. A. Epilithic periphyton and detritus studies in a subalpine stream. **Hydrobiologia,** Den Haag , v. 57, n. 2, p. 103-346, Jan. 1978.

PERRY, J.; VANDERKLEIN, E. Rivers and streams: one-way flow systems. In: PERRY, J.; VANDERKLEIN, E. (Eds.). **Water quality:** management of a natural resource. Blackwell Science, Cambridge, 1996. p.159-181.

PETERS, L. **Periphyton as a hábitat for meiofauna** - a case of a neglected community. Universität Konstanz, Konstanz, 2005. [PhD thesis]

PETERS, L.; WETZEL, M. A.; TRAUNSPURGER, W.; ROTHHAUPT, K-O. Epilithic communities in a lake littoral zone: the role of water-column transport and habitat development for dispersal and colonization of meiofauna. **J. N. Am. Benthol. Soc.,** v. 26, n. 2, p. 232-243, 2007.

PETERS, L.; SCHEIFHACKEN, N.; KAHLERT, M.; ROTHHAUPT, K. O. An efficient in situ method for sampling periphyton in lakes and streams. **Archiv für hydrobiologie,** Stuttgart, v. 163, n. 1, p. 133-141, 2005a.

PETERS, L.; TRAUNSPURGER, W. Species distribution of free-living nematodes and other meiofauna in littoral periphyton communities of lakes. **Nematology,** Leiden, v. 7, n. 2, p. 267-280, 2005.

PETERS, L.; TRAUNSPURGER, W.; WETZEL, M. A.; ROTHHAUPT, K-O. Community development of free-living aquatic nematodes in littoral periphyton communities. **Nematology,** Leiden, v. 7, n. 6, p. 901-916, 2005b.

PETERSON, B. J.; DEEGAN, L.; HELFRICH, J.; HOBBIE, J. E.; HULLAR, M.; MOLLER, B.; FORD, T. E.; HERSHEY, A.; HILTNER, A.; KIPPHUT, G.; LOCK, M. A.; FIEBIG, D. M.; MCKINLEY, V. ; MILLER, M. C.; VESTAL, J. R.; VENTULLO, R.; VOLK, G. Biological responses of a tundra river to fertilization. **Ecology,** New York, v. 74, n. 3, p. 653-672, Apr. 1993.

PETERSON, C. G.; STEVENSON, R. J. Post-spate development of epilithic algal communities in different current environments. **Can. J. Botany,** v. 68, n. 10, p. 2092-2102, 1990.

PETERSON, C. G.; STEVENSON, R. J. Resistance and resilience of lotic algal communities: importance of disturbance timing and current. **Ecology,** v. 73, n. 4, p. 1445-1461, 1992.

PETERSON, C. G. Response of benthic algal communities to natural physical disturbance. In: STEVENSON, R. J.; BOTHWELL, M. L.; LOWE, R. L. (Eds.). **Algal ecology**: freshwater benthic ecosystems. San Diego: Academic Press, 1996. p.375-402.

PETERSON, G. C.; GRIMM, N. B. Temporal variation in enrichment effects during periphyton succession in a nitrogen-limited desert stream ecosystem. **J. N. Am. Benthol. Soc.**, v. 11, p. 20-36, 1992.

PETTS, G.; HEATHCOTE, J.; MARTIN, D. **Urban rivers, our inheritance and future**. IWA publishing and environmental agency, London, 2002.

PILLAR, V. D. Suficiência amostral. In: BICUDO, C. E. M.; BICUDO, D. C. **Amostragem em limnologia**. São Carlos: RiMa Editora, 2004. p. 24-44.

PIZARRO, H. N. Periphyton biomass on Echinocloa polystachya (HBK) Hitch of a lake of the Lower Paraná River floodplain, Argentina. **Hydrobiol.**, v. 397, p. 227-239, 1999.

PIZARRO, H. N.; VINOCUR, A.; TELL, G. Periphyton on artificial substrata from three lakes of different trophic status at Hope Bay (Antartica). **Polar Biology**, v. 25, p. 169-179, 2002.

PLANAS, D.; NEIFF, J. J. Is periphyton important in the Eichhornia crassipes meadow? **Verh. Internat. Vercin. Limnol.**, v. 26, p. 1865-1870, 1998.

PLANAS, D. Acidification effects. In: STEVENSON, R. J.; BOTHWELL, M. L.; LOWE, R. L. (Eds.). **Algal ecology**: freshwater benthic ecosystems. San Diego: Academic Press, 1996. p. 497-522.

POI DE NEIFF, A.; CARIGNAN, R. Macroinvertebrates on Eichhornia crassipes roots in two lakes of the Paraná River floodplain. **Hydrobiol.**, v. 345, p. 185-196, 1997.

POI DE NEIFF, A.; NEIFF, J. J. Dinámica de la vegetación acuática y su fauna en ambientes temporarios del SE del Chaco. **Physis**, v. 42, n. 103, p. 53-67, 1984.

POI DE NEIFF, A. S.; NEIFF, J. J.; PATINO, C. A.; CARLOS, RAMOS, AO.; CACERES, J. R.; FRUTOS, S. M.; CANON VERON, M. B. Estado trófico de dos lagunas en planicies anegables con áreas urbanas de la provincia de Corrientes. **Facena**, Corrientes, v. 15, p. 93-110, 1999.

POI DE NEIFF, A.; GALASSI, M. E.; FRANCESCHINI M. C. Invertebrate assembleges associated with leaf litter in three foodplain wetlands of the Paraná River. **Wetlands**, v. 29, n. 3, p. 896-906, 2009.

POI DE NEIFF, A.; NEIFF, J. J. Riqueza de espécies y similaridad de los invertebrados que viven en plantas flotantes de la planície de inundación del rio Paraná (Argentina). **Interciencia**, Caracas, v. 31, n. 3, p. 220-225, Mar. 2006.

POI DE NEIFF, A. S. G. (Ed.). **Limnología del Iberá**: características físicas, químicas y biológicas de las aguas. Corrientes: Eudene, 2003; 191 p.

POMPÊO, M. L. M.; MOSCHINI-CARLOS, V. **Macrófitas aquáticas e perifíton**: aspectos ecológicos e metodológicos. São Carlos: RiMa Editora, 2003. 124 p.

PONTIN, R. M.; SHIEL, R. J. Periphytic rotifer communities of an Australian seasonal floodplain pool. **Hydrobiologia**, Den Haag, v. 313-314, n. 1, p. 63-67, Nov. 1995.

POTAPOVA, M. G.; CHARLES, D. F. Distribution of benthic diatoms in U.S. rivers in relation to conductivity and ionic composition. **Freshw. Biol.**, v. 48, p. 1311-1328, 2003.

POTAPOVA, M. G.; PONADER, K. C. New species and combinations in the diatom genus Sellaphora (Sellaphoraceae) from southeastern United States. **Harvard Papers in Botany**, v. 13, p. 171-181, 2008.

POTAPOVA, M. G.; WINTER, D. M. Use of nonparametric multiplicative regression for modeling diatom habitat: a case study of three *Geissleria* species from North America. In: OGNJANOVA-RUMENOVA, N.; MANOYLOV, K. (Eds.). **Advances in Phycological Studies, Festschrift in Honour of Prof. Dobrina Temniskova-Topalova**. Moscow: PENSOFT Publishers & University Publishing House, 2006. p. 319-332.

POTAPOVA, M. G. New species and combinations in the genus *Nupela* from the USA. **Diatom Res.**, v. 26, n. 1, p. 73-87, 2011.

POTAPOVA, M. G.; PONADER, K. C., LOWE, R. L.; CLASON, T. A.; BAHLS, L. L. Small-celled *Nupela* species from north America. **Diatom Res.**, v. 18, n. 2, p. 293-306, 2003.

POWER, M. Top-down and bottom-up forces in food webs: Do plants have primacy? **Ecology**, New York, v. 73, n. 3, p. 733-746, Jun. 1992.

PRAST, A. E.; ESTEVES, F. A.; BIESBOER, D. D.; BOZELLI, R. L.;FARJALLA, V. F. The influence of bauxite tailings on the growth and development of Oryzaglumaepatula in an Amazonian lake. **Hydrobiologia**, Den Haag, v. 563, n. 1, p. 87-97, Jun. 2006.

PRESSEY, R. L.; HUMPHRIES, C. J.; MARGULES, C. R.; VANEWRIGHT, R. I.; WILLIAMS, P. H. Beyond opportunism: key principles for systematic reserve selection. **Trends in Ecology and Evolution**, Amsterdam, v. 8, n. 4, p.124-128, Apr. 1993.

PRICE, D. R. Fish as indicator of water quality. **Water Pollution Control**, v. 77, p. 285-296, 1978.

PRINGLE, C. M. 1990. Nutrient spatial heterogeneity: effects on community structure, physiognomy, and diversity of stream algae. **Ecology**, v. 71, p. 905-920, 2003.

PRINGLE, C. M.; BOWERS, J.A. An *in situ* substratum fertilization technique: diatom colonization on nutrientenriched, sand substrata. **Can. J. Fish. Aquat. Sci.**, Ottawa, v. 41, p. 1247-1251, 1984.

PRISHA, M. Bioavailability of pulp and paper mill effluent phosphorus. **Water Sci. Technol.**, v. 29, p. 93-103, 1994.

PRYGIEL, J. Use of benthic diatoms in surveillance of the Artois-Picardie Basin hydrobiological quality. In: WHITTON, B. A., ROTT, E., FRIEDRICH, G. (Eds.). **Use of algae for monitoring rivers**. Innsbruck: Institut fur Botanik, Universität Innsbruck, 1991. v. 1, p. 89-96.

PRYGIEL, J.; COSTE, M. The assessment of water quality in the Artois-Picardie water basin (France) by the use of diatom indices. **Hydrobiologia**, Den Haag, v. 269-270, n. 1, p. 343-349, Oct. 1993.

PSENNER, R.; ALFREIDER, A.; SCHWARZ, A. Aquatic microbial ecology: water desert, microcosm, ecosystem. What's Next? **International Review Hydrobiology**, Berlin, v. 93, n. 4-5, p. 606-623, Oct. 2008.

PUTZ, R. Periphyton communities in Amazonian black – and whitewater habitats: community structure, biomass and productivity. **Aquatic Sciences**, Basel, v. 59, n. 1, p. 74-93, 1997.

PUTZ, R.; JUNK, J. W. Phytoplankton and periphyton. In: JUNK, J. W. (ed.). **The central amazon floodplain**: ecology of a pulsing system. Berlim: Springer, 1997. p. 207-221.

QI, Y., REIMER, C. W.; MAHONEY, R. K. **Taxonomy studies of the genus *Hydrosera***. 7th Diatom Symp., 1982. p. 213-224.

RAI, H.; HILL, G. Primary production in the Amazonnian aquatic ecosystem. In: SIOLI, H. (Ed.). **The Amazon**: limnology and landscape ecology of a mighty tropical river and its basin. Monogr. Biol. 56. Dordrecht: Dr. W. Junk Publ., 1984. p. 311-335.

RAMÍREZ, A.; PRINGLE, C. M.; WANTZEN, K. M. Tropical Stream Conservation. In: DUDGEON D. (Org.). **Tropical stream ecology**. Academic Press, San Diego, 2008.

RAUPP, S. V.; TORGAN, L. C.; BAPTISTA, L. R.M. Composição e variação temporal de diatomáceas (Bacillariophyta) no plâncton da represa de Canastra, sul do Brasil. **Iheringia, Sér. Bot.**, v. 61, n. 1-2, p. 105-134, 2006.

RAUPP, S. V.; TORGAN, L. C.; MELO, S. Planktonic diatom composition and abundance in the Amazonian floodplain Cutiuaú Lake are driven by the flood pulse. **Acta Limnol. Bras.**, v. 21, n. 2, p. 227-234, 2009.

REBOUÇAS, A. C.; BRAGA, B. E.; TUNDISI, J. G. **Águas doces no Brasil**. São Paulo: Escrituras Editora, 2002.

REDDY, P. M.; VENKATESWARLU, V. Ecology of algae in the paper mill effluents and their impact on the River Tungabhadra. **J. Environ. Biol.**, v. 7, p. 215-223, 1986.

REDFIELD, A. C. The biological control of chemical factors in the environment. **American Scientist.**, p. 205-221, 1958.

REICHARDT, E. Die Identität von *Gomphonema entolejum* Østrup (Bacillariophyceae) sowie revision ähnliche arten mit weiter axialarea. **Nov. Hedw.**, v. 81, n. 1-2, p. 115-144, 2005.

REICHARDT, E. *Gomphonema intermedium* Hustedt sowie drei neue, ähnliche Arten. **Diatom Res.**, v. 23, n. 1, p.105-115, 2008.

REICHARDT, E. Neue und wenig bekannte *Gomphonema*-Arten (Bacillariophyceae) mit Areolen in Doppelreihen. **Nov. Hedw.**, v. 85, n. 1-2, p. 103-137, 2007.

REICHARDT, E. Revision der Arten um *Gomphonema truncatum* und *G. capitatum*. In: JAHN, R.; KOCIOLEK, J. P.; WITKOWSKI, A.; COMPÈRE, P. (Eds.). **Studies on diatoms**. Königstein: Koeltz Scientific Books, 2001. p. 187-224.

REICHARDT, E. Silikatauswüchse an den inneren stigmenöffnungen bei *Gomphonema*-arten. **Diatom Res.**, v. 24, n. 1, p. 159-173, 2009.

REICHARDT, E. Taxonomische Revision des Artenkomplexes um *Gomphonema pumilum* (Bacillariophyceae). **Nov. Hedw.**, v. 65, n. 1-4, p. 99-129, 1997.

REICHARDT, E. Zur Revision der Gattung *Gomphonema*. **Iconogr. Diatomol.**, v. 8, p. 1-203, 1999.

REVIERS, B. **Biologia e filogenia das algas**. Porto Alegre: Artmed, 2006. 280p.

REVIERS, B. Natureza e posição das "algas" na árvore filogenética do mundo vivo. In: FRANCESCHINI, I; BURLIGA, A. L; REVIERS, B.; PRADO, J. F.; RÉZIG, S. H. (Eds.). **Algas, uma abordagem filogenética, taxonômica e ecológica**. Porto Alegre: Artmed, 2010. p.19-57.

REYNOLDSON, T. B. The utility of benthic invertebrates in water quality monitoring. **Water Quality Bulletin**, Burlington, v. 10, n. 1, p. 21-28, 1984.

REZENDE, C.F.; CARAMASCHI, E. M. P.; MAZZONI, R. Fluxo de energia em comunidades aquáticas, com ênfase em ecossistemas lóticos. **Oecologia Brasiliensis**, Rio de Janeiro, v. 12, n. 4, p. 626-639, 2008.

RHEE, G-Y.; GOTHAM, I. J. Optimum N:P ratios and the coexistence of planktonic algae. **Journal of Phycology**, New York, v. 16, p. 486-489, 1980.

RIBEIRO, F. C. P.; SENNA, C. S. F.; TORGAN, L. C. The use of of diatoms for paleohydrological and paleoenvironmental reconstructions of Itupanema beach, Pará State, Amazon region, during the last millennium. **Rev. Bras. Paleontol.**, v. 13, n. 1, p. 21-32, 2010.

RIBER, H. H.; SØRENSEN, J. P.; KOWALCZEWSKI, A. Exchange of phosphorus between water, macrophytes and epiphytic periphyton in the littoral of Mikolajskie Lake, Poland. In: WETZEL, R. G. (Ed.). **Periphyton of freshwater ecosystem**. Dr. W. Junk: Hague, 1983. p. 235-243.

RICHARDSON, K. Fisiología del Fitoplancton. In: BAHAMONDE, N.; CABRERA, S. (Eds.). **Embalses fotosíntesis y productividad primaria**. Programa sobre el hombre y la Biosfera, UNESCO, 1984. p. 123-127.

RICKARD, A. H.; MCBAIN, A. J.; STEAD, A. T.; GILBERT, P. Shear rate moderates community diversity in freshwater biofilms. **Applied and Environmental Microbiology**, Washington, v. 70, n. 12, p. 7426–7435, Dec. 2004.

RIEMANN, B. Carotenoid interference in the spectrophotometric determination of chlorophyll degradation products from natural populations of phytoplankton. **Limnol. Oceanogr.**, v.23. n. 5, p. 1059-66, 1978.

RIER, S. T.; STEVENSON, R. J. Effects of light, dissolved, organic carbon, and inorganic nutrients on the relationship between algae and heterotrophic bacteria in stream periphyton. **Hydrobiologia**, Den Haag, v. 489, n. 1-3, p. 179-184, Dec. 2002.

RIER, S. T.; STEVENSON, R. J. Response of periphytic algae to gradients in nitrogen and phosphorus in streamside mesocosms. **Hydrobiologia**, v. 561, p. 131-147, 2006.

RIGLER, F. H.; PETERS, R. H. **Science and limnology**. Oldendorf: Ecology Institute, 1995. 266p.

RINGUELET, R. A. **Ecología acuática continental**. Buenos Aires: EUDEBA, 1962. 162p.

ROBERTSON, A. L.; RUNDLE, S. D.; SCHMID ARAYA, J. M. Putting the meio-into stream ecology: current findings and future directions for lotic meiofaunal research. **Freshwater Biology**, Oxford, v. 44, n. 1, p. 177-183, May 2000.

ROBINSON, G. G. C. Methodology: the key to understanding periphyton. In: WETZEL, R.G. ed. **Periphyton of freshwater ecosystems**. The Hangue, Dr. W. Junk, 1983. p. 245-51. (Developments in Hidrobiology, 17).

ROCHA, A. A. Algae as biological indicators of water pollution. In: CORDEIRO-MARINO, M.; AZEVEDO, M. T. P.; SANT'ANNA, C. L.; TOMITA, N. Y.; PLASTINO, E. M. (Eds.). **Algae and environment**: a general approach. São Paulo: Sociedade Brasileira de Ficologia, CETESB, 1992. p.34-52.

ROCHA, A. C. R.; BICUDO, C. E. M. Criptógamos do Parque Estadual das Fontes do Ipiranga, São Paulo, SP. Algas, 25: Bacillariophyceae (Naviculales: Pinnulariaceae). **Hoehnea**, v. 35, n. 4, p. 597-618, 2008.

ROCHA, A. J. A. **Sucessão do periphyton em substrato artificial em dois lagos do Distrito Federal**. Universidade de Brasília – UNB, Brasília, 1979. [Dissertação de Mestrado em Ecologia].

ROCHEX A.; GODON J. J.; BERNET N.; ESCUDIE, R. Role of shear stress on composition, diversity and dynamics of biofilm bacterial communities. **Water Research**, Oxford, v. 42, n. 20, p. 4915–4922, Dec. 2008.

RODRIGUES, L.; BICUDO, D. C. Periphytic algae. In: THOMAZ, S. M.; AGOSTINHO, A. A.; HAHN, N. S. (Orgs.). **The Upper Paraná river floodplain**: physical aspects, ecology and conservation. Leiden, The Netherlands: Backhuys Publishers, 2004. p. 125-143.

RODRIGUES, L.; BICUDO, D. C. Similarity among periphyton algal communities in a lentic-lotic gradient of the Upper Paraná river floodplain. **Rev. Brasil. Bot.**, v 24, p. 235-248, 2001.

RODRIGUES, L. **Sucessão do perifíton na planície de inundação do alto rio Paraná: interação entre nível hidrológico e regime hidrodinâmico.** Maringá: UEM, 1998. (Tese de Doutorado em Ciências Ambientais).

RODRIGUES, L.; BICUDO, D. C.; MOSCHINI-CARLOS, V. O papel do perifíton em áreas alagáveis e nos diagnósticos ambientais. In: THOMAZ, S. M.; BINI, L. M. (Eds.). **Ecologia e manejo de macrófitas aquáticas.** Maringá: Editora da Universidade Estadual de Maringá, 2003. p. 211-229.

RODRIGUES, L.; LEANDRINI, J. A.; JATI, S.; FONSECA, I. A.; SILVA, E. L. V. Structure of communities of periphytic algae in the Upper Paraná River floodplain. In: AGOSTINHO, A. A.; RODRIGUES, L.; GOMES, L. C., THOMAZ, S. M.; MIRANDA, L. E. (Eds.). **Structure and funcioning of the Paraná river and its floodplain.** Maringá: Ed. EdUEM, 2004. p. 43-50.

ROESELERS, G.; VAN LOOSDRECHT, M. C. M.; MUYZER, G. Phototrophic biofilms and their potential applications. **Journal of Applied Phycology,** Dordrecht, v. 20, n. 3, p. 227–235, Jun. 2008.

ROGERS, K. H.; BREEN, C. M. An investigation of macrophyte, epiphyte and grazer interactions. In: WETZEL, R. G. (Ed.). **Periphyton of freshwater ecosystems.** The Hague: Dr. W. Junk Publishers, 1983. p. 217-225.

ROLAND, F.; ESTEVES, F. A.; SANTOS, J. E. Decomposição da macrófita aquática *Eichhornia azurea* (Kunth), com ênfase na colonização por bactérias epifíticas. **Acta Limnol. Bras.,** v. 3, n. 2, p. 653-673, 1990.

ROLDAN PÉREZ, G.; RAMÍREZ RESTREPO, J. **Fundamentos de limnología Nneotropical.** 2. ed. Colombia: Universidad de Antioquia, 2008; 421 p.

ROMANÍ, A. Freshwater biofilms. In: DÜRR, S.; THOMASON, J. C. (Eds.). **Biofouling.** Oxford: Wiley-Blackwell, 2009. p. 137-153.

ROMANÍ, A. M.; SABATER, S. Influence of algal biomass on extracellular enzyme activity in river biofilms. **Microbial Ecology, New York,** v. 41, n. 1, p. 16-24, Jul. 2000.

ROOS, P. J. Dynamics of periphytic communities. In: WETZEL, R. G. (Ed.). **Periphyton of freshwater ecosystems.** The Hague: Dr W. Junk Publishers, 1983. p. 5-10.

ROS, J. **Prácticas de ecologia.** Barcelona: Ed. Omega, 1979, 181p.

ROSA, G. M.; PETRY, M. T.; CARLESSO, R. Disponibilidade eficiência e racionalidade na utilização de recursos hídricos. In: Avanços conceituais e metodológicos. **Ciência & Ambiente,** Santa Maria, v. 21, p. 9-20, Jul.-Dez. 2000.

ROSA, Z. M.; TORGAN, L. C.; LOBO, E. A.; HERZOG, L. A. W. Análise da estrutura de comunidades fitoplanctônicas e de alguns fatores abióticos em trecho do Rio Jacuí, Rio Grande do Sul, Brasil. **Acta Botanica Brasilica,** Feira de Santana, v. 2, n. 1-2, p.31-46, 1988.

ROSA, Z., WERNER, V. R.; DACROCE, L. Diatomáceas da lagoa de Tramandaí e da lagoa do Armazém, Rio Grande do Sul, Brasil: III – Ordem Centrales. **Iheringia, Série Botânica,** v. 45, p. 29-55, 1994.

ROSEMOND, A. D.; MULHOLLAND, P. J.; ELWOOD, J. W. Top-down and bottom-up control of stream periphyton: effects of nutrients and herbivores. **Ecology,** New York, v. 74, n. 4, p. 1264-1280, Jun. 1993.

ROSENBERG, D. M.; RESH, V. H. Introduction to freshwater biomonitoring and benthic macroinvertebrates. In: ROSENBERG, D. M.; RESH, V. H. (Eds.). **Freshwater biomonitoring and benthic macroinvertebrates.** London: Chapman & Hall, 1993. p. 1-9.

ROSS, P. J. Dynamics of periphytic communities. In: WETZEL, R. G. (Ed.). **Periphyton of freshwater ecosystems**. The Hague/Boston/Lancaster: Dr. W. Junk Publishers, 1983. p. 5-10.

ROSS, R. The diatom genus *Capartogramma* and the identity of *Shizostauron*. **Bull. Brit. Mus. Nat. Hist.**, v. 3, p. 49-92, 1963.

ROUND, F. E. Diatoms in river water-monitoring studies. **Journal of Applied Phycology**, Dordrecht , v. 3, n. 2, p. 129-145, Jun. 1991.

ROUND, F. E. **A review and methods for the use of epilithic diatoms for detecting and monitoring changes in river water quality.** London: HMSO Publisher, 1993. 65 p.

ROUND, F. E.; CRAWFORD, R. M.; MANN, D. G. **The diatoms**: biology and morphology of the genera. Cambridge: University Press,1990, 747 p.

ROUND, F. E.; HICKMAN, M. Phytobenthos sampling and estimation of primary production. In: HOLME, N. A.; McINTYRE, A. A. (Eds.). **Methods for the study of marine benthos**. Oxford, Blackwell Scientific, 1971. p. 169-96. (IBP Handbook, 16).

ROUND, F. E.; BASSON, P. W. A new monoraphid diatoms genus (*Pogoneis*) from Bahrain and the transfer of previously describes species A. *hungarica* and A. *taeniata* to new genera. **Diatom Res.**, v. 12, n. 1, p. 71-81, 1997.

ROUND, F. E.; BUKHTIYAROVA, L. Four new genera based on *Achnanthes* (*Achnanthidium*) together with a re-definition of *Achnanthidium*. **Diatom Res.**, v. 11, n. 2, p. 345-361, 1996.

ROUND, F. E. **The ecology of algae.** Cambridge: Cambridge Univ. Press. 1981. 633p.

ROUND, F. E. Validation of some previously published Achnanthoid genera. **Diatom Res.**, v. 13, n. 1, p. 181, 1998.

ROUND, F. E.; CRAWFORD, R. M.; MANN, D. G. **The diatoms, biology and morphology of the genera.** New York: Cambridge Univ. Press. 1990. 747 p.

RUCK, E. C.; KOCIOLEK, J. P. Preliminary phylogeny of the family Surirellaceae (Bacillariophyta). **Bibl. Diatomol.**, v. 50, p. 1-236, 2004.

RUGENSKI, A. T.; MARCARELLI, A. M.; BECHTOLD, H. A.; INOUYE, R. S. Effects of temperature and concentration on nutrient release rates from nutrient diffusing substrates. **Journal of the North American Benthological Society**, v. 27, n.1, pg. 52-57, 2008.

RUMRICH, U.; LANGE-BERTALOT, H.; RUMRICH, M. Diatoms of the Andes from Venezuela to Patagonia/Terra del Fogo. In: LANGE-BERTALOT, H. (Ed.). **Iconogr. Diatomol.**, Königstein: Koeltz Scientific Books, 2000. vol. 9, p. 1-673.

RUMRICH, U.; LANGE-BERTALOT, H.; RUMRICH, M. **Diatomeen der Anden**: Von Venezuela bis Patagonien (Feuerland). A.R.G. Gantner Verlag K. G., 2000. 649 p. (Iconographia Diatomologica, 9).

RUTTNER, F. **Grundriss des limnologie.** 2. Berlin: Auflage. Walter der Gruyter., 1952. 232p.

RUTTNER, F. **Fundamentals of limnology.** 3·ed. University of Toronto Press. 1952. 295p.

SABARÁ, M. G. Efeito do enriquecimento com N e P sobre colonização algal em substratos artificiais. **Revista online do Unileste MG**, Coronel Fabriciano, v. 1, 2004.

SABATER, S.; ARMENGOL, J.; MARTI, E.; SABATER, F.; GUASCH, H. Benthic diatom communities as descriptors of discontinuities in the River Ter, Spain. In: WHITTON, B. A.; ROTT, E.; FRIEDRICHT, G. (Eds.). **Use of algae for monitoring rivers.** Innsbruck: Institut fur Botanik, Universität Innsbruck, 1991. p. 157-163.

SABBE, K.; VANHOUTTE, K.; LOWE, R. L.; BERGEY, E. A.; BIGGS, B. J. F.; FRANCOEUR, S.; HODGSON, D.; VYVERMAN, W. Six new *Actinella* (Bacillariophyta) species from Papua New Guinea, Australia and New Zealand: further evidence for widespread diatom endemism in the Australasian region. **Eur. J. Phycol.**, v. 36, p. 321-340, 2001.

SAKUMA, M.; HANAZATO, T. Abundance of Chydoridae associated with plant surfaces, water column and bottom sediments in the macrophyte zone of a lake. **Verh. Internat. Verein. Limnol.**, Stuttgart, v. 28, p. 975-979, 2002.

SALATI, E.; LEMOS, H. M.; SALATI, E. Água e o desenvolvimento sustentável. In: REBOUÇAS, A.C.; BRAGA, B.; TUNDISI, J. G. **Águas doces no Brasil**: capital ecológico, uso e conservação. São Paulo: Editora Escrituras, 2006.

SALIU, J. K.; OVUORIE, U. R. The artificial substrate preference of invertebrates in Ogbe Creek, Lagos, Nigeria. **Life Sci. J.**, v. 4, n. 3, p. 77-81, 2007.

SALOMONI S. E.; ROCHA O.; CALLEGARO V. L.; LOBO E. A. Epilithic diatoms as indicators of water quality in the Gravataí river, Rio Grande do Sul, Brazil. **Hydrobiologia**, v. 559, p. 233-246, 2006.

SALOMONI, S. E.; ROCHA, O.; HERMANY, G.; LOBO, E. A. Application of water quality biological indices using diatoms as bioindicators in Gravataí River, RS, Brazil. **Brazilian Journal of Biology**, São Carlos, v. 71, n. 4, p. 949-959, Nov. 2011.

SALOMONI, S. E; TORGAN, L. C. Epilithic diatoms as organic contamination degree indicators in Guaíba Lake, Southern Brazil. **Acta Limnol. Bras.**, v. 20, n. 4, p. 313-324, 2008.

SALOMONI, S. E.; TORGAN, L. C. O gênero *Surirella* Turpin (Surirellaceae, Bacillariophyta) em ambientes aquáticos do Parque Estadual Delta do Jacuí, sul do Brasil. **Iheringia, Sér. Bot.**, v. 65, n. 2, p. 281-290, 2010.

SALOMONI, S. E.; TORGAN, L. C.; ROCHA, O. Samples collection gadget for epiplithic diatoms. **Bras. J. Biol.**, v. 67, n. 4, p. 681-683, 2007.

SAND-JENSEN, K.; BORUM, J. Interactions among phytoplankton periphyton and macrophytes in temperate freshwaters and estuaries. **Aquat. Bot.**, v. 41, p. 137-175, 1991.

SAND-JENSEN, K. Photosynthetic carbon sources of stream macrophytes. **Journal of Experimental Botany**, Folkestone, v. 34, n. 2, p. 198-210, 1983.

SAND-JENSEN, K. Physical and chemical parameters regulanting growth of periphytic communities. In: WETZEL, R. G. (Ed.). **Periphyton of freshwater ecosystems**. The Hague: Dr. W, Junk Publishers, 1983. p. 63-71.

SAND-JENSEN, K.; REVSBECH, N. P. Photosynthesis and light adaptation in epiphyte-macrophyte associations measured by oxygen microelectrodes. **Limnol. Oceanogr.**, vol. 32, p. 452-457, 1987.

SANDSTEN, H.; BEKLIOGLU, M.; INCE, O. Effects of waterflowl, large fish and periphyton on the spring growth if Potamogetonpectinatus L. in Lake Morgan, Turkey. **Hydrobiologia**, DenHaag, v. 537, n. 1-3, p. 239-248, 2005.

SANTEGOEDS, C. M.; MUYZER, G.; BEER, D. Biofilm dynamics studied with microsensors and molecular techniques. **Water Science and Technology**, Oxford, v. 37, n. 4, p. 125-129, 1998.

SANTOS, E. M. **Diatomáceas perifíticas (Ochrophyta) associadas à *Potamogeton polygonus* Chamess. e Schltdl**. (Potamogetonaceae): taxonomia e formas de fixação. Universidade Federal do Paraná. 2007. [Dissertação de Mestrado em Botânica].

SANTOS, E. M.; TREMARIN, P. I.; LUDWIG, T. A. V. Diatomáceas perifíticas em *Potamogeton polygonus* Cham. and Schltdl.: citações pioneiras para o estado do Paraná. **Biota Neotrop.**, v. 11, n. 3, p. 303-315, 2011.

SANTOS, T. R.; FERRAGUT, C.; BICUDO, C. E. M. Does macrophyte architecture influence periphyton? Relationships among *Utriculariafoliosa*, periphyton assemblage structure and its nutrient (C, N, P) status. **Hydrobiologia**, (DOI 10.1007/s10750-013-1531-8), 2013.

SAQRANE, S. et al. Phytotoxic effects of cyanobacteria extracto n the aquatic plant Lemna gibba: Microcystin accumulation, detoxication and oxidative stress induction. **Aquatic Toxicology**, v. 83, p. 284-294, 2007.

SARTORY, D. P.; GROBBELAAR, J. U. Extraction of chlorophyll a from freshwater phytoplankton for spectrophotometric analysis. **Hydrobiologia**, v. 114, p. 177-187, 1984.

SCHINDLER, D. W. Evolution of phosphorus limitation in lakes. **Science**, New York, v. 195, p. 260-262, Jan. 1977.

SCHINDLER, D. W.; F. E. E, EJ. Diurnal variation of dissolved inorganic carbon and its use in estimating primary production and CO_2 invasion in Lake 227. **Journal of the Fisheries Research Board of Canada**, Toronto, v. 30, n. 10, p. 1501-1510, Oct. 1973.

SCHMIDT, A. **Atlas der Diatomaceen-Kunde**. Leipzig: Verlag V. Ernst Schol. 1874-1959. 460 est.

SCHNECK, F.; MELO, A. S. Hydrological disturbance overrides the effect of substratum roughness on the resistance and resilience of stream benthic algae. **Fresh. Biol.**, v. 57, p. 1678-1688, 2012.

SCHNECK, F.; MELO, A. S. High assemblagepersistence in heterogeneous habitats: an experimental testwithstreambenthicalgae. **Freshwater Biol.** v. 58, p. 365-371, 2013.

SCHNECK, F.; SCHWARZBOLD, A.; MELO, A. S. Substrate roughness affects stream benthic algal diversity, assemblage composition, and nestedness. **J. North Am. Benthol. Soc.**, v. 30, n. 4, p. 1049-1056, 2011.

SCHNECK, F.; TOGAN, L. C.; SCHWARZBOLD, A. Diatomáceas epilíticas em riacho de altitude no sul do Brasil. **Rodriguésia**, v. 59, n. 2, p. 325-338, 2008.

SCHNECK, F.; TORGAN, L.; SCHWARZBOLD, A. Epilithic diatom community in a high altitude stream impacted by fish farming in southern Brazil. **Acta Limnol. Bras.**, v. 19, p. 341-355, 2007.

SCHOEMAN, F. R.; HAWORTH, E. Y. Diatom as indicator of pollution. In: RICARD, M. (Ed.). **Proceedings of the Eighth International Diatom Symposium 1984**. Koenigstein: Koeltz Scientific Books, 1986. p.757-766.

SCHUCH, M.; ABREU-JUNIOR, E.; LOBO, E. A. Water quality evaluation of urban streams in Santa Cruz do Sul City, RS, Brazil. **Bioikos**, Campinas, 2011, v. 26, n. 1, p. 3-12.

SCHWARZBOLD, A. **Efeitos do regime de inundação do Rio Mogi-Guaçu (SP) sobre a estrutura, diversidade, produção e estoques do perifíton da Lagoa do Infernão**. São Carlos: Universidade Federal de São Carlos, 1992. [Master thesis in Science].

SCHWARZBOLD, A. Métodos ecológicos aplicados ao estudo do perifíton. **Acta Limnol. Bras.**, v. 3, n. 1, p. 545-592, 1990.

SCHWARZBOLD, A., ESTEVES, F. A.; PANOSSO, R. F. Relações entre peso seco e clorofila-a do perifíton em função de diferentes idades e épocas de coletas de pecíolos de *Eichhornia azurea* (Sw) Künth. **Acta Limnologica Brasiliensia**, v. 3, p. 493-515, 1990.

SCOTT, J. T.; BACK, J. A.; TAYLOR, J. M.; KING, R. S. Does nutrient enrichment decouple algal–bacterial production in periphyton? **Journal of the North American Benthological Society**, Schaumburg, v. 27, n. 2, p. 332–344, Jun. 2008.

SECKT, H. Fenómenos de epifitismo en algas de agua dulce. **Rev. Univ. Córdoba**, v. 8, p. 86-133, 1931.

SEGERS, H. Global diversity of rotifers (Phylum Rotifera) in freshwater. **Hydrobiologia**, Den Haag , v. 595, n. 1, p. 49-59, Jan. 2008.

SHARAPOVA, T. A. Abiotic and biotic factors affecting Zooperiphyton development in a waterflow of a cooling water pool. **Contemporary Problems of Ecology**, New York, v. 3, n. 4, p. 495-497, Ago. 2010.

SHARAPOVA, T. A. Spatial structure of Zooperiphyton from the Ob River. **Contemporary Problems of Ecology**, New York, v. 2, n. 1, p. 72-76, Feb. 2009.

SHIRATA, M. T. **Catálogo de diatomáceas (Chrysophyta, Baccillariophyceae) de água doce do Estado do Paraná, Brasil.** Curitiba: Universidade Católica do Paraná, 1985. v. 13, 64 p.

SHORTREED, K. S.; STOCKNER, J. G. Periphyton biomass and species composition in a coastal rainforest stream in British Columbia: effects of environmental changes caused by logging. **Can. J. Fish. Aquatic. Sci.**, v. 40, n. 11, p. 1887-95, 1983.

SHORTREED, K. S.; COSTELLA, A. C.; STOCKNER, J. G. Periphyton biomass and species composition in 21 British Columbia lakes: seasonal abundance and responde to whole lake nutrient additions. **Can. J. Bot.**, v. 62, n. 5, p. 1022-31, 1984.

SICKO-GOAD, L.; STOERMER, E. F.; LADEWSKI, B. G. A morphometric method for correcting phytoplankton cell volume estimates. **Protoplasma**, v. 93, p. 147-163, 1977.

SIEBURTH, J. McN.; THOMAS, C. D. Fouling on eelgrass (*Zostera marina* L.). J. **Phycol.**, v. 9, p. 46-50, 1973.

SIEBURTH, J. McN.; TOOTLE J. L. Seasonality of microbial fouling on *Acophyllum nodosum* (L.) Lefol., *Fucus vesiculosus* L., *Polysiphonia lanosa* (L.) Tandy and *Chondrus crispus* Stackh. **J. Phycol.**, v. 17, p. 57-64, 1981.

SIGEE, D. C. **Freshwater microbiology**. Chichester: John Wiley and Sons, 2005. 524p.

SILVA, A. M.; LUDWIG, T. A. V.; TREMARIN, P. I.; VERCELLINO, I. S. Diatomáceas perifíticas em um sistema eutrófico brasileiro (reservatório do Iraí, estado do Paraná). **Acta Bot. Bras.**, v. 24, n. 4, p. 997-1016, 2010.

SILVA, A. M.; TAVARES, B.; AQUINO, N. F.; WENGRAT, S. Gomphonemaceae (Bacillariophyceae) do Rio São Francisco Falso, Estado do Paraná, Brasil. **Rev. Bras. Bioc.**, v. 5, n 2, p. 306-308, 2007.

SILVA-BENAVIDES, A. M. The epilithic diatom flora of a pristine and a polluted river in Costa Rica, Central America. **Diatom Research**, Bristol, v. 11, n. 1, p.105-142, 1996.

SILVESTER, N. R.; SLEIGH, M. A. The forces on microorganisms at surfaces in flowing water. **Freshwater Biology**, Oxford, v. 15, n. 4, p. 433-448, Aug. 1985.

SIOLI, H. Tropical rivers as expressions for their terrestrial environments. In: GOLLEY, F. B.; MEDINA, E. (Eds.). **Tropical ecological systems: trends in terrestrial and aquatic research**. New York: Springer-Verlag, 1975. p. 275-288.

SIVER, P. A.; BASKETTE, G. A. A morphological examination of *Frustulia* (Bacillariophyceae) from the Ocala National Forest, Florida, USA. **Can. J. Bot.**, n. 82, p. 629-644, 2004.

SIVER, P. A.; CAMFIELD, L. Studies on the diatom genus *Stenopterobia* (Bacillariophyceae) including descriptions of two new species. **Can. J. Bot.**, v. 85, p. 822-849, 2007.

SIVER, P. A.; HAMILTON, P. B. Observations on New and Rare Species of Freshwater Diatoms from Cape Cod, Massachusetts, U.S.A. **Can. J. Bot.**, v. 83, p. 362-378, 2005.

SIVER, P. A.; HAMILTON, P. B.; MORALES, E. A. Notes on the Genus *Nupela* (Bacillariophyceae) Including the Description of a New Species *Nupela scissura* sp. nov. and an Expanded Description of *Nupela paludigena*. **Phycol. Res.**, v. 55, p. 125-134, 2007.

SIVER, P. A.; WOLFE, A. P.; EDLUND, M. B. Taxonomic descriptions and evolutionary implications of Middle Eocene pennate diatoms representing the extant genera *Oxyneis*, *Actinella* and *Nupela* (Bacillariophyceae). **Pl. Ecol. Evol.**, v. 143, n. 3, p. 340-351, 2010.

SKAL'SKAYA, I. A.; On, T. A. Sharapova's Zooperiphyton of the West Siberia inland waters. **Inland Water Biology**, Moscow, v. 2, n. 3, p. 292-293, Jul. 2009.

SKULBERG, O. M.; CARMICHAEL, W. W.; CODD, G. A.; SKULBERG, R. Taxonomy of toxic Cyanophyceae (Cyanobacteria). In: FALCONER, I. R. (Ed.). **Algal toxins seafood and drinking water**. London: Academic Press, 1993. p. 145-164.

SLADECEK, V. **System of water quality from the biological point of view**. Stuttgart: Schweizerbart, 1973. 218p. (Archiv fur Hydrobiologie, Ergebnisse der Limnologie, 7).

SLADECEK, V. The future of the saprobity system. **Hydrobiologia**, Den Haag, v. 25, n. 3-4, p. 518-537, May 1965.

SLÁDECKOVÁ, A. 1962. Limnological investigations for the periphyton (Aufwuchs) community. **Bot. Rev.**, v. 28, p. 286-350, 1962.

SOARES, F. S.; KONOPLYA, B. I. B.; SILVA, J. F. M.; ANDRADE, C. G. T. J. Amphipleuraceae (Bacillariophyceae) do alto da bacia do Ribeirão Cambé, Londrina, Brasil. **Rev. Bras. Bot.**, v. 34, n. 1, p. 39-49, 2011.

SOBCZACK, W. V. Epilithic bacterial responses to variations in algal biomass and labile dissolved organic carbon during biofilm colonization. **Journal of the North American Benthological Society**, Schaumburg, v. 15, n. 2, p. 143-154, Jun. 1996.

SOBCZAK, W. V. ; BURTON, T. M. Epilithic bacterial and algal colonization in a stream run, riffle, and pool: a test of biomass covariation. **Hydrobiologia**, Den Haag, v. 332, n. 3, p. 159-166, Oct. 1996.

SOLER, J. M. P. Planejamento de experimentos e pesquisa em Limnologia. In: BICODU; C.E.M.; BICUDO, D. C. (Eds.). **Amostragem em limnologia**. São Carlos: RiMa Editora, 2007. p.15-24.

SOLORZANO, L. Determination of ammonia in natural waters by the phenolhypochlorite method. **Limnology and Oceanography**, v. 14, p. 799-801, 1969.

SOUZA FILHO, E. E.; ROCHA, P. C.; COMUNELLO, E.; STEVAUX, J. C. Effects of the Porto Primavera Dam on Physical environment of the downstream floodplain. In: THOMAZ, S. M.; AGOSTINHO, A. A.; HAHN, N. S. (Eds.). **The upper Paraná river and its floodplain**: physical aspects, ecology and conservation. Leiden: Backhuys Publishers, 2004. p. 55-74.

SOUZA, M. G. M. **Variação da comunidade de diatomáceas epilíticas ao longo de um rio impactado no município de São Carlos-SP e sua relação com variáveis físicas e químicas**. São Carlos: Universidade Federal de São Carlos (Tese, Doutorado em Ecologia e Recursos Naturais), 168p., 2002.

SOUZA, M. G.; SENNA, P. A. Diatomáceas epilíticas da subordem Sellaphorineae do rio do Monjolinho, São Carlos, SP, Brasil. **Acta Botânica Brasílica**, Feira de Santana, v. 23, n. 3, p. 618-629, Jul.-Set. 2009.

SOUZA, M. G. M.; COMPÈRE, P. New diatom species from the Federal District of Brazil. **Diatom Res.**, v. 14, n. 2, p. 357-366, 1999.

SOUZA, M. G. M.; MOREIRA-FILHO, H. Diatoms (Bacillariophyceae) of two aquatic macrophyte bancks from Lagoa Bonita, Distrito Federal, Brazil, I: Thalassiosiraceae and Eunotiaceae. **Büll. J. Bot. Nat. Belg.**, v. 67, p. 259-278, 1999a.

SOUZA, M. G. M.; MOREIRA-FILHO, H. Diatoms (Bacillariophyceae) of two aquatic macrophyte bancks from Lagoa Bonita, Distrito Federal, Brazil, II: *Navicula* sensu lato and *Pinnularia*. **Büll. J. Bot. Nat. Belg.**, v. 67, p. 279-288, 1999b.

SOUZA, R. M. Contribuição ao estudo das diatomáceas das águas de abastecimento público de Florianópolis I. Represa de Pilões, Horto Botânico da Univ. Fed. Sta. Catarina. **Insula**, n. 4, p. 1-31, 1970.

SOUZA-MOSIMANN, R. M.; TAVARES, A. S.; FREITAS, P. V. Contribuição ao conhecimento da Diatomoflórula do conteúdo estomacal de algumas espécies de peixes da Amazônia. I-*Myleus* sp. (Pacú) do lago do Prato, AM., Brasil. **Acta Amaz.**, v. 27, n. 1, p. 9-25, 1997.

SPAUDING, S. A.; KOCIOLEK, J. P. The genus *Orthoseira*: ultraestructure and morphological variation in two species from Madagascar with comments on nomenclatural in the genus. **Diatom Res.**, v. 13, n. 1, p. 133-147, 1998.

SPAULDING, S A.; LUBINSKI, D. J.; POTAPOVA, M. **Diatoms of the United States**. 2010b. http://westerndiatoms.colorado.edu Accessed on 2 September, 2011.

SPAULDING, S. A.; POOL, J. R.; CASTRO, S. I.; HINZ, F. Species within the genus *Encyonema* Kützing, including two new species *Encyonema reimeri* sp. nov. and *E. nicafei* sp. nov. and *E. stoermeri* nom. nov., stat. nov. **Proc. Acad. Nat. Sci. Phil.**, v. 160, n. 1, p. 57-71, 2010.

SRÁMEK-HUSEK. On the uniform classification of animal and plant communities in our waters. Sborník MAP 20 (3): 213-234 *apud* Sládecková, A. (1962). Limnological investigation methods for the periphyton ("Aufwuchs") community. **Bot. Rev.**, v. 28, n. 2, p. 286-350, 1946.

STANCHEVA, R.; TEMNISKOVA, D. Observations on *Decussata hexagona* (Torka) Lange-Bertalot (Bacillariophyta) from Holocene sediments in Bulgaria. **Nov. Hedw.**, v. 82, n. 1-2, p. 237-246, 2006.

STEEMAN-NIELSEN, E. The use of radioactive carbon (C-14) for measuring organic production in the sea. **J. Explor. Mer.**, v. 18, p. 117-40, 1952.

STEINMAN, A. Effects of grazers on freshwater benthic algae. In: STEVENSON, R. J.; BOTHWELL, M. L.; LOWE, R. L. (eds.). **Algal ecology**: freshwater bentic ecosystems. San Diego: Academic Press, 1996. p. 341-373.

STEINMAN, A. D.; McINTIRE, C. D. Effects of current and light energy on the structure of periphyton assemblages in laboratory streams. **J. Phycol.**, v. 22, p. 352-361, 1986.

STEINMAN, A. D.; McINTIRE, C. D. Recovery of lotic periphyton communities after disturbance. **Environ. Manage.**, v. 14, n. 5, p. 589-604, 1990.

STELZER, R. S.; LAMBERTI, G. A. Effects of N: P ratio and total nutrient concentration on stream periphyton community structure, biomass, and elemental composition. **Limnological Oceanography**, Waco, v. 46, n. 2, p. 356-367, 2001.

STEVAUX, J. C.; MARTINS, D. P.; MEURER, M. Changes in regulated tropical rivers: the Paraná River downstream Porto Primavera Dam, Brazil. **Geomorphology,** Amsterdam, v. 113, p. 230–238, Dec. 2009.

STEVENSON, J. R. An introduction to algal ecology in freshwater benthic habitats. In: STEVENSON, J. R., BOTHWELL, M.L., LOWE, R.L. **Algal Ecology:** freshwater benthic ecosystems. New York: Academic Press, 1996. p.3-30.

STEVENSON, R. J. Scale-dependent determinants and consequences of benthic algae heterogeneity. **Journal of the North American Benthological Society,** Schaumburg, v. 16, n. 1, p. 248-262, Mar. 1997.

STEVENSON, R. J.; BOTHWELL, M. L.; LOWE, L. **Algal ecology:** freshwater benthic ecosystems. San Diego: Academic Press, 1996.

STEVENSON, R. J.; BAHLS, L. L. Periphyton protocols. In: BARBOUR, M. T.; GERRITSEN, J.; SNYDER B. D.; STRIBLING, J. B. (Eds.). **Rapid bioassessment protocols for use in streams and wadeable rivers:** periphyton, benthic macroinvertebrates and dish. Washington: Environmental Protection Agency, 1999. cap. 6, p. 1-22.

STEVENSON, R. J.; PAN, Y. Assessing environmental conditions in rivers and streams with diatoms. In: STOERMER, E. F.; SMOL, J. P. (Eds.). **The diatoms:** applications for the environmental and earth sciences. New York: Cambridge University Press, 1999. cap. 2, p.11- 40.

STEVENSON, R. J.; SABATER, S. Understanding effects of global change on river ecosystems: science to support policy in a changing world. **Hydrobiologia,** v. 657, p.3-18, 2010.

STEVENSON, R. J. Scale-dependent determinants and consequences of benthic algal heterogeneity. **Journal of the North American Benthological Society,** v.16, n. 1, p. 248-262, 1997.

STEVENSON, R. J. The stimulation and drag of current. In: STEVENSON, R. J.; BOTHWELL, M. L.; LOWE, R. L. (Eds.). **Algal ecology:** freshwater benthic ecosystems. San Diego: Academic Press, 1996. cap. 11, p. 321-340.

STEVENSON, R. J.; BAHLS, L. L. Periphyton protocols. In: BARBOUR, M.T.; GERRITSEN, J.; SNYDER, B. D.; STRIBLING, J. B. Rapid Bioassessment Protocols for use in streams and wadeablerivers: Periphyton, Benthic Macroinvertebrates and Fish, 2ªedição. EPA 841-B-99-002.U.S. **Environmental Protection Agency;** Office of Water; Washington, D.C., 1999.

STEVENSON, R. J.; HASHIM, S. Variation in diatom community structure among habitats in sandy streams. **J.Phycol.,** v. 25, n. 4, p. 678-686, 1989.

STEVENSON, R. J.; SMOL, J. P. Use of algae in environmental assessments. In: WEHR, J. D.; SHEATH, R. G. (Eds.). **Freshwater algae of North America, ecology and classification.** San Diego: Academic Press, 2003, p.725-804.

STEVENSON, R. J. 1997. Scale-dependent determinants and consequences of benthic algal heterogeneity. **J. North. Am. Benthol. Soc.,** v. 16, p. 248-262, 1997.

STEVENSON,R. J.; PETERSON C. G.; KIRSCHTEL D. B.; KING C. C.; TUCHMAN N. C. Density-dependent growth, ecological strategies, and effects of nutrients and shading on benthic diatom succession in streams. **J. Phycol.** v. 27, p. 59-69, 1991.

STOCKNER, J. G.; ARMSTRONG, F. A. J. Periphyton of the experimental lakes area, northwestern Ontario. **Journal of the fisheries research board of Canada,** Toronto, v. 28, n. 2, p. 215-229, Feb. 1971.

STODDARD, J. L.; LARSEN, D. P.; HAWKINS, C. P.; JOHNSON, R. K.; NORRIS, R. H. Setting expectation for the ecological conditions of streams: The concept of reference conditions. **Ecological Application**, Tempe, v. 16, n. 4, p. 1267-1276, Ago. 2006.

STOERMER, E. F.; SMOL, J. P. **The diatoms**: application for the environmental and earth sciences. Cambridge: Cambridge University Press, 1999.

STRICKLAND, J. D. H.; PARSONS, T. R. A manual of sea water analysis. **Bulletin of Fisheries Research Board of Canada**, v. 125, p. 1-185, 1960.

STRICKLAND, J. D. H.; PARSONS, T. R. A practical handbook of seawater analyses.**Bull. Fish. Res. Bd. Can.**, v. 167, p. 1-311, 1968.

SU, S.; JIANG, Z.; ZHANG, Q.; ZHANG, Y. Transformation of agricultural landscapes under rapid urbanization: a threat to sustainability in Hang-Jia-Hu region, China. **Appl. Geogr.**, v. 31, p. 439-449, 2010.

SUN, J.; LIU, D. Geometric models for calculating cell biovolume and surface area for phytoplankton. **J. Plankton Res.**, v. 25, n. 11, p. 1331-1346, 2003.

SUZUKI, M. S. **Mudanças na estrutura e sucessão das comunidades fitoplanctô-nicas e perifíticas da lagoa do Infernão (SP), causadas pelo processo de enriquecimento artificial**. São Carlos: UFSCAR, 1991. (Dissertação de Mestrado em Ecologia e Recursos Naturais).

TAKEDA, A. M.; SOUZA FRANCO G. M.; MELO, S. M.; MONKLOSKI, A. Invertebrados asociados as macrófitas aquáticas da planicie de inundação do alto rio Paraná (Brasil). In: THOMAZ, S. M.; BINI, L. M. (Eds.). **Ecologia e manejo de macrófitas aquáticas**. Maringá: EDUEM, 2003. p. 243-260.

TALGATII, D. M.; GARCIA, M.; SCHEFFER, L. O gênero *Eunotia* Ehrenberg (Bacillariophyta) do arroio do Ecocamping Municipal de Pelotas, RS. **Rev. Bras. Bioc.**, v. 5, n. 2, p. 756-758, 2007.

TANAKA, H. Taxonomic studies of the genera *Cyclotella* (Kützing) Brébisson, *Discostella* Houk et Klee, and *Puncticulata* Håkansoon in the family Stephanodiscaceae Glezer et Makarova (Bacilariophyta) in Japan. **Biblioth. Diatomol.**, v. 53, p. 1-205, 2007.

TANIGUCHI, G. M. **Variação espacial e temporal de características limnológicas abióticas e de comunidades de algas planctônicas e perifíticas no gradiente litorâneo-limnético de uma lagoa marginal do rio Mogi-Guaçu**. São Carlos: UFSCAR, 1998. (Dissertação de Mestrado em Ecologia de Recursos Naturais).

TANIGUCHI, G. M.; BICUDO, D. C.; SENNA, P. A. C. Gradiente litorânio-limnético do fitoplâncton e ficoperifíton em uma lagoa da planície de inundação do Rio Mogi-Guaçu. **Revista Brasileira de Botânica**, São Paulo, v. 28, n. 1, p. 137-147, Jan.-Mar. 2005.

TANIGUCHI, G. M.; BICUDO, D. C.; SENNA, P. A. C. Intercâmbio populacional de desmídias planctônicas e perifíticas na Lagoa do Diogo, planície de inundação do Rio Mogi-Guaçu. In: SANTOS, J. E.; PIRES, J. S. R. (Eds.). **Estação Ecológica de Jataí**. São Carlos: RiMa Editora, 2000. p. 431-444.

TANIGUCHI, G. M.; PERES, A. C.; SENNA, P. A. C.; BICUDO, D. C. Desmidiaceae filamentosas, Mesotaeniaceae e Gonatozygaceae de uma lagoa marginal do Rio Moji-Guaçu, Estação Ecológica de Jataí, Estado de São Paulo. **Hoehnea**, São Paulo, v. 25, n. 2, p. 149-167, 1998.

TANIGUCHI, G. M.; PERES, A. C.; SENNA, P. A. C.; COMPÈRE, P. The desmid genera Cosmarium, Actinotaenium, and Cosmocladium from an oxbow lake, Jataí Ecological

Station (Southeastern Brazil). **Systematic and Geographyof Plants**, Meise, v. 73, n. 1, p. 133-159, 2003.

TANIGUCHI, H.; NAKANO, S.; TOKESHI, M. Influences of hábitat complexity on the diversity and abundance of epiphytic invertebrates on plants. **Freshwater biology**, Oxford, v. 48, n. 4, p. 718-728, Apr. 2003.

TANIGUCHI, H.; TOKESHI, M. Effects of hábitat complexity on benthic assemblages in a variable environment. **Freshwater biology**, Oxford, v. 49, n. 9, p. 1164-1178, Sep. 2004.

TANK, J. L.; DODDS, W. K. Nutrient limitation of epilithic and epixylic biofilms in ten North American streams. **Freshwater Biology**, v. 48, p. 1031-1049, 2003.

TAVARES, M. D. M.; VOLKMER-RIBEIRO, C.; HERMANY, G. Seasonal abundance in a sponge assembly at a southern neotropical inner delta. **Journal of coastal research**, Fort Lauderdale, v. 1, p. 335-342, 2005.

TAYLOR, A. N.; BATZER, D. P. Spatial and temporal variation in invertebrate consumer diets in forested and herbaceous wetlands. **Hydrobiologia**, Den Haag, v. 651, n. 1, p. 145-159, Sep. 2010.

TEIXEIRA, C. Introdução aos métodos para medir a produção primária do fitoplâncton marinho. **Bol. Inst. Oceanogr.**, São Paulo, v. 22, p. 59-92, 1973.

TELL, G.; PIZARRO, H. Tribophyceae asociadas a raíces de Azolla caroliniana Willd de la Provincia de Corrientes (Argentina). **Cryptogamie, Algologie**, v. 4, n. 3-4, p. 171-188., 1984.

THERIOT, E. C.; ASHWORTH, M.; RUCK, E.; NAKOV, T.; JANSEN, R. K. A preliminary multigene phylogeny of diatoms (Bacillariophyta): challenges for future research. **Pl. Ecol. Evol.**, v. 143, n. 3, p. 278-296, 2010.

THERON, J.; CLOETE, T. E. Molecular techniques for determining microbial diversity and community structure in natural environments. **Critical Reviews in Microbiology**, London, v. 26, n. 1, p. 37-57, 2000.

THOMAS, S.; GAISER, E. E. GANTAR, M.; LEONARD, J. Quantifying the responses of calcareous periphyton crust to rehydratation: a microcosm sttudy (Florida Everglades). **Aquatic Botany**, v. 84, p. 317-323, 2006.

THOMAZ, S. M. O papel ecológico das bactérias e teias alimentares microbianas em ecossistemas aquáticos. In: POMPÊO, M. L. M. (Ed.). **Perspectivas da limnologia no Brasil**. São Luis: Editora União, 1999. p. 147-167.

THOMAZ, S. M.; BINI, L. M.; BOZELLI, R. L. Floods increase similarity among aquatic hábitats in river-floodplain systems. **Hydrobiologia**, Den Haag, v. 579, n. 1, p. 1-13, Mar. 2007.

THOMAZ, S. M.; PAGIORO, T. A.; BINI, L. M.; ROBERTO, M. C.; ROCHA, R. R. A. Limnological characterization of the aquatic environments and the influence of hydrometric levels. In: THOMAZ, S. M.; AGOSTINHO, A. A.; HAHN, N. S. (Orgs.). **The Upper Paraná river floodplain**: physical aspects, ecology and conservation. Leiden: Backhuys Publishers, 2004a. p. 75-102.

THOMAZ, S. M.; PAGIORO, T. A.; BINI, L. M.; ROBERTO, M. C.; ROCHA, R. R. A.; Limnology of the Upper Paraná Floodplain Hábitats: Patterns of Spatio-temporal Variations and Influence of the Water Levels. In: AGOSTINHO, A. A.; RODRIGUES, L.; GOMES, L. C.; THOMAZ, S. M.; MIRANDA, L. E. (Eds.). **Structure and functioning of the Paraná River and its floodplain LTER – site 6**. Maringá: EDUEM, 2004. p. 37-42.

THOMAZ, S. M.; BINI, L. M. Análise crítica dos estudos sobre macrófitas aquáticas desenvolvidos no Brasil. In: THOMAZ, S. M.; BINI, L. M. (Eds.). **Ecologia e manejo de macrófitas aquáticas.** Maringá: EDUEM, 2003. p. 19-38.

THOMAZ, S. M.; ESTEVES, F. A. Bacterial dynamics in periphyton from different regions of a tropical coastal lagoon. **Arch. Hydrobiol.,** v. 139, n. 4, p. 495-507, 1997.

THOMAZ, S. M.; ESTEVES, F. A. Comunidade de macrófitas Aquáticas. In: ESTEVES, F. A. (Coord.) **Fundamentos da limnologia.** 3 ed. Rio de Janeiro: Interciência, 2011. p. 461-522.

TILMAN, D.; KIESLING, R.; STERNER, R.; KILHAM, S. S.; JONHSON, F. A. Green, bluegreen and diatom algae: Taxonomic differences in competitive ability forphosphorus, silicon and nitrogen. **Archiv for Hydrobiologie,**Stuttgart, v. 106, n. 4, p. 473-485, Jun. 1986.

TILMAN, D.; KILHAM, S. S.; KILHAM, P. Phytoplankton community ecology: the role of limiting nutrients. **Annual Review of Ecology and Systematics,** Palo Alto, v. 13, p. 349-372, 1982.

TIPPET, R. Artificial surfaces as a method of studying populations of benthic microalgae in fresh water. **Eur. J. Phycol.,** v. 5, n. 2, p. 187-199, 1970.

TORGAN, L. C.; BIANCAMANO, M. I. Catálogo das diatomáceas (Bacilariophyceae) referidas para o Estado do Rio Grande do Sul, Brasil, no período de 1973 a 1990. **Caderno de Pesquisa Série Botânica,** Santa Cruz do Sul, v. 3., n. 1, p. 201, 1991.

TORGAN, L. C.; AGUIAR, L. Diatomáceas do rio Guaíba, Porto Alegre, Brasil. **Iheringia, Série Botânica,** n. 23, p. 19-63, 1978.

TORGAN, L. C.; CARVALHO, R. N. Morfologia de três espécies de *Neidium* (Bacillariophyta) de ambientes lacustres da Planície Costeira do Rio Grande do Sul, Brasil. **Iheringia, Série Botânica,** v. 66, n .1, p. 139-146, 2011.

TORGAN, L. C.; OLIVEIRA, M. A. *Geissleria aikenensis* (Patrick) Torgan & Oliveira comb. nov. : morphological and ecological characteristics. In: ECONOMOU-AMILLI, A. (Ed.). **Proc. 16**th **Inter. Diat. Symp., Athens:** University of Athens, 2001. p. 115-121.

TORGAN, L. C.; RAUPP, S. V. Morfologia externa de *Melosira moniliformis* (O. F. Muller) C. Agardh var. *moniliformis* (Bacillariophyta) do estuário da laguna dos Patos, Rio Grande do Sul, Brasil. **Iheringia, Série Botânica,** n. 56, p. 185-196, 2001.

TORGAN, L. C.; SANTOS, C. B. *Diadesmis confervacea* (Diadesmiaceae-Bacillariophyta): morfologia externa, distribuição e aspectos ecológicos. **Iheringia, Sér. Bot.,** v. 63, n. 1, p. 171-176, 2008.

TORGAN, L. C.; WEBER, A. S. Novos registros de *Surirella* Turpin (Bacillariophyta, Surirellaceae) para o Rio Grande do Sul e Brasil. **Acta Bot. Bras.,** v. 22, n. 2, p. 393-398, 2008.

TORGAN, L. C.; BECKER, V.; PRATES, H. M. Checklist das diatomáceas (Bacillariophyceae) de ambientes de águas continentais e costeiros do estado do Rio Grande do Sul. **Iheringia, Série Botânica,** n. 52, p. 89-143, 1999.

TORGAN, L. C.; BECKER, V.; RODRIGUES, S. C. Volume celular de espécies fitoplanctônicas da Laguna dos Patos, Rio Grande do Sul, Brasil. Nota científica. **Biociências,** v. 6, n. 1, p. 183-186, 1998.

TORGAN, L. C.; SALOMONI, S. E.; BICCA, A. B. Diatomáceas sobre *Limnoperna fortunei* (Dunker), molusco introduzido no Lago Guaíba, Sul do Brasil. **Revista Brasileira de Botânica,** v. 32, n. 1, p. 23-31, 2009.

TORRISI, M.; DELL'UOMO, A. Biological monitoring of some Apennine rivers (Central Italy) using the Diatom-based Eutrophication/Pollution Index (EPI-D) compared to other European diatom indices. **Diatom Research**, Bristol, 2006, v. 2, p. 159-174, 2006.

TOWNSEND C. R.; BEGON, M.; HARPER, J. P. **Fundamentos em ecologia**. 3 ed. Porto Alegre: Artmed, 2010. 576p.

TRAIN, S. **Diatomáceas (Bacillariophyceae) do Córrego Moscados, Maringá, Paraná Curitiba.** 1990, 312p. Dissertação (Mestrado em Botânica) – Universidade Federal do Paraná. 1990.

TREMARIN, P. I.; FREIRE, E. G.; BERTOLLI, L. M.; LUDWIG, T. A. V. Catálogo das diatomáceas (Ochrophyta-Diatomeae) continentais do estado do Paraná. **Iheringia, Sér. Bot.**, v. 64, n. 2, p. 79-107, 2009a.

TREMARIN, P. I.; LOVERDE-OLIVEIRA, S. M.; LUDWIG, T. A, V.; TORGAN, L. C. Ultrastructure and distribution of *Aulacoseira gessneri* (Hustedt) Simonsen (Diatomeae). **Diatom Res.**, v. 26, n 2, p. 189-197, 2011a.

TREMARIN, P. I.; LUDWIG, T. A. V.; MOREIRA-FILHO, H. *Eunotia* Ehrenberg (Bacillariophyceae) do rio Guaraguaçu, litoral do Paraná, Brasil. **Acta Bot. Bras.**, v. 22, n. 3, p. 845-862, 2008.

TREMARIN, P. I.; LUDWIG, T. A. V.; BERTOLLI, L. M.; FARIA, D. M.; COSTIN, J. C. *Gomphonema* Ehrenberg e *Gomphosphenia* Lange-Bertalot (Bacillariophyceae) do rio Maurício, Paraná, Brasil. **Biota Neotrop.**, v.9, n. 3., 2009b. Disponível em <http://www.biotaneotropica.org.br/v9n4/en/abstract?inventory+bn00309042009> Acesso em: set. 2011.

TREMARIN, P. I.; LUDWIG, T. A. V.; TORGAN, L. C. Ultrastructure of *Aulacoseira brasiliensis* sp. nov. (Coscinodiscophyceae) and comparision with related species. **Fottea**, v, 12, n. 2, p, 171-188, 2012.

TREMARIN, P. I.; MOREIRA-FILHO, H.; LUDWIG, T. A. V. Pinnulariceae (Bacillariophyceae) do rio Guaraguaçu, bacia hidrográfica litorânea paranaense, Brasil. **Acta Bot. Bras.**, vol. 24, n. 2, p. 330-348, 2010.

TREMARIN, P. I.; WETZEL, C. E.; LUDWIG, T. A. V.; ECTOR, L. *Encyonema exuberans* sp. nov. (Bacillariophyceae) from southern Brazilian lotic systems. **Nov. Hedw.**, v. 92, n. 1-2, p. 107-120, 2011b.

TROBAJO, R. P. La Directiva Marco del Agua y las diatomeas como indicadoras de los Humedales meditteráneos. **Algas, Boletín de la Sociedad Española de Ficología**, [Madrid], n. especial Bioindicadores y monitorización, p. 47-50, Sep. 2005.

TROBAJO, R. P.; COX, E. J. Examination of the type material of Nitzschia frustulum, N. palea and N. palea var. debilis. In: WITKOWSKI, A. (Ed.). **Proceedings of the 18**[th] **International Diatom Symposium**. Bristol: Biopress Limited, 2006. p. 431-445.

TUCHMAN, N.; STEVENSON, R. J. Effects of selective grazing by snails on benthic algal succession. **Journal of the North American Benthological Society**, Schaumburg, v. 10, n. 4, p. 430-443, Dec. 1991.

TUCHMAN, N. C. The Role of Heterotrophy in Algae. In: STEVENSON, R.J.; BOTHWELL, M. L.; LOWE, R. L. (Eds.) **Algal ecology**. Freshwater benthic ecosystems. San Diego: Academic Press. 1996. p 299-319.

TUDESQUE, L.; RIMET, F.; ECTOR, L. A new taxon of the section Nitzschiae Lanceolatae Grunow: Nitzschia costei sp. nov. compared to N. fonticola Grunow, N. macedonica Hustedt, N. tropica Hustedt and related species. **Diatom Research**, Bristol, v. 23, p. 483-501, 2008.

TUJI, A.; WILLIAMS, D. M. Examination of the type material of *Synedra rumpens* = *Fragilaria rumpens*, Bacillariophyceae. **Phycol. Res.**, v. 54, n. 2, p. 99-103, 2006c.

TUJI, A.; WILLIAMS, D. M. Examination of type material of *Fragilaria mesolepta* Rabenhorst and two similar, but distinct, taxa. **Diatom Res.**, v. 23, n. 2, p. 503-510, 2008.

TUJI, A.; WILLIAMS, D. M. The identity of *Cyclotella glomerata* Bachmann and *Discostella nipponica* (Skvortzov) Tuji et Williams comb. et stat. nov. (Bacillariophyceae) from Lake Kizaki, Japan. **Bull. Natn. Sci. Mus.**, Tokyo, Ser. B, v. 32, n. 1, p. 9-14, 2006a.

TUJI, A.; WILLIAMS, D. M. Typification of *Conferva pectinalis* O.F.Müll. (Bacillariophyceae) and the identity of the type of an alleged synonym, *Fragilaria capucina* Desm. **Taxon**, v. 55, p. 193-199, 2006b.

TUJI, A. The effect of irradiance on the growth of different forms of freshwater diatoms: implications for sucession in attached diatom communities. **Journal of Phycology**, New York, v. 36, n. 4, p. 659-661, Aug. 2000.

TUJI, A. Type examination of *Fragilaria gracilis* Oestrup (Bacillariophyceae). **Bull. Natn. Sci. Mus.**, Tokyo, Ser. B., v. 33, p. 9-12, 2007.

TULONEN, T. Bacterial production in a mesohumic lake estimated from ^{14}C leucine incorporation rate. **Microbial Ecology**, New York, v. 26, n. 3, p. 201-217, Nov.-Dec. 1993.

TUNDISI, J. G.; MATSUMURA-TUNDISI, T. **Limnologia**. São Paulo: Oficina de Textos, 2008. 631p.

TUNDISI, J. G. **O futuro dos recursos hídricos no Brasil**: Projeto Brasil das Águas. Disponível em http://www.brasildasaguas.com.br/ 2006.

TUNDISI, J. G.; TUNDISI, T. M. Produção orgânica em ecossistemas aquáticos. **Ciênc, Cult.**, v. 28.n. p. 864-87, 1976.

TUNDISI, J. G.; TUNDISI, T. M.; ROCHA, O. Ecossistemas de águas interiores. In: REBOUÇAS, A. C.; BRAGA, B.; TUNDISI, J.G. **Águas doces no Brasil**: capital ecológico, uso e conservação. São Paulo: Editora Escrituras, 2006.

UMBREIT, W. W.; BURRIS, R. H.; STAUFFER, J. F. **Manometric methods applicable to the study of tissue metabolism**. Ed. Burgess publishing Company, 1964, p. 208-209.

UNEP-IETEC. **Planejamento e gerenciamento de lagos e reservatórios**: uma abordagem integrada ao problema da eutrofização. [New York], IETEC, 2001. 385p.

UTERMÖHL, H. Zur Vervolkomnung der quantitative phytoplankton: methodic. **Mitteilungen Internationale Vereinigung fuer Theoretische und Angewandte Limnologie**, v. 9, p. 1-38, 1958.

VADEBONCOEUR, Y.; STEINMAN, A. D. Periphyton function in lake ecosystems. **The Scientific World Journal**, v. 2, p. 1449-1468, 2002.

VALDERRAMA, G. C. The simultaneous analysis of total nitrogen and total phosphorus in natural waters. **Marine Chemistry**, v. 10, p. 109-112, 1981.

VAN DAM, A. A.; BEVERIDGE, M. C. M.; A. Z. I. M., M. E. VERDEGEM, M. C. J. The potential of fish production based on periphyton. **Reviews in fish biology and fisheries**, London, v. 12, n. 1, p. 1-31, 2002.

VAN DAM, H.; MERTENS, A.; SKINDELAM, J. A coded checklist and ecological indicator values of freshwaters diatoms from Netherlands. **Neth. J. Aquat. Ecol.**, v. 28, p.117-133, 1994.

VAN DE VIJVER, B.; ZIDAROVA, R. Five new taxa in the genus *Pinnularia* sectio *Distantes* (Bacillariophyta) from Livingston Island (South Shetland Islands). **Phytotaxa**, vol. 24, p. 39-50, 2011.

VAN DEN HOEK, C. V.; MANN, D. G.; JAHNS, H. M. **Algae**: an introduction to phycology. Cambridge: Cambridge University, 1995. 627p.

VAN DONK, E.; VAN DE BUND, W. J. Impact of submerged macrophytes including charophytes on phyto and zooplankton communities: allelopathy versus other mechanisms. **Aquatic Botany**, v. 72, p. 261-274, 2002.

VANHOUTTE, K.; VERLEYEN, E.; VYVERMAN, W.; CHEPURNOV, V.; SABBE, K. The freshwater diatom genus *Kobayasiella* (Bacillariophyta) in Tasmania, Australia. **Austr. Syst. Bot.**, v. 17, n. 5, p. 483-496, 2004.

VANNOTE, R. L. G. W.; MINSHALL, G. L.; CUMMINGS, K. W.; SEDELL, J. R.; CUSHING, C. E. The river continuum concept. **Canadian Journal of Fisheries and Aquatic Sciences**, Ottawa, v. 37, n. 1, p. 130-137, 1980.

VANORMELINGEN, P.; VERLEYEN, E.; VYVERMAN, W. The diversity and distribution of diatoms: from cosmopolitanism to narrow endemism. **Biodivers. Conserv.**, v. 17, p. 393-405, 2008.

VÉLEZ, C. G. Clave para determinar generos de Cyanobacteria, Chlorophyta, Chromophyta (excepto Bacillariophyceae), Rhodophyta, Euglenophyta, Cryptophyta y Dinophyta registrados en la Argentina. In: LOPRETTO, E. C; TELL, G. (Dirs.). **Ecosistemas de águas continentales**: metodologias para su estudio. La Plata: Ediciones Sur, 1995. p. 380-429.

VERCELLINO, I. S. **Respostas do perifíton aos pulsos de enriquecimento em níveis crescentes de fósforo e nitrogênio em represa tropical mesotrófica (Lago das Ninféias, São Paulo)**. Rio Claro: UNESP, 2007. (Tese Doutorado em Ciências Biológicas).

VERCELLINO, I. S. **Sucessão da comunidade de algas perifíticas em dois reservatórios do Parque Estadual das Fontes do Ipiranga, São Paulo**: influência do estado trófico e período climatológico. Dissertação de Mestrado, Universidade Estadual Paulista, Rio Claro, 176p., 2001.

VERCELLINO, I. S.; BICUDO, D. C. Sucessão da comunidade de algas perifíticas em reservatório oligotrófico tropical (São Paulo, Brasil): comparação entre período seco e chuvoso. **Rev. Bras. Bot.**, v. 29, n.3, p. 363-377, 2006.

VETTORATO, B.,; LAUDARES-SILVA, R.; TALGOTTI, D.; MENEZES, M. Evaluation of the sampling methods applied to phycoperiphyton studies in the Ratones River estury, Brazil Avaliacao dos metodos de coleta aplicados no estudo do ficoperifiton no estuario do rio Ratones, SC, Brasil. **Acta Limnol. Bras.**, v. 22, n. 3, p. 257-266, 2010.

VIDAL, L.; MENDONÇA, R. F.; MARINHO, M. M.; CESAR, D.; ROLAND, F. Caminhos do carbono em ecossistemas aquáticos continentais. In: ROLDAM, F.; CÉSAR, D.; MARINHO, M. **Lições de limnologia**. São Carlos: RiMa Editora, 2005. p. 193-208.

VIEIRA L. C. G., BINI L. M., VELHO L. F. M.; MAZAO G. R. Influence of spatial complexity on the density and diversity of periphytic rotifers, microcrustaceans and testate amoebae. **Fund. Appl. Limnol.**, v. 170, n. 1, p. 77-85, 2007.

VIEIRA, L. C. G.; BINI, L. M.; VELHO, L. F. M.; MAZÃO, G. R. Influence of spatial complexity on the density and diversity of periphytic rotifers, microcrustaceans and testate amoebae. **Archiv für hydrobiology**, Stuttgart, v. 170, n. 1, p. 77-85, 2007.

VILLAFANE, V. E.; REID, F. M. H. Metodos de microscopia para la cuantificacion del fitoplancton. In: ALVES, K.; FERRARIO, E. C.; SAR, E. (Eds.). **Manual de métodos fiicologicos**. Concepcion: Universidad de Conception, 1995. p.169-185.

VILLANUEVA, V. D.; FONT, J.; SCHWARTZ, T.; ROMANI, A. M. Biofilm formation at warming temperature: acceleration of microbial colonization and microbial interactive effects. **Biofouling**, New York, v. 27, n. 1, p. 59-71, Jan. 2011.

VILLENA ÁLVAREZ, M. J. **Ecología de lagos someros mediterráneos**. National Environmental Research Institute. Department of Freshwater Ecology University of Aarhus. Faculty of Science, Valencia, 2006. [PhD thesis]

VOLKMER-RIBEIRO, C.; PAROLIN, M.; FURSTENAU-OLIVEIRA, K.; DE MENEZES, E. R. Colonization of hydroelectric reservoirs in Brazil by freshwater sponges, with special attention on Itaipu. **Interciencia**, Caracas, v. 35, n. 5, p. 340-347, May 2010.

VOLLENWEIDER, R. A. **A manual on methods for measuring primary production in aquatic environments**. Oxford, Blackwell, 1974. 225 p. (IBP Handbook, 12).

VOUILLOUD, A. A., SALA, S. S., AVELLANEDA, M. N.; DUQUE, S. R. Diatoms from the Colombian and Peruvian Amazon: the genera *Encyonema, Encyonopsis* and *Gomphonema* (Cymbellales: Bacillariophyceae). **Rev. Biol. Trop.**, v. 58, n. 1, p. 45-62, 2010.

VYMAZAL, J.; CRAFT, C. B.; RICHARDSON, C. J. Periphyton response to nitrogen and phosphorus additions in Florida Everglades. **Archiv für Hydrobiologie**, Algological Studies, v. 73, p. 75-97, 1994.

VYVERMAN, W.; COMPÈRE, P. *Nupela giluwensis* gen. & spec. nov. A new genus of *Navicula* diatoms. **Diatom Res.**, v. 6, n. 1, p. 175-179, 1991.

VYVERMAN, W. et al. Historical processes constrain patterns in global diatom diversity. **Ecology**, v. 88, n. 8, p. 1924-1931, 2007.

WALLIN, M.; WIEDERHOLM, T.; JOHNSON, R. K. **Guidance on establishing reference conditions and ecological status class boundaries for inland surface waters**. [s.l.]: CIS Working Group 2.3 - REFCOND. 93p. 2005. Disponível em: http://www.minenv.gr/pinios/00/odhgia/7th_draft_refcond_final.pdf.

WALSH, C. J. Urban impacts on the ecology of receiving waters: a framework for assessment, conservation and restoration. **Hydrobiologia**, v. 431, p. 107–114, 2000.

WALSH, C. J.; ROY, A. H.; FEMINELLA, J. W.; COTTINGHAM, P. D.; GROFFMAN, P. M.; MORGAN, R. P. The urban stream syndrome: current knowledge and search for a cure. **J. North. Am. Benthol. Soc.**, v. 24, p. 706-723, 2005.

WARD, J. V. Riverine landscapes: biodiversity patterns, disturbance regimes, and aquatic conservation. **Biological conservation**, Barking, v. 83, n. 3, p. 269-278, Mar. 1998.

WARD, J. V.; TOCKNER, K.; SCHIEMER, F. Biodiversity of floodplain river ecosystems: ecotones and connectivity. **Regulated Rivers: Research Management**, New York, vol. 15, n. 1-3, p. 125–139, Jan.-Jun. 1999.

WASSON, J. G.; CHANDESRIS, A.; PELLA, H.; BLANC, L. **Définition des hydro-ecorégions françaises métropolitaines**: rapport final. Lyon: Ministère de l'Ecologie et du D'eveloppement Durable, Cemagref, 2002.

WATANABE, T. **Etude de la relation entre le periphyton et la qualité chimique de l'eau des rivières**: utilization de bioessais "in situ" (substrats artificiels) pour caracteriser l'etat de pollution des eaux. Toulose, Universite Paul Sabatier, 1985. [PhD thesis].

WATANABE, T. Perifiton: Comparação de metodologías empregadas para caracterizar o nivel de poluição das aguas. **Acta Limnol. Bras.**, v. 3, p. 593-615, 1990.

WATANABE, T.; ASAI, K.; HOUKI, A. Numerical water quality monitoring of organic pollution using diatom assemblages. In: ROUND, F. E. (Ed). **Proceedings of the Ninth International Diatom Symposium 1986**. Koenigstein: Koeltz Scientific Books, 1988. p. 123-141.

WATANABE, T.; ASAI, K.; HOUKI, A.; YAMADA, T. Numerical spectrum by dominant diatom taxa in flowing and standing waters. In: SIMOLA, H. (ed.). **Proceedings of the Tenth International Diatom Symposium**. Koenigstein: Koeltz Scientific Books, 1990. 563-572 p.

WATNICK P.; KOLTER, R. Biofilm, city of microbes. **Journal of Bacteriology**, Washington, v. 182, n. 10, p. 2675–2679, May 2000.

WEHR, J.D.; SHEATH, R.G. (Eds.) **Freshwater algae of North America: ecology and classification**. USA: Academic Press, 935p.

WEHR, J. D.; SHEATH, R. G. Freshwater habitats of algae. In: WEHR J. D.; SHEAT R. G. (Eds.). **Freshwater algae of North America: ecology and classification**. San Diego: Academic Press, 2003. p.11-57.

WEHR, J. D.; SHEATH, R. G. (Eds.). **Freshwater algae of North America**: ecology and classification. USA: Elsevier Science, 2003; 918 p.

WEILHOEFER, C. L.; PAN, Y.; EPPARD, S. The effects of river floodwaters on floodplain wetland water quality and diatom assemblages. **Wetlands**, Wilmington, v. 28, n. 2, p. 473-486, Jun. 2008.

WEITERE, M.; BERGFELD, T.; RICE, S. A.; MATZ, C.; KJELLEBERG, S. Grazing resistance of Pseudomonas aeruginosa biofilms depends on type of protective mechanism, developmental stage and protozoan feeding mode. **Environmental Microbiology**, Oxford, v. 7, n. 10, p. 1593–1601, Oct. 2005.

WEITZEL, R. L. Periphyton measurements and application. In: WEITZEL, R. L. (ed.). **Methods and measurements of periphyton communities**: a review. Philadelphia: Hazleton Environmental Sciences Corporation, 1979. p. 3-33.

WEITZEL, R. L. Periphyton measurements and applications. In: WEITZEL, R. L. (ed.). **Methodes and measurements of periphyton communities**: a review. Baltimore: American Society for Testing and Materials, 1979. p. 1-33.

WELLNITZ, T.; POFF, N. L.Herbivory, current velocity and algal regrowth: how does periphyton grow when the grazers have gone? **Freshwater Biology**, Oxford,v. 51, p. 2114–2123, 2006.

WERNER, V. R.; SANT'ANNA, C. L. Morphological variability in *Gloeotrichianatans* Bornet *et* Flahault (Cyanophyceae, Nostocales) from Southern Brazil. **Revista Brasileira de Biologia**, v. 58, p. 79-84, 1998.

WERNER, V. R. **Cyanophyceae/Cyanobacteriano sistema de lagoas e lagunas da planície costeira do estado do Rio Grande do Sul, Brasil**. Universidade Estadual Paulista, Rio Claro, 2002. [Doutorado em Ciências Biológicas].

WESTLAKE, D.F. Comparisons of plant productivity. **Biol. Rev.**, v. 38, p. 385-425, 1963.

WETZEL C. E.; VAN DE VIJVER, B.; COX, E. J.; BICUDO, D. C.; ECTOR, L. *Tursiocola podocnemicola* sp. nov., a new epizoic freshwater diatom species from the Rio Negro in the Brazilian Amazon Basin. **Diatom Res.**, vol. 27, n. 1, p. 1-8, 2012.

WETZEL, C. E.; LOBO, E. A.; OLIVEIRA, M. A.; BES, D.; HERMANY, G. Diatomáceas epilíticas relacionadas a fatores ambientais em diferentes trechos dos rios Pardo e Pardinho,

Bacia Hidrográfica do Rio Pardo, RS, Brasil: resultados preliminares. **Caderno de Pesquisa Série Biologia**, Santa Cruz do Sul, v. 14, n. 2, p. 17-38, 2002.

WETZEL, C. E.; ECTOR, L.; HOFFMANN, L.; LANGE-BERTALOT, H.; BICUDO, D. C. Two new periphytic *Eunotia* species from the Neotropical Amazonian 'black waters', with a type analysis of *E. braunii*. **Diatom Res.**, v. 26, n. 1-2, p. 135-146, 2011.

WETZEL, C. E.; VAN DE VIJVER, B.; ECTOR, L. *Luticola deniseae* sp. nov., a new epizoic diatom from the Rio Negro (Amazon hydrographic basin). **Vie et Milieu-Life and Environment**, v. 60, p. 177-184, 2010.

WETZEL, R. G. Benthic Algae and Nutrient Cycling in Lentic Freshwater Ecosystems. In: STEVENSON, R. J.; BOTHWELL, M. L.; LOWE, L. **Algal ecology**: freshwater benthic ecosystems. San Diego: Academic Press, 1996. p. 641-667.

WETZEL, R. G. **Limnología**. Barcelona: Omega, 1981. 679 p.

WETZEL, R. G. **Limnology**. 2. ed. New York: Saunders College Publishing, 1983.

WETZEL, R. G. Microcommunities and microgradients: linking nutrient regeneration, microbial mutualism, and high sustained aquatic primary production. **Netherlands Journal of Aquatic Ecology**, Amsterdam, v. 27, n. 1, p. 3-9, 1993.

WETZEL, R. G. Opening remarks. In: WETZEL, R. G. (Ed.). **Periphyton of freshwater ecosystems**. The Hague: Dr. W. Junk Publishers, 1983, p. 3-4.

WETZEL, R. G. Periphyton in the aquatic ecosystem and food webs. In: AZIM, M. E.; VERDEGEM, M. C. J.; van DAM, A. A.; BEVERIDGE, M. C. M. (Eds.). **Periphyton**: ecology, exploitation and management. Cambridge: CABI Publishing, 2005. p. 51-69.

WETZEL, R. G. Recommendations for future research on periphyton. In: WETZEL, R. G. (Ed.). **Periphyton of freshwater ecosystems**. The Hague: Dr. W. Junk Publishers, 1983, p. 339-346.

WETZEL, R. G.; LIKENS, E. **Limnological analysis**. New York: Springer-Verlag, 1991. 391p.

WETZEL, R. G. (Ed.). **Periphyton of freshwater ecosystems**. The Hague, Dr. W. Junk., 1983. p. 339-346. Developments in Hidrobiology, 17). 346p.

WETZEL, R. G. A comparative study of the primary productivity of higher aquatic plants, periphyton and phytoplankton in a large, shallow lake. **Int. Revue Ges. Hydrobiol.**, v. 49, p. 1-61, 1964.

WETZEL, R. G. **Limnology**: lake and river ecosystems. San Diego: Academic Press, 3 ed., 2001. 1006p.

WETZEL, R. G. Primary productivity of periphyton. **Nature**, v. 197, p. 1026-27, 1964.

WETZEL, R. G. Attached alagal substrate interactions: fact or mith, and when and how? In: WETZEL, R. G. (Ed.). **Periphyton of freshwater ecosystems**. The Hague, Dr. W. Junk, 1983b. p. 207-15. (Developments in Hydrobiology, 17).

WETZEL, R. G. Opening remarkas. In: WETZEL, R. G. (Ed.). **Periphyton of freshwater ecosystems**. The Hague, Dr. W. Junk, 1983a. p. 3-4. (Developments in Hydrobiology, 17).

WETZEL, R. G. Techniques and problems of primary productivity measurements in higher aquatic plants and periphyton. **Mem. Ist. Ital. Idrobiol.**, v. 18 (Suppl.), p. 249-67, 1965.

WETZEL, R. G.; LIKENS, G. E. **Limnological analyses**. 3. ed. New York: Springer-Verlag, 2000. 429p.

WHITTON, B. A.; ROTT, E. **Use of algae for monitoring rivers II**. Innsbruck: Studentenförderungs-Ges.m.b.H., 1996. 196p. (Proceedings of an International Symposium, Innsbruck, Austria).

WHITTON, B. A., ROTT, E.; FRIEDRICH, G. **Use of algae for monitoring rivers II.** Innsbruck: Studentenförderungs-Ges.m.b.H., 193p., 1991. (Proceedings of an International Symposium, Düsseldorf, Germany).

WILDERER, P. A.; BUNGARTZ, H. J.; LEMMER, H.; WAGER, M.; KELLER, J.; WUERTZ, S. Modern scientific methods and their potential in wastewater science and technology. **Water Research**, Oxford, v. 36, n. 2, p. 370-393, Jan. 2002.

WILLIAMS, D. M.; ROUND, F. E. Revision of the genus *Fragilaria*. **Diatom Res.**, v. 2, n. 2, p. 267-288, 1987.

WILLIAMS, D. M.; REID, G. The type material of *Peronia fibula*: morphology, systematics and relationships. In: LIKOSHWAY, Y. (Ed.). **Proc. 19ᵗʰ Inter. Diat. Symp. Bristol**: Biopress Limited, 2008.

WILLIAMS, D. M.; ROUND, F. E. *Fragilariforma* nom. nov. , a new generic name for *Neofragilaria* Williams & Round. **Diatom Res.**, v. 3, n. 2, p. 265-267, 1988.

WILLIAMS, D. M.; CHUDAEV, D. A.; LOMONOSOV, M. V.; GOLOLOBOVA, M. A. *Punctastriata glubokoensis* spec. nov., a new species of 'Fragilarioid' diatom from lake Glubokoe, Russia. **Diatom Res.**, v. 24, n. 2, p. 479-485, 2009.

WILLIAMS, P.; WINZER, K.; CHAN, W. C.; CÁMARA, M. Look who's talking: communication and quorum sensing in the bacterial world. **Philosophical transactions of the Royal Society of London Series B, Biological sciences**, London, v. 362, n. 1483, p. 1119-1134, Jul. 2007.

WINEMILLER, K. O.; MONTOYA, J. V.; ROELKE, D. L.; LAYMAN, C. A.; COTNER, J. B. Seasonally varying impact of detritivorous fishes on the benthic ecology of a tropical floodplain river. **Journal of the North American Benthological Society**, Schaumburg, v. 25, n. 1, p. 250-262, 2006.

WINTER, J. G.; DUTHIE, H.C. Epilithic diatoms as indicators of stream total N and total P concentration. **J. North. Am. Benthol. Soc.**, v. 19, p. 32-49, 2000.

WINTERBOURNE, M. J. Interactions among nutrients, algae and invertebrates in a new Zealand mountain stream. **Freswater Biology**, 19, 1990.

WITKOWSKI, A.; RIAUX-GOBIN, C.; DANISZEWSKA-KOWALCZYK, G. New marine littoral diatom species (Bacillariophyta) from Kerguelen Islands. II. Heteropolar species of Fragilariaceae. **Vie et Milieu – Life and Environment**, v. 60, n. 3, p. 265-281, 2010.

WIUM-ANDERSEN S.; ANTHONI, U.; CHRISTOPHERSEN, C.; HOUEN, G. Allelopathic effects on phytoplankton by substances isolated from aquatic macrophytes (Charales). **Oikos**, v. 39, p. 187-190, 1982.

WOJTAL, A. Z. New or rare species of the genera *Achnanthidium* and *Psammothidium* (Bacillariophyceae) in the diatom flora of Poland. **Pol. Bot. J.**, v. 49, n. 2, p. 215-220, 2004.

WOJTAL, A. Z. *Nupela marvanii* sp. nov., and *N. lapidosa* (Krasske) Lange-Bertalot in Poland with notes on the distribution and ecology of the genus *Nupela* (Bacillariophyta). **Fottea**, v. 9, n. 2, p. 233-242, 2009.

WU, J. T.; KUO-HUANG, L. L.; LEE, J. Algicidal effect of Peridinium bipes on Microcystis aeruginosa. **Curr. Microbiol.**, v. 37, p. 257-261, 1998.

XU, H.; CHOI, J. K.; MIN, G. S.; ZHU, Q. Colonization dynamics of periphytic ciliate communities across taxonomic levels using an artificial substrate for monitoring water quality in coastal waters. **J. Mar. Biol. Assoc. UK.**, v. 91, n. 1, p. 91-96, 2011.

XU, H.; MIN, G. S.; CHOI, J. K.; KIM, S. J.; JUNG, J. H.; LIM, B. J. Periphytic colonization of an artificial substrate in Korean coastal waters. **Protistology**, v. 6, n. 1, p. 55-65, 2009.

YANG, G. Y.; DUDGEON, D. Response of grazing impacts of an algivorous fish (Pseudogastromyzonmyersi: Baliitoridae) to seasonal disturbance in Hong Kongstreams. **Freshwater Biology, Oxford**, v. 55, n. 2, p. 411-423, Feb. 2010.

YOU, Q.; LIU, Y.; WANG, Y.; WANG, Q. Taxonomy and distribution of diatoms in the genera *Epithemia* and *Rhopalodia* from the Xinjiang Uygur Autonomous Region, China. **Nova Hedwigia**, v. 89, n. 3-4, p. 397-430, 2009.

YU, W.; DODDS, W. K.; BANKS, M. K.; SKALSKY, J.; STRAUSS, E. A. Optimal staining and sample storage time for direct microscopic enumeration of total and active bacterial in soil with two fluorescent dyes. **Applied and Environmental Microbiology**, Washington, v. 61, n. 9, p. 3367-3372, Sep. 1995.

ZALOCAR DE DOMITROVIC, Y.; FORASTIER, M. E.; CASCO, S.; CONFORTI, V. Epibiont algae on planktic microcrustaceans from a subtropical shallow lake (Argentina). **Algological Studies**, v. 127, p. 29-38, 2008.

ZALOCAR DE DOMITROVIC, Y.; FRUTOS, S. M.; CASCO, S. L.; FORASTIER, M. E.; VALLEJOS, S. V. Prevalence of Colacium vesiculosum Ehrenberg (Euglenophyta) on planktonic crustaceans in a subtropical shallow lake of Argentina. **Rev. Biol. Trop.**, v. 59, n. 3, p. 1295-1306, 2011.

ZALOCAR DE DOMITROVIC, Y.; VALLEJOS, E. R.; PIZARRO H. N. Aspectos ecológicos de la ficoflora de ambientes acuáticos del Chaco Oriental. **Ambiente Subtropical**, v. 1, p. 92-111, 1986.

ZAR, J. H. **Biostatistical analysis**. 5 ed. [s.l.] Prentice Hall, 2009. 960p.

ZELINKA, M.; MARVAN, P. **Zur Prazisierung der biologischen Klassifikation der Reinheit fliessender Gewasser**. [s.l.]: [s.e.], 1961, p. 389-407. (Archiv fur Hydrobiologie, 57).

ZIGLIO, G.; SILIGARDI, M.; FLAIM, F. (Eds.). **Biological monitoring of rivers**. Chichester: John Wiley & Sons, 2006. 486 p. (Water Quality Measurements).

ZOBELL, C. E.; ALLEN, E. C. The significance of marine bacteria on the fouling of submerged surfaces. **J. Bacteriol.**, v. 29, p. 239-251, 1935.

ZOBELL, C. E. **Marine microbiology**, Waltham: Chronica Botanica Co., 1946. 240p.